ÉTUDE

DES

VIGNOBLES DE FRANCE

PARIS.

VICTOR MASSON ET FILS, ÉDITEURS,

PLACE DE L'ÉCOLE-DE-MÉDECINE.

ÉTUDE

DES

VIGNOBLES DE FRANCE

POUR SERVIR À L'ENSEIGNEMENT MUTUEL

DE LA VITICULTURE ET DE LA VINIFICATION FRANÇAISES

PAR

LE DR JULES GUYOT

TOME I

RÉGIONS DU SUD-EST ET DU SUD-OUEST

PARIS

IMPRIMÉ PAR AUTORISATION DE SON EXC. LE GARDE DES SCEAUX

A L'IMPRIMERIE IMPÉRIALE

M DCCC LXVIII

PRÉFACE.

La vigne occupait en France, en 1788, environ un million trois cent quarante-six mille hectares; en 1829, un million neuf cent quatre-vingt-dix mille; en 1849, deux millions cent quatre-vingt-treize mille; en 1852, deux millions trois cent mille; et, depuis ce temps, sa superficie s'est accrue au point d'atteindre aujourd'hui près de deux millions cinq cent mille hectares : plus de la moitié de l'étendue totale des vignes *à vin* cultivées dans les cinq parties du monde; la vingt et unième partie de tout le territoire français, et la seizième partie de son sol cultivable.

Le produit brut des vignobles de France s'élève à plus d'un milliard cinq cents millions de francs : leur culture occupe et entretient un million cinq cent mille familles de vignerons, c'est-à-dire six millions d'habitants; plus de deux millions de fournisseurs industriels, transporteurs et commerçants, constituant ensemble le cinquième au moins de notre population totale, et représentant une production et une consommation de plus de deux milliards.

Le produit brut de la vigne constitue le quart du produit total agricole (abstraction faite du bétail), réalisé sur la seizième partie du sol cultivable : ce produit est donc mathématiquement quatre fois plus grand, à surface égale, que celui de toutes les autres cultures prises ensemble.

Partout où la vigne mûrit bien ses fruits, elle double le revenu des propriétés, grandes ou petites, dans lesquelles sa culture entre pour un cinquième de la superficie, si elle y est dirigée avec intelligence et si elle reçoit la part de soins et d'engrais proportionnés à ceux donnés aux autres cultures.

La culture de la vigne est des plus faciles, des plus simples et des plus lucratives. Elle peut donner des produits rémunérateurs dès la troisième année de sa plantation. La vigne s'accommode de toutes les formations géologiques; elle prospère dans les terrains les plus arides et les moins propices aux céréales, aux racines et aux fourrages : elle est donc, par ce fait, le complément de toute bonne agriculture, tandis qu'elle en est le commanditaire, par l'argent qu'elle produit; la force et la ressource, par les bras et les bouches qu'elle entretient.

Le vin est la boisson alimentaire la plus précieuse et la plus énergique; son usage habituel, aux repas de la famille, épargne un tiers du pain et de la viande; et, de plus que le pain et la viande, le vin stimule la force du corps, échauffe le cœur, développe l'esprit de sociabilité; il donne l'activité, la décision, le courage et le contentement dans le travail et dans toute action.

Aucune boisson, bière, cidre, etc. ne peut le remplacer dans son heureuse et complète influence : aussi devra-t-il constituer bientôt la boisson alimentaire de toutes les familles, riches ou pauvres, partout où la civilisation étend ses bienfaits.

La consommation normale du vin alimentaire, pour donner aux sociétés humaines toute leur force et toute leur activité de corps et d'esprit, doit être au moins égale à celle du pain et de ses suppléants; ce qui revient à dire que la France devra en consommer à elle seule plus de cent millions d'hectolitres par an, tandis qu'elle n'en produit encore que de cinquante à soixante-quinze millions d'hectolitres.

La France, tant par son heureux climat que par le choix de ses cépages et les soins donnés à la vinification, produit la presque totalité des vins vraiment alimentaires, c'est-à-dire n'offrant que de sept à onze pour cent d'élément spiritueux, et s'associant largement aux aliments solides de tous les repas. Elle est la seule contrée qui produit les vins de luxe de Champagne, de Bourgogne, de Bordeaux, etc., vins inimitables, qui resteront éternellement son splendide monopole. Elle n'a de concurrence sérieuse à craindre, de l'extérieur, que celle des vins forts d'entremets et des vins de liqueur; vins de consommation restreinte, dont elle produit d'ailleurs des variétés sans rivales. On peut donc être assuré que, pendant des siècles encore, les vins de France seront appelés à alimenter la plus grande partie de la consommation du monde civilisé. La vigne est, comme je l'ai toujours dit, notre arbrisseau colonisateur, notre poule aux œufs d'or, notre canne à sucre, notre cafier, notre arbre à thé.

Malgré les trésors contenus dans la viticulture, malgré les bienfaits des produits fermentés de la vigne, consacrés par les religions et les traditions les plus reculées, et plus encore par l'expérience et par l'observation des derniers siècles, l'étude et l'enseignement de la viticulture et de la vinification, objet de l'attention, des travaux et des publications de quelques hommes éminents de toutes les époques et de tous les pays, objet de la sollicitude de quelques chefs religieux et de quelques souverains, n'ont jamais été compris dans les études et les enseignements réguliers et officiels, même en France, où les études et les enseignements publics sont si judicieusement prodigués aux autres branches de l'agriculture. Jamais la viticulture, la plus importante et la plus nationale de toutes nos cultures, n'a été étudiée ni enseignée spécialement.

Aussi les pratiques les plus étranges et les plus opposées, qui semblent s'exclure l'une l'autre, en nombre infini, sont-elles appliquées sans aucune règle, sans aucun principe qui les relie, sans aucune lumière qui permette de les comparer et d'établir leur valeur respective. Chaque province, chaque département, chaque canton vignoble, sont convaincus que leur viticulture traditionnelle est la meilleure, et qu'elle constitue le dernier mot de l'art et de la science viticoles. Chaque vigneron est persuadé qu'on ne saurait cultiver la vigne et faire le vin autrement que lui. Aussi les bons procédés des uns ne profitent-ils jamais aux autres, et la conduite de la vigne et des vins sont-ils abandonnés à mille pratiques bizarres et étroites, à une anarchie complète, sans progrès logique possible.

Pourtant il est peu de centres vignobles qui ne puissent offrir au moins un procédé de culture, de plantation, de taille, de conduite, de palissage, etc. utile et fécond, à côté d'autres procédés qui en détruissent le bon effet; il en est beaucoup où l'ensemble des pratiques est très-satisfaisant; il en est quelques-uns qui approchent de la perfection.

Il importait donc, pour fonder un enseignement viticole sérieux, d'étudier avec soin et avec impartialité tous les systèmes, toutes les méthodes et tous les procédés de la viticulture et de la vinification françaises; de les exposer nettement, en texte et en gravures, et de les grouper de façon que chaque viticulteur, chaque agriculteur, puisse les comprendre, les comparer et en déduire, soit les améliorations à introduire dans ses vignes, s'il en possède, soit le genre de culture qui peut le mieux lui convenir, s'il désire en créer.

C'est là la tâche qui m'a été confiée par le ministère de l'agriculture, c'est là le résultat que je me suis efforcé d'atteindre.

Pourquoi ai-je accepté un tel travail? pourquoi m'a-t-il été confié? Je dois répondre, en peu de mots, à cette double question.

Ayant vécu dès mon enfance au milieu des pratiques de la viticulture et de la vinification, j'aimais les vignes, les vendanges, les cuvaisons, les pressurages, les soutirages, comme les enfants aiment les scènes animées du manoir de famille et du pays. J'aimais les vignerons, comme on aime, à cet âge, les bonnes gens qui se plaisent à vous initier à leurs travaux et permettent volontiers que l'enfant les dérange un peu, pour lui laisser le plaisir de croire qu'il les aide beaucoup. Plus tard, et pendant toutes mes études de collége, je rêvais à tout cela et j'en reprenais avec bonheur l'étude et la conduite à chaque vacance. Plus tard encore, les vignes, les vendangeoirs, les cuves, les pressoirs, les caves, les celliers, peuplés ou mis en activité par les familles vigneronnes si intelligentes, si laborieuses, si actives, si gaies, figuraient toujours aux horizons de mes études scientifiques et attiraient toujours ma première attention dans mes voyages en France et à l'étranger. Pendant neuf ans de mon séjour à Paris, je mis à l'expérience, dans un vaste enclos de trois hectares peu éloigné de la capitale, mes idées sur la viticulture et la vinification; puis, pendant quatorze ans, je fus entraîné à les appliquer sur une bien plus vaste échelle.

Dans cette dernière période d'expérience et de pratique, je dus faire construire des bâtiments d'habitation et d'exploitation, des caves, des celliers, des vaisseaux vinaires, des pressoirs, des machines; je dus faire planter et dresser seize hectares de vignes, d'une part, et trente-quatre hectares, de l'autre; je dus disposer et exploiter une ferme, créer des potagers, des vergers et des bois, en même temps qu'un vignoble, et étendre ainsi mes observations comparatives à tous ces genres de culture et à tous leurs détails.

Sollicité par mes amis, je publiai, de 1857 à 1860, quelques articles sur la vigne et les vins dans le *Journal d'agriculture pratique :* ces articles furent compris et accueillis par le monde agricole, et je dus les réunir et les compléter dans un *Traité de la viticulture et de la vinification*, publié en 1860.

Ce sont ces publications, et surtout ce dernier travail, qui m'ont valu l'honneur d'être appelé à remplir les missions d'étude et d'enseignement viticoles fondées en 1861 par le ministère de l'agriculture, sur l'initiative et la recommandation du prince Napoléon.

C'est à M. Rouher qu'est due l'institution officielle de ces missions, continuées par M. Béhic et par M. de Forcade la Roquette, sur la tradition aussi bienveillante qu'éclairée de M. de Mornay, directeur de l'agriculture.

Les études qui suivent comprennent les soixante-dix-neuf départements où la vigne *à vin* est cultivée en France, depuis la Gironde et l'Hérault, qui en cultivent chacun cent cinquante mille hectares, jusqu'à celui d'Ille-et-Vilaine, qui n'en possède que cent quatre.

Chaque département a été l'objet d'un examen spécial, au milieu des vignes et des exploitations vinaires, avec le concours des propriétaires et des vignerons; étude immédiatement transmise, en texte et en croquis, à M. le Ministre de l'agriculture, dans un premier rapport, reproduisant sur place toutes les observations et toutes les inspirations locales, techniques et économiques. Puis, après chaque série d'enquêtes et d'explorations embrassant huit à dix départements, les huit ou dix rapports spéciaux m'ont été remis, pour constituer, avec les notes et les croquis plus détaillés de mes carnets, un rapport général sur la région ainsi étudiée.

Huit rapports généraux, le *Sud-Est*, le *Sud-Ouest*, le *Centre-Sud*, l'*Est*, l'*Ouest*, le *Centre-Nord*, le *Nord-Est* et le *Nord-Ouest*, correspondant aux huit régions vignobles de la France, ont été successivement, et dans l'espace de six années, adressés à M. le Ministre de l'agriculture, qui en a ordonné l'impression, la gravure et le tirage par l'Imprimerie Impériale, en huit fascicules.

Chacun de ces fascicules a été envoyé par le ministère, d'abord aux propriétaires, viticulteurs et vignerons, aux membres des sociétés agricoles et aux autorités ayant concouru au succès des enquêtes, des études sur place et des conférences de chaque département compris au rapport; puis à toutes les sociétés agricoles et viticoles des départements où la vigne est cultivée; puis aux membres des grands corps de l'État et des sociétés savantes qui pouvaient prendre intérêt à la viticulture; puis enfin aux viticulteurs émérites de toute la France.

C'est après ces épreuves et ces contrôles, dont le résultat lui a sans doute paru satisfaisant, que l'Administration m'a engagé à terminer l'œuvre par un travail d'ensemble, qui réunisse tous les départements décrits et les relie dans une comparaison et une critique générales. C'est le travail que je produis ici.

Ce n'est point précisément mon œuvre ; c'est une œuvre collective dont les éléments sont les vignobles, dont les auteurs sont les viticulteurs, dont le ministère de l'agriculture est le promoteur, et dont je suis le simple rédacteur, qui se tient pour très-honoré du rôle qui lui a été confié et qui s'estimera très-heureux si ses collaborateurs sont contents de lui.

Il est pourtant une partie de ce travail qui m'est tout à fait propre et dont je dois assumer toute la responsabilité : ce sont les opinions économiques et sociales semées au courant de l'étude de divers départements ; ces opinions diffèrent souvent de celles adoptées généralement et surtout dans la sphère officielle ; mais les intentions libérales du Gouvernement de l'Empereur m'ont laissé toute mon indépendance et permis toute liberté d'exprimer les idées que j'ai pu croire, à tort ou à raison, être justes et vraies, sous l'impression des observations et des faits recueillis dans le cours de mes missions : le ministère de l'agriculture n'a pas un moment hésité à ordonner l'impression et la publicité de mes rapports, sans y rien reprendre et sans en rien retrancher.

Je ne terminerai point cet exposé sommaire sans adresser mes plus vifs remercîments à M. de Mornay, et sans me féliciter publiquement du concours efficace et affectueux que n'a cessé de me donner M. Porlier, chef du bureau des encouragements à l'agriculture.

C'est au crayon de M. Riocreux, l'artiste le plus justement renommé et le plus habile dans la reproduction des plantes et des fleurs, que sont dus la plupart des dessins gravés; dessins reproduits sur mes simples croquis, accompagnés de quelques explications.

Enfin MM. Victor Masson et fils, éditeurs des plus connus et des plus estimés pour la perfection des ouvrages qu'ils livrent à la publicité, ont voulu assurer à celui-ci tous les avantages et toute la supériorité typographiques de l'Imprimerie Impériale, en obtenant l'autorisation de le faire exécuter par cet incomparable établissement.

Si donc l'ÉTUDE DES VIGNOBLES DE FRANCE *pour servir à l'enseignement mutuel de la viticulture et de la vinification françaises* n'atteint pas le but proposé, cette défaillance ne saurait être attribuée ni aux autorités supérieures et locales qui m'ont aidé de tout leur pouvoir, ni aux artistes qui m'ont prêté leur concours, ni au défaut de ma bonne volonté : elle n'accuserait que mon insuffisance personnelle.

Paris, 10 décembre 1867.

Dr JULES GUYOT.

ÉTUDE

DES

VIGNOBLES DE FRANCE.

INTRODUCTION.

J'ai cru devoir diviser les vignobles de France en huit régions, bien que le comte Odard n'en signale que cinq et que l'Ampélographie française n'en admette que six.

La diversité des cépages adoptés, des cultures suivies et des vins produits sous une même latitude, souvent dans un même département, rendent à peu près impossible le groupement de vignobles similaires, et même ayant une analogie un peu reconnaissable, en un nombre de régions si petit ou si grand qu'on le fasse.

Ainsi, dans le seul département de l'Aveyron, les cépages, les cultures et les vins de l'arrondissement de Saint-Affrique diffèrent essentiellement des vins, des cultures et des cépages des arrondissements de Rodez et d'Espalion. Le premier offre à peu près le climat, les cépages, les cultures et les vins du Midi; les derniers offrent le climat, les cépages, les cultures et les vins du Nord. Le même contraste se fait remarquer dans l'Ardèche, dans l'Isère, dans les Alpes, dans la Corse, dans les Pyrénées Hautes et Basses, dans la Haute-Garonne, dans le Tarn, etc. Les latitudes et les longitudes sont complétement annulées par les altitudes et les versants nord ou sud, est ou ouest des massifs et des chaînes de montagnes.

Une bonne division régionale des vignobles de France semble donc ne pouvoir reposer que sur la juxtaposition géographique, sans acception de cépages, de conduite de la vigne et de production de vins ayant quelque ressemblance; sous ces derniers rapports, il faudrait compter autant de régions que d'anciennes provinces : ainsi la Provence, le Languedoc, la Gascogne, l'Aunis, la Saintonge, le Poitou, l'Anjou, la Touraine, l'Auvergne, la Bourgogne, la Franche-Comté, la Lorraine, l'Alsace, etc. etc. ont leurs principaux cépages, leurs principales cultures, leurs vins dominants à peu près semblables; mais la Champagne, le Périgord, l'Ile-de-France, le Dauphiné, le Berry, le Bourbonnais, etc. etc. diffèrent essentiellement, dans ces éléments, d'un vignoble à l'autre. Toutefois on peut encore réunir un certain nombre de caractères communs à chaque région si les régions sont au nombre de huit : *Sud-Est, Sud-Ouest, Centre-Sud, Est, Ouest, Centre-Nord, Nord-Est* et *Nord-Ouest.*

Région du Sud-Est. J'ai réuni dans cette région tous les départements qui cultivent l'olivier; ce sont : *les Alpes-Maritimes, les Basses-Alpes, le Var, la Corse, les Bouches-du-Rhône, Vaucluse, le Gard, l'Hérault, l'Aude* et *les Pyrénées-Orientales.*

Tous ces départements, à l'exception de celui de Vaucluse, touchent au littoral de la Méditerranée : leur région pourrait donc s'appeler *Région méditerranéenne,* mais la culture de l'olivier est son indice le plus caractéristique; il dénote un climat unique en France, et d'une remarquable uniformité: aussi je lui donne le sous-titre de *Région des oliviers.*

Région du Sud-Ouest. Elle comprend *l'Ariége, la Haute-Garonne, les Hautes-Pyrénées, les Basses-Pyrénées, les Landes, le Gers, Tarn-et-Garonne, Lot-et-Garonne, la Gironde* et *la Dordogne,* et peut être surnommée *Région pyrénéenne et bordelaise.*

Si l'on s'arrêtait exclusivement à la constitution physique et géologique du sol de la région pyrénéenne et bordelaise, les départements de Lot-et-Garonne, de Tarn-et-Garonne et de la Dordogne se rallieraient difficilement aux autres vignobles de la même région; mais par la nature de leurs vins, par leurs débouchés ressortissant en grande partie du commerce de Bordeaux, ces vignobles peuvent, assez rationnellement, se rattacher à ceux de la circonscription bordelaise, qui devrait, avec les Landes et le Gers, s'appeler *landaise* si le centre de Bordeaux n'embrassait mieux le groupe.

Région du Centre-Sud. Cette région comprend : *le Tarn, le Lot, l'Aveyron, la Lozère, l'Ardèche, la Haute-Loire, le Cantal, la Corrèze, la Haute-Vienne* et *le Puy-de-Dôme.*

Tous ces départements ont des vignobles que leur altitude rend très-différents de ceux qui existent sous la même latitude, mais dans des plaines moins élevées. Cette influence de l'altitude est telle que, dans le même massif, la Creuse, au sol granitique, est totalement dépourvue de vignes. Le nom de *Région des massifs des Cévennes et de l'Auvergne* m'a donc semblé caractériser suffisamment le Centre-Sud.

Région de l'Est. Cette région comprend : *les Hautes-Alpes, la Drôme, l'Isère, la Savoie, la Haute-Savoie, l'Ain, le Jura, le Doubs* et *la Haute-Saône :* je la désigne par le sous-titre de *Région des rampes jurassiques*, parce que la plupart de ses vignobles reposent sur les formations jurassiques des Alpes et sur les rampes et contre-forts du Jura.

Région de l'Ouest. La région de l'Ouest comprend : *la Charente, la Charente-Inférieure, la Vendée, les Deux-Sèvres, la Vienne, l'Indre, la Loire-Inférieure, Maine-et-Loire, Indre-et-Loire* et *Loir-et-Cher*. Le sous-titre de *Région de la Charente et du bassin inférieur de la Loire* m'a paru, à défaut d'autre caractère, désigner suffisamment son ensemble; les vins blancs communs et à eau-de-vie qu'elle donne dans ses vignobles les plus rapprochés de la mer auraient pu servir à la désigner; mais en remontant la Loire et ses affluents les vins blancs prennent une qualité remarquable et s'associent à des productions de vins rouges très-distingués, ce qui écarte cette base de qualification.

Région du Centre-Nord. Cette région comprend : *le Rhône, la Loire, Saône-et-Loire, la Côte-d'Or, l'Aube, l'Yonne, l'Allier, la Nièvre, le Cher* et *le Loiret :* je la désigne par le sous-titre de *Région de la Bourgogne et de l'Orléanais*.

Cette région est divisée en deux parties bien distinctes : d'une part, la Côte-d'Or, l'Aube, l'Yonne, Saône-et-Loire, et, par affinité de contact, le Rhône et la Loire, à peu près exclusivement voués au culte du pineau et du gamay; et de l'autre, le Loiret, le Cher, la Nièvre et l'Allier, où domine la culture du meunier, des cots, du tresseau des gouais, du genoilleré, etc.

Région du Nord-Est. Cette région comprend : *le Haut-Rhin, le Bas-Rhin, la Moselle, la Meurthe, la Meuse, la Haute-Marne, la Marne, les Ardennes* et *l'Aisne :* elle peut s'appeler *Région des Vosges, des Ardennes et des relèvements crétacés*. Elle présente, quant à ses vignobles, trois divisions bien distinctes : l'Alsace, la Lorraine et la Champagne.

Région du Nord-Ouest. Cette région comprend : *Seine-et-Marne, l'Oise, Seine-et-Oise, la Seine, Eure-et-Loir, l'Eure, la Sarthe, la Mayenne, Ille-et-Vilaine* et *le Morbihan.*

Les quatre derniers de ces départements, ainsi que ceux de l'Eure et de l'Oise, sont placés sur l'extrême limite climatologique de la culture de la vigne *à vin* en France. Et bien que la partie la plus méridionale de cette région se signale encore par d'assez bons vins et par de riches productions vignobles, je la désignerai néanmoins, faute d'autre qualification plus caractéristique, sous le nom de *Région limite de la vigne à vins.*

Avant d'entrer dans l'examen séparé des vignobles de chaque département et de chaque région, l'exposé de quelques notions générales sur la vigne et sur sa culture m'a paru nécessaire.

NOTIONS GÉNÉRALES

SUR LA VIGNE ET SUR SES FONCTIONS, MODIFIÉES PAR LA CONDUITE ET PAR LA TAILLE.

Pour faciliter aux lecteurs l'intelligence et l'appréciation de la viticulture de chaque pays, il importe de faire connaître à l'avance, et sommairement, les principes de la physiologie de la vigne. L'esprit une fois muni de ces aperçus jugera plus sûrement et plus sainement les divers procédés employés dans l'espacement, le dressement, la taille et la conduite de la vigne.

La vigne, par la nature flexible de sa tige et de ses

rameaux, qui l'oblige à s'attacher aux arbres, aux rochers, ou à ramper sur le sol, appartient à la division des arbrisseaux grimpants; mais par la vigueur, la rapidité et l'étendue de sa végétation, elle l'emporte sur les plus grands arbres, qu'elle est, d'ailleurs, naturellement destinée à surmonter. Sa vitalité est telle, qu'elle trouve encore ses aliments là où les autres végétaux ne peuvent exister; qu'elle conserve encore ses feuilles alors que les chaleurs tropicales ont déjà dépouillé tous les autres végétaux à feuilles caduques, et que chaque section de ses sarments mise en terre, ne contînt-elle qu'un seul œil, suffit à la reproduire; ses rameaux, abandonnés à eux-mêmes, peuvent couvrir plusieurs centaines de mètres carrés, par un seul cep, et ses racines s'enfoncent dans les fissures des rochers presque impénétrables, à des distances et à des profondeurs considérables.

La vigne est donc, dans l'état de nature, un des végétaux les plus vivaces, les plus expansibles et les plus durables. Plus sa végétation à l'état de culture se rapproche de ses conditions naturelles d'existence, c'est-à-dire plus sa tige s'étend et s'élève, plus la vigne donne de fruits, plus elle donne de bois, plus son existence est prolongée.

Ce sont là des vérités fondées sur l'observation des vignes, à l'état sauvage comme à l'état de culture, en Asie, en Afrique, ainsi qu'en Europe.

Il n'est pas moins acquis et démontré que, plus la vigne est restreinte dans sa tige, plus elle est rabattue près de terre, moins elle végète, moins elle donne de fruits, moins elle vit longtemps.

C'est pourtant à l'état nain, le plus réduit possible et le plus près possible de terre, que sont cultivés la plupart, pour ne pas dire la totalité, des vignobles de la France, de l'Espagne, de l'Italie, de la Suisse, de la Prusse et de l'Autriche; si l'on y rencontre des cultures à grande arborescence, à grandes treilles, à grands cordons, soit élevés sur des arbres, soit sur des palissades, soit rampant sur le sol; ce n'est que par exception.

Entre ces deux extrêmes, la vigne grande et la vigne naine, on verra un hectare de vigne contenant deux cents, deux mille, cinq mille, dix mille, vingt mille, ou quarante et jusqu'à soixante mille ceps; et, généralement, le taux de la production moyenne de chaque hectare est en sens inverse du nombre de ceps qu'il contient, si l'étendue de la tige correspond au terrain qui est laissé à chaque cep.

Il a donc fallu de bien puissants motifs pour amener les viticulteurs à restreindre la tige de chaque souche et à en entretenir 40,000, par exemple, au lieu de 2,000, dans un même espace de terrain.

En effet, ces motifs existent; ils se sont imposés avec raison : le premier consiste dans la nécessité de rapprocher le travail de la main de l'homme ; le second consiste dans la difficulté et la dépense d'élever et de soutenir des ceps à grande expansion; et le troisième consiste dans la perfection que tire la maturité du raisin de la proximité du sol.

Mais, comme il arrive souvent dans les pratiques humaines, les vignes étant presque toutes réduites à l'état nain depuis des siècles, on a perdu de vue les principes de leur végétation naturelle; et le vigneron s'est mis à rechercher la vigueur, la fécondité et la durée du cep dans sa restriction de plus en plus grande, dans sa mutilation de plus en plus complète et dans l'augmentation proportionnée du nombre de ceps contenus dans un même espace. Cette voie fausse, considérée comme la seule vraie, ne donnant pas les résultats attendus en fertilité, en vigueur et en durée, le vigneron a dû recourir aux provignages, aux terrages, à l'engrais et à une foule d'autres pratiques difficiles et coûteuses, pour entretenir les vignes et pour tirer des produits suffisants de ses tiges mutilées : d'où la diversité indéfinie des vignobles et la nécessité d'une classification pour en bien saisir la différence.

Pour classer les vignes, le contraste le plus frappant se montre d'abord dans le développement accordé à la tige et aux rameaux de la vigne : c'est ainsi que les vignes sur arbres vivants ou morts, les treilles palissées contre les murailles ou, en plein air, sur des châssis ou des berceaux, sur des piliers, des perches ou des fils de fer, ou rampant à longs bras sur le sol, constitueront les vignes à *grande arborescence;* puis les vignes en jouelles, en hautains, les treillons, les cordons, les contre-espaliers, les gobelets à un grand nombre de bras, etc. seront les vignes à *moyenne arborescence*, et enfin les vignes à souches simples et basses seront appelées *naines* ou à *petite arborescence.*

La grande, la moyenne et la petite arborescence s'entendent de la charpente des ceps, c'est-à-dire des vieux bois plus ou moins nombreux, plus ou moins longs, qui, sous le nom de bras, cornes, membres ou cordons, sortent d'une même tige ou d'un même pied central, pour porter, soit le long de leur cours, soit à leur extrémité, les jeunes bois ou sarments de l'année précédente.

Ce sont surtout les retranchements opérés chaque année sur les jeunes sarments, soit dans leur nombre, soit dans leur longueur, qui constituent les opérations de la taille sèche ou d'hiver. Or la taille offre la seconde base, la plus importante après l'étendue de l'arborescence, de la classification des méthodes diverses de la culture de la vigne.

Avant d'indiquer ces subdivisions, il faut rappeler que les sarments d'un an, venus sur bois de deux ans, portent seuls les yeux de la végétation à bois et à fruits de l'année suivante; que les sarments qui sortent accidentellement sur bois de plus de deux ans sont généralement stériles et s'appellent des *gourmands;* que la taille ordinaire fait disparaître tous les gourmands et ne conserve qu'un ou deux sarments à l'extrémité de chaque membre, ou en plusieurs points, le long du cours des cordons.

Ceci posé, s'il n'est laissé qu'un sarment à l'extrémité de chaque membre, ou en certains points de la longueur d'un cordon, ce sarment peut être coupé au-dessus du premier, du deuxième ou du troisième œil : ce qui s'appelle *taille courte.* S'il est coupé au-dessous du quatrième, cinquième et sixième œil, ce sera une *taille moyenne;* si le sarment est laissé avec sept, douze, vingt yeux et même plus, ce sera une *taille longue.* Les mêmes noms seront conservés à la taille si deux sarments, laissés au même *membre* ou *portant,* ou *corne,* sont taillés tous deux de la même façon; mais si l'un des deux sarments laissés est coupé court et que l'autre soit coupé long, nous donnerons à cette taille le nom de *taille mixte.*

Chacun de ces quatre genres de taille s'applique, ou peut s'appliquer, aux trois classes d'arborescence ; ce qui engendre douze divisions de dressement et de taille, d'où dépendent, par-dessus tout et avant tout, la vigueur, la fécondité et la durée de la vigne.

Ce sont ces douze modes de dressement et de taille qui dominent la constitution du cep : indépendamment du sol et de ses cultures; indépendamment des modes de soutenement et de palissage; indépendamment des espèces ou variétés de cépages.

C'est en effet l'étendue de la tige et l'étendue de la taille qui déterminent le nombre d'yeux, c'est-à-dire le nombre des pampres qui végètent chaque année sur l'arbrisseau et créent à la fois ses bois, ses racines et ses fruits.

Chaque pampre ne porte en moyenne que deux grappes, quelquefois trois, bien rarement quatre : les fruits sont toujours opposés aux feuilles et généralement aux nœuds les plus rapprochés du sarment de l'année précédente; dans les nœuds plus élevés, les vrilles remplacent les raisins.

Ainsi, plus il y aura d'yeux sur un même tige, plus il sortira de bourgeons et plus il se montrera de fleurs.

Ce n'est pas à dire que la végétation sera plus brillante et que la vendange sera plus abondante : car chaque bourgeon pousse d'autant moins qu'il y en a plus sur un même sarment; et s'il sort trop de fleurs de trop nombreux bourgeons, la plupart des fleurs disparaissent sans donner de fruits (on dit alors qu'elles coulent); ou, si elles donnent des fruits, ces fruits sont grêles et souvent mûrissent tard et mal. Aussi le grand art de la taille consiste-t-il à obtenir de beaux sarments, pour asseoir la taille de l'année suivante et des fruits parfaits, mais assez nombreux pour assurer une récolte rémunératrice. La taille a encore un troisième but fort important : c'est de maintenir toujours la vigne dans la même forme et dans les mêmes limites qu'on a voulu lui assigner, pour l'occupation d'un espace déterminé de terrain, pour sa distance du sol et pour ses proportions et directions, à l'égard des échalas et des divers palissages qu'on lui donne pour soutien.

De même que la plupart des végétaux et des animaux ont leurs espèces et variétés, il existe aussi, parmi les différentes espèces de vignes, des cépages à grande végétation, d'autres à moyenne végétation, et d'autres enfin à petite végétation, par leur propre constitution et indépendamment de l'intervention de l'art : il faut donc, avant d'arrêter l'étendue de la tige et de la taille qu'on veut imposer à un cep de vigne, connaître ses aptitudes et sa nature plus ou moins expansives, de même qu'il faut connaître à l'avance les espèces grimpantes et non grimpantes des haricots et des petits pois, avant de leur donner ou de leur refuser des rames.

La puissance végétative de chaque espèce et de chaque variété de cépage n'est pas encore bien connue ; mais, parmi les cépages à bons vins, on peut déjà citer, sans erreur, le pineau noir et blanc, le carbenet, la syra, le tresseau, le pulsart, le braquet, la foëla, les cots rouges et verts, le meunier, le riesling, le sauvignon blanc, la mondeuse, les fromentés rouges et les muscats, comme cépages à grande expansion et qui réussissent le mieux à grande tige et à longue taille ; en opposition, on peut dire que les gamays, les grenaches, les aramons, le grollot, le lignage, le troyen, guenche ou foirard, le liverdun, la varenne, se prêtent bien mieux à la petite tige et à la taille courte ; enfin certains autres cépages, comme le chasselas, les gouais, la folle blanche, les morillons, les gros pineaux blancs de la Loire, les verts-dorés, la roussane, la clairette, sont également fertiles sous toute forme et sous toute taille ; mais, je le répète, c'est une étude incomplète et des plus importantes à parachever, car l'expansion naturelle à chaque espèce est le premier élément à connaître pour juger son bon ou son mauvais dressement, sa bonne ou mauvaise taille.

Relativement au sol, il est démontré par l'observation que l'étendue des tiges et des tailles doit être proportionnelle à sa fertilité, à son épaisseur et à l'espace laissé à chaque cep. Un sol très-fertile peut porter de vingt à vingt-quatre yeux par mètre carré; un sol maigre ne peut en nourrir que de dix à douze. Mais, dans un sol maigre comme dans un sol fertile, plus le nombre d'yeux réunis sur un seul cep sera grand, toujours dans la proportion indiquée par mètre carré, plus le cep sera bien portant, fertile et durable.

Relativement au climat, plus on approche du midi, plus les ceps peuvent s'étendre et s'élever, parce que la vigne acquiert de plus en plus de vigueur, à mesure que la somme de chaleur du site qu'elle occupe est plus considérable.

Après ces données, je reviens à la taille proprement dite. Pour avoir de beaux et longs sarments, il faut tailler court, mais on risque d'avoir peu de fruits; pour avoir beaucoup de fruits, il faut tailler long, mais on risque d'avoir de faibles sarments pour la taille de l'année suivante, et surtout de les avoir mal placés, pour maintenir chaque cep dans sa forme et dans ses limites. Dans les cépages qui, pour être fertiles, exigent la taille longue, il y a donc une transaction à faire; transaction qui fait disparaître tous les inconvénients : c'est de laisser sur chaque membre d'une souche, ou sur chaque portant d'un cordon, un sarment, le plus bas, taillé à deux yeux seulement, et un autre sarment, le plus haut, taillé à dix ou quinze yeux, pour assurer une production suffisante de fruits. Le premier sarment produira deux beaux sarments, si les bourgeons sont bien conduits; l'année suivante, le plus bas sera taillé à deux yeux, et le plus haut remplacera la branche à fruit qui, désormais inutile, sera coupée ras la souche. De cette façon, les trois exigences de fixité dans la forme et la position du cep, de production de beaux bois et de beaux fruits sont parfaitement remplies. C'est ce que nous appellerons *la taille type;* qu'elle s'applique à un ou à plusieurs membres, à un ou à plusieurs cordons d'une même souche.

Mais ce n'est pas seulement pour les cépages à taille longue qu'il convient de laisser deux sarments, le même avantage existe pour la taille courte : chaque portant devrait toujours avoir deux sarments pour y faire affluer la séve, et le plus bas doit être affecté à la production du bois. Cette taille est pratiquée avec succès depuis longtemps : on l'appelle *taille en oreille de lièvre.*

Pour que les deux yeux de la branche à bois donnent de beaux sarments, il faut que les bourgeons soient élevés verticalement et attachés soit par leurs vrilles, soit par des liens, jusqu'à ce qu'ils aient atteint un mètre et plus de hauteur. La branche à fruit, au contraire, doit être abaissée horizontalement ou recourbée en bas et fixée dans ces positions pour y ralentir le cours de la séve; et ses bourgeons doivent être pincés, à deux ou à quatre feuilles au-dessus de la plus haute grappe.

Un mot sur la *taille verte* ou d'été, en regard de la *taille sèche* ou d'hiver.

La taille verte comprend quatre opérations, qui se répètent jusqu'à deux fois : la première est l'ébourgeonnement, qui consiste à jeter bas les bourgeons sortis du vieux bois et ceux qui ne portent pas fruit et ne doivent pas fournir les sarments de la taille de l'année suivante : le premier ébourgeonnement doit se pratiquer en avril et mai; cette opération est de haute importance, puisqu'elle empêche tout détournement de séve des bois nécessaires et des fruits.

La seconde opération est le pincement, qui se pratique sur chaque cep au moment où l'on vient de l'ébourgeonner. Il consiste à supprimer le sommet des bourgeons portant fruits, mais ne devant pas servir à la taille de l'année suivante, à deux feuilles, dans le nord, à quatre, dans le midi, au-dessus de la plus haute grappe. Le pincement a pour effet et pour objet d'empêcher le bourgeon de s'allonger en un bois inutile et de concentrer ainsi la séve ascendante au profit du fruit.

La troisième opération est le rognage : il consiste à rogner les bourgeons destinés à la taille de l'année suivante, à 1 mètre ou à 1^{m},30 au-dessus de la souche, quand ils ont acquis trop de longueur. Son objet est de fortifier ces bourgeons et d'en faire des sarments de taille plus forts et plus fertiles, en y concentrant la séve.

La quatrième opération est constituée par l'effeuillage et un rognage des repousses, quelques semaines avant la vendange : il a pour objet de donner plus d'air et de soleil aux raisins; mais il doit être fait avec modération, parce que les feuilles placées au-dessus des fruits entretiennent seules l'ascension de la séve : les fruits ne mûriraient pas s'ils n'étaient pas surmontés d'un certain nombre de feuilles; une ou deux, au moins, par grappe.

Il est indispensable de connaître quelque peu la marche et le rôle de la séve pour bien comprendre la taille sèche et la taille verte.

Sous l'influence de la chaleur et de la lumière, un mouvement vital, excité dans la tige, réagit sur les racines, lesquelles par leurs stomates, orifices d'autant plus nombreux à leur surface que les racines sont plus jeunes et plus déliées, aspirent l'eau du sol qui pénètre dans les cellules ligneuses par endosmose (Dutrochet) et capillarité; puis cette eau monte jusqu'aux extrémités des sarments par une circulation rotatoire, laquelle semble s'accomplir dans chaque cellule et d'une cellule à l'autre. Ce mouvement séveux paraît être simultané, des extrémités de la tige à celles des racines; il semble aussi ne pas plus obéir aux lois de la pesanteur que ne le ferait une longue série de petites roues d'engrenage se commandant l'une l'autre, dans laquelle il serait impossible d'imprimer un mouvement à l'une des roues sans que ce mouvement se reproduisît instantanément sur toute la ligne. L'eau du sol, ainsi absorbée, monte donc et se répand dans toute la tige par le bois dur, et non par l'écorce ni par le canal médullaire. Elle dessert chaque sarment en proportion de la surface de sa section ligneuse et en proportion de la force et de la vitesse que lui impriment la chaleur, la lumière et l'électricité atmosphériques, agissant sur les organes extérieurs au sol.

On a voulu savoir (Hales, MM. de Mirbel et Chevreul) la part que prenaient à la force du mouvement séveux les différentes parties de la vigne; et l'on a constaté, en pleine séve, qu'une tige de vigne étant tout à coup tranchée et le tronc qui tient aux racines étant muni d'un manomètre à mercure, la séve ascendante pouvait soutenir une colonne de mercure de 80 centimètres à 1 mètre, équivalant à une colonne d'eau de 10 à 14 mètres de hauteur. Mais ce n'est là qu'une faible expression de la vraie force impulsive ou ascendante de la séve, puisque l'eau des racines alimente les bourgeons des vignes à 20 et 30 mètres de hauteur et les bourgeons d'autres arbres gigantesques jusqu'à 100 mètres et plus. L'essentiel est de savoir que les racines poussent l'eau dans la plante avec une grande puissance, même en l'absence de la tige, et qu'elles la propulsent avant toute apparence de bourgeons ou de feuilles, comme le montrent les pleurs de la vigne, aux mois de février et de mars.

Par contre, on a essayé de reconnaître (Hales, Desfontaines, de Mirbel et Chevreul) l'action de la tige et des feuilles sur la séve ascendante; des tiges de vignes, chargées de leurs pampres verts, ont été coupées et leur tronc plongé, par sa coupe inférieure, dans une caisse d'eau hermétiquement fermée et à manomètre. Ainsi disposées et placées en mai et en juin, sous l'influence des rayons du plein soleil, elles aspirent l'eau avec une force équivalente au poids d'une colonne de mercure d'environ quarante-six centimètres. Si un nuage ou un écran intercepte les rayons du soleil, l'aspiration tombe de moitié; elle est nulle pendant la nuit. Ainsi les feuilles attirent la séve ascendante avec une grande énergie en plein soleil. Cette énergie diminue avec l'intensité de la lumière, elle est nulle dans l'obscurité.

L'observation semble établir qu'au début de la végétation printanière, la principale force d'expansion de la séve dite ascendante réside dans les racines: car, avant toute sortie des bourgeons, l'eau monte et coule par la section des sarments les plus élevés. Elle coule de même par la section de toute la tige, ras la terre.

Au mois de juin et jusqu'à l'hiver, c'est-à-dire quand les organes foliacés ou verts sont développés et adultes, ce sont ces organes qui, par leur étendue et leur vigueur, semblent commander presque absolument la force ascensionnelle de l'eau puisée par les racines: parce que cette eau cesse à peu près de monter si l'on supprime les feuilles et toutes les parties vertes de la tige.

Ainsi, au début de la végétation, c'est la tension intérieure de la séve ascendante qui pousse les yeux dehors, les débourre et forme les premiers organes des bourgeons; mais l'eau qui monte du sol ne suffirait point à les nourrir, si cette eau, en se mêlant avec les sucs végétaux féculents et saccharins déposés par la végétation de l'année précédente dans les cellules ligneuses, ne constituait pas ainsi un premier lait nourricier, analogue à celui que produisent les cotylédons des graines pour constituer les premiers organes des plantes.

Aussitôt que les organes verts sont constitués, aussitôt qu'ils sont adultes, ce sont eux qui aspirent l'eau du sol, sous l'action photo-thermo-électrique de l'atmosphère, pour fournir aux besoins de leur travail et entretenir leur propre existence.

Les feuilles sont chargées de fabriquer le ligneux, le bois qui va grossir les rameaux, les branches, le tronc et les racines de la plante; elles produisent aussi les substances qui serviront à nourrir les premiers rudiments de la végétation des bourgeons de l'année suivante.

Les fruits sont chargés de former les graines reproductrices de l'espèce, leurs germes, ainsi que les acides végétaux, les sucres, les farines et le ligneux qui les constituent et les entourent, pour favoriser leur premier développement.

Les feuilles sont les moyens d'accroissement et d'entretien de la vie de la plante; les fruits sont ses parasites, qui se constituent à ses dépens, pour s'en séparer et créer plus tard d'autres plantes semblables.

On pourrait comparer les feuilles et les fruits à deux usines antagonistes tirant leur eau d'alimentation d'un même canal ou réservoir: toutes les fois que l'usine à bois pourra s'emparer de la totalité de l'eau pour sa fabrication, l'usine à fruits ne produira rien; réciproquement, si l'usine à fruits détourne toute la séve ascendante à son profit, il y aura peu ou point de bois fabriqué. Cette comparaison est à peu près vraie, et tout l'art de la taille sèche et de la taille verte consiste à distribuer, à modérer, à régulariser le partage de la séve ascendante entre la production nécessaire du bois et la production rémunératrice du fruit.

On conçoit en effet que si l'arrivée de la séve ascendante est proportionnelle à la section des canaux ligneux qui l'apportent, il vaudra toujours mieux laisser un sarment pour produire le bois et un sarment pour produire le fruit que de ne laisser qu'un seul sarment pour produire bois et fruit, puisqu'on aura ainsi deux canaux de même section au lieu d'un, c'est-à-dire une arrivée double de séve, et de plus la disparition de toute lutte entre la production du bois et celle du fruit.

On concevra de même que, n'ayant besoin, pour renouveler la végétation de l'année suivante en un même point, que de deux beaux bois, il faudra ne laisser que deux yeux au canal destiné à les alimenter; car le diamètre d'un sarment et son apport de séve restant les mêmes, deux parties prenantes dans un même apport auront une part bien plus grande que s'il y en a vingt.

Par contre, chaque œil ne donnant que deux grappes, deux yeux n'en fourniraient que quatre et souvent n'en fourniraient pas, parce que l'accroissement excessif en bois fait disparaître fréquemment le fruit : il convient donc de laisser un plus grand nombre d'yeux sur le sarment à fruit, surtout lorsque l'expérience montre que le fruit exige moins de séve que le bois pour sa formation.

Ce qui est rationnel et vrai pour la taille sèche est encore plus rationnel pour la taille verte. Il est d'abord évident que tout bourgeon impropre à la taille de l'année suivante et ne portant pas de fruit absorberait inutilement la séve, et qu'il doit être supprimé tout d'abord; il n'est pas moins évident que tout bourgeon portant fruit, mais inutile pour la taille, devra être arrêté dans sa trop grande expansion à bois, pour favoriser le fruit, et que tout bourgeon destiné à la taille, au contraire, devra être respecté, et même favorisé par la position verticale, dans sa végétation nécessaire; mais en le rognant lorsqu'il a dépassé ses dimensions utiles, on favorise son grossissement et surtout on enrichit sa partie conservée d'un plus grand dépôt de substance nutritive pour la végétation de l'année suivante.

Ces données sur la circulation et la distribution de l'eau séveuse dans la vigne suffiront à expliquer comment la courbure, la torsion, l'abaissement des sarments gênent plus ou moins le cours de la séve et permettent de favoriser quelques yeux près de la souche plus que les yeux placés au delà de la courbure, pour avoir de meilleurs bois dans les premiers et plus de fruits dans les derniers.

Je dois encore dire ici que l'eau n'entre dans la vigne que par les racines et jamais par les feuilles (M. Duchartre); la pluie, la rosée et le brouillard ne sont pas plus absorbés par les feuilles que par la peau des animaux.

Les feuilles pompent l'eau de la tige, la répandent dans leur limbe, où se fait le *cambium* ou bois coulant ou séve descendante, par l'aspiration de l'acide carbonique, la fixation du carbone aux éléments de l'eau et l'exhalation de l'oxygène dans l'atmosphère, pendant le jour; les feuilles fabriquent en même temps les matières nutritives qui s'échangent dans le bourgeon vert par endosmose, tandis que le cambium descend, entre le bois et le liber ou feuillets de l'écorce, pour grossir la plante. Mais la dépense la plus considérable des feuilles consiste dans la vapeur d'eau qu'elles exhalent : cette transpiration seule peut les faire vivre et les maintenir vertes sous les ardeurs du soleil. Cette transpiration s'élève à plus d'un demi-gramme d'eau par décimètre carré de feuille et par les jours de chaleur, en juin, juillet et août. Plus les feuilles sont jeunes et hautes, plus elles ont de force pour tirer l'humidité du sol. Quand cette humidité manque à la terre, les feuilles d'en haut s'emparent de l'eau des feuilles d'en bas et de celle des raisins, qu'elles dessèchent ainsi quelquefois en peu d'heures. La connaissance de ces faits explique et justifie les pratiques de l'épamprage pour arrêter la chute des feuilles du centre des souches et le brûlis des raisins.

Enfin il importe de constater que, bien que le mécanisme de l'endosmose permette à la séve ascendante de se répandre à peu près dans toute la section ligneuse de la tige, cette séve suit pourtant beaucoup plus rapidement ses voies directes et qu'elle se détourne difficilement, des organes qu'elle dessert, pour alimenter les autres. Ainsi, sur une souche à plusieurs bras, sur une treille à plusieurs cordons, l'amputation d'un bras ou d'un cordon ne profite point aux autres en proportion de la suppression. Plus les divers membres d'une souche ou les divers cordons d'une treille sont vieux, moins leur suppression ajoute de force aux parties conservées; plus le bois supprimé est jeune, plus la séve qui devait l'alimenter profite au jeune bois voisin conservé. Mais le jeune bois supprimé, ou laissé le long ou à l'extrémité d'un vieux cordon ou membre, n'aura aucune influence sur les jeunes bois d'un autre membre ou cordon.

La séve affecte donc une direction; elle est distribuée plus particulièrement à telle ou telle partie de la tige : c'est ainsi qu'on peut faire végéter et fructifier un cordon de treille en serre chaude, tandis qu'un autre cordon de la même treille, laissé à l'air libre, ne donnera pendant ce temps-là aucun signe de vie; mais, au printemps, il entrera en végétation et vivra de sa vie végétale ordinaire jusqu'à la fin de l'automne. Ainsi les diverses racines desservent diverses parties des tiges, et la suppression des tiges qui leur correspondent crée plus d'embarras de circulation que de profit : c'est ainsi que, par une succession de nombreuses tailles, la séve refuse de monter et la tige de pousser.

Ce qui prouve que l'obstruction des canaux, par cette multiplicité de tailles accumulées les unes près des autres, est la cause unique de l'arrêt de la séve et de la défaillance de la végétation, c'est que du pied des vieilles souches et des vieilles treilles, qui ne végètent plus par leur tête, jaillissent spontanément des bourgeons d'un diamètre et d'une longueur extraordinaires, et que, si ces bourgeons ne sortent pas spontanément, il suffit de couper la treille ou la souche près de terre pour obtenir une nouvelle et puissante végétation.

Les éléments de la physiologie de la vigne que je viens d'esquisser me paraissent devoir initier suffisamment le lecteur aux lois qui régissent sa taille et sa conduite. Les détails d'application se rencontreront tous dans l'étude des départements : en les donnant ici, je m'exposerais à des répétitions sans profit pour l'étude, puisqu'il s'agit de faits et de pratiques qu'il faut saisir et préciser en quelque sorte sur place et en action. Ces détails seront même fréquemment répétés dans les divers départements, parce que beaucoup de méthodes différentes demandent des explications analogues pour être ramenées aux mêmes principes.

RÉGION DU SUD-EST

OU DES OLIVIERS.

DÉPARTEMENT DES ALPES-MARITIMES.

Le département des Alpes-Maritimes, formé de l'arrondissement de Grasse et du comté de Nice, contient de 24 à 26,000 hectares de vignes, savoir : 11 à 12,000 dans l'arrondissement de Grasse et 13 à 14,000 dans les arrondissements de Puget-Théniers et de Nice. La production moyenne par hectare, dans ces deux derniers arrondissements, s'élève à peine à 10 hectolitres; mais elle s'élève au-dessus de 20 dans l'arrondissement de Grasse. En compensation de la faiblesse de la production, le prix du vin est fort élevé; il n'est pas descendu depuis six ans au-dessous de 30 francs l'hectolitre, ce qui porterait le rendement brut des vignes en argent, leur produit en vin étant de 380,000 hectolitres, à environ 11 millions de francs.

Quoiqu'une pareille production, qui représente l'existence de 11,000 familles et de 44 à 55,000 habitants, ne soit pas sans importance dans l'agriculture locale, elle est loin néanmoins de ce qu'elle devrait être sous le climat privilégié de Nice et sur le sol de première fertilité des plaines, des coteaux et des rampes inférieures des hautes montagnes du pays.

Le climat de Nice, de Grasse et de leurs environs, surtout dans les parties les plus rapprochées du littoral de la Méditerranée, est justement considéré comme un des plus constants de France dans sa douce et bonne température. L'hiver y présente assurément un printemps plus chaud et plus sûr, dans ses beaux jours, que le mois de mai à Paris. Le 21 février de cette année, en Guéraud, à 6 kilomètres de la mer et de Nice, j'ai cueilli moi-même des fraises parfaitement mûres, venues sans culture sur des gazons; j'ai, le même jour, détaché des cosses de pois ramés à 1m,50 de hauteur, remplies de leurs grains bons à manger : toute la végétation était à l'avenant; arbres champêtres et fruitiers, plantes des champs et des jardins, tout était luxuriant de végétation ou de fleurs. A Grasse et à Nice surtout, de véritables bois d'orangers, couverts de millions d'oranges, éblouissaient la vue et prouvaient, par leur santé, la clémence et la constance du climat; enfin des palmiers dattiers, plus grands et plus brillants encore que ceux d'Hyères, déjà si remarquables, ornés de leurs magnifiques régimes en lanières pendantes de 2 mètres de long, supportant chacun 10 kilogrammes de dattes amenées presque à maturité, achèvent de démontrer que le climat de Nice réunit pour la vigne tous les avantages des climats tempérés et toute la puissance de végétation des régions asiatiques et africaines.

Quant aux terrains, sauf les roches dénudées des sommets des montagnes et de leurs rampes escarpées, tous conviennent parfaitement à la vigne et sont de première fertilité dans les plaines, sur les collines et aux étages inférieurs des groupes ou des chaînes des monts plus élevés.

Nice est située, partie sur les terrains crétacés inférieurs à l'est, partie sur les alluvions anciennes de la Bresse, alluvions qui forment les deux versants du thalweg du Var. Grasse est également moitié sur les terrains des grès verts, au nord, et moitié sur les marnes irisées du trias, au sud. Antibes et Cannes sont sur ce dernier terrain, sauf le littoral au sud de Cannes, qui est granitique; enfin, Puget-Théniers repose, partie sur les roches crétacées supérieures, partie sur les terrains jurassiques.

J'ai pénétré dans le département des Alpes-Maritimes par Grasse, venant de Draguignan; et, recommandé par M. Picheret, sous-préfet de Grasse, à MM. Senechi et Malvilan, propriétaires les plus versés dans les cultures de Grasse et de son arrondissement, je pus en prendre une connaissance rapide mais suffisante.

La vigne joue un rôle plus que secondaire dans les environs mêmes de Grasse; c'est surtout dans le canton de Vence, sur les versants ouest de la vallée du Var, et dans ceux d'Antibes et de Cannes, le long de la Méditerranée, que les vignes se développent sur de grandes superficies et se distinguent par leurs cultures et par leurs produits.

Dans les environs de Grasse, les cultures dominantes et les plus productives sont d'une part l'olivier, de l'autre les plantes à l'usage de la parfumerie, parmi lesquelles les rosiers de mai tiennent la première et la plus grande place.

L'olivier y rapporte de 800 à 1,000 francs bruts et de 550 à 750 francs nets par hectare et par an : l'hectare s'y vend à 5 p. o/o du produit net, c'est-à-dire de 7,000 à 15,000 francs.

La culture du rosier rapporte de 1,000 à 1,500 francs bruts par hectare et de 700 à 1,100 francs nets; mais ce produit est bien moins assuré, moins durable, et le capital de la terre ne s'y proportionne point.

Sous les oliviers on sème des blés, surtout pour en récolter la paille, car chacun, en ce pays accidenté, possède sa bête de somme qu'il faut entretenir d'aliments et de litière; et en bordure des gradins ou des blés, sous les oliviers, sont des ceps en lignes irrégulières ou disséminés sans soin, pour fournir la boisson de consommation; mais ni les blés ni la vigne ne sont considérés comme production lucrative.

Un fait qui m'a frappé et que je dois signaler ici, c'est que de temps immémorial, dans les environs de Grasse, tous les arbrisseaux à fruits ou à fleurs, tels que framboisiers, jasmins, rosiers, etc. sont abaissés et couchés dans la totalité de leurs rameaux poussés l'année précédente, pour en obtenir les fruits et les fleurs en plus grande abondance. Ce couchage général de tous les arbrisseaux d'un même champ, se reproduisant sur toute l'étendue des cultures de la plaine, offre un aspect qui attire l'attention de tous les voyageurs, mais que surtout les horticulteurs et arboriculteurs étrangers au pays ont dû remarquer en le traversant. J'essaye d'indiquer l'aspect d'un champ de rosiers couchés, dans les figures 1 et 2, au centième.

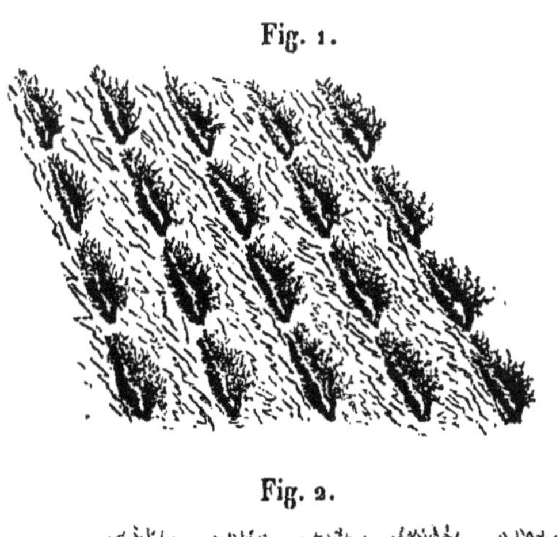
Fig. 1.

Fig. 2.

Ainsi ce procédé, qu'on a essayé de présenter dans ces derniers temps comme une invention, est une pratique des plus anciennes pour les arbrisseaux à fleurs ou à fruits, pour les légumes, dans le couchage des oignons et des autres alliacées, pour les céréales par les roulages des mois de mars et avril, pour les faire tailler; pour les arbres en contre-espaliers et espaliers, et pour la vigne dans dix départements de la France. Je puis affirmer que dans l'Aunis, aux environs de la Rochelle, 10,000 hectares de vignes présentent au printemps, à la première pousse, l'aspect et la disposition des figures 1 et 2; disposition que je précise dans la figure 3, au trente-troisième, et cette pratique est appliquée tous les ans et de temps immémorial.

Fig. 3.

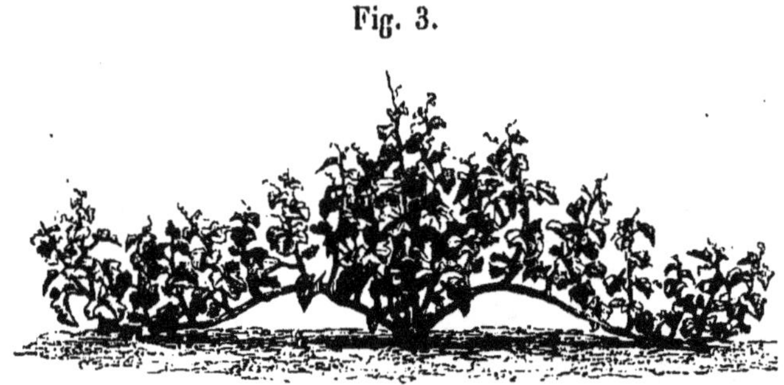

Mais, chose singulière, la méthode employée dans les Alpes-Maritimes pour faire fleurir et fructifier les arbrisseaux n'est point appliquée à la vigne, à laquelle elle conviendrait certes mieux que la taille à un ou deux bras et à un ou deux coursons, à deux et à un œil, taille qu'on lui inflige et qui la stérilise à peu près complétement.

Toutefois, à la Gaude, vignoble le plus distingué et le plus renommé du département des Alpes-Maritimes, et dans les pays voisins, la vigne est conduite à un long bois, abaissé en trajectoire et attaché à un long roseau (*arundo donax*), fixé sur les têtes des souches formant la ligne de palissage (fig. 4, au 100e). *a b*, roseau attaché sur la tête des vieilles

Fig. 4.

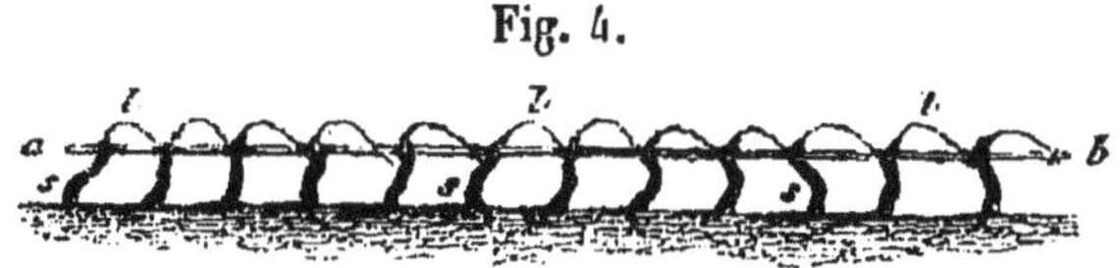

souches *s s s ; l l l*, sarment de l'année précédente, plié et attaché au roseau : tel est l'aspect général des lignes de vignes de la Gaude. Pour faire mieux comprendre cette conduite intelligente de la vigne, je donne le détail de trois ceps au 33e (fig. 5).

Fig. 5. Fig. 6.

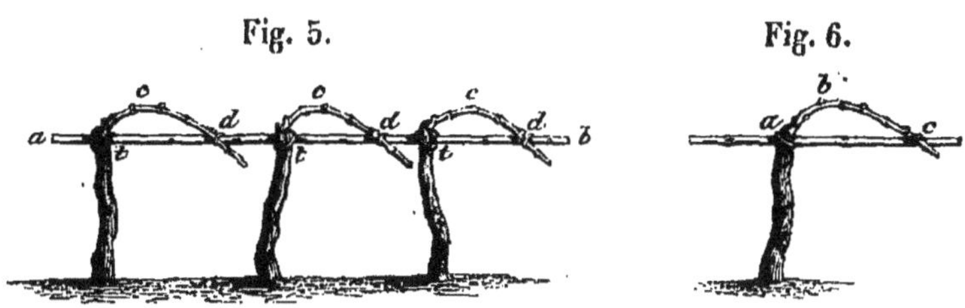

Pendant les trois premières années, à la Gaude, on met un tuteur aux souches pour les dresser et les soutenir jusqu'à 35 ou 40 centimètres de hauteur; la souche étant assez forte, on supprime le tuteur, on fixe la tête des souches *t t t* au moyen du roseau *a b* : c'est alors qu'on cesse de tailler à courson et qu'on donne l'aste *cd cd cd;* on lui imprime une courbure assez brusque en *c c c*, pour gêner la séve et la forcer à se porter sur les deux ou trois premiers bourgeons chargés de reproduire les bois de remplacement, tandis que la partie *cd cd cd*, chargée de donner plus de fruits, est abaissée et attachée, en *d d d*, au roseau.

Il est impossible d'établir un palissage de la vigne plus ingénieux et plus économique; mais il est facile de voir que la taille et le palissage ne sont pas tout à fait suffisants; et, quoique meilleurs que la taille à courson seul, d'une part, et que l'absence du palissage, on comprend tout d'abord que ni l'un ni l'autre ne peuvent donner le résultat le meilleur possible. Ainsi, l'aste *a b c* (fig. 6) est obligé de fournir de beaux et grands bois pour l'aste de l'année suivante entre *a* et *b*, un beau bois du moins sur l'un des trois bourgeons; elle doit en même temps porter de beaux fruits entre *b* et *c* sur les trois autres bourgeons, sans préjudice aux fruits des trois premiers. Or *abc* n'a qu'un seul canal, d'un diamètre fort restreint, pour alimenter ses bois et ses fruits : si les fruits profitent de la séve, les bois seront médiocres; si c'est au contraire les bois qui la prennent, les fruits seront petits ou absents. Il faudrait donc, pour obtenir de beaux résultats en bois et en fruits à la fois, qu'un canal fût consacré au bois et un autre aux fruits; c'est-à-dire qu'il faudrait un courson et un aste comme dans la figure 7 : *a b*, courson; *b c*, aste. *a b* offre un canal d'alimentation très-large pour les deux bois nécessaires au remplacement, et *b c*, un autre canal d'autant plus suffisant qu'il ne doit produire que des fruits; l'année suivante, l'œil *b* donnera le courson, et l'œil *a*, le plus haut, donnera l'aste.

Fig. 7.

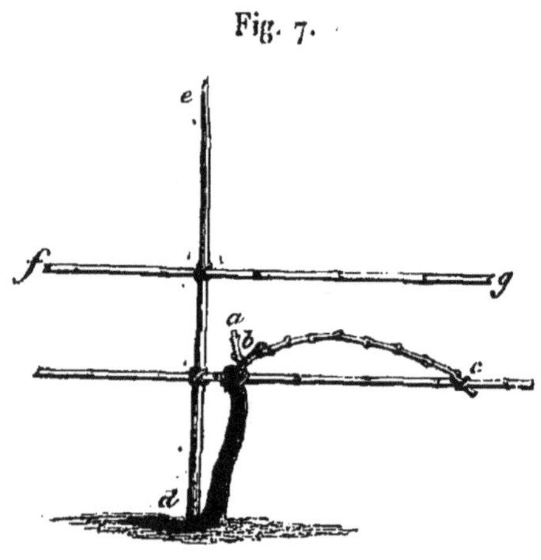

Mais si l'on sait que la vigne ne donne de beaux bois que quand ils sont élevés verticalement, on comprendra qu'il manque ici, dans le palissage, un échalas qui permette de remplir cette indication : il faudrait donc à chaque souche un échalas *d e*; mais on sait aussi que les fruits grossissent d'autant plus et mûrissent d'autant mieux qu'ils sont plus solidement suspendus : un second roseau *f g* serait donc nécessaire pour réunir à une taille parfaite un palissage parfait.

Néanmoins les viticulteurs de la Gaude arrivent à une moyenne production de 30 hectolitres au moins à l'hectare, bien qu'ils ne pratiquent avec soin que l'ébourgeonnage et l'effeuillage, laissant le pinçage et le rognage de côté. Ils ne donnent à leur vigne qu'une seule culture, un piochage après la taille. L'ordre des façons est celui-ci : on taille et l'on attache; on pioche, on ébourgeonne, puis on relève les pampres qui traînent à terre. Tous les propriétaires de la Gaude cultivent ou font valoir par eux-mêmes. Leurs ceps sont à 50 centimètres dans le rang; les rangs sont à 1^{m},25 ou 1^{m},50; ils n'introduisent dans leurs vignes aucune culture intercalaire.

Les vendanges se font avec grand soin dans la Gaude : des femmes nettoient les raisins du sec, du vert et du pourri; on n'égrappe point. La cuve étant remplie de raisins en bon état, on laisse cuver vingt-quatre heures, rarement quarante-huit; puis un homme descend tout nu dans la cuve et écrase successivement les raisins par petites couches. Quatre à six heures après, on tire et l'on met en tonneau; le marc est mis au pressoir et les jus de presse sont répartis également dans les fûts; le vin bout dans le tonneau et jette son écume au dehors. On remplit à mesure et tous les jours pour remplacer la perte du guillage : à la Saint-Martin, on ferme le tonneau.

Le vin de la Gaude est produit par le pané ou panéa, raisin précoce, ne pourrissant pas et donnant un moût de bonne qualité; par le braquet, qu'on croit être le pineau et que je suppose être le breton ou carbenet sauvignon, et par la clairette, dont on compte trois variétés: la rose, la pointue et le blanchero.

Le vin de la Gaude se conserve parfaitement en tonneau et sur lie; on ne le soutire point; il se garde pendant un grand nombre d'années. Dès la première année il obtient un prix assez élevé : il s'est vendu 52 francs l'hectolitre en 1862.

Le vin de la Gaude est vraiment très-remarquable par sa couleur, par sa force, par sa saveur, en même temps que par son bouquet, et par son action tonique et bienfaisante, après cinq à six ans. Il ne laisse aucune des impressions chaudes et de rancio des vins forts du Midi; il désaltère au contraire parfaitement et supporte l'eau sans perdre sa saveur franche.

J'ai insisté d'abord sur le vignoble et sur le vin de la Gaude, parce qu'ils sont vraiment les types supérieurs des vignobles et des vins du pays, de tout le canton de Vence, de celui d'Antibes, de Cannes, et même du canton de Levens et de Nice, dans leur partie qui s'étend sur la rive gauche du Var et qu'on nomme le Bellet. Les vins de tous ces cantons sont inférieurs à ceux de la Gaude proprement dite; mais ceux de Cagnes, de Saint-Laurent-du-Var, de Saint-Paul, se rapprochent assez de leurs qualités pour être vendus à peu près le même prix et sous le même nom : le Bellet, dans certaines parties, donne aussi de fort bons vins.

Mais en m'occupant en premier lieu de l'étude et de la description du vignoble de la Gaude, j'avais encore un motif plus sérieux, celui de faire ressortir trois observations que la vinification de la Gaude me fournit l'occasion de développer.

La première de ces observations, c'est que vingt-quatre heures de fermentation suffisent ici pour donner un vin très-coloré; la durée de la fermentation ou de la macération des jus avec les pellicules du raisin n'est donc pas l'élément indispensable de la coloration. Est-ce donc le panéa, la tronquière, citée dans l'Ampélographie française, qui donnent cette coloration puissante et rapide? Ceux qui veulent de la couleur devraient dans ce cas cultiver des raisins qui les exonéreraient de la triste obligation de faire macérer leurs vins; mais je ne crois pas qu'aucune vertu spéciale de coloration appartienne au panéa ni à la tronquière, pas plus qu'au braquet; elle appartiendrait encore moins aux blanquettes ou clairettes, qui n'ont pas de matière colorante. Eh bien! contrairement aux apparences, je crois que les blanquettes, les clairettes, les ugnis blancs, les jurançons, les mozacs, les pineaux blancs, en un mot tous les raisins blancs à moûts très-sucrés, à fermentation généreuse, ont la propriété d'extraire plus de matière colorante des pellicules des raisins rouges que les propres jus de ces raisins, soit en vertu de certains éléments spéciaux, soit par leur puissance et leur activité fermentescibles. Je suis donc porté à penser que c'est aux trois variétés de clairette, qui entrent pour un quart ou un cinquième dans les cuvées de la Gaude, qu'est due la grande coloration de leurs vins en vingt-quatre heures de fermentation.

J'ai vu bien des faits qui tendraient à prouver qu'il en est ainsi : un cinquième de raisins blancs de mozac ou de jurançon et quatre cinquièmes de raisins rouges de cots, de breton, de bouchalès, de negrets, donnent des vins plus colorés que tous raisins rouges dans la cuvée; un cinquième de pineau blanc et quatre cinquièmes de pineau noir ou de gamay donnent à peu près le même résultat; il doit en être infailliblement de même avec le concours des clairettes et des blanquettes, dont les jus sont encore plus riches.

C'est le sucre, c'est la fermentation rapide et chaude qui dissolvent la matière colorante, et non la macération. Si l'on met sur un marc de vin rouge, dans une cuve, de l'eau pure, elle se colore à peine; si cette eau contient 8 p. o/o de sucre, elle se colore comme le premier vin tiré; si cette eau contient 12 p. o/o de sucre, elle est colorée au double, aussitôt sa fermentation terminée.

Ma seconde observation, c'est que le degré de chaleur des raisins, au moment où ils sont mis dans la cuve, influe singulièrement sur la puissance et la rapidité de la fermentation et par conséquent sur l'intensité de la coloration. Il est hors de doute que les raisins de même espèce, d'une même vigne, cueillis à la grande fraîcheur d'une matinée d'automne, emplissant une cuve, mettront huit à dix jours à accomplir leur fermentation; et que ces mêmes raisins, cueillis à la grande chaleur du même jour, emplissant une autre cuve, accompliront toute leur fermentation en deux ou trois jours et que plus la fermentation aura été rapide, plus la coloration sera prononcée.

L'influence de la chaleur pour opérer la dissolution de la matière colorante du raisin est parfaitement démontrée; chacun peut la constater en faisant chauffer du marc de raisin rouge avec de l'eau, depuis 30 degrés jusqu'à 100 degrés : on constatera que l'intensité et la rapidité de la coloration sont proportionnelles à l'élévation de la température.

Ma troisième observation est relative à la conservation

et à la solidité des vins à la cave, aux celliers, aux transports. Chacun sait que tels vins de plaine, obtenus des mêmes raisins que ceux de montagne, ne se conservent pas aussi bien que ces derniers; que tels vins identiques de cépages, de telle rive d'une rivière, se conservent, et tels autres, de l'autre rive, ne se conservent pas; que tels vins alcooliques s'altèrent rapidement, et tels autres, peu alcooliques, et même plats, sont d'une solidité à toute épreuve. Eh bien! je crois que c'est, après la qualité du cépage, dans la rapidité de la fermentation et dans sa perfection, obtenue par une certaine température des raisins avant et pendant la cuvaison, que réside surtout la solidité des vins. Sous ce rapport, les raisins blancs généreux, comme les clairettes, les ugnis blancs, les mozacs, les pineaux, etc. peuvent contribuer à la conservation des vins rouges par de meilleurs éléments de fermentation et même de composition.

Je livre ces considérations aux viticulteurs, en les invitant à faire de leur côté les recherches que je fais du mien dans ce sens; et sous peu d'années, nous aurons conquis, sans plâtrage et sans substances étrangères aux vins, le degré de coloration le plus parfait et la plus grande solidité possible.

Je reviens aux vignobles de l'arrondissement de Grasse.

A Saint-Paul, à la Colle, la vigne est conduite comme à la Gaude. Toutefois, à la Colle, j'ai vu des échalas disposés dans les lignes de vignes à 1^{m},50, un peu plus, un peu moins, pour attacher les roseaux qui doivent fixer les astes. C'est une dépense de plus qu'à la Gaude, mais c'est un progrès; car il est difficile de pouvoir compter sur les souches mêmes pour attacher les roseaux de palissage. Si l'on mettait un échalas à chaque souche et deux roseaux superposés, comme l'indique la figure 7, il ne resterait plus qu'à laisser un courson à bois, à deux yeux, pour avoir taille et palissage parfaits. La figure 8 donne l'aspect d'une ligne de vigne semblable à celles que j'ai observées à la Colle.

Fig. 8.

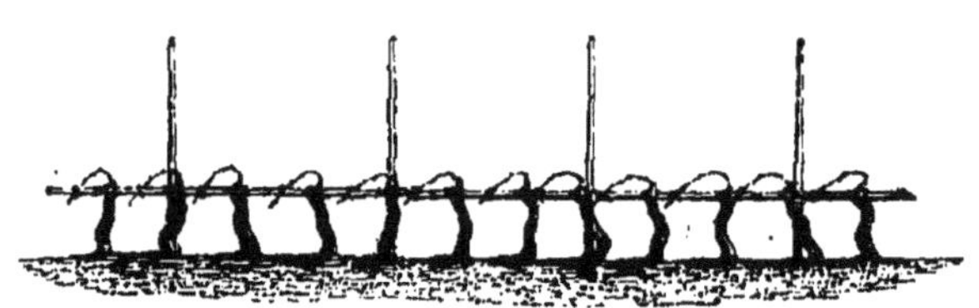

Toutefois, quelques propriétaires taillent aussi leurs vignes à simple courson à la Colle, la vigne étant dressée sur deux ou trois bras, parfois sur un seul; mais la règle paraît être deux bras.

A Cagnes, la taille est exclusivement à coursons à deux yeux, sur deux ou trois bras, à 15 ou 20 centimètres de terre; les ceps à 50 centimètres dans le rang et les rangs à 2 mètres : c'est, on peut dire, la règle la plus générale de l'arrondissement de Grasse, comme celle du comté de Nice. Des échalas peu réguliers et peu droits, surtout quand ils sont faits de branches d'oliviers, sont placés à 1^m,50 et à 2 mètres dans les lignes; une ou deux palissades en roseaux sont attachées à ces échalas après la taille; quand il n'y en a qu'une, elle est attachée à environ 60 centimètres de terre; quand il y en a deux, l'inférieure est à 50 centimètres et la supérieure à 80 centimètres au-dessus du sol. Mais ces palissades ne servent qu'à retrousser les pampres déjà longs; ces pampres sont jetés par-dessus les roseaux; on les attache toutefois assez négligemment, tantôt aux échalas, tantôt aux palis.

Les figures 9 et 10 donnent l'aspect des vignes de Cagnes et de Saint-Laurent-du-Var, à un et à deux roseaux, après

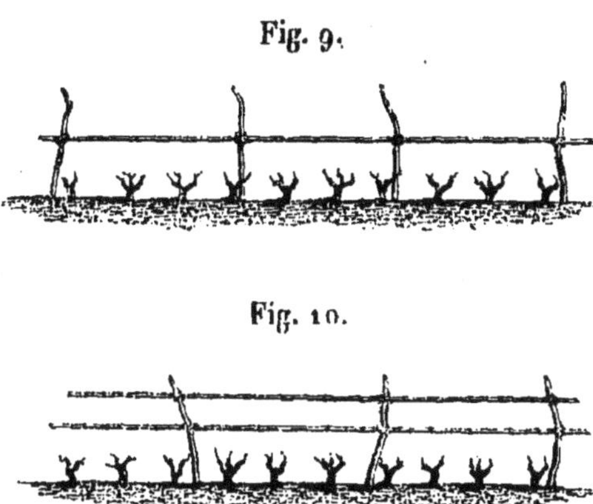

Fig. 9.

Fig. 10.

la taille; la figure 11 donne l'aspect d'une ligne, non taillée, avec tous sarments jetés sur un roseau.

Fig. 11.

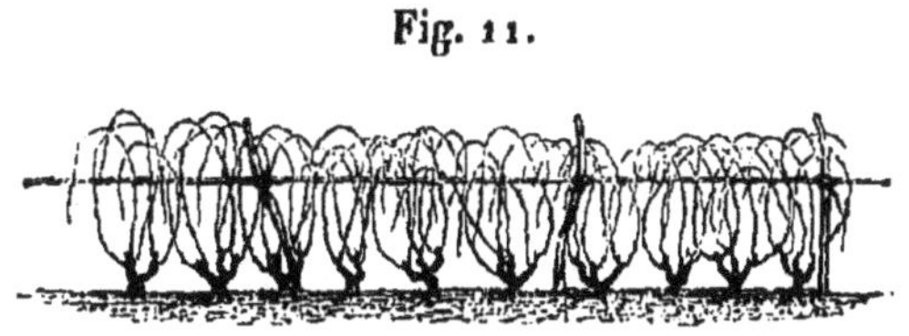

Quand les échalas sont de petits sapineaux, ils sont très-réguliers et très-droits. Beaucoup de vignes à Antibes et à Cannes, très-peu à Cagnes, à Saint-Laurent, à Villeneuve et dans le Bellet, sont absolument privées d'échalas et de traverses en roseaux.

Dans ce dernier pays et dans ses parties les plus renommées pour les bons vins, la culture de la vigne est vraiment dans l'enfance : les ceps y sont tous à 10 ou 15 centimètres à peine de terre; ils rampent sur le sol sans ordre et sans direction aucune; ils sont à 2, 3 ou 4 bras portant un courson taillé à deux yeux; au printemps, on se contente d'en jeter bas les bourgeons qui n'ont pas de raisin. On donne un binage en mai, et voilà tout.

Si les vignes du Bellet étaient bien soignées, avec leur sol, leur situation et leur climat exceptionnels et des plus merveilleux, elles donneraient en abondance des vins délicieux. Avant l'invasion de l'oïdium, le produit de ces vignes s'élevait à 20 hectolitres au plus, à l'hectare, en moyenne; aujourd'hui leur produit est à peu près nul, grâce à l'apathie des vignerons et à leur aversion pour le soufrage. Il y a douze ans, la contrée récoltait 20,000 hectolitres de vin; aujourd'hui, elle n'en livre pas 1,200 à la consommation locale. Rien ne peut vaincre le fatalisme des vignerons du Bellet. Ainsi que les habitants du Cap-Breton, ils regardent l'oïdium comme un fléau de Dieu, et ils souffrent et meurent de faim, au besoin, avec résignation.

Les bonnes vignes du Bellet sont composées : 1° d'un cinquième de braquet, cépage très-fin, très-riche, à grande végétation, à feuilles profondément lobées à cinq lobes, à grappes allongées et claires, à grains ovales (c'est peut-être le pulsart); on en compte deux autres variétés, l'une à grains ronds, noire aussi, l'autre à grains verts; 2° de trois cinquièmes de fuella, raisin noir à grappe très-grosse, conique, à gros grains ronds; cépage très-riche aussi et s'élevant, comme le braquet, à 15 degrés glucométriques dans ses moûts; à feuilles pleines très-vertes en dessus et cotonneuses en dessous; 3° le dernier cinquième est composé de la roussane, cépage blanc, de l'espagnol, du negret, du pignerol et de la clairette.

A la Gaude et sur la rive droite du Var, beaucoup de vignes sont pleines (épaisses, mot du pays), c'est-à-dire sans cultures herbacées intercalaires et sans oliviers ni cultures arborescentes en allées, principalement sur les coteaux ; à Antibes, à Cannes, les cultures en jouelles paraissent devenir dominantes. Dans tous ces pays, et même à Saint-Laurent, en plaine surtout, on voit de nombreux et grands oliviers ombrager les vignes, comme partout d'ailleurs dans le comté de Nice. On ne fait les bons vins de la Gaude et des environs que dans les vignes sans herbages et sans ombrages.

M. le colonel Gazan a de fort belles vignes à Antibes, qu'il conduit et fait cultiver avec une grande supériorité. J'ai eu le regret de ne pouvoir obtenir ses enseignements, étant allé le chercher au golfe de Juan, sur une fausse indication ; mais M. Trastour, receveur des contributions indirectes à Cannes, et viticulteur propriétaire et praticien des plus expérimentés, m'a fait apprécier la viticulture et la vinification de tous les environs.

M. Trastour a pratiqué chez lui et fait pratiquer, par ses parents d'abord, et par un grand nombre de viticulteurs ensuite, le soufrage énergique et efficace des vignes. Il a reçu, pour son activité et son impulsion à cet égard, une médaille d'argent du concours agricole de Grasse. Il conseille et préfère le soufre sublimé ; il est convaincu que c'est par son odeur, développée par la chaleur, que le soufre détruit l'oïdium ; il l'applique à l'oïdium naissant, et il l'aime autant répandu sur terre que sur les feuilles ou sur les raisins. Il a donc fait, à l'égard du soufrage, les mêmes remarques que M. Forest et que M. de la Vergne ; je le crois dans le vrai.

Dans l'arrondissement de Nice, comme dans tout le département, les vignes en coteaux de la Gaude, de la Colle, de Saint-Paul, de Cagnes, de Villeneuve, d'Antibes, de Saint-Laurent-du-Var et du Bellet (je laisse à part les vignes de l'arrondissement de Puget-Théniers, que je n'ai pu aller visiter) sont seules cultivées sans mélange; toutes les autres vignes sont en général mêlées aux cultures herbacées et arborescentes, et cultivées en jouelles ou en allées, en lignes, près de terre, sur un ou deux rangs rapprochés, mais le plus souvent sur un; toutes sont taillées à courson, à un ou deux yeux francs; toutes sont dressées à un, deux, trois, et rarement quatre bras; les rangs sont à 2 et 3 mètres, et les ceps à 50 centimètres dans le rang. Une partie est échalassée et palissée fort irrégulièrement; une autre partie n'a ni échalas ni palis. On retrouve dans l'arrondissement de Nice les mêmes dispositions, les mêmes souches et les mêmes tailles que nous verrons plus tard sur les rives du Var, mais tenues ici avec moins de régularité et de soin, par conséquent avec moins de récoltes et de qualité : les moyennes récoltes varient de 6 à 12 hectolitres à l'hectare, et pourtant le vin récolté ne descend guère au-dessous de 30 francs l'hectolitre.

Il est juste de dire que, jusqu'en ces derniers temps, les cultures aux environs de Nice, ville de luxe, de santé et d'étrangers, étaient considérées comme agrément et comme distraction, et abandonnées entièrement aux paysans en ce qui concernait la production nourricière. La vigne surtout n'était l'objet d'aucune préoccupation et d'aucun soin spécial.

Par la même raison le comté de Nice, il faut le dire, est des moins avancés dans son agriculture.

Il faut bien aussi reconnaître que la différence de mœurs et de langage, le défaut d'initiative et de tout encouragement à l'agriculture de la part du Gouvernement piémontais, et par-dessus tout l'absence de voies de communication et même de simples chemins d'exploitation à l'intérieur du pays, sont pour beaucoup dans cet état arriéré de l'industrie rurale de l'ancien comté de Nice.

Ici tout se fait à la main, même le blé sous les oliviers; toutes les cultures se font aussi par métayage à moitié fruits, mais sans concours et presque sans surveillance du propriétaire. Aussi le métayer s'adjuge-t-il sans conteste les quatre cinquièmes de la récolte : 1° il nourrit dessus lui et sa famille; 2° il porte au marché, paye tous ses frais, il achète les souliers du petit, la casserole et le casaquin de sa femme, et vient partager le reste, de la main à la main, avec son maître au sortir du marché. La plupart des propriétaires savent tout cela et semblent ne pas s'en préoccuper; c'est sans doute très-patriarcal, mais je ne sais si la richesse privée et publique, non plus que la moralisation, y gagne beaucoup : car les maîtres savent qu'ils sont pris pour dupes, et les paysans n'ignorent pas qu'ils dupent leurs maîtres. Cette situation doit engendrer une drôle de conscience dans le pays; dans tous les cas, elle rend le progrès difficile et la richesse agricole presque nulle. Le paysan est attaché à son maître comme le lichen à l'écorce de l'arbre : aussi le maître l'appelle-t-il *mon paysan*, et le paysan accepte, avec une bonhomie qui n'est pas jouée, le mot plus que le fait de la servitude qui le nourrit sûrement.

Le paysan de la rive droite du Var est énergique, fier et démocrate; celui du comté de Nice est doux, humble et subordonné, en toute apparence du moins.

Quand on parcourt la rive droite, on est émerveillé,

sinon de la perfection absolue de l'agriculture, au moins de la vigoureuse utilisation du sol et de la sollicitude active et incessante de ses colons ; dès qu'on passe sur la rive gauche, on est attristé par l'aspect d'une inertie et d'une négligence relatives très-prononcées.

Tout le luxe des cultures paraît réservé aux jardins de Nice et aux nombreuses et splendides villas qui l'entourent; le reste semble paresseusement exploité sans méthode, sans ordre, sans résultats; et n'étaient les oliviers séculaires qui meublent richement les coteaux, on aurait, non loin de la capitale des Alpes-Maritimes, un fort pauvre aspect agricole.

Bien plus, à quelques lieues de Nice, vivent dans les montagnes des peuplades pauvres et pour ainsi dire sauvages, logeant dans des trous en terre recouverts de branchages et de bruyères. Dans chacun de ces trous habitent une famille, son mulet, son cochon, tous ensemble; et la fumée du foyer qui cuit les aliments n'a d'autre issue que l'entrée commune.

Mais voici la sollicitude, l'énergie de la France, qui interviennent; voici ses voies de communication qui se développent, ses chemins de fer qui arrivent, ses enseignements et ses encouragements à tous les progrès en général et à l'agriculture en particulier, qui s'étendent à sa plus brillante annexion : avant peu le comté de Nice verra l'aisance, la prospérité, la richesse de ses populations agricoles se joindre à la fortune de sa grande cité, centre de la plus splendide et de la plus salutaire villégiature de l'Europe occidentale.

Déjà l'œuvre du progrès est commencée dans la viticulture; et du premier coup, sous l'intelligente initiative et l'énergique impulsion de M. Gaudais, elle a été portée à la perfection dans ses essais.

Le sol et le climat de Nice sont tellement heureux pour les cultures, que tous les hommes actifs et intelligents qui viennent l'habiter se sentent pris d'une véritable passion horticole ou agricole. M. A. Karr y a joint depuis longtemps à sa légitime réputation de grand écrivain celle d'habile jardinier; M. E. Thomas s'y livre à la production des graines de fleurs; M. Gaudais y pousse avec énergie tous les progrès agricoles. Ce pays-là est prédestiné aux productions du sol les plus puissantes et les plus variées; mais c'est la vigne surtout et les bons vins qui feront sa plus solide richesse.

M. Gaudais m'a tout d'abord conduit chez M. le baron de Zuylen, dans la magnifique propriété duquel il a fait planter des vignes, qu'il dirige et conduit dans des systèmes divers, d'accord avec le propriétaire, son digne et excellent ami.

C'est dans cette propriété, aussi remarquable par sa position, qui domine la ville et la mer à trois kilomètres, que par ses bois d'orangers jeunes, ses vieux oliviers et ses arbres rares de toutes sortes, que se trouve le plus beau palmier dattier qui soit en Europe : son panache, d'une pureté de lignes et de feuilles d'une symétrie irréprochable, mesure 24 mètres de circonférence; son stipe compte 8 mètres de hauteur et 1 mètre de tour; vingt-quatre régimes de dattes pendent régulièrement autour de sa couronne et soutiennent, à l'extrémité d'autant de lanières d'un mètre et demi chacune, un faisceau de 10 kilogrammes de dattes (240 kilogrammes en tout). Je n'ai jamais rien vu d'aussi beau. J'en ai pris le croquis, que je donne ici comme cachet du climat de Nice, et comme indication de la sécurité et de la fécondité luxuriante que la vigne doit en tirer (fig. 12).

Mais ce qui m'a le plus intéressé et ce qui rentre mieux dans mon sujet, c'est l'examen d'une vigne de 1,700 ceps, dont 300 conduits en palmettes et 1,400 disposés irréprochablement selon la méthode qui m'a si bien réussi, et que j'ai décrite et conseillée dans mon Traité de la viticulture et de la vinification. Cette vigne, arrivée à sa troisième année seulement, et mise l'année dernière (1862) en branche à bois et branche à fruit, binée quatre fois, pincée trois fois, ébourgeonnée, attachée, et rognée deux fois, fin juin et fin août, suivant la règle, a donné 100 hectolitres à l'hectare, c'est-à-dire 14 hectolitres pour 1,400 ceps à 1 mètre au carré, dans un pays où la moyenne récolte n'atteint pas 12 hectolitres à l'hectare. Je suis convaincu que cette vigne donnera davantage cette année; car les bois de remplacement avaient de 1 mètre 1/2 à 2 mètres de long, et la plupart étaient de la grosseur du pouce à leur base. Quant au vin produit, il était excellent, et il venait d'être vendu et livré par M. le baron de Zuylen à 35 francs l'hectolitre, prix le plus élevé du cours.

Fig. 12.

. La figure 13 donne, au centième, l'aspect de cette vigne, taillée en *a a a a* et non taillée en *b b b b*; *a a a a* sont les

Fig. 13.

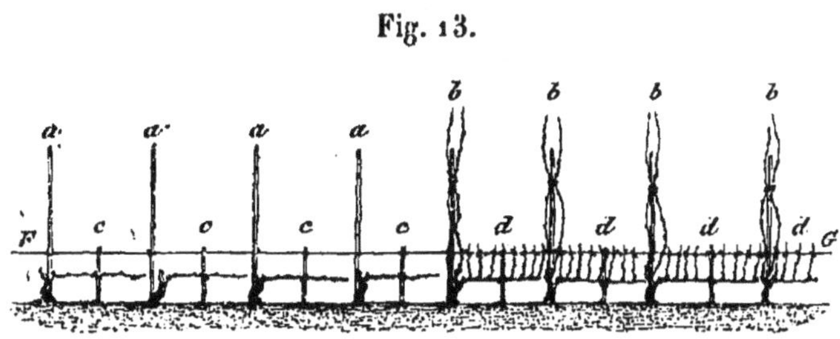

grands échalas de souche, *c c c c* sont les carrassons pour porter le fil de fer *F G* et la branche à fruit horizontale; *b b b b* montrent les longs bois de remplacement, et *d d d d* les branches à fruit, garnies de leurs sarments porteurs.

Les 300 ceps conduits en palmettes avaient produit, à la vérité, le double de raisins et le double en vin, c'est-à-dire 6 hectolitres; mais cette conduite de la vigne est bonne pour les jardins et pour les raisins de table : elle est complétement inadmissible pour la culture des vignobles et des vignes à vin.

La figure 14 indique, au centième, la forme et les pro-

Fig. 14.

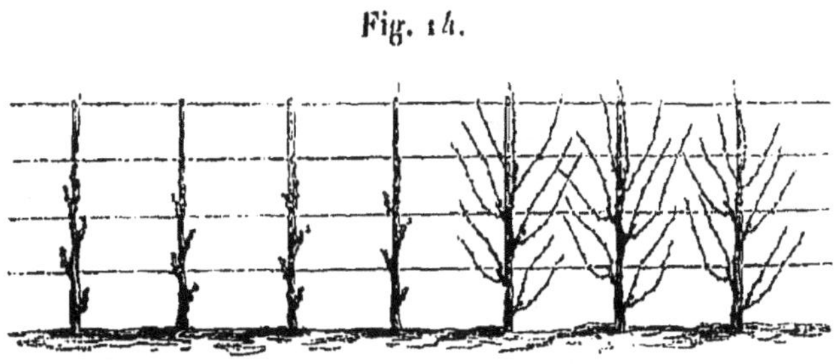

portions de la conduite en palmettes, ou plutôt en cordons verticaux, de M. Rose Charmeux, adoptée chez M. le baron de Zuylen. Il est facile de voir d'abord qu'il faut un palissage compliqué et trop élevé pour ne pas exiger une dépense extraordinaire en fourniture et en main-d'œuvre, et ensuite une distance au moins égale à la hauteur entre les lignes pour avoir les mêmes conditions d'aérage et d'insolation : donc si les lignes de 1 mètre de haut comportent 1 mètre de distance, les lignes de 2 mètres devront admettre 2 mètres; d'où la récolte double sur les cordons ne donnera qu'une quantité égale à un double rang.

Mais la considération principale qui s'oppose à l'adoption des cordons verticaux, c'est que, la maturité du raisin étant inverse de la hauteur, on ne peut obtenir une maturité égale le même jour à divers étages; pour le raisin de table, il n'y a aucun inconvénient à cela, c'est au contraire un avantage : on cueille alors successivement les grappes au moment précis de leur bonne maturité. Mais pour faire le vin il faut une maturité simultanée et égale sur tous les ceps et sur toutes les parties d'un même cep. Aucune sorte de culture de vigne à deux étages ne doit et ne peut être adoptée pour la vinification; tous les efforts des bons, des vrais viticulteurs doivent tendre à tenir les raisins aussi près de terre que possible, et tous aussi également que possible rapprochés de terre. Les bons jardiniers, au contraire, ont tout intérêt à cultiver la vigne et les fruits à plusieurs étages. La figure 13 donne une bonne vigne de vigneron, la figure 14 donne une bonne vigne de jardinier.

Jamais une vigne à deux étages n'a donné même du vin de bon ordinaire, à plus forte raison des vins de choix; c'est là surtout ce qui fait et fera éternellement que les vignes en arbres, en treilles et en treillons ne donneront jamais d'aussi bon vin que les vignes basses, du moins dans les latitudes tempérées. Si la treille courait horizontalement près de terre en cordon, tous ses portants donnant le raisin à la même hauteur, cette treille produirait le meilleur vin possible, selon son cépage; mais le cordon, la palmette, les contre-espaliers, les treilles verticales ou à étages superposés, doivent être repoussés énergiquement de la viticulture : c'est le contre-pied du progrès viticole pour la vinification.

D'un autre côté, l'oïdium frappe plus énergiquement les étages élevés que les étages approchant le sol; la dépense de soutenement et de palissage suit une progression géométrique, la hauteur étant prise arithmétiquement : ces deux graves inconvénients suffiraient à eux seuls pour qu'aucune entreprise sérieuse de viticulture ne pût se fonder sur les palissages élevés, à plusieurs étages.

Quoi qu'il en soit, M. de Zuylen et M. Gaudais vont suivre avec soin leurs applications, tant sur la conduite des vignes que sur la nature des cépages. Une vigne venait d'être plantée en pineau noir de Bourgogne, pour être ensuite traitée à la branche à bois et à la branche à fruit. M. Gaudais a introduit et pour ainsi dire imposé le soufrage dans le pays. M. de Zuylen a soufré, comme cela s'est déjà pratiqué, en faisant précéder le soufrage d'un arrosement général : il a parfaitement réussi à débarrasser ses vignes; mais je crois que, sous le climat de Nice, le soufre doit réussir selon toutes les méthodes de son emploi, car la chaleur uniforme et soutenue est la principale condition qui développe sa faculté curative.

Sur les conseils de M. Gaudais, M. Agathocle Bounin a fait disparaître les arbres fruitiers et les oliviers qui couvraient une vigne absolument stérile depuis douze ans. Cette vigne, recouchée et taillée à branche à bois et à branche à fruit, a donné dès la première année 36 hectolitres dans un demi-hectare. Je suis allé visiter cette vigne et toutes les vignes environnantes : là j'ai vu une vigne plantée en pineaux par MM. Gaudais et Bounin jeune; M. Vician, un des propriétaires viticulteurs les plus expérimentés du pays, m'a fait voir les vignes ordinaires, en me donnant les indications de leur conduite et de leurs cépages.

La largeur des jouelles est généralement de 2 mètres 25 centimètres. Pour planter, on défonce à trois pans ($0^m,75$) sur 1 mètre de largeur; et l'on plante les ceps tantôt à boutures, tantôt en plans enracinés, à deux pans ($0^m,50$) dans la ligne.

Fig. 15.

La figure 15 donne, au 33e, l'aspect le plus commun des ceps de 8 à 9 ans, et la figure 16 représente une ligne de

Fig. 16.

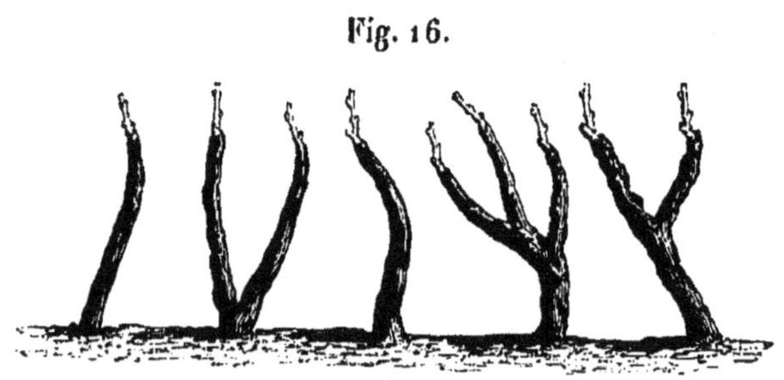

vieille vigne, étiolée par les cultures des jouelles ou par l'ombrage des oliviers; évidemment ces vignes n'ont profité ni du beau climat ni de l'excellent terrain du pays.

Ce qui prouve bien que c'est aux arbres et aux herbes que cette chétiveté est due, c'est que les souches observées en vignes épaisses, c'est-à-dire pleines, sans cultures intercalaires ni superposées, sont extrêmement vigoureuses; voici, pour exemple, l'aspect proportionnel de souches de 7 ans, croquées à Saint-Laurent-du-Var dans l'excursion que j'y fis avec M. Bounin père, président de la Société d'agriculture et d'acclimatation des Alpes-Maritimes (figure 17) :

Fig. 17.

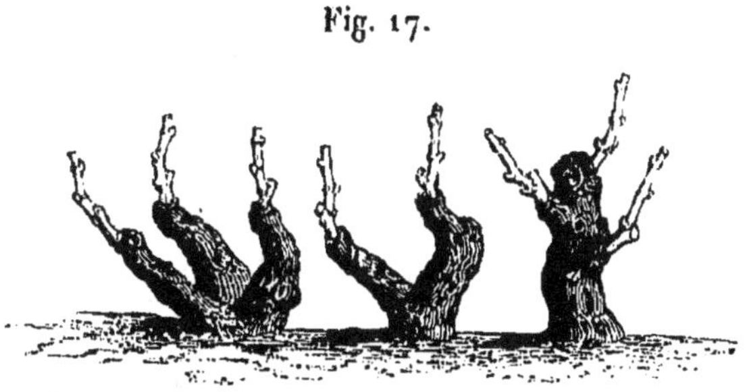

M. Bounin père m'a conduit, en effet, dans ses vignes de Saint-Laurent, vignes entourées d'oliviers, mais non garnies d'oliviers dans l'intérieur; ces vignes sont fort belles, palissées sur échalas et roseaux, comme la plupart des vignes environnantes. Toutes ces vignes sont taillées à courson et donnent très-peu. M. Bounin en a disposé environ 6,000 ceps à branche à bois et à branche à fruit qui lui ont donné, à la dernière récolte, 40 hectolitres, produit énorme pour le pays. D'accord avec M. Gaudais, et sous l'impulsion de ce dernier, M. Bounin a soufré ses vignes et il a su les débarrasser de l'oïdium qui dévore celles de tous ses voisins. M. Bounin m'a montré une treille qui, sans être malade, avait été soufrée dans toute une moitié et non soufrée dans l'autre; les sarments du côté soufré étaient d'un tiers plus gros et plus longs que ceux du côté non soufré.

Enfin, M. Bounin m'a fait voir un soufflet destiné à lancer

le soufre à l'état de vapeur; j'essayerai de donner une idée de ce soufflet (fig. 18) : *efgh* est un soufflet ordinaire auquel est adaptée une tuyère *cdk*, dont la partie *cd* est élargie et présente un cylindre d'environ 15 centimètres de long sur 4 de diamètre; dans ce cylindre on place un rouleau de mèches soufrées *c' d'*, après en avoir préalablement allumé l'extrémité *d'*; ensuite on recouvre *c d* de la tuyère mobile *a b*; puis on souffle en agissant sur les mancherons *fg*, en dirigeant la tuyère *ab* sur les ceps. M. Bounin dit avoir ainsi guéri des vignes; M. Gaudais prétend qu'il les a brûlées, parce que la flamme sortait. M. Bounin réplique que cela lui est arrivé en effet, mais accidentellement. Bref, il y a là une idée que je crois bonne et qui peut être perfectionnée et fécondée. Je ne crois pas que l'acide sulfureux formé soit efficace et inoffensif, mais je pense que beaucoup de soufre doit se sublimer et agir avec une énergie proportionnée à sa température; n'y eût-il que le fait de lancer le soufre même en poudre, artificiellement chauffé, il y aurait lieu à s'ingénier pour trouver le moyen plus pratique et plus sûr d'obtenir régulièrement ce résultat.

Fig. 18.

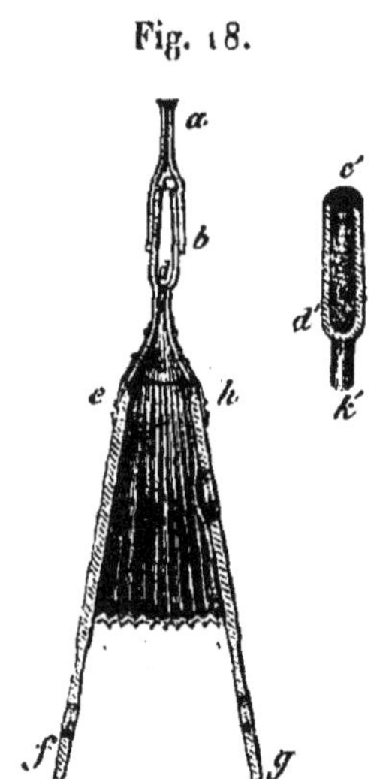

Dans l'arrondissement de Nice, les cépages les plus répandus sont le braquet, le fuella, le sauvageot, le pignerol, le trinchiera, le salerne, le barbaroux, le valbanec, en rouges; la clairette, le verlanti, le moscatel, en blancs.

Les raisins sont mis en cuve, et la cuve est deux ou trois jours à se remplir; vingt-quatre heures après on foule; on laisse deux et trois jours encore et l'on tire en tonneaux vieux ou en tourilles, tant il se fait peu de vin. Les tonneaux sont à peine rincés : aussi trouve-t-on peu de vins qui ne soient pas piqués ou qui soient francs de goût; pourtant quelques propriétaires soignent leurs vins, comme à la Gaude et dans les environs.

Grâce à MM. Gaudais, baron de Zuylen, Agathocle Bounin et à M. Bounin père, j'ai pu apprécier les vins nouveaux et vieux du département. J'ai déjà dit mon sentiment sur les vins de la Gaude et ses congénères; les vins du Bellet sont analogues, mais plus légers et souvent préférables comme boisson hygiénique et rafraîchissante. Enfin les vins de la banlieue de Nice, quand ils ne sont pas avariés, sont vraiment sains et bons; ils désaltèrent parfaitement et sont bien supérieurs à ceux du Languedoc. Malheureusement on les prépare le plus souvent sans soin et ceux qui se donnent à l'ordinaire des voyageurs sont piqués.

Je ne m'arrêterai pas ici à critiquer la cuvaison, qui se fait bien, l'enfûtaillement, qui se fait mal, la conservation en celliers ou caves à température variable, qui est presque impossible. Le plus urgent, pour le premier pays du monde à vignes, c'est de faire des vignes là où il n'y en a pas et de faire produire celles qui existent par une culture, une conduite et une taille qui répondent à la générosité du terrain et du climat.

Défricher les garigues et les bois, gratter et nettoyer la surface des rampes pierreuses à lits et à joints terreux;

Planter à la fiche à pointe d'acier, enfoncée au maillet dans les terres, à la masse de fer dans les pierres; descendre et élargir le trou autant que possible;

Descendre à 25 centimètres seulement de simples boutures, bien fraîchement retirées de leur stratification, aux mois d'avril et de mai; glisser de bonne terre dans le trou, la tasser fortement, et au besoin la tasser par l'eau d'arrosement; ne laisser sortir qu'un œil de terre et le recouvrir entièrement de terre légère ou de sable non tassés;

Placer les rangs à 1^{m},25 les uns des autres et les ceps à 1 mètre dans le rang, dans les terrains fertiles et à 0^{m},66 dans les terrains maigres;

Faire la première taille sur un seul courson à deux yeux; l'année suivante, dresser à un courson à deux yeux pour reproduire le bois et à une branche à 6, 8, 10 et 15 yeux, suivant la force des sarments, pour produire les fruits : celle-ci abaissée parallèlement au sol ou piquée en terre;

Mettre un échalas de 1^{m},25 à chaque souche et un ou deux roseaux en palissades; donner trois ou quatre binages légers de mars en septembre; jeter bas, en mai, tous les bourgeons sans fruits et ne devant pas donner les deux sarments de remplacement pour l'année suivante; pincer en mai une première fois, attacher les pampres au grand échalas et aux roseaux, rogner ce qui dépasse et pincer de nouveau en juin ou juillet toutes les repousses à 2 ou à 4 feuilles :

Telles sont les excellentes pratiques propagées par M. Gaudais et par le président de la Société d'agriculture et d'acclimatation; elles doivent faire de la vigne, dans les Alpes-Maritimes, une culture à dépenses modérées et à courte échéance : car, conduite ainsi, elle payera ses dépenses à la seconde année et donnera des bénéfices dès la troisième, comme l'ont prouvé M. le baron de Zuylen, M. Jaumes, etc.; et puis après, elle sera une source de grandes richesses pendant trente ou quarante ans et plus : elle pourra donner alors moyennement 50 hectolitres à l'hectare, lesquels, à 30 francs l'un, produiront 1,500 francs, dont 500 francs couvriront largement toutes les dépenses.

Nice est puissamment riche, et jamais ses habitants ne trouveront un placement de capital plus sûr et plus rémunéré.

Ses splendides jardins et bois d'orangers rapportent sans doute davantage; mais c'est là une culture de luxe qui ne répond point à une consommation générale, et la production de l'orange ne saurait s'étendre comme celle du raisin avec la même sécurité d'écoulement, d'une part, et, d'autre part, la culture de l'oranger exige des terres de première qualité et des irrigations, et la culture de la vigne n'a besoin ni des unes ni des autres.

DÉPARTEMENT DES BASSES-ALPES.

Le département des Basses-Alpes est un des plus étendus de la France : il compte près de 700,000 hectares de superficie, sur lesquels 180,000 à peine sont livrés à la culture; sur ces 180,000 hectares, la vigne en occupe seulement 16,000 aujourd'hui. Cette culture a pourtant reçu un accroissement considérable depuis 1816; elle n'occupait alors que 5 à 6,000 hectares.

L'extension de la vigne ne s'arrêtera pas là, car on en plante avec énergie à Valensolle, à Manosque, aux Mées, à Digne, et, on peut le dire, partout où des centres vignobles étaient formés depuis longtemps dans le département et partout où l'altitude et la froidure des montagnes nombreuses, élevées et très-étendues, du département ne s'opposent pas à la bonne et fructueuse végétation de la vigne.

Sans les montagnes, sans leurs vallées étroites, sans l'élévation et les revers nord, la latitude et le sol seraient partout des plus favorables à la vigne dans le département des Basses-Alpes; mais la vigne est à peu près exclue d'une grande partie du nord et de tout l'est du département; à partir de Digne, qui en occupe le centre, les terrains jurassiques de toute cette partie lui sont interdits. C'est sur les alluvions anciennes de la Bresse, au sud et à l'ouest de

Digne, à droite et à gauche de la Bléone jusqu'aux Mées, puis le long de la Durance, jusques et y compris le canton de Manosque, enfin dans les cantons de Valensolle et de Riez, que la vigne a trouvé ses meilleures et ses plus grandes installations. Les meulières à l'ouest de Manosque et autour de Forcalquier, les grès verts de Sisteron, lui offrent encore de bons sites et d'excellents terrains; mais la culture de la vigne y est peu développée en comparaison de l'espace qu'elle occupe sur les alluvions anciennes de la Bresse.

Le contact des grandes et hautes chaînes de montagnes expose naturellement ici les vignes aux gelées du printemps et aux grêles; mais le fléau le plus grave dont elles ont été atteintes dans ces dernières années est l'oïdium, contre lequel on n'a employé aucune défense, ou du moins contre lequel le soufre, dirigé sans enseignements suffisants et sans persévérance, a complétement échoué : aussi beaucoup de vignes, dans la vallée de la Bléone surtout, ont-elles été abandonnées ou arrachées.

Aujourd'hui on replante beaucoup de vignes, mais presque exclusivement en grenache, qui craint peu l'oïdium; le bouteillan et le morved, qui faisaient les bons vins du pays, sont délaissés à cause de leur facilité à contracter la redoutable maladie.

Les vignes, dans le département des Basses-Alpes, sont généralement cultivées en jouelles à un, deux, trois et jusqu'à quatre rangs de vignes, avec des intervalles qui varient de 4 à 8 mètres, consacrés à des céréales, des légumes, des racines. Les vignes sont souvent complantées d'arbres fruitiers en rangs réguliers, soit dans les rangs de vignes mêmes, soit dans les intervalles : les oliviers, les mûriers, les pruniers, les amandiers, sont les principaux; les noyers sont fort cultivés dans le pays, mais rarement dans les vignes.

Lorsque les rangs de vignes sont doubles, triples ou quadruples, les ceps y sont disposés à 1 mètre au carré; mais s'ils sont sur un seul rang, les ceps sont rapprochés à 80, 60 et même 50 centimètres dans le rang.

Outre les cultures en jouelles, il en existe d'autres en vignes pleines, sans cultures intercalaires ni superposées; celles-ci sont surtout placées sur les coteaux à pentes trop rapides pour admettre les cultures à la charrue, ou en terrains impropres à porter utilement des arbres fruitiers ou des plantes herbacées. Mais aujourd'hui l'importance de la vigne, cultivée seule et pour elle-même, est si bien reconnue, que les vignes nouvelles sont pour la plupart plantées à plein et sans mélange d'autres cultures. La vigne, en effet, donne ici un rendement triple et même quadruple de celui des meilleurs autres arbres ou emblaves quelconques.

Les vignes pleines sont plantées en lignes à 1^{m},50 ou à 2 mètres, lorsqu'elles doivent être cultivées à la charrue, les ceps étant rapprochés à 60 ou 50 centimètres dans le rang; on plante à 1 mètre, 1^{m},10 au carré quand les vignes doivent être cultivées à la main.

Généralement les plantations sont faites sur un défonçage de 40 à 50 centimètres, soit partiel et excédant de 50 centimètres l'espace donné au rang de vignes, soit général, si les vignes sont pleines.

La plantation se fait à boutures, rarement plantées au pieu, presque toujours plantées à la pioche; dans ce cas, au fond du trou, ouvert à 40 ou 50 centimètres de profondeur, la bouture est couchée horizontalement sur une longueur de 30 centimètres environ, puis relevée verticalement, couverte de terre et taillée à deux yeux.

On laisse la végétation s'établir librement et sans taille la première et la seconde année; au commencement de la troisième année, le plus souvent on rase la souche à fleur de terre ou entre deux terres. Ce procédé barbare, qui fait périr beaucoup de ceps et qui retarde la production de deux ou trois ans, sera bientôt abandonné; il l'est déjà par quelques viticulteurs intelligents, mais il est remplacé par une taille sur un œil franc qui, appliquée à de jeunes vignes vigoureuses de deux ou trois ans, est également déplorable, en ce qu'elle fait jaillir des gourmands nombreux, ne portant pas de fruits, et déformant complétement les souches en les couvrant d'ulcères ou de chicots qui en arrêtent promptement la séve.

On dresse généralement les souches près de terre sur deux, trois et jusqu'à quatre bras; on laisse sur chaque bras un seul courson, qu'on taille à deux yeux francs et souvent à un seul œil franc et le bourillon; on met des échalas à la troisième ou à la quatrième année, et on les laisse jusqu'à l'usure, puis on n'en met plus; souvent, trop souvent, on n'en met pas du tout. On ébourgeonne, on relève et l'on attache une ou deux fois quand il y a des échalas; on ne pince pas, on ne rogne pas, on n'effeuille pas.

Les cultures se réduisent souvent à une seule façon donnée en mars ou en avril; rarement on donne un binage en juin. On se fera une idée de la parcimonie des façons accordées à la vigne, en sachant que le prix de la culture d'un hectare de vigne, fournitures, main-d'œuvre et vendanges comprises jusqu'à la mise en cave, s'élève ordinairement à 45 francs.

Aujourd'hui les cépages dominant dans les plantations

sont le grenache et le morved; les anciens sont le bouteillan, le catalan, le bruno, l'olivette, le spagnen ou gros noir d'Espagne, le crussen, en cépages rouges; et, en blancs, l'aramon blanc, la clairette, l'ugni, le muscat, la madeleine, le pascal et l'aubier vert; mais, de tous ces raisins, le grenache, le morved, le bouteillan et la clairette sont encore les plus répandus.

A la vendange, on foule soit dans les bennes, soit sur une plate-forme *ad hoc*, et l'on emplit les cuves, qui sont généralement en ciment doublé ou non de briques; ces cuves sont à plafond supérieur avec une ouverture à trappe. Aussitôt la cuve pleine, on ferme la trappe et on laisse cuver de douze à vingt jours, puis on tire en tonneaux immeubles par destination, d'une capacité de 10 à 20 hectolitres. On pressure les marcs, mais on ne mélange pas les vins de presse avec les vins de goutte, parce qu'ils ne sont pas clairs. On met les premiers à part, on les laisse se clarifier, et tout le monde les trouve alors aussi bons les uns que les autres.

Les vins des cantons de Manosque et de Valensolle ont de bonnes qualités : ils sont chauds, colorés et solides; les vins des Mées sont particulièrement remarquables par leur riche couleur, leur force, leur générosité et leur bouquet. Quand ils sont bien faits et de bonne année, ils constituent d'excellents vins de rôti, ils s'élèvent presque jusqu'au vin de liqueur : ils ressemblent alors un peu au porto.

La production moyenne aujourd'hui, malgré les maladies, malgré les mauvaises pratiques et les négligences de la viticulture, s'élève au-dessus de 20 hectolitres à l'hectare; et les prix moyens, pour tout le département, ont dépassé 25 francs l'hectolitre dans les six années de 1860 à

1866. La vigne fournit donc 8 millions sur un produit total du sol agricole de 32 millions, c'est-à-dire le quart du revenu total d'un sol cultivé dont elle n'occupe que la onzième partie, laquelle n'est que la quarante-troisième partie de la surface totale du département.

La vigne pourra donc s'étendre et devra s'étendre encore dans les Basses-Alpes, au grand profit de la population, de la richesse et de l'agriculture du pays. La vigne, la pomme de terre et les cochons alimentés par ce tubercule, voilà de quoi constituer et nourrir une population double de celle qui existe dans les Basses-Alpes.

Les vignes sont, pour la plus grande part, cultivées par les propriétaires, ou par leurs ouvriers journaliers, ou à façon. Le prix de la journée est de 1 fr. 50 cent. à 2 francs pour sept à huit heures de travail effectif. On se plaint de la cherté et de la rareté de la main-d'œuvre, et l'on dit que 2,000 habitants du département ont émigré sur Marseille. Il n'en serait pas ainsi si l'ouvrier était intéressé à la production par une prime sur les fruits ou par une participation à la récolte; mais le colonage à mi-fruits existe à peine dans le département : aussi la viticulture y est-elle peu soignée.

Les vignes des Mées, de Malijay, de tout le thalweg de la Bléone et de ses affluents jusqu'à Digne, ont été généralement et successivement délaissées depuis quinze ans, au dire des habitants : 1° parce que les routes leur ont amené la concurrence extérieure, attendu qu'un mulet n'importait sur son dos que 2 hectolitres de vin venant du Var, et qu'aujourd'hui ce même mulet en importe 10 sur une charrette; 2° parce que les vignes étaient vieilles; 3° parce que la maladie les a dévorées. Toutes ces raisons d'abandon sont mauvaises : car 1° le vin se vend aujourd'hui 25 à 30 francs alors qu'il ne se vendait que 12 à 15 francs, donc les routes n'ont pas fait de tort au prix des vins; 2° partout les vignes vieillissent et sont remplacées; 3° la maladie se guérit par le soufre quand on veut.

Au surplus, l'intérêt est plus fort, ici comme partout, que le besoin de raisonner dans le vide et de se plaindre à tort; car on replante la vigne de tous côtés, et à la tête du mouvement sont les hommes les plus capables, les plus actifs et les plus intelligents : je citerai M. le docteur Fruchier, de Digne, M. André, maire de Malijay, et M. Reybaud-Lange, maire des Mées, comme les plus habiles praticiens en viticulture, comme en agriculture, dans le pays. Tout le monde sait et tout le monde répète ici comme en Provence : *Oustau vina es mita pana.*

DÉPARTEMENT DU VAR.

La statistique de 1852 attribue aux vignes du Var une étendue de 85,200 hectares; mais à cette époque l'arrondissement de Grasse appartenait encore à ce département et y figurait pour 11,300 hectares, qu'il faut reporter au département des Alpes-Maritimes. Il resterait donc 73,900 hectares pour chiffre de l'étendue des vignobles du département du Var en 1852.

Depuis quelques années, les blés n'offrant pas de profits à la vente; les mûriers rendant peu, par suite de la maladie des vers à soie; l'olivier donnant un produit bien inférieur, et la valeur vénale des vins ayant augmenté du double, soit par l'accroissement de la consommation, soit par les facilités de l'exportation, la surface des vignes s'est évidemment accrue d'une façon notable par les plantations nouvelles; et, tout en tenant compte de l'abandon de certaines vignes dévorées par l'oïdium, je crois qu'on resterait encore au-dessous de la vérité en fixant à un septième l'accroissement des vignes du Var depuis 1852, et en estimant ainsi leur superficie actuelle au chiffre rond de 85,000 hectares, la huitième partie du sol, qui est de 726,000 hectares.

Si la surface des vignes s'est accrue d'un côté, leur culture s'est perfectionnée de l'autre; et la moyenne production, qui était en 1852 de 17 hectolitres, dépasse aujourd'hui 25 hectolitres à l'hectare. Le prix moyen de l'hectolitre, dans les dix dernières années, a presque doublé et s'élève au-dessus de 25 francs : d'où cette conséquence, que chaque hectare donne un produit brut moyen de plus de 600 francs, et les 85,000 hectares un produit total de plus de 50 millions de francs.

La vigne représente donc dans le Var, à 1,000 francs par famille, le budget de 50,000 familles à quatre membres, ou de 200,000, à 1,000 francs par famille, sur 345,000, plus de la moitié des habitants; elle y joue donc le premier rôle en agriculture et en économie sociale.

Il n'en a pas toujours été ainsi : en 1816, la vigne donnait, dans le Var, de 8 à 10 millions; en 1852, elle rendait de 16 à 20 millions. Ce n'est donc que depuis le perfectionnement et l'achèvement des voies de communication, depuis surtout que les chemins de fer ont éclairé et servi rapidement la consommation; depuis que le vin, comme cela est arrivé pour la viande, est reconnu par les populations un aliment de premier ordre et de première nécessité, que la vigne prend dans l'agriculture sa véritable importance et que les propriétaires du Var lui consacrent toute leur attention et toute leur prédilection. La vigne est d'ailleurs aujourd'hui leur principale, sinon leur unique source de profit.

Jusqu'en ces dernières années, la vigne était sans doute admise avec les blés, les prairies, les racines, les légumes, les olives, les figues, les amandes, les abricots, comme une culture aussi utile qu'agréable, pour la cave comme pour la table; mais elle faisait partie d'un groupe d'utilités, comme on a des artichauts, des asperges ou des melons; elle faisait nombre, elle complétait, mais elle n'était pas cultivée comme source de richesse publique et privée, à l'instar de la canne à sucre aux Antilles, du coton aux

États-Unis; en un mot, elle n'était pas cultivée dans le Var et dans toute la Provence, sauf dans quelques vignobles spéciaux, pour elle-même et pour elle seule.

Aussi dans le Var, comme dans les Bouches-du-Rhône, comme dans les Alpes-Maritimes, comme dans les Basses-Alpes, la voit-on à peu près partout et exclusivement cultivée en jouelles à un ou à deux rangs, c'est-à-dire en simple bordure des champs de blé et de légumes, couverte de lignes d'oliviers, mélangée de figuiers, d'amandiers; en un mot, traitée avec une liberté, une égalité et une fraternité végétales qui détruisent les trois quarts de sa vigueur et de sa fécondité.

Malgré l'importance et la sagesse de la tradition agricole qui consiste à cultiver tous les produits de la terre indispensables à la vie et compatibles avec les aptitudes du sol et du climat, bien que cette loi de prévoyance, malgré les chemins de fer, malgré la liberté et la rapidité des échanges, ait encore toute sa valeur en regard des coalitions et de l'usure commerciales, la vigne ne saurait s'accommoder d'une pareille promiscuité : elle n'accepte ni les herbages sur ses racines, ni les arbres au-dessus de ses tiges, et depuis quelques années les hommes de progrès, les viticulteurs émérites du Var, MM. Riondet à Hyères, Pellicot à Toulon, Siry à Carcès, Barles à Draguignan, etc. l'ont parfaitement compris; aussi, sous leur impulsion, une transformation profonde à l'égard de la viticulture tend-elle à s'accomplir : on fait disparaître les arbres qui ombrageaient les vignes par leurs tiges et qui les dévoraient par leurs racines; on cesse de semer, dans les intervalles des rangs de vignes, des céréales et des légumes, plantes herbacées que les chevelus de la vigne ne peuvent souffrir et qui font couler ses fleurs, et l'on comble les intervalles des rangs par de nouveaux rangs de vignes; en un mot, on plante et l'on fait la vigne pleine sans herbages et sans arbres; on cultive enfin la vigne pour la vigne.

Mais c'est encore là la très-minime exception; et, pour concourir au progrès et appuyer les efforts des viticulteurs du Var, je dois étudier les pratiques de viticulture et de vinification les plus générales, telles qu'elles sont encore accomplies aujourd'hui, et les discuter en toute liberté et en toute franchise.

La surface du sol du Var est très-variée et très-accidentée; elle présente des groupes ou des chaînes de montagnes qui, sans être d'une très-grande hauteur, n'en offrent pas moins des rampes de sommets escarpées et dénudées et des rampes inférieures assez rapides pour ne pouvoir être cultivées qu'en gradins soutenus par des murailles. Entre les montagnes, ou au pied de leurs groupes, s'offrent à la vue des plaines un peu mouvementées et d'une étendue qui permet rarement de ne pas distinguer les chaînes qui les bordent; des gorges tout entières sont à roches presque nues, n'offrant que quelques buis, des romarins, des lentisques, des arbousiers, des bruyères, des salsepareilles de place en place, ensuite des bois de pins maritimes et d'Alep. Des chênes verts et des arbres forestiers à feuilles caduques garnissent d'autres vallons, d'autres rampes et quelques plateaux; mais, sur toutes les rampes inférieures des montagnes, les oliviers, les amandiers, les figuiers et les arbres fruitiers de toute nature, mélangés aux lignes de vignes, aux céréales et aux légumes, dénotent une rare fertilité. Quant aux plaines, elles présentent à peu près partout le luxe de toutes les cultures des jardins, des vergers et des fermes, réunies aux vignes en ouillières et hautains. Les rives du Gapeau, du Pansart, de la maravenne, et d'une foule de petites rivières descendant des montagnes des Maures et de l'Esterel vers la Méditerranée, sont encadrées dans une large ceinture de lauriers-roses, de myrtes et de tamarix à l'ombre desquels pousse l'asperge sauvage, que, par parenthèse, personne ne songe à récolter. Tout, jusque dans les cantons écartés où les terres incultes l'emportent en étendue sur les terres cultivées, indique la fécondité naturelle d'un sol qui ne demande qu'à produire.

Le climat du Var est un des plus fortunés de France, surtout sur son littoral maritime, où l'hiver se montre à peine pendant quelques jours; les gelées blanches se font pourtant sentir quelquefois et en proportion de l'éloignement de la mer, et quelques plateaux élevés éprouvent de véritables froidures, qui ne permettent plus aux oliviers de prospérer et où la vigne elle-même est négligée; l'arrondissement de Brignoles, et surtout celui de Draguignan, sont loin de jouir des avantages d'Ollioules, de Toulon, Hyères, Saint-Tropez et Fréjus.

Cette différence de climat local qui fait varier, du tout au tout, les cultures dans des cantons qui se touchent est due principalement à l'influence funeste du vent de nord-ouest, du terrible *mistral;* partout où les rideaux de montagnes barrent le passage au mistral, le climat est des plus doux, l'hiver est nul, et toutes les cultures méridionales sont possibles; partout où rien n'arrête le mistral, la végétation de la vigne elle-même est en quelque sorte paralysée par son souffle destructeur.

Sous le rapport de la géologie, le sol du Var offre trois variétés principales, formant trois zones bien distinctes, qui ne sont pas sans influence sur les divers cépages et sur la fécondité de la vigne : 1° le granit, qui constitue les montagnes des Maures, depuis Hyères jusqu'au golfe de Fréjus; 2° le calcaire crétacé inférieur, ou grès vert, et le calcaire jurassique, qui s'étend de la Ciotat, autour de Brignoles et d'Aups; et 3° le terrain du trias, partant de Toulon et d'Hyères pour s'étendre par Cuers autour de Lorgues et de Draguignan, pour revenir à la mer par Fréjus et Antibes, en embrassant deux relèvements porphyriens.

Fig. 19.

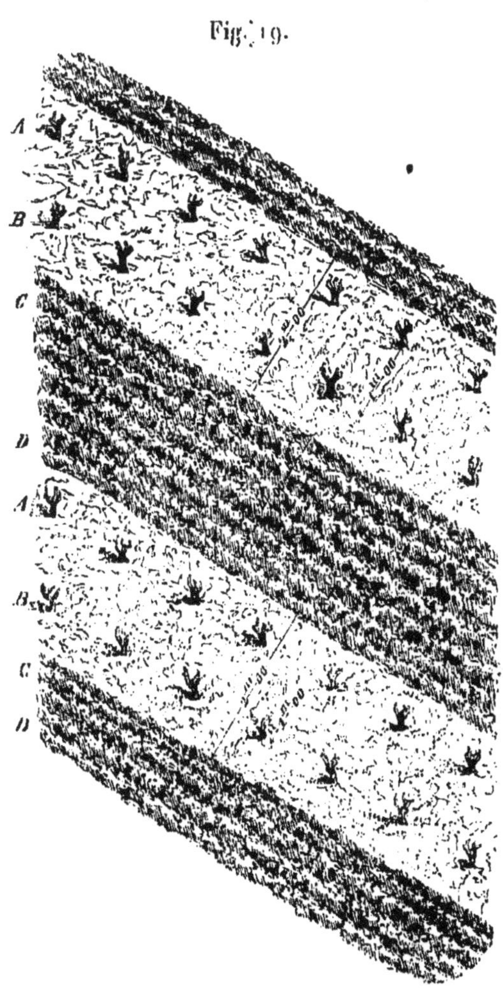

La vigne, sauf les conditions de trop grande humidité du fond des plaines et de maigreur et d'aridité absolue de certaines rampes et de certains sommets, peut croître et prospérer sur toutes les variétés et nuances de climat et de terrain du Var.

Dans la presque totalité du département du Var, les vignes sont plantées en jouelles, c'est-à-dire en bordures de bandes de terrain de 2, 3 et 4 mètres de largeur, comme l'indique la figure 19 (au centième). *AB* sont deux rangs de vignes à 1 mètre; les ceps à 1 mètre dans le rang au carré; *C*, *D* sont les intervalles cultivés en céréales, légumes, racines, etc. Les plates-bandes *A*, *B*, garnies de vignes, s'appellent les *hautains;* les intervalles *C*, *D*, se nomment les *ouillières*.

La figure 19 donne le type le plus général des hautains du Var, qui sont à double rang. La largeur de l'ouillière, qui est ici de 2 mètres, est le plus souvent de 3, c'est-à-dire qu'on laisse 4 mètres d'un rang de ceps au rang de ceps de l'autre côté, au lieu de 3; 50 centimètres sont laissés de chaque côté de l'ouillière, quelle que soit sa largeur, sans être ensemencés. Les ouillières sont cultivées ordinairement à la charrue, quand la pente du terrain le permet; l'intervalle des hautains est toujours cultivé à la main.

Fig. 20.

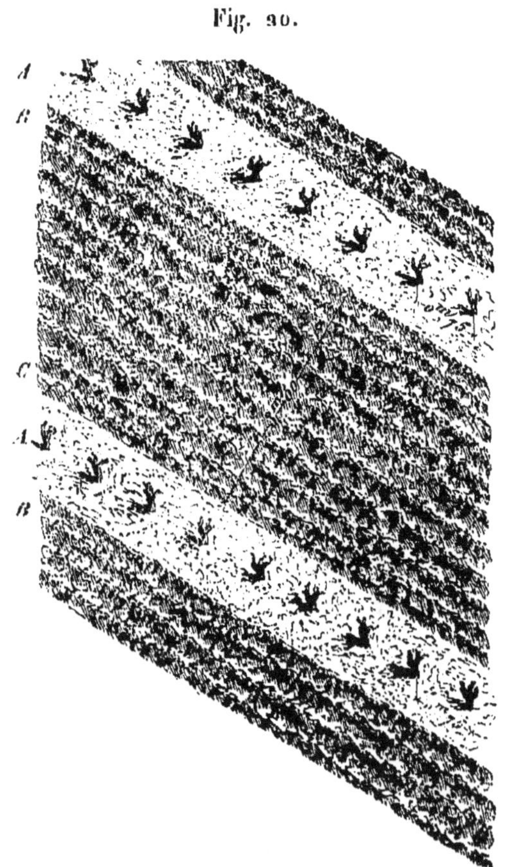

Depuis quelque temps, selon M. Pellicot, président du Comice agricole de Toulon, on a admis et l'on pratique, comme un progrès, la plantation de chaque hautain sur un seul rang, avec distance de 3, 4 et jusqu'à 5 mètres entre les rangs; les ceps étant rapprochés entre eux, dans chaque rang, à 75 centimètres (fig. 20). *A*, hautain sur un seul rang; *BC*, ouillière de 3 mètres. J'ai vu beaucoup de ces cultures nouvelles, qui sont loin d'être une amélioration pour la vigne, à mes yeux.

Enfin il y a des hautains à triple rang, j'en ai vu à quadruple rang; et, contrairement à ce qu'on pourrait croire, les quadruples et les triples rangs sont plus vigoureux et plus fertiles que les doubles, et les doubles, plus vigoureux et plus fertiles que les simples. Mais ce qui est encore plus vigoureux et plus fertile que les jouelles de toutes formes, c'est la vigne pleine, c'est-à-dire sans cultures intermédiaires. J'indiquerai plus loin les faits qui prouvent cette assertion et les raisons qui démontrent qu'il doit en être ainsi dans le Var comme partout ailleurs.

J'ai dû fixer l'attention par les figures 19 et 20 pour aborder d'une façon intelligible la préparation du sol, le mode de plantation et les cultures.

Trois méthodes sont employées à la préparation du sol : ou bien les hautains sont plantés, sans défoncement, sur une simple culture générale, plus ou moins profonde, n'excédant pas 25 à 30 centimètres; ou bien dans une tranchée, de 1 mètre à 1^{m},50 de largeur par chaque hautain d'un rang, et de 2 mètres de largeur pour chaque hautain de deux rangs, sur 60 ou 75 centimètres de profondeur (l'ouillière, ou intervalle des hautains, n'étant pas défoncée); ou bien enfin la totalité du sol, pour ouillières et hautains, est défoncée à 60 et 75 centimètres. Quelle est la meilleure de ces trois méthodes? Il est évident pour moi, qui proscris les jouelles absolument et qui ne comprends la culture de la vigne qu'à plein, que la culture semblable dans tout le terrain à planter est la meilleure; mais cette culture doit-elle être superficielle ou profonde?

Le défoncement est nuisible dans certains cas, inutile dans certains autres, avantageux et même indispensable dans beaucoup de circonstances.

Dans les terrains de granit, qui se délitent par l'hivernage et se transforment ainsi en terrain fertile, là où il n'y avait pas ou presque pas de terre végétale; sur les terrains de lave volcanique ou de calcaire schisteux, se comportant comme le granit et constituant tout le sol perméable aux racines, le défoncement est indispensable; il est encore indispensable lorsqu'il s'agit de défricher un bois, une garigue, une vieille vigne même.

Dans les terres argileuses, compactes et froides, très-humides l'hiver et qui se crevassent l'été; dans les terrains tassés, sans pierres ni cailloux, assis sur un tuf aquifère, le défonçage est utile et bon. Mais lorsque la terre est maigre, peu épaisse, perméable à l'air et à l'eau, dont elle n'a aucun réservoir souterrain pour s'alimenter, lorsqu'elle est mêlée de beaucoup de cailloux, de galets ou de pierres fragmentaires, et surtout lorsqu'elle repose sur des roches calcaires à lits et à joints, non-seulement le défonçage n'est pas utile, mais il est nuisible à la vigne, dont il cause la mort inévitable au bout de quelques années.

Le défonçage étant d'ailleurs une dépense considérable, il faut, avant d'engager ce capital dans la vigne, chercher avec soin, par les exemples du voisinage et sur les données que j'indique, s'il est vraiment nécessaire d'en faire la dépense et jusqu'à quel point l'amélioration répondra aux avances faites pour l'obtenir. Je connais de magnifiques et très-anciens vignobles, par centaines de mille hectares, qui ont été plantés sans le moindre défonçage, et qui ne vivraient pas aujourd'hui si le sol avait été défoncé. L'expérience directe a démontré que, dans certains sols, la vigne vient mieux sur le sol naturel que sur le sol défoncé ; cela se conçoit : dans un terrain aride et sur roche, les racines trouvent la fraîcheur sous les pierres par des prolongements vigoureux et profonds; si le sol avait été remué et expurgé, la vigne pousserait des chevelus abondants, donnant d'abord des bois luxuriants; mais en peu de temps l'humidité de ce sol remué s'épuise, et la vigne meurt.

Je suis très-partisan du défonçage comme du drainage, comme de toutes les grandes ressources de l'agriculture; mais j'engagerai toujours à éviter d'en faire des applications intempestives ou exagérées.

Aux flancs des montagnes granitiques ou calcaires, le défoncement du sol a souvent un double but : 1° rendre plus profonde la couche de terre végétale; 2° extraire les matériaux nécessaires pour la construction des gradins ou terrasses. Dans ce cas, le défoncement est indispensable, puisqu'il constitue en même temps un approfondissement du sol et une fourniture de matériaux nécessaires et tout portés.

Dans le Var, la vigne est plantée au pal, soit sur défoncement partiel ou général, soit sur simple labour. Dans ce dernier cas, il arrive parfois qu'on ouvre le sillon à la charrue, et qu'on remplit ensuite le sillon ouvert par le renversement de retour de l'instrument aratoire.

Dans tous les cas, la bouture est plantée verticalement de 35 à 55 centimètres de profondeur. On plante également et très-souvent à la bêche ou à la pioche; dans ce cas, au fond de la fosse, pratiquée à 35 ou 40 centimètres de profondeur, on coude la crossette et on lui fait un pied horizontal, long de 25 ou 30 centimètres en plaine et de 30 à 40 centimètres seulement en coteau.

La plantation à la cheville ou au pal et la bouture descendue verticalement dans le trou sont une méthode bien préférable à la plantation à la pioche avec bouture plus ou moins coudée, surtout si toutes les mesures sont prises pour en assurer le succès. Ces conditions sont précisément les plus simples et les plus économiques de toutes : plantation verticale à 25 centimètres, jamais au delà; terre tassée autour du sarment et rendue aussi ferme que la terre d'un chemin; un seul œil laissé hors de terre et recouvert d'une poignée de terre meuble ou de sable. J'aurai d'ailleurs encore à parler de cette méthode de plantation.

On plante généralement dans le Var de novembre en avril : assurément, sous l'excellent climat de ce département, la bouture mise en terre dans tout l'intervalle d'une végétation à l'autre peut prospérer; mais elle réussira toujours mieux si elle est faite en mars et en avril que si elle est mise en place de novembre jusqu'en mars, c'est-à-dire dans la saison qui précède de un, de deux et de trois mois le mouvement définitif de la séve. Quand bien même l'expérience n'aurait pas prouvé, dans le nord comme dans le centre et le sud lui-même, que la plantation printanière de la bouture réussit mieux et donne de meilleurs résultats que sa plantation automnale ou hivernale, le raisonnement prouverait qu'il doit en être ainsi.

Que peut faire un sarment sans racines sous terre, tant que la saison du mouvement de la séve et de la végétation n'est pas arrivée? Il ne peut qu'y entretenir son humidité végétale; mais ce sarment n'a-t-il pas, dans le Var, 20 centimètres et deux bourgeons au moins hors de terre? Ce bois et ces bourgeons à ciel ouvert, ne pouvant et ne devant rien tirer de leur prolongement souterrain, ne vont-ils pas se dessécher sous l'action du vent et du soleil? Ne peuvent-ils subir les rigueurs et les dangers du chaud et du froid, si modéré qu'il soit dans le pays, et si la chaleur peut émouvoir pendant quelques jours une végétation qui ne peut se continuer, n'y a-t-il pas épuisement des yeux et dessèchement des sarments qui n'ont point de racines pour pourvoir à leur transpiration?

Tandis que si les sarments, coupés à l'époque quelconque de la taille, sont stratifiés de suite et tout entiers sous terre, pour être mis en place avec toute leur humidité de végétation, au moment de la montée abondante et définitive de la séve, ils sont alors dans toutes les conditions d'une réussite rapide et d'une végétation qui, ne subissant aucune interruption, sera beaucoup plus énergique et plus étendue. Une seule objection se présenterait alors, c'est que les yeux, exposés à l'air ou au soleil aussitôt leur exhumation, pourraient se dessécher tout à coup sous l'action absorbante de l'un et sous l'ardeur des rayons de l'autre. Cette objection est fondée : aussi le grand succès, le plus grand de tous les succès possibles, n'est-il assuré que quand on ne laisse qu'un œil hors du sol, et que cet œil est recouvert de terre légère ou de sable, c'est-à-dire placé, comme une graine, en dehors de toutes les rigueurs météorologiques; alors il pousse sûrement et admirablement.

Je conçois qu'une graine soit semée avant l'hiver pour donner sa végétation l'année suivante, mais à la condition qu'elle formera tige avant l'hivernage définitif et qu'elle profitera ainsi de tous les beaux temps pour se fortifier, comme font toutes les plantes enracinées; mais je ne concevrais pas qu'on semât en novembre ou décembre une graine qui ne devrait lever et végéter qu'en mars ou avril.

Je regarderais comme une grande conquête viticole de pouvoir faire gagner à la vigne une année de végétation, en la plantant de bonne heure et de façon qu'elle végétât dans l'année même; ainsi, si des boutures prises et plantées aussitôt que l'aoûtage du bois est terminé, ou même avant qu'il soit terminé, pouvaient se constituer des racines et une tige avant l'hiver, il y aurait certainement une année de bénéfice. Mais cette condition n'est pas réalisée : c'est une conquête à faire; je la poursuis et ne peux trop engager les viticulteurs à la poursuivre avec moi; en attendant, la plantation des boutures de novembre en mars n'offre rien à gagner et expose à perdre beaucoup.

La plantation tardive ou printanière est de beaucoup préférable à la plantation hâtive, automnale ou hivernale. M. Pellicot, dans son Traité d'agriculture élémentaire pour le Var, s'exprime ainsi à l'égard des sarments mis en jauge pour attendre la plantation : « Je préfère de beaucoup « planter tard, avec les crossettes qui ont déjà poussé, « que de me servir d'enracinés qui, bien plus dérangés « dans leur végétation, finissent par être dépassés par les « crossettes ordinaires, dont la reprise dans une planta- « tion tardive est aussi assurée que celle des enracinés. » M. Pellicot, praticien expérimenté, résume en ce peu de mots la vérité théorique et pratique de la plantation à bouture.

Le mode général de plantation du Var est en jouelles, ai-je dit, et cette disposition en bordures ou haies des champs, donnée à la vigne, a été motivée de tout temps, non par l'intérêt de la vigne, mais parce que la vigne était considérée comme un accessoire propre à enclore, à aérer, à diviser les cultures des céréales et des légumes, tout en fournissant la boisson par-dessus le marché. On a également utilisé la vigne pour occuper les sous-bois d'oliviers et d'autres arbres fruitiers, sans se préoccuper des meilleures conditions de sa végétation ni de sa fécondité.

Ainsi, une longue pratique ayant amené les vignerons à voir de meilleurs résultats dans les hautains à deux rangs que dans ceux à un seul rang, la conséquence naturelle de cette observation devait être d'essayer une augmentation du nombre de rangs juxtaposés; eh bien! c'est le contraire qui se pratique aujourd'hui. Les logiciens de l'économie, sans connaître les faits ou sans y avoir égard, se sont dit qu'en arrachant un rang sur deux, la charrue laisserait peu de chose à faire à la main de l'homme, que l'ouillière serait agrandie au profit des céréales; puis, ils ont supposé à tort qu'un rang mieux aéré, mieux exposé à l'action bienfaisante des rayons solaires, produirait au moins autant que deux rangs : ils ont donc diminué la production au lieu de l'accroître; le rang unique qu'ils ont laissé subsister ne donne pas même la moitié du produit des deux rangs; la perte qu'ils ont subie dépasse de beaucoup l'économie réalisée par la suppression d'un maigre salaire.

Tant que des céréales et des légumes ou des herbages quelconques occuperont les intervalles des rangs de vignes, en ne leur laissant que 50 centimètres de chaque côté sans herbages, les vignes, sur un seul rang, végéteront moins que les vignes sur deux rangs, trois rangs, quatre rangs, moins que les vignes pleines sans cultures intermédiaires à 1 mètre; parce que les plantes herbacées qui avoisinent les vignes les étiolent, les épuisent, les stérilisent et leur font produire des fruits verts, acides et de mauvaise qualité.

Une vigne à deux rangs, avec 1 mètre d'intervalle et 50 centimètres de chaque côté, dispose de 2 mètres de culture spéciale et sans herbages, au lieu de 1 mètre pour la culture à un rang; celle à trois rangs dispose de 3 mètres; la vigne pleine dispose de toute sa terre dénudée; et, bien que cette terre soit exactement proportionnelle à celle accordée à un rang, la quantité et la qualité des bois et des fruits augmenteront selon l'éloignement des plantes parasites.

Les jouelles ont été établies pour s'occuper le moins possible des vignes, et surtout pour éviter de leur donner des engrais : on a cru que leurs racines profiteraient des engrais donnés aux céréales et aux légumes intermédiaires; je ne dis pas qu'elles n'en profitent pas, mais j'affirme que, par le voisinage de leurs tiges et par la superposition à leurs racines de toute sorte de plantes herbacées, les vignes perdent en vigueur de végétation plus qu'elles ne peuvent gagner en participant à la fumure, ce qui se voit aisément à la diminution de leurs produits, soit en quantité, soit en qualité, surtout quand les vignes sont tenues sur souches basses et sans palissades ni échalas, comme dans le Var.

La première impression que j'ai reçue de l'aspect des vignes en jouelles des environs de Toulon a été l'étonnement de voir, sous un tel climat et dans un tel sol, de très-petites souches et des sarments maigres et très-peu élevés. Je pensais tout d'abord que la terre était des plus ingrates et des moins profondes; mais, à mesure que mes observations se sont étendues, j'ai dû reconnaître que, partout ou la vigne se présentait sur trois ou quatre rangs, partout où elle était cultivée sans plantes herbacées intercalaires et sans arbres à racines et à tiges étendues, elle fournissait des souches et des sarments de première grandeur et de première force.

La vigne, sous un climat chaud comme sous un climat

froid, n'accepte ni l'herbe sur ses pieds, ni l'herbe mêlée à ses tiges, ni les ombrages sur sa tête : la vigne vit bien avec elle-même en société, elle accepte son propre voisinage, elle partage volontiers l'air et le sol depuis 1,000 pieds à l'hectare en treilles jusqu'à 50,000 pieds en petits ceps; mais elle donne de mauvais fruits ou elle n'en donne pas dès qu'elle est mélangée aux herbes ou dominée par les arbres. Je ne connais, en France ni ailleurs, aucun vin renommé récolté en jouelles au milieu des cultures herbacées ou sous les cultures arborescentes.

Ces vérités n'ont point échappé aux intelligents viticulteurs du Var, qui, de tous côtés, s'empressent d'arracher les arbres de leurs vignes et de supprimer les cultures herbacées intermédiaires à leurs rangs.

Je voudrais pouvoir donner ici une faible idée des différentes dispositions et combinaisons de la vigne avec les autres cultures les plus répandues dans le Var; je voudrais aussi pouvoir montrer les proportions relatives des vignes sans aucune intercalation ou superposition d'autres végétaux et des vignes complétement isolées : mais il me faudrait pour cela un talent graphique qui me manque absolument; pourtant je vais risquer quelques croquis pris sur place.

Fig. 21.

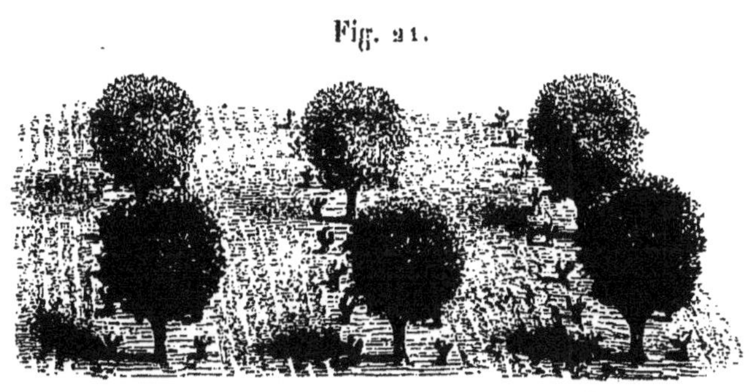

La figure 21 donne l'aspect des hautains avec oliviers et

ouillières en céréales, légumes ou racines en plaine. La figure 22 donne la disposition la plus générale des cultures

Fig. 22.

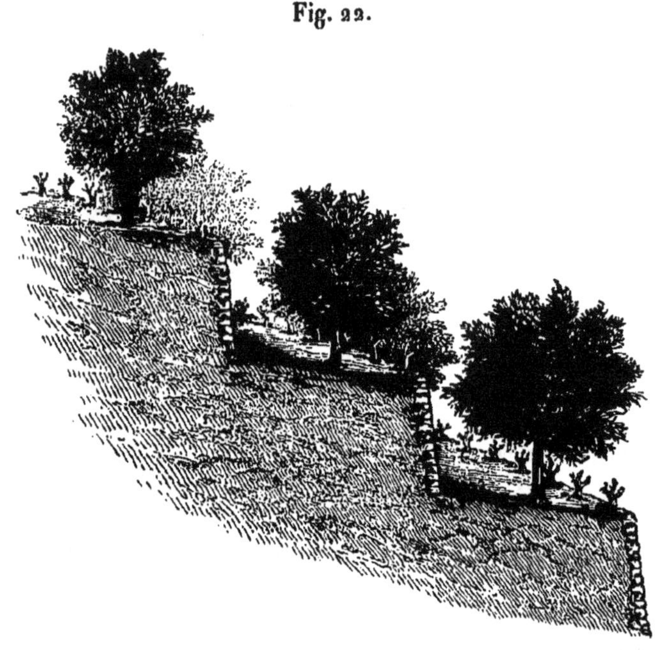

en gradins (au centième environ). La figure 23 indique, au trente-troisième, la faible végétation de la vigne en jouelles

Fig. 23.

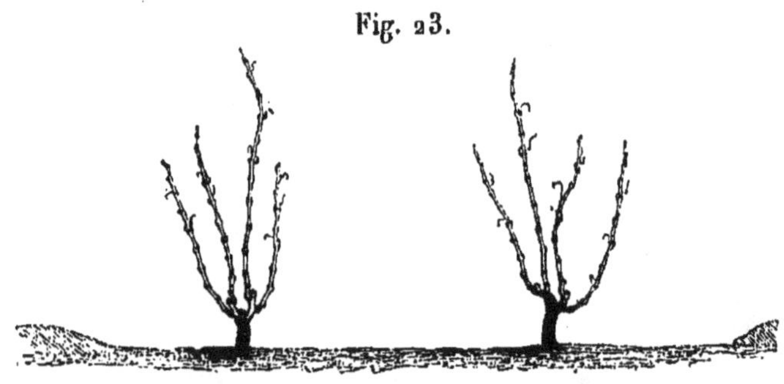

au milieu des plantes herbacées; et la figure 24, à la même échelle, montre la vigne libre et isolée des arbres et des herbages, considérée dans le même lieu et sur le même terrain.

Assurément des différences de terrain, d'exposition et d'humidité peuvent donner tantôt la maigreur de la figure 23,

Fig. 24.

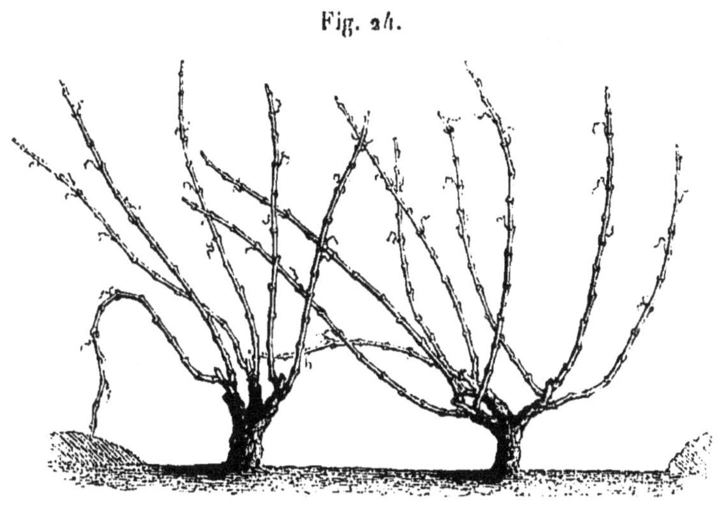

tantôt la vigueur de la figure 24; mais, aux environs de Toulon, aux environs de Brignoles, à Ollioules comme à Carcès, j'ai observé des vignes du même âge, du même cépage et dans des terrains semblables et voisins, et je me suis assuré que l'intercalation ou la suppression des céréales offre, dans la force des vignes, la différence que j'ai relevée sur place et que je suis loin d'exagérer.

Il n'en serait pas tout à fait de même si les vignes étaient en treilles, parce que la tige échappe du moins aux mauvais effets du voisinage des herbes; mais les treilles elles-mêmes donnent des raisins plus abondants et meilleurs lorsqu'elles sont cultivées à terre nue : c'est ce qu'on observe dans l'arrondissement de Belley (département de l'Ain), à Madiran, à Jurançon, où l'on a supprimé les cultures herbacées entre les treilles. Je suis très-porté à croire qu'autrefois les rangées de vignes étaient cultivées dans le Var en treilles assez élevées, et que c'est de là que le nom de *hautains* est resté aux lignes de vignes aujourd'hui très-basses, puisqu'elles ne s'élèvent pas d'abord à plus de 10 à 15 centimètres de terre dans les premières années : ce n'est qu'à la longue que les souches prennent 30, 40 et jusqu'à 60 centimètres de hauteur. J'en ai croqué une entre mille, près de Carcès, qui en moins de trente-cinq ans avait atteint plus de $1^{m},20$ de hauteur et un diamètre de plus de 20 centimètres (fig. 25).

Fig. 25.

L'espace entre les rangées doubles est de 3 mètres, aux environs de Toulon, et de 4 mètres entre les rangées simples : l'ouillière est bien plus étroite au Beausset et bien plus large à Hyères.

Les hautains simples, doubles, triples, quadruples, sont toujours plantés et maintenus en lignes, dans leurs limites aux ouillières; mais dans leur intérieur ils sont fort souvent déviés de la ligne, dans les jouelles comme dans les vignes pleines, par des provignages de remplacement ou plutôt par des couchages de souches entières, étendues sous terre pour donner deux et trois souches au lieu d'une.

Toutes les vignes sont tenues à souches très-basses dans le Var, et dressées à deux bras dès la troisième année, et à trois bras la quatrième et la cinquième, suivant la force de végétation.

Cette force de végétation est généralement très-grande pendant les premières années, mais la taille trop courte en a bientôt raison. Souvent la pousse de reprise et la seconde pousse, dans les terrains secs, ne sont pas assez considérables pour asseoir une bonne taille; alors quelques viticulteurs ne taillent pas du tout pour préparer la seconde ou la troisième pousse : c'est un tort, selon moi. Il vaut mieux tailler à un seul petit sarment et à un ou à deux yeux dans tous les cas : car c'est la taille de deuxième année qui prépare le dressement normal et presque définitif du cep à la troisième année; quand on laisse passer sans tailler la seconde année, on recule d'un an la production, sous le vain prétexte de fortifier la vigne.

Mais le plus généralement la pousse est suffisante pour ne laisser aucune hésitation : plus le sarment de taille est fort, plus il est nécessaire de lui laisser deux yeux francs et le borgne ou bourillon, c'est-à-dire l'œil placé près du vieux bois sur la couronne d'insertion du jeune.

Cette deuxième année, la vigne végète généralement avec une grande vigueur : j'ai vu à Hyères, à Draguignan, mais à Carcès surtout, de jeunes vignes dont la pousse de

Fig. 26.

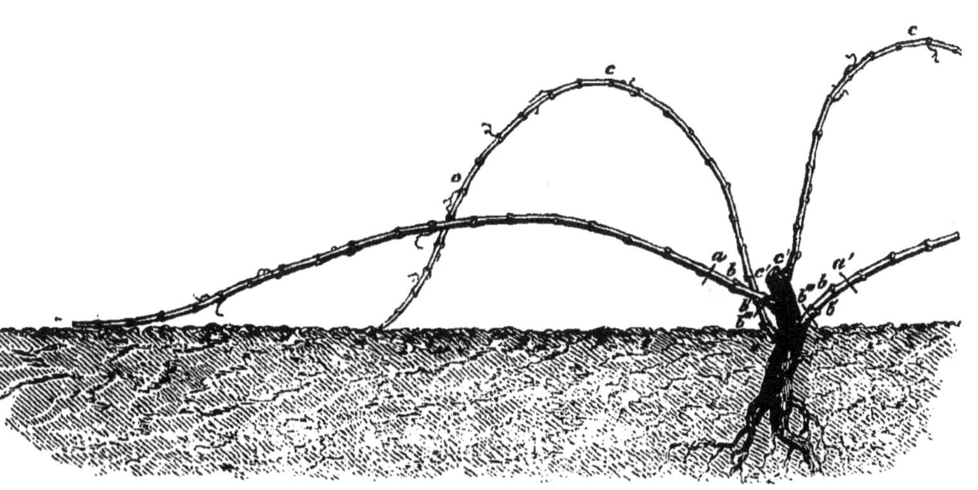

deux ans comptait trois ou quatre sarments, dont deux n'avaient pas moins de 15 millimètres à la base et de 2 à 3 mètres de long (fig. 26); dans les environs d'Hyères, les sarments des vignes ainsi traitées atteignent fréquemment 5 à 6 mètres de longueur. A la taille d'hiver, ces sarments, entrelacés les uns dans les autres, sont repliés sur eux-mêmes et reliés en fascines qu'on vend aux boulangers pour chauffer le four; on ne peut se figurer un pareil luxe de végétation, si l'on n'a pas eu occasion de l'observer. En présence d'une telle végétation, beaucoup de vignerons, au lieu de tailler cette vigne en *a a'*, après avoir supprimé les deux sarments *c c c'*, *c c c'*, suppriment les yeux *b* et *b'* en coupant les deux sarments en *b''' b'''* et en ne laissant que le borgne. J'ai vu une grande vigne de M. Siry, notaire et maire de Carcès, ainsi taillée et présentant l'affreuse mutilation de la figure 27.

Fig. 27.

Il est évident, au premier coup d'œil, que les deux bourillons ou borgnes *b''' b'''* ne peuvent profiter de toute la séve qui va monter par les sections des deux gros sarments; il n'est pas moins évident que ces deux bourillons, poussant à bois avec frénésie par l'abondance de la séve, ne donneront pas de fruits, tandis que, si le vigneron avait laissé non-seulement les quatre francs bourgeons *b b b' b'*, mais encore un ou deux bourgeons de plus, en les pinçant pour les empêcher de s'emporter à bois, il est évident, dis-je, que la troisième année eût donné des fruits en abondance et des bois suffisamment beaux.

Mais ce n'est pas tout; la nature se charge de donner au vigneron une rude leçon, dont il ne profite point, car il ne la comprend pas : le vigneron refusant à la séve une application logique et féconde en laissant assez d'yeux sur la tête du cep, cette séve crève la peau du pied et lance trois ou quatre gourmands énormes et d'une longueur souvent prodigieuse, c'est-à-dire de 3 ou 4 mètres. Or ces gourmands sont stériles et seront encore stériles l'année suivante le plus souvent; souvent aussi ils ont étiolé et tué les sarments de tête; alors toute bonne taille et tout espoir de récolte sont renvoyés à deux ans. A côté de la vigne de deux ans se trouvait chez M. Siry même, dans son domaine de Saint-Jean, une vigne de trois ans, dont je reproduis une souche dans la figure 28, et cette vigne était la démonstration ab-

Fig. 28.

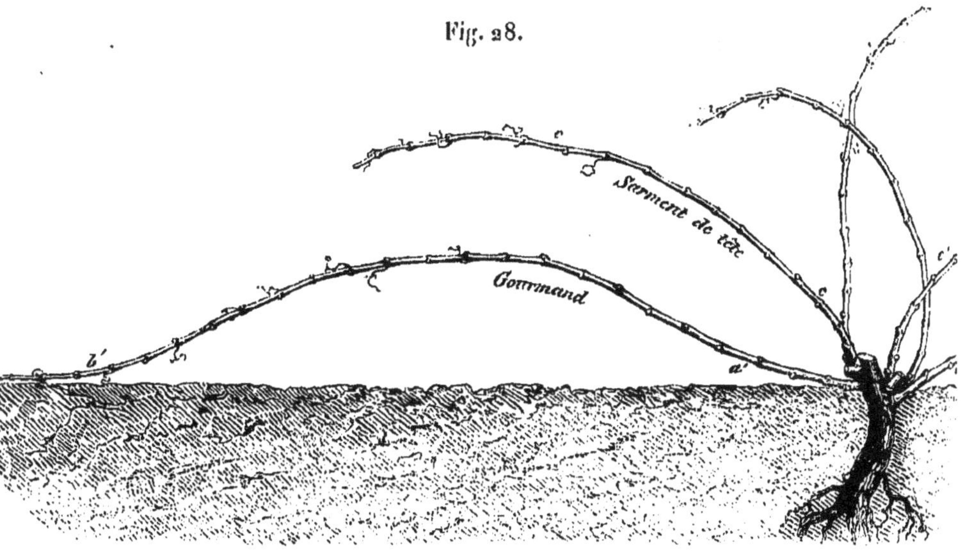

solue de ce que je viens de dire. La figure 28 donne bien le résultat de la taille de la figure 26 et de la figure 27 : les deux gourmands *a b*, *a' b'* ont ruiné les sarments de tête *c c*, *c' c'*, sortis des deux bourillons laissés. Si les deux gourmands sont coupés, il restera des plaies énormes et incurables; si la tête qui les surmonte est coupée, c'est une stérilité de deux ans qu'il faut subir, et si la taille trop courte est encore pratiquée sur eux, d'autres gourmands pousseront.

Jamais, pour qui sait comprendre la vigne, jamais protestation plus éloquente que celle-ci, contre la taille trop courte, ne peut être présentée, et je l'ai vue sur des milliers de souches. Tous les viticulteurs, au surplus, ont rencontré les mêmes faits tels que je les expose, et je ne crains pas d'affirmer que, si un des beaux sarments de la figure 26 avait été laissé à long bois et l'autre taillé à deux yeux francs, la séve se serait réglée d'elle-même en donnant de beaux fruits sur le long bois et de beaux bois pour l'année suivante sur le courson. Les vignerons prétendent qu'en pratiquant cette taille courte ils fortifient la vigne; j'établirai plus loin qu'ils l'affaiblissent chaque année et la tuent en peu de temps.

A la troisième année, dans le Var, on dresse donc la vigne sur deux bras, et, à la quatrième ou cinquième, on en ajuste un troisième, parfois un quatrième et un cinquième; mais

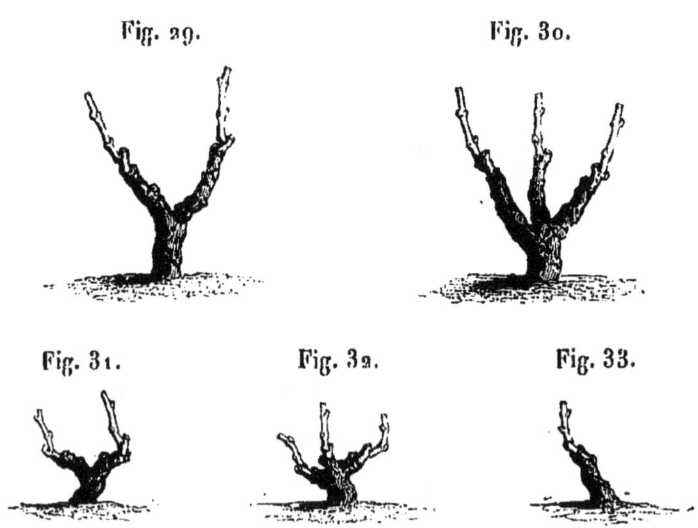
Fig. 29. Fig. 30.
Fig. 31. Fig. 32. Fig. 33.

trois bras ou cornes sont la règle et la coutume la plus générale. On voit beaucoup de vieilles souches qui n'ont qu'un bras, mais plus souvent deux. (Fig. 29 et 30, spécimens élevés; fig. 31, 32 et 33, types plus bas.)

La taille de la vigne est des plus simples ; elle consiste partout en un seul sarment laissé à chaque bras et rabattu à deux yeux francs, plus le bourillon (agassin).

La taille à courson est à peu près exclusivement appliquée dans le Var, et elle y est appliquée par le vigneron avec une rigueur qui tend toujours à diminuer le nombre d'yeux fructifères et à augmenter la sortie des gourmands. Cette taille est faite, d'ailleurs, avec une insouciance remarquable ; les souches sont généralement couvertes de vieux chicots et de chancres provenant des gourmands et des sarments de tête jetés bas à distance du cep et non dérasés de façon à ce que la sève puisse recouvrir les plaies : aussi la circulation de la séve ascendante est-elle bientôt entravée et les sarments de tête sont-ils ainsi rendus très-chétifs relativement à la générosité du terrain et du climat.

Je parlerai plus loin des époques les plus convenables pour la taille sèche, et je passe à la taille verte.

Dans le Var, on ébourgeonne peu ou pas du tout, c'est-à-dire qu'au lieu de jeter bas contre le bois, du 10 au 30 mai, toutes les pousses gourmandes ou qui ne portent pas fruit et ne peuvent servir aux branches de charpente, on laisse tous les bourgeons sur la souche, en sorte que, à la taille de l'année suivante, il faut couvrir de plaies et de chicots les souches ainsi chargées des parasites qui ont dévoré la séve des raisins et celle des sarments de charpente. La taille sèche est alors faite très-difficilement et très-mal, et si elle était faite avec le scrupule et les soins minutieux rendus nécessaires par la confusion et le fouillis des sarments, elle coûterait plus cher que l'ébourgeonnage et la taille pris ensemble ; car il faut jeter bas à la serpe ou au sécateur, avec beaucoup plus de difficulté, ce qu'on eût jeté bas très-vite et très-facilement au pouce et au doigt, au 10 mai.

Celui qui ne sent pas la valeur de l'ébourgeonnage et qui ne l'exécute pas, en quelque pays que ce soit, sur telle taille et conduite de la vigne que ce soit, ne sera jamais ni viticulteur ni vigneron.

On ne pratique dans le Var ni le pinçage ni le rognage; il n'en est pas de ces deux pratiques comme de l'ébourgeonnage, elles peuvent se discuter.

Le pinçage est la décapitation d'un bourgeon qui porte fruit ou d'un bourgeon quelconque, pour arrêter l'emploi de sa séve dans la formation d'un bois inutile ou préjudiciable au grossissement du fruit et au développement des autres bois utiles. Il doit être appliqué en même temps que l'ébourgeonnage, et consiste à supprimer le sommet du bourgeon à quelques feuilles au-dessus de la plus haute grappe; on laisse une ou deux feuilles au-dessus du fruit dans le nord, mais trois ou quatre sont nécessaires dans le midi. Le rognage doit être pratiqué beaucoup plus tard, c'est-à-dire après la fleur : il consiste à arrêter à 1 mètre ou à 1^{m},50 tous les bourgeons de la souche qui dépassent cette dimension, pour forcer la séve d'août à fortifier les sarments de taille, à nourrir sur ces sarments des yeux fructifères, à faire sortir des bourgeons adventifs qui entretiennent la verdure et l'ombrage au centre du cep. L'expérience a montré que le rognage bien fait augmente de beaucoup la vigueur et la fécondité des vignes, dans le nord comme dans le midi, mais surtout dans le midi.

Quant à l'effeuillage, il est pratiqué dans le Var douze à quinze jours avant la vendange, par les temps froids et humides surtout, pour donner l'air et le soleil aux raisins.

L'effeuillage s'appelle ici, comme dans la Charente-Inférieure et beaucoup d'autres départements, *épamprage*. Cette acception donnée au mot *épamprage* est vicieuse, et elle a entraîné des erreurs de pratique déplorables de la part de viticulteurs qui, voulant épamprer selon les conseils donnés, se sont mis à effeuiller en mai et juin et ont ainsi compromis leur récolte.

On a appelé de tout temps (voir les dictionnaires) les bourgeons verts de la vigne, munis de leurs feuillies, *les pampres de la vigne*. Les pampres de la vigne n'ont jamais été ses feuilles seules; celles-ci font partie des pampres, mais elles ne les constituent pas plus que les feuilles des autres arbres ne constituent leurs rameaux. Un pampre est un rameau vert de la vigne, et l'on doit comprendre sous le nom d'*épamprage* toutes les opérations d'ébourgeonnage, de pinçage, de rognage et d'effeuillage, en un mot toutes les opérations qui ont pour objet de retrancher tout ou partie des pampres.

On n'emploie ni échalas, ni carassons, ni treillages dans le Var; par conséquent, on ne se livre à aucune opération de relèvement, de liage ni de palissage. On ne relève, on ne lie pas même les pampres d'une même souche ensemble, ni de deux ou trois souches voisines réunies par les sommets de leurs pampres, comme cela se pratique souvent là où il n'y a pas d'échalas.

Jusqu'à présent, la base de la philosophie viticole du midi m'a semblé être la négation et l'abstention. Favorisés par un climat essentiellement propice à la vigne et par un sol qui ne l'est guère moins, les viticulteurs du midi laissent le plus grand rôle à la nature et soutiennent leur manière de voir et de faire avec beaucoup d'énergie. Ce n'est pas du nord que nous viendra la lumière, écrivait un viticulteur expérimenté et très-spirituel du Gard, M. le baron de Rivière. Non, la lumière, ni même le bonheur, ne viennent du nord, ce pays de frimas et de ténèbres: mais c'est au pays des ténèbres qu'on apprend à voir dans l'obscurité; c'est au pays des intempéries qu'on apprend à protéger, à diriger les plantes et les animaux de première nécessité: la nécessité est la mère de l'industrie. Si donc vous voulez joindre à vos richesses naturelles, fortunés habitants du midi, les procédés ingénieux, les leviers puissants que l'âpre nature du nord fait trouver à ses enfants moins privilégiés que vous, ne dédaignez pas d'étudier ces procédés en les essayant sérieusement et avec persévérance, chacun sur une petite étendue; vous vous en trouverez bien, soyez-en sûrs.

Ne prononcez pas le *Timeo Danaos et dona ferentes:* vous savez que j'aime la vigne et que je regarde le vin comme la boisson consacrée du genre humain, comme le stimulant de son cœur et de son esprit, autant que le soutien de son corps; vous savez que je tremble pour notre suprématie directrice de l'humanité dans la civilisation et le progrès, en voyant les boissons de grains, de racines, de tubercules, s'élancer du nord et menacer la vigne et le vin. Je suis donc avec vous, je suis donc pour vous, et je n'ai d'autre intérêt que le vôtre, quand je vous crie: Étendez vos vignes, perfectionnez-en les produits, en les doublant, en les triplant par de bonnes et laborieuses pratiques, jusqu'à ce que vous ayez arrêté, anéanti l'invasion des boissons qui attaquent le corps, le cœur et l'esprit humain.

L'un de vos compatriotes, M. Siry, maire de Carcès, a fondé ses entreprises viticoles sur une base admirable et inébranlable: « Tant que mes vins ne se vendront pas au-dessous de 5 francs l'hectolitre, me disait-il, et il me le prouvait par des chiffres incontestables, j'aurai fait une bonne affaire. »

Si vous doutez qu'il y ait quelque progrès à faire dans votre viticulture, ouvrez la statistique officielle de 1852, et quelque peu de confiance que puissent inspirer les statistiques, elles offrent néanmoins quelques données incontestables qui ont bien leur valeur : vous y verrez l'Ain, l'Aisne, les Ardennes, la Marne, la Haute-Marne, la Meurthe, la Meuse, la Moselle, l'Oise, le Bas-Rhin, le Haut-Rhin, Seine-et-Oise, Seine-et-Marne et la Seine, tous pays à gelées de printemps terribles, à gelées d'automne, à pluies et froidures de juin faisant couler la vigne, à terrains moins bons que chez vous, donnant en moyenne de 24 à 40 hectolitres à l'hectare, tandis que le Var n'offre qu'une moyenne de 17 hectolitres à l'hectare, avec le meilleur terrain et le meilleur climat possibles pour la vigne.

Il y a donc quelque chose à faire; mais ce quelque chose est-il ce que je conseille, est-il ce que je dis? En vérité, je n'ai pas la prétention d'être prophète ni infaillible; je dis ce que je sais, je dis ce que je pense, j'agite des idées et je les soumets à votre attention, à votre propre jugement, à votre expérience; je songe d'autant moins à les imposer et à les défendre contre votre pratique, qu'elles appartiennent à tous nos vignobles où je les ai trouvées toutes faites, toutes appliquées, toutes jugées.

Les cépages du Var, pour les vins rouges, sont le morved, le grenache, le brun fourca, le pécoui-touar, l'aramon, le monestel, le bouteillan, le tibouren, le pascal noir, le téoulié. De tous ces cépages, celui qui domine tous les autres par la quantité et par ses qualités de végétation et de produit est sans contredit le morved. Le morved est le cep caractéristique des vignobles et des vins de la Provence. Les vins qu'il donne, considérés au point de vue de l'usage alimentaire et habituel, sont bien supérieurs, sensuellement et hygiéniquement parlant, à ceux du Languedoc, fournis par l'aramon, le teret-bouret, et même par le grenache, qui donne des vins excellents comme liqueur et comme vins de petits verres, mais qui est, selon moi, presque aussi mauvais que le serait le muscat comme boisson alimentaire et ordinaire.

Le morved est un des cépages les plus propres à la culture sans échalas ni palissages, car il porte ses sarments dressés verticalement. Il a aussi l'avantage de débourrer tard et de mûrir assez tôt; enfin, il se défend assez bien contre l'oïdium. Mais, de tous ces avantages, celui qui doit le faire conserver précieusement par le Var, par la Provence et par toutes les régions du midi qui le cultivent, c'est que les vins qui en proviennent sont désaltérants, droits, agréables et salutaires à un plus haut degré que tous les vins des autres cépages du pays. Doit-on se borner toutefois à l'emploi de ce seul cépage dans le Var et en Provence, pour y faire les vins rouges de consommation intérieure et de commerce?

La réponse à cette question est toute faite dans le Var par la Société d'agriculture et par le Comice agricole de l'arrondissement de Toulon. Sous l'impulsion et sous la présidence de M. Pellicot et de M. Riondet, son vice-président, une collection des meilleurs cépages pour la table et pour le vin a été créée, ainsi qu'un vignoble d'essai. Dans ce vignoble, les petits gamays du Beaujolais, les carbenets sauvignons du Médoc, la syra de l'Hermitage, les fendants verts et roux de la Suisse, les furmint de la Hongrie, sont cultivés en lignes, avec soin, sur un sol de même nature et conduits de la même façon, en assez grand nombre de chaque espèce pour qu'il soit possible d'en faire du vin. Ces vins que nous avons goûtés au vignoble d'essai même, en réunion d'un grand nombre de membres du Comice, étudiés avec attention et impartialité, ont présenté, savoir : les vins de gamays, la saveur franche et ferme des vins du Beaujolais; les vins de carbenet sauvignon, le cachet des vins du Médoc par le bouquet prononcé et la saveur veloutée, quoiqu'un peu astringente; les vins de syra, la plénitude et la richesse de goût et de bouquet des vins de l'Hermitage; les vins de fendants verts et roux, la saveur plate et négative des vins de chasselas; enfin, les vins de furmint rappelaient sans hésitation le goût spécial au tokay, sans en avoir toutefois la perfection ni les qualités. Ces vins avaient le goût et le bouquet du tokay, comme tout vin muscat bon ou mauvais a le bouquet et le goût du muscat. Aucun de ces vins ne présentait les impressions altérantes et chaudes des gros vins propres au midi.

Ainsi, ce n'est ni le climat ni le terroir qui donnent à la plupart des gros vins du midi cette saveur finale qui déplaît au plus grand nombre des consommateurs du nord. Ce ton chaud et altérant qui laisse toujours l'estomac désireux de se rafraîchir, ces saveurs spéciales aux raisins du midi, qui, pour être moins sensibles et moins apparentes que celles de muscats, n'en sont pas moins réelles, sont difficiles à la consommation habituelle, comme toute saveur forte est rejetée de la consommation courante des pains et des viandes. C'est ainsi que la brioche ou un gâteau quelconque ne pourrait remplacer le pain quotidien ;

c'est ainsi que la venaison ne peut être acceptée en remplacement de la viande de boucherie.

Quoi qu'il en soit, le Comice agricole de Toulon et ses bienfaisants directeurs ont rendu et rendent d'immenses services : 1° à la science, en démontrant que le cépage domine le cru; 2° au département, en mettant à sa disposition des boutures de cépages à vins précieux, de consommation courante.

La syra de l'Hermitage, le carbenet sauvignon du Médoc, le pineau de la Bourgogne, le gamay du Beaujolais, le persaigne ou mondeuse de la Savoie, les plants dorés de la Champagne, sont et seront éternellement la base et l'honneur des vins de France, qu'ils soient cultivés à Toulon, à Bordeaux, à Clermont, à Dijon, à Reims ou à Metz.

Parmi les raisins roses du Var on compte le barbaroux, le rousselet, le grec, trois variétés d'une même espèce.

L'ugni blanc est le cépage blanc le plus répandu et le plus estimé; il réunit fécondité et qualité (Pellicot). La clairette blanche ne le cède guère à l'ugni blanc : c'est un cep fertile dont le raisin donne un vin clair, pétillant et généreux; puis viennent la clairette rousse, le pascal blanc, qui, avec l'ugni blanc et le rousselet, concourent à produire les excellents vins blancs de Cassis. Enfin, le columbaud, le mayorquin et les panses, pour les raisins secs, complètent à peu près la série des cépages.

La culture de la terre des vignes est réduite, dans le Var, à sa plus simple expression. Elle consiste dans deux façons : un piochage en février et mars et un binage en mai; quelques-uns ne donnent que la culture de mai. Les cultures et les effondrements sont faits avec des instruments spéciaux : les figures 34, 35 et 36 donnent l'aspect de ceux que j'ai vu employer.

Fig. 34.

Fig. 35.

Fig. 36.

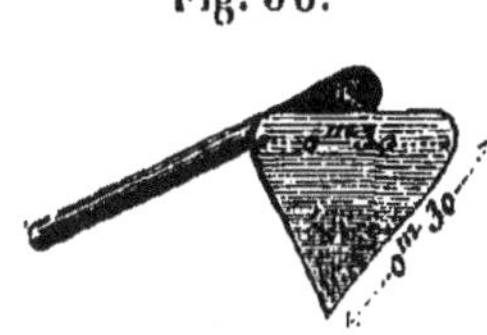

Aujourd'hui, l'Hérault pratique au moins quatre cultures pendant la période de végétation; et, dans l'Aude, M. Portal de Moux en pratique un bien plus grand nombre: aussi, quoique les vignes soient, dans l'Hérault et dans l'Aude, conduites à la taille courte, donnent-elles des produits moyens plus que doubles de ceux du Var; les vignes pleines et les binages sont, avec les cépages, les seules causes de la différence de fertilité. Si je conseille la destruction des cultures intercalaires à la vigne et les binages fréquents aux viticulteurs du Var, je ne leur conseillerais jamais la culture des aramons, des terets-bourets, dussent-ils récolter cent hectolitres à l'hectare : les citrouilles ne doivent jamais remplacer les melons dans l'alimentation humaine.

Les vendanges se font dans des comportes (vases en bois étanches) qu'on remplit à la vigne et qu'on transporte sur voitures à la maison d'exploitation. Là, le plus généralement, les comportes sont versées sur des planches non jointes et placées sur des cuves carrées en pierre ou en ciment. Les raisins sont foulés à pieds nus sur les planches, le jus coule dans l'interstice des planches, et, après le foulage, les planches sont retournées et le marc précipité avec le jus dans la cuve. La cuve s'emplit rarement en un jour; il en faut souvent deux et trois; mais, à partir de l'emplissage de la cuve, la durée de la cuvaison varie de quatre à quinze jours, suivant qu'on a l'intention de faire des vins plus ou moins légers, plus ou moins colorés. On n'est pas dans l'habitude d'égrapper le raisin avant la cuvaison; et, après le décuvage, les uns répartissent les vins du pressoir dans les vins du tirage des cuves, les autres le gardent à part. En général, plus le vin a cuvé longtemps, plus il est nécessaire de lui rendre ses vins de presse, qui contiennent plus d'alcool, plus de sucre et plus de principes conservateurs du vin.

Les vins du Var sont généralement bien colorés, suffisamment alcooliques et plus agréables à la consommation que ceux du Languedoc : aussi sont-ils recherchés par le commerce. Au commencement de 1863, ces vins étaient encore vendus de 25 à 30 francs l'hectolitre.

Malheureusement les plâtrages prennent une grande faveur et une grande extension dnns le Var. Je dis « malheureusement », parce que, quoi qu'il ait été décidé à cet égard par les tribunaux, quoi qu'on ait pu dire pour ou contre le plâtrage, il n'en est pas moins absolument vrai que le plâtre dissous dans le vin transforme une boisson bienfaisante et alimentaire en une boisson malfaisante et qui, loin d'être un aliment, ôte l'appétit, trouble la digestion et compromet sérieusement la santé.

Sans doute le plâtre n'est pas un poison, sans doute il ne donne pas de coliques et ne corrode pas immédiatement les muqueuses par le sulfate de potasse qu'il a formé dans le vin; relativement aux sels de plomb et de cuivre, on peut dire le plâtre inoffensif. Mais comment peut-on admettre que le plâtre dans le vin donne une boisson saine, puisque le plâtre dans l'eau donne une boisson malsaine? Comment admettre qu'on ait le droit de vendre des vins séléniteux, lorsque les habitants des pays où l'eau de puits est séléniteuse vont chercher ou achètent à grands frais l'eau des fontaines ou des rivières voisines qui ne sont pas séléniteuses ou qui le sont moins que celles de leurs puits? En vérité, il y a deux poids et deux mesures dans la science : ou la science doit reconnaître que, si les eaux qui contiennent du plâtre sont déclarées malsaines et impotables, les vins qui en contiennent sont également impotables et malsains. Le sulfate de chaux, il est vrai, s'empare d'une partie de la potasse des tartrates par son acide sulfurique, tandis que sa chaux est saturée par une portion de l'acide tartrique ; mais le sulfate de potasse est plus malfaisant que le sulfate de chaux lui-même, puisqu'on a dû le délaisser, même en médecine, comme purgatif malfaisant.

M. Siry, notaire et maire de Carcès, m'a dit que l'inventeur du plâtrage des vins était M. Suquet, de Toulon, lequel avait loué les propres cuves de MM. Siry père et fils, et qu'il y avait pratiqué longtemps le plâtrage depuis 1835, époque de son invention; que jusqu'à cette application les vins de Carcès, de la plaine surtout, tournaient avec une telle facilité qu'ils étaient impropres au commerce et à l'exportation, et que, par le plâtrage, les mêmes vins deviennent d'une solidité telle qu'ils arrivent parfaitement sains en Australie et partout ailleurs.

M. Siry est un homme pratique, sérieux et d'une haute intelligence, j'ai toute raison de croire à ses affirmations; mais, quand bien même cet énorme avantage serait acquis au vin par le plâtrage, rien ne me ferait admettre qu'il est permis de fabriquer volontairement une boisson malsaine sous prétexte qu'elle se conserve parfaitement.

J'avais entendu dire partout que le plâtre avait pour objet et pour effet d'ajouter à la couleur du vin et de la rendre plus brillante, mais c'est la première fois que j'entendais préciser les vertus conservatrices du plâtre. C'est sans doute aussi dans le but de le conserver que quelques personnes dans le Var ajoutent du sel ou de l'eau salée à leur vin. Je crois que le vin se conserverait plus sûrement avec le sulfate de zinc, de cuivre, avec le deuto-chlorure de mercure et avec l'arsenic; mais comme la mort immédiate des consommateurs rendrait l'effet plus évident, j'ai lieu de croire que ces moyens de conservation de la marchandise ne seraient pas aussi sûrs à employer que le plâtre.

Sauf la macération prolongée au delà de huit jours et les opérations du plâtrage, les vins sont fort bien faits dans le Var. Un simple foulage préalable, une cuvaison en cuve à peu près libre, non remplie complétement, le tirage aussitôt que le marc descend et que la grosse fermentation est terminée, la répartition égale des vins de presse dans les tonneaux, le guillage du vin ou son complément de fermentation dans des tonneaux en celliers, puis leur descente en cave, leur remplissage tous les huit jours, un soutirage en décembre et un autre en mars, telles sont les meilleures pratiques pour assurer la solidité des vins. Malheureusement les caves sont rarement bonnes : elles sont à demi souterraines, à température variable, et l'on tire dans des fûts de 25 à 200 hectolitres. Dans une partie de l'arrondissement de Toulon, les caves manquent complétement; les énormes futailles de 150 à 200 hectolitres sont rangées dans des celliers dont l'atmosphère intérieure subit à peu près les variations de température de l'atmosphère du dehors. Les vins s'y trouvent dans des conditions peu favorables à leur bonne conservation.

Le mode d'exploitation des vignes dans le département se fait directement par les propriétaires, surtout pour les grandes propriétés; ou bien il se fait à moitié fruits, plus spécialement pour les petites propriétés. La vigne est rarement louée à rente fixe. Le prix de la journée est fort élevé: il varie de 40 à 50 centimes l'heure; les journées d'hiver, à six heures de travail effectif, sont payées de 2 fr. 50 à 2 fr. 75 cent.

M. Jobert-Claire, vice-président de la Chambre d'agriculture à Brignoles, m'a déclaré que, malgré les prix élevés du travail, les ouvriers s'éloignent de l'agriculture pour aller à Toulon et à Marseille, et que, si ce n'étaient les Piémontais qui viennent offrir leur travail, on ne saurait souvent où trouver des bras à aucun prix.

Le vrai, le seul moyen de retenir les ouvriers à la campagne, c'est de leur donner un intérêt sur les produits, un franc par hectolitre de vin, par exemple; toutes les conditions de la vie de l'ouvrier rural sont changées par ce seul fait.

La vigne dans le Var est une culture assez riche pour permettre d'intéresser fortement l'ouvrier à ses produits.

« Vous voyez ces 150 maisons devant lesquelles nous venons de passer, me disait M. Siry en traversant Carcès; « elles sont toutes à de simples vignerons dont je fais les « affaires, en ma qualité de notaire. Hé bien! vous pourriez « sans crainte prêter cent mille francs à chacune d'elles, et « toutes ces fortunes sont dues à la vigne. » M. Jobert-Claire à Brignoles, M. Barles, professeur d'agriculture à Draguignan, M. Riondet à Hyères, m'ont parlé dans le même sens.

DÉPARTEMENT DE LA CORSE.

La Corse est une de ces contrées historiques et légendaires qu'on n'aborde pas sans émotion et qu'on ne peut parcourir et étudier avec indifférence, ni même avec calme, pour peu qu'on ait entendu parler de ses anciennes et interminables luttes extérieures, de ses violents déchirements intérieurs, de ses *vendette*, de son *banditisme*, et du caractère stoïquement énergique de ses habitants, caractère greffé sur un ardent esprit de famille et sur les mœurs les plus sévères.

J'avoue qu'une vive curiosité et qu'un intérêt non moins vif me portaient vers ce pays, désireux de le comprendre, désireux de deviner ce double Sphinx, sol et homme corse; désireux surtout d'en dégager toute vérité qui pourrait servir lui et la France, dont il constitue un des précieux éléments.

Ces préoccupations ont-elles donc quelque rapport avec l'étude et l'enseignement de la viticulture et de la vinification, question spéciale dont je suis chargé ? Oui certes, à mes yeux du moins ! car, à mes yeux, la vigne est la culture la plus colonisatrice, et son produit fermenté contient la plus grande force qui puisse animer le corps, le cœur et l'esprit des hommes réunis en familles et en tribus; leur donner l'amour, l'énergie et l'intelligence du travail, la santé contre la fatigue, contre les miasmes du sol, contre les intempéries du climat. Le vin alimentaire est le critérium et le régulateur par excellence de la vie sociale et intime.

Rien ne saurait ébranler ma foi dans la bienfaisante influence du vin alimentaire et dans la supériorité de son usage modéré, dans les repas, sur l'usage de tous les autres stimulants de la vie humaine.

Cette croyance sincère, que je n'entends imposer à personne et qui semble naturelle à la mission que je remplis, justifie, suffisamment du moins, la sollicitude que j'apporte à connaître, en tout pays nouveau pour moi, tous les éléments de sa vie sociale, comme ceux de son agriculture, de son sol et de son climat.

Ce pays a-t-il des vignes? ses habitants boivent-ils du vin? les vignes sont-elles fertiles? les vins sont-ils bons? telles sont les questions qui m'agitent le plus pour en mesurer la solution par la richesse et par la valeur absolue d'une population.

Malheureusement je ne pouvais, à mon très-grand regret, consacrer que quelques jours à l'étude de cette intéressante contrée. Aussi n'ai-je aucune prétention d'en avoir compris toutes les qualités, tous les défauts, toutes les nécessités; je ne pourrais que répéter, à cet égard, tout ce que d'autres ont dit avant moi, et beaucoup mieux que je ne saurais le dire.

Je m'abstiendrai donc de reproduire des faits acquis, et je me bornerai à rendre mes propres impressions et les observations qu'elles m'ont suggérées.

Sur une superficie totale de huit cent soixante-quatorze

mille sept cent quarante-cinq hectares[1], la Corse ne cultive que seize mille hectares de vignes environ : un peu plus de la cinquantième partie du sol.

La moyenne production de chaque hectare de vigne est de trente hectolitres, et le prix moyen de l'hectolitre est de 20 francs. Le produit brut de chaque hectare est donc de 600 francs et celui des seize mille hectares est de 9,600,000 francs : plus du quart du revenu total agricole de la Corse, y compris celui des animaux.

Ces 9,600,000 francs représentent le budget de neuf mille six cents familles moyennes de quatre membres, ou de trente-huit mille habitants : un peu plus du septième de la population totale, qui, d'après le recensement de 1861, était de deux cent cinquante-deux mille neuf cents âmes, entretenue par la cinquantième partie du territoire.

Malgré le peu d'étendue et le faible rendement de ses cultures, la vigne occupe néanmoins en Corse le deuxième rang dans la valeur totale des produits du sol. Elle y rend beaucoup plus que les céréales, beaucoup plus que les prairies, beaucoup plus que les châtaigniers, beaucoup plus que les oliviers, beaucoup plus que les pâturages et le bétail; de trois à vingt fois plus que tous ces produits, à surface égale[2].

[1] Ce chiffre est approximatif : la Corse est le seul département français, si l'on en excepte les trois départements récemment annexés, dont le cadastre ne soit pas encore terminé ; l'étendue du sol est tantôt estimée à huit cent soixante-quatorze mille sept cent quarante-cinq, tantôt à neuf cent vingt-quatre mille cent deux hectares.

[2] Je ne parle pas ici des orangers, des citronniers, des cédratiers, qui, bien soignés, peuvent rendre de 2 à 4,000 francs bruts par hectare, parce que ce sont des productions essentiellement limitées et de luxe, rentrant dans l'horticulture, et ne constituant pas une production alimentaire, comme le pain, la viande et le vin.

Pourquoi la vigne, malgré ces conditions déjà si avantageuses, n'a-t-elle pas pris de développement en Corse? Pourquoi la Corse n'a-t-elle que seize mille hectares de vignes (les uns disent quatorze mille, les autres vingt mille), alors que l'Hérault, la Gironde, les Charentes, en comptent, sur chaque département, plus de cent mille hectares dans des circonstances moins favorables?

C'est que la Corse commence à peine à sortir d'une situation des plus difficiles.

Il n'y a pas vingt-cinq ans que la Corse n'avait ni voitures ni charrettes, parce qu'il n'y existait que des routes muletières, difficiles, couvertes et dangereuses. Toute la population corse était armée; le nombre des attentats contre les personnes s'élevait à plus de cent vingt par an. Les bestiaux errants dans les campagnes, à l'abandon ou sous la conduite de bergers nomades, dévastaient tous les terrains éloignés des villages et qui n'étaient pas placés sous le mousquet du propriétaire. Toutes les plaines, infectées par des marais ou des étangs, étaient inhabitables, sous peine de mort, pendant les quatre mois de l'année les plus importants pour les soins de la végétation et pour les récoltes. Comment l'agriculture, et spécialement la viticulture, auraient-elles pu se développer dans de pareilles conditions? Comment les produits auraient-ils pu s'écouler? Quel enseignement aurait pu être donné?

Des lois rendues en 1837 et en 1839 ont affecté plusieurs millions à l'ouverture des routes et à l'amélioration des ports. On commença dès lors le réseau des grandes routes et bientôt après vint le tour des chemins vicinaux.

En 1852, une loi réclamée par les principaux dignitaires corses, à la tête desquels était M. Abbatucci, et appliquée avec une grande vigueur sous l'habile administration de M. Thuillier, alors préfet de la Corse, interdit le port d'armes et même le permis de chasse : les meurtres cessèrent presque entièrement; le banditisme fut anéanti en moins d'un an.

La même année, l'État entreprit des desséchements et des assainissements à Saint-Florent, à Calvi, à Vescovato; et ces opérations ont amené aujourd'hui les meilleurs résultats : leur continuation et leur extension ne sont guère moins importantes et sont tout aussi indispensables que l'interdiction du port d'armes, car la vie des populations agricoles est encore plus menacée et plus compromise, sur une bien plus vaste échelle, par les miasmes paludéens qu'elle ne l'était par les armes des bandits. Les fièvres de la Corse ont un caractère de malignité qu'elles tirent surtout des marais et des étangs du littoral; elles diffèrent essentiellement des fièvres des landes et des mâquis, qu'une bonne hygiène et les conquêtes de l'agriculture peuvent facilement détruire.

Les fièvres intermittentes, les maladies paludéennes, sont endémiques dans toute l'étendue de la plaine orientale; elles atteignent même les collines voisines, surtout là où les vents de la plaine peuvent emporter les miasmes paludéens. La crainte, je devrais dire la terreur, inspirée par ces influences endémiques est telle, que du 15 juin au 15 octobre personne n'habite plus la plaine ni les premières collines; tout le monde se réfugie dans les communes situées à plusieurs kilomètres des cultures, qu'on n'ose visiter que pour les opérations urgentes et pour les récoltes pendant le jour; et même, durant la meilleure saison, peu de familles ont des installations fixes dans les plaines: c'est donc toujours de plusieurs kilomètres de distance, où ils ont leur gîte habituel, que les agriculteurs et ouvriers ruraux doivent se rendre à leurs travaux, en subissant une perte de temps et une fatigue énormes, à l'aller et au retour, sans compter la fatigue d'un travail mal soutenu par des boissons malsaines et par une alimentation insuffisante.

Tant que cette situation persistera, les efforts des hommes les plus habiles en agriculture échoueront, ou, s'ils réussissent temporairement, leurs succès s'éteindront bien vite après eux. Rien ne peut constituer une agriculture puissante, persistante et progressive, sans l'habitation de la famille au milieu ou à proximité des cultures.

A ces obstacles de force majeure s'en joignait un troisième non moins grave, l'absence presque absolue de sécurité pour les cultures et pour les propriétés, par le fait de la vaine pâture. La vaine pâture fut abolie par la loi du 22 juin 1855. Malheureusement il s'en faut que cette loi soit appliquée avec autant d'énergie et de succès que la loi prohibitive du port d'armes. Toutefois, malgré de nombreuses et regrettables infractions, elle a déjà permis à de vastes défrichements de s'accomplir et à de belles et grandes cultures de s'installer avec un peu plus de sécurité.

Enfin, un dernier fléau est venu écraser la vigne et retarder un moment son essor. L'oïdium, sous la double action du climat brûlant et du voisinage de la mer, dévorait les pampres et les récoltes; et, sur plusieurs points de l'île, la récolte était entièrement abandonnée. M. le comte de Casa-Bianca est le premier qui, dès 1856, ait apporté le soufrage en Corse, d'après les meilleures méthodes usitées dans le midi de la France. Malgré le succès qu'il avait obtenu, il n'eut d'abord qu'un petit nombre d'imitateurs; mais le Conseil général ayant voté des fonds pour offrir aux viticulteurs le soufre à prix réduit, l'oïdium a été vaincu ; la viticulture a repris son élan, autant toutefois qu'une population réduite à la plus faible proportion peut le permettre. C'est dire assez que l'élan a de bien faibles effets.

Avec le développement des voies de transport et de communication par terre et par mer, avec les assainissements largement pratiqués, avec le maintien de la loi sur le port d'armes et par l'application plus énergique et plus rigoureuse de la loi contre la vaine pâture et les attentats à la propriété, la Corse réunira toutes les conditions nécessaires pour étendre avec sécurité sa population, vaincre, par les conquêtes de l'agriculture et par une hygiène convenable, les derniers et les moins graves des miasmes fébrifères, et produire enfin les richesses immenses que renferme son sol et que peut faire surgir son heureux climat.

Tout a été dit, je le répète, et bien dit, sur la Corse, même sur ses vignes et sur ses vins. On lit dans l'*Ampélographie française*, excellent *compendium* viticole, accompli sous le patronage du ministère de l'agriculture, et auquel M. V. Rendu a attaché son nom :

« La Corse, sentinelle avancée de la France dans la Mé-
« diterranée, heureusement placée entre l'Italie et la Sar-
« daigne, sous un ciel magnifique, jouissant de toutes les
« températures et favorisée d'un sol et d'un climat éminem-
« ment propres à la vigne, pourrait devenir une des contrées
« les plus riches de l'Europe et disputer le commerce des
« vins secs et de liqueur à l'Espagne, au Portugal et à l'Italie,
« si l'industrie de ses habitants répondait aux avantages
« d'une position privilégiée ; mais il n'en est rien. Faute d'un
« bon choix de cépages, d'une culture soignée, et surtout
« d'une manipulation intelligente dans la confection du vin,

« la Corse est reléguée presque aux derniers degrés de l'é-« chelle viticole; à peine suffit-elle à sa propre consomma-« tion, malgré quelques exportations partielles. La plupart « de ses vins, quoique doués naturellement d'une grande « puissance alcoolique, restent confondus dans la classe des « vins communs; ils supportent difficilement le transport et « tournent souvent à l'aigre dès les premières chaleurs de « l'été : il est vrai que caves et vaisseaux vinaires, mal tenus, « les prédisposent singulièrement à l'acescence. Quelques « bons crus cependant font honneur à cette île. »

Voilà, en peu de mots, tout ce que l'on peut dire de mieux et de plus exact en généralités sur les conditions et l'état de la viticulture et de la vinification en Corse; et je dois dire que c'est aussi le résumé de tout ce que j'ai vu et de tout ce que j'ai entendu dire moi-même dans le pays.

Personne n'y met en doute que le climat n'y soit des plus favorables pour la vigne, comme celui des Alpes-Maritimes, du Var, des Bouches-du-Rhône, de l'Hérault, des Pyrénées-Orientales; et M. Conte-Grandchamp ajoute avec justesse à la comparaison les départements de l'Isère, des Hautes- et des Basses-Pyrénées (il aurait pu y joindre la Savoie) : car la Corse réunit à la fois lés zones torrides, les zones tempérées et les régions glaciales des diverses contrées que je viens d'énumérer; elle possède leurs plaines chaudes et fécondes en bassins et en plages; leurs sites ardents des rampes et des gorges, abrités des vents et recevant les rayons concentrés du soleil aux contre-forts inférieurs des montagnes; elle offre leurs plateaux plus tempérés et plus ouverts, vers le haut ou au nord de ses collines; et enfin leurs régions de plus en plus froides, aux flancs des hautes montagnes, jusqu'aux altitudes extrêmes des pins et des neiges.

Excepté ces dernières régions, toutes les autres sont propres à la vigne : aussi la vigne y réussit-elle à merveille; et si le choix des cépages correspondait aux différents climats de chacune des premières, non-seulement la Corse pourrait produire des vins analogues aux vins d'Espagne, de Portugal, d'Italie et de l'extrême midi de la France, mais elle produirait les vins de Vaucluse, des côtes du Rhône, de l'Hermitage, du Beaujolais, de la Bourgogne, du Médoc; en un mot tous les vins alimentaires et de grande consommation courante du centre et même du nord de la France. Les vins, déjà légers et faciles à boire, de Corte sont une preuve suffisante de ce que j'avance ici. Ceux que j'ai bus dans cette ville, même le vin de l'hôtellerie, m'ont paru aussi coulants que les vins de Bordeaux, dont ils ont un peu du bouquet et du goût, sans excès d'alcool et sans acidité.

Le sol de la Corse est essentiellement granitique et schisteux dans toute sa partie occidentale, à partir d'une ligne qui s'étendrait de l'embouchure de l'Ostriconi, au nord, et qui se dirigerait vers Porto-Vecchio, au sud, jusqu'au littoral nord, ouest et sud, dans toute son étendue, c'est-à-dire sur les deux tiers de la superficie de l'île. Les calcaires ne se rencontrent qu'au cap Corse et sur le tiers oriental de l'île, où ils sont exploités en quelques points; mais la plus grande partie de la côte orientale et les plaines les plus fertiles qui la bordent, ainsi que les collines qui y descendent, sont constituées par des alluvions anciennes et modernes, ou plutôt par des détritus de toutes sortes de terrains, enlevés aux montagnes et à l'intérieur du pays par les torrents qui les ont stratifiés et entassés avec des cailloux et des galets roulés, ou bien en lits terreux, sableux et argileux superposés ; le tout reposant sur des schistes et des talcs, que les ravins profonds des fleuves et certains points du littoral oriental mettent à nu.

Le sol de la Corse est d'une fertilité remarquable dans toutes ses parties; sur les collines et dans les plaines de la côte orientale, tout ce que j'ai vu de la végétation m'a semblé prodigieux. Partout où le sol n'est pas cultivé, et malheureusement c'est la plus grande partie qui ne l'est pas, il est couvert d'un épais taillis, venu rapidement et spontanément, composé d'arbres, et surtout d'arbustes à feuilles persistantes, à végétation luxuriante, offrant presque toujours des fleurs odorantes ou des fruits à couleurs vives. Ces arbrisseaux charmants sont l'arbousier, le lentisque, les myrtes, les alaternes, les cistes, les bruyères, qui y acquièrent plusieurs mètres de hauteur.

Ces taillis si fourrés, si verts, si fleuris, si jolis, que tous nos jardins de luxe les envieraient pour leurs plus splendides massifs ou groupes d'ornements, sont les fameux *mâquis* de la Corse, hier encore refuge inextricable des bandits, aujourd'hui simple refuge de nombreux sangliers; mais hier, aujourd'hui et toujours, couvoirs à miasmes fiévreux des plus redoutables.

L'aspect de ces massifs, parasites naturels du sol de la Corse, est si séduisant, que je voyais avec peine les coupures faites par la culture pour y substituer des guérets nus ou plantés symétriquement d'amandiers, de pruniers, d'abricotiers, de vignes même, que j'aime tant à voir; mais, à ce moment de l'année (février), la vue de la terre et celle des arbres et arbrisseaux à feuilles caduques est bien triste auprès de celle des arbousiers et des lentisques. Toutefois les cultures d'orangers, de citronniers et même de cédratiers, qui sont là bien plus à leur aise et plus dans leur climat qu'à Hyères, à Nice et à Menton, impressionnent bien plus encore avec leurs fruits éclatants et innombrables.

Ces groupes merveilleux, qu'on aperçoit de temps à autre dans les gorges abritées, aux flancs des coteaux, souvent au bord des torrents, des cascades, des fontaines, surtout autour des habitations, se détachant en vigueur de nuances, vertes, jaunes, rouges, et en feuillages épais et luisants au milieu des oliviers nombreux et souvent gigantesques, au feuillage clair et blanchâtre comme celui des saules; ces groupes merveilleux, dis-je, sont d'un effet prodigieux, surtout aux yeux du voyageur qui, la veille, était encore au nord de la France, au milieu des campagnes dénudées et glacées par l'hiver.

Les aloès, les agavés et les opuntia (figuier d'Inde, raquette) viennent à merveille en Corse : le figuier d'Inde y est planté en bordures, sur roches, et il y donne des fruits abondants en acquérant un développement de tige extraordinaire. J'ai rencontré l'apocin (herbe à ouate, asclépiade de Syrie) en abondance sur les bords du Fiume Lalezani ; la plupart portaient leurs capsules mûres et remplies de leur duvet tout à fait semblable au coton; certainement le coton réussirait parfaitement dans la plus grande étendue de la plaine orientale, depuis Bastia jusqu'à Porto-Vecchio, moyennant quelques abris et des irrigations.

Tous les arbres fruitiers du continent viennent à merveille en Corse et donnent d'excellents fruits. Les mûriers y croissent rapidement, les oliviers s'y sèment d'eux-mêmes et y végètent naturellement à l'état sauvage : il suffit de greffer ces sauvageons pour avoir, en huit ou dix ans, des oliviers qui, à cet âge, donnent déjà des produits rémunérateurs. Les châtaigniers les plus beaux et les plus fertiles du monde y occupent plusieurs milliers d'hectares ; les pins et sapins de toute espèce y forment, ainsi que les chênes, de vastes et belles forêts.

Je cite ces faits rapidement et sans méthode, simplement pour rappeler une vérité bien établie par les explorateurs les plus compétents, à savoir que la Corse est d'une fertilité inouïe, et qu'elle pourrait être le plus riche et le plus splendide jardin de la France.

Une population de cinq cent mille âmes, dit M. Conte-Grandchamp, et moi je dis d'un million d'habitants[1], y vivrait à l'aise, dans l'abondance de toutes choses et dans la richesse par la consommation de ses produits et par l'exportation de leur excès. Cent mille hectares de vignes pourraient y être créés à peu de frais, y remplacer cent mille hectares de mâquis ou de mauvais pacages, donner facilement, en moyenne, cinq millions d'hectolitres de vin et cent millions de francs. La Gironde compte plus de cent quarante mille hectares de vignes et en tire plus de 140 millions.

La vigne vient à merveille en Corse; au cap Corse, à Bastia, à Vescovato, à Cervione, à Corte, à Ajaccio, où j'ai pu l'observer directement, elle pousse avec une vigueur remarquable et ne demande qu'à porter des fruits, qu'elle

[1] M. Limperani, président de la Société d'agriculture de Bastia, auteur d'un grand nombre de rapports agricoles et économiques des plus solides et des plus vrais, est de cet avis. Je regrette infiniment de n'avoir pu me mettre en rapport avec un homme aussi distingué et aussi compétent.

donne excellents quand les cépages sont bons; il en est de même à Sartène, à Calvi, que j'ai le chagrin de n'avoir pas vus.

Un sixième de la superficie d'un pays cultivé en vigne suffit à assurer l'aisance, l'activité, la vigueur et la santé de sa population; un cinquième au moins de la Corse admettrait la vigne dans les meilleures conditions: cela ne fait aucun doute pour moi ni pour personne de ceux qui ont vu la Corse et qui connaissent la vigne.

Là n'est pas la question. Tous les hommes intelligents de la Corse savent parfaitement et déclarent hautement que leur pays est essentiellement vignoble, et très-bon vignoble : ils déclarent tous que l'extension de la culture de la vigne serait la fortune du pays et des propriétaires; ils font plus, ils s'efforcent à qui mieux mieux d'étendre leurs vignobles; ils sont persuadés et ils publient que pour le choix des plants, pour la taille, pour la conduite des travaux de la vigne, on est parfaitement entendu en Corse, et qu'on y cultive aussi bien la vigne que partout ailleurs. Sur la préparation seule du vin, ils ont quelques doutes. Eh bien! je me range volontiers à leur avis, et je dis qu'on n'entend et qu'on ne fait pas plus mal la vigne en Corse qu'ailleurs: sans doute les pratiques y sont toutes perfectibles, comme dans beaucoup des meilleurs vignobles de France; sans doute les vignes peuvent être plus avantageusement cultivées et les vins peuvent être mieux faits, mais cette perfectibilité est la loi commune, et la question principale n'est point encore là.

La vigne sort de la main de l'homme et non l'homme de la vigne; il en est de même de toutes les branches de l'agriculture. Donc, pour perfectionner, et surtout pour étendre les cultures de la vigne, même pour en consommer les produits, il faut d'abord des hommes en proportion, ou une augmentation proportionnelle de l'activité des hommes existants : il faut que leur conviction, leur volonté, leur courage, leur opiniâtreté, leur orgueil si l'on veut, se portent vers le but à atteindre.

La sécurité des personnes étant assurée comme elle l'est, ainsi que celle des propriétés comme elle le sera, les desséchements et assainissements se poursuivant et les voies de communication de toutes sortes arrivant graduellement à la perfection, le principal élément, l'élément essentiel du progrès agricole, l'augmentation de la population, ne serait point encore constitué. Tous ceux qui ont écrit sur la Corse, tous ceux qui s'occupent de son agriculture, les auteurs et les agriculteurs corses eux-mêmes, l'ont parfaitement compris : aussi chacun d'eux fait-il appel à la colonisation, soit directe et par la circonscription elle-même, soit par immigration de populations extérieures.

Mais, pour coloniser, il faut des unités de colonisation, des *unités du genre humain*, c'est-à-dire des unités complètes et reproductrices de l'humanité. On a trop oublié cette question, ou plutôt elle n'a point été étudiée : un garçon n'est point cette unité, une fille n'est point cette unité; l'unité n'est constituée que par l'union légitime et indissoluble d'un garçon et d'une fille qui, *époux* et *épouse*, contiennent leurs enfants dans leur sein, et l'unité ne sera active et complète que par l'évolution de ces enfants et par la réalisation de la synthèse *paternité*, *maternité* et *filiation;* l'unité de la colonisation, c'est la *famille* en puissance et en fonction de *reproduction :* le garçon seul n'est qu'un être impuissant à coloniser; une fille seule de même.

Ils peuvent aider, servir la colonie pendant leur existence limitée; mais ils en sont les mulets et les mules, ni plus ni moins, sauf leur qualité de fractions d'hommes.

C'est là une grande vérité, que je rappelle à toute la France comme à la Corse, vérité qu'il faut mettre en pratique, qu'il faut mettre en lumière pour en faire la mesure et l'estime des droits et des devoirs de chacun ; aucun garçon ne doit rester garçon à moins d'infirmités ou de vocation spéciale, religieuse ou militaire. Quelle que soit la situation de dénûment, d'aisance ou de fortune, tout garçon adulte doit se marier ou chercher à se marier, sous peine de déchéance aux yeux de tous et dans sa propre conscience. En effet, rien ne peut l'autoriser à ne pas compléter l'unité humaine et à ne pas obéir à la loi de perpétuation : il se doit à une autre moitié; il doit la vie à ses enfants, selon les lois religieuses et civiles ; s'il se refuse à prêter ses forces à une épouse, à une mère, pour produire et élever leurs enfants, c'est un être dépravé et dégradé, parce qu'il refuse de remplir le premier et le plus saint des devoirs de l'homme, à l'état sauvage comme à l'état civilisé. Plus il a de force, plus il a d'aisance, plus il a de fortune, plus son obligation devient pressante, et plus son abstention devient coupable. Pour le pauvre, si la propriété met à la disposition de tout ménage constitué, de toute famille formée, une métairie avec logement, terre, bétail, à moitié produits, avec les avances en cheptel et mise en production nécessaires, l'obligation devient la même. Donner tous moyens d'existence, tout secours, toute direction et toute considération aux *ménages* et aux *familles constituées* de préférence aux *ouvriers isolés*, les installer sur ses terres dans des conditions stables et assurant au moins leur existence, telle est l'obligation de tout grand propriétaire de terrains fertilisables.

Cette question n'est point spéciale à la Corse, non plus que la question qui va suivre, question qui intéresse tous nos départements français, à moitié déserts, parfois aux trois quarts, au grand détriment de tous; question qu'on n'a point assez étudiée, quoique tous les travaux agricoles, et même tous les travaux humains, reposent sur elle depuis des siècles. *C'est la valeur intrinsèque de l'homme et surtout de la famille du travail.*

En agriculture, un âne de travail vaut 100 francs, un bœuf de travail vaut 300 fr. un cheval de travail, 500 fr. Combien vaut un homme de travail? Combien vaut une femme de travail? Combien vaut une famille de travail?

Un homme adulte, dit M. L. de Lavergne, le plus éminent et le plus solide de nos économistes en agriculture pratique, *représente le plus précieux capital d'une nation.* Jamais vérité plus féconde n'a été proclamée.

Un nègre se payait, en Amérique, 1,000 dollars (5,000 francs); une négresse, 500 dollars (2,500 francs); les négrillons, de 1,000 à 1,500 francs, suivant l'âge; et, de plus, l'acquéreur se chargeait de les loger, de les nourrir, de les vêtir, de les soigner, de leur apprentissage, de leur direction.

Pourquoi donnait-on ces prix? est-ce parce que le nègre est très-laborieux et très-facile à conduire? Non, le nègre est très-paresseux et exige une grande dépense de surveillance; le blanc vaut plus et mieux que lui. Est-ce donc parce que l'esclave rend plus que l'homme libre? Non, l'observation, l'expérience et les chiffres montrent et prouvent que l'homme libre et blanc produit deux ou trois fois plus que le nègre esclave.

Le colon des Antilles et l'Américain du sud donnaient donc ces prix de la famille nègre, parce qu'en agriculture la famille nègre lui rapportait encore 33 et 50 pour 100, malgré sa paresse, malgré son indocilité, malgré tous les risques et tous les dangers que cette race faisait courir.

Mais, dira-t-on, il s'agissait de cultures précieuses, le café, le coton, la canne à sucre. Ces riches cultures pouvaient payer des esclaves. La vigne rapporte plus que tout cela, puisque la betterave rapporte autant que la canne à sucre, et que la vigne rapporte le double de la betterave.

Ainsi le *blanc* vaut plus que le *nègre;* l'*homme libre* vaut plus que l'*esclave;* nos cultures spéciales sont plus riches ou aussi riches que celles des Antilles. Ainsi la famille nègre, achetée à bon marché, valait 10,000 francs et rapportait 33 à 50 pour 100 de son prix au planteur, souvent beaucoup plus, mais je prends le nègre de qualité ordinaire; et, de plus, la famille nègre était nourrie, logée, vêtue, soignée, enseignée, dirigée, aux frais du propriétaire.

Dans les mêmes conditions, la famille blanche ne peut être estimée moins de 15 à 20,000 francs, c'est-à-dire qu'elle peut facilement, en agriculture, donner de 750 à 1,000 francs de revenu, outre son propre entretien et même ses épargnes.

Et la preuve que la famille de travail vaut au moins cette somme, c'est qu'on donne : en moyenne, à un homme 2 francs par jour sans nourriture et 600 francs pour trois cents jours de travail; à une femme on donne 1 franc par jour, ou 300 francs par an; à un enfant 25 centimes, ou 75 francs par an; 150 francs pour deux enfants moyens de dix ans : donc ils constituent un capital personnel de 3,000 francs, de 6,000 francs et de 12,000 francs, ce qui forme au total un capital de 21,000 francs apporté à la terre par chaque famille.

Jusqu'à concurrence de 15 à 20,000 francs, le capital foncier qui s'associe à une famille de travail et l'installe sur ses terres, à moitié fruits, fait donc une bonne affaire; il la fait excellente, car aucune combinaison ne peut lui présenter plus de sécurité ni plus de profits; la terre et la maison, qui représentent le capital, ne peuvent jamais lui échapper, et il a pour garantie du revenu les nécessités mêmes de la famille à laquelle il s'est associé, puisqu'elle ne peut avoir que la moitié des produits pour sa vie et son entretien.

Le plus souvent ce n'est pas 15 à 20,000 francs de foncier, de mobilier et d'avance que le propriétaire est obligé d'offrir à une famille de travail, c'est au maximum de 8 à 12,000 francs, savoir: six hectares de terrain à 500 francs l'hectare, 3,000 francs; une habitation de la famille, avec étable, grange, etc. 3,000 francs; un cheptel en outil et en bétail, 1,000 francs; une avance de trois ans à la nourriture et à l'installation de la production, 1,000 francs: total, 8,000 francs. Ce total peut s'élever de 8 à 16,000 francs, si les terrains valent 1,000 francs l'hectare et si les constructions ou le cheptel sont d'un prix plus élevé que celui indiqué plus haut, sans dépasser l'apport de la famille. Ainsi, comme il s'agit surtout de mettre en valeur des terrains incultes ou inoccupés, le capital foncier et mobilier associés par le propriétaire au capital personnel de la famille serait plus souvent au-dessous qu'au-dessus de la moitié de ce dernier capital: ce qui assure au propriétaire un revenu d'au moins 10 pour 100, sans préjudice de l'augmentation énorme de la valeur de son sol par sa mise en production et par sa population.

Six hectares sont le maximum de terrain à donner à la famille moyenne; au delà, même en terrains de faciles cultures et de produits les plus simples à obtenir, les forces de la famille sont dépassées, et sa production diminue. Dans les terrains fertiles, cinq et quatre hectares sont souvent la meilleure proportion. En cultures spéciales, en vignes, par exemple, trois hectares suffisent; et, en horticulture, un hectare, bien cultivé en fruits et légumes, suffit à absorber les forces de famille et à produire souvent 3 et 4,000 francs.

Dès que l'unité de culture dépasse l'unité dynamique de la famille, dès que la famille est obligée de prendre des aides, toutes les conditions changent pour elle. Elle cesse d'être purement agricole, elle devient industrielle; elle est sujette aux exigences et au mauvais vouloir de la main-d'œuvre; elle a dès lors ses prix de revient, elle a les hausses et les baisses des produits à redouter; tandis que la famille agricole pure vit de la moitié de ses produits et paye sa rente, en nature, par l'autre moitié: elle n'a rien à faire avec le prix de la main-d'œuvre; elle vend plus ou moins cher son superflu, voilà tout: la véritable agriculture n'a pas de prix de revient.

Quoi qu'il en soit, dès qu'une famille de travail entre sur une terre de six hectares et qu'elle s'y installe pour fonctionner, elle y apporte gratis un capital de 15,000 à 20,000 francs; elle y consomme pour 750 francs à 1,000 francs de produits, et donne une somme pareille au propriétaire, si elle en reçoit une direction intelligente et paternelle. La métairie, sans la direction et les soins du propriétaire, perd beaucoup de sa valeur.

La tête et les bras de la famille, voilà le vrai capital de l'agriculture, voilà la seule base sérieuse et solide de l'agriculture. Voilà ce qu'on n'enseigne pas assez en économie rurale; voilà ce qui fait que la petite culture est toujours riche et prospère; voilà ce qui fait que la petite propriété défie et achète la grande propriété. Jamais le travail à la journée et à prix fait, jamais les machines ne donneront un pareil résultat; d'ailleurs les machines et le journalier ne colonisent pas, et de quoi s'agit-il ici? de coloniser, c'est-à-dire de peupler un pays de familles; d'en faire et d'en perpétuer la population : population qui, par son capital, tête, cœur et bras, fait les produits, et par sa consommation fait leur écoulement et leur valeur. Bien plus, elle fait des enfants, beaucoup d'enfants, car c'est son intérêt de faire du capital-homme, puisque l'emploi en est assuré. Mais comme la famille rurale produit partout et toujours, sous une bonne direction, deux fois et demie son nécessaire au moins, l'excédant de population rurale se livrera aux métiers, à l'industrie, aux arts, aux lettres, aux sciences, dont les produits seront échangés contre les produits des familles rurales. Plus les campagnes seront peuplées relativement, plus les produits des villes et des industries se placeront facilement et avantageusement, plus les aliments et les matières premières seront à bon marché, sans ruiner personne. Au contraire, plus les villes et les industries occuperont de bras aux dépens des campagnes, plus les vivres seront chers et moins les produits de l'industrie se placeront facilement et avantageusement. La ruine d'une nation dont toutes les populations courent aux grandes agglomérations est assurée. La richesse d'une nation dont toutes les populations s'étendent dans les campagnes n'est pas moins certaine. La ruine est d'autant plus prochaine que les villes l'emportent plus sur les champs; la prospérité est d'autant plus grande et plus stable que les champs l'emportent plus sur les villes en population.

Si donc les grands propriétaires peuplaient leurs terres, si les États peuplaient leurs solitudes, ils augmenteraient prodigieusement leur capital et leurs revenus; ils rendraient la vie facile et agréable dans les champs et dans les villes; ils feraient fleurir l'agriculture, l'industrie, le commerce, les arts et les sciences, les lettres, et, par suite, la morale et la religion.

Mais pour cela il faudrait qu'ils comprissent et qu'ils reconnussent la valeur intrinsèque de l'homme et surtout de la famille de travail; il faudrait qu'ils la cotassent, à leur bourse et à leurs marchés, à son véritable prix; il faudrait qu'ils fussent bien convaincus qu'ils doivent associer en foncier, mobilier, avance et soins, dix à quinze mille francs au moins à une famille qui en vaut quinze ou vingt; il faudrait qu'ils sussent qu'ils ont tout à gagner et n'ont jamais rien à perdre dans cette voie.

Il faudrait qu'aujourd'hui tout le monde sût bien qu'attirer et fixer sur sa terre une famille de travail, c'est fournir gratis à cette terre un capital de 15 à 20,000 francs. Une terre sans famille, c'est une ruche sans essaim. A quoi sert d'avoir des milliers d'hectares sans ruches ou sans essaim, ou avec deux ou trois essaims?

Lorsqu'on sera bien convaincu de cette vérité, on comprendra qu'il est odieux, et surtout qu'il est insensé, de profiter de ce que l'homme de travail, la famille de travail, ont des besoins à satisfaire, sous peine de mort, pour les engager à des conditions qui paralysent leurs forces, abattent leur courage, annulent leurs facultés et leur bon vouloir; on les attirera, au contraire, par toutes les prévenances, par toutes les facilités, par toutes les dispositions qui peuvent les séduire, les fortifier, les encourager, assurer leur santé et conquérir leur attachement; ce qui revient à dire qu'on reconnaîtra qu'il est plus avantageux de ménager, de nettoyer et de graisser ses machines que de les brutaliser et de leur économiser les soins et l'huile.

Les colons étrangers, et surtout les familles étrangères, doivent être recherchés et accueillis avec empressement; ils doivent être logés sainement, nourris convenablement, installés avec prévenance, enseignés et dirigés avec patience et bonté, soignés dans leurs maladies et secourus dans leurs défaillances ou dans leur détresse comme on secourrait des frères ou des enfants. C'est là pourtant ce que tout le monde fait pour son âne, sa vache ou son cheval; c'est ce qu'on fait pour son chien! N'est-il pas douloureux de constater que l'homme de travail seul est en quelque sorte exclu de toute participation à ces sentiments charitables, et cela parce qu'on ne connaît pas ou qu'on ne reconnaît pas sa valeur.

Mais, en regard de ces procédés de bienveillance et d'équité du propriétaire, il faut que les travailleurs sachent bien aussi que leur travail, leurs égards, leur déférence, sont une dette morale, civile et religieuse envers celui qui les adopte; que tout homme doit produire, par son travail, des valeurs égales à celles qu'il consomme et à celles qu'il doit payer, sous peine d'être considéré comme un parasite, assimilable au voleur ou au mendiant. Le travail et la propriété sont libres de rompre leur association, mais ils ne sont pas libres de ne pas remplir leurs obligations tant qu'ils sont associés. Quant au propriétaire, pour remplir consciencieusement son rôle, il faut qu'il sache que plus un homme a de fortune, plus il est obligé à travailler : parce que la fortune est un levier que la société garantit pour multiplier les forces de celui qui le possède au profit de tous; que, s'il laisse ce levier en repos ou s'il le confie à des mains débiles ou incapables, il trahit la société par sa paresse ou par son incapacité; que la terre est la mère commune des hommes, et que celui qui en possède plus qu'il n'en peut exploiter a le devoir de conscience de faire produire l'excédant par d'autres hommes, en préparant aux familles les moyens de le féconder.

J'aborde maintenant la partie spéciale et technique de ce travail.

Les arrondissements de Bastia, de Corte et d'Ajaccio, les seuls que j'ai pu étudier directement, le temps m'ayant fait défaut pour visiter Sartène, malgré son importance, et Calvi, le moins vignoble de tous, mais un des plus progressifs dans toutes les cultures, la vigne comprise, présentent des différences assez tranchées dans leurs modes de viticulture; l'arrondissement de Bastia, le plus riche en vignes, puisqu'il en possède à lui seul plus que tous les autres réunis, offre quatre modes de culture : 1° la vigne cultivée en planches avec échalas, à Bastia et au cap Corse; 2° la vigne pleine et avec échalas, à Borgo, Vescovato, Campile, etc.; 3° la vigne pleine sans échalas, à Cervione, Pietra, Moita; 4° la vigne en filagni, c'est-à-dire en files, palissades ou treilles, mode exceptionnel et que je n'ai vu que dans la banlieue de Bastia.

Pour planter la vigne, à Bastia et au cap Corse, on ouvre des fossés de 1 mètre à 1^{m},20 de largeur sur 50 à 80 centimètres de profondeur; on place de chaque côté du fossé un rang de boutures dont la partie inférieure non-seulement descend jusqu'au fond du fossé, mais traverse encore le fossé par un coude qui s'étend jusqu'à l'autre bord; les boutures sont à 35 ou 40 centimètres de distance les unes des autres dans le rang. Le fossé est rempli à moitié ou aux deux tiers; la terre est foulée à la partie inférieure, et généralement trois yeux sont laissés à la bouture au-dessus du remplissage. La figure 37 (au centième) donne une coupe transversale de cette plantation : *e a b c* fossés, *c d e* ados, *o o* boutures et remplissage. Souvent on met au fond des fossés des broussailles, des fagots d'arbrisseaux pris au mâquis; aussi souvent on y accumule des pierres en guise de drainage.

Fig. 37.

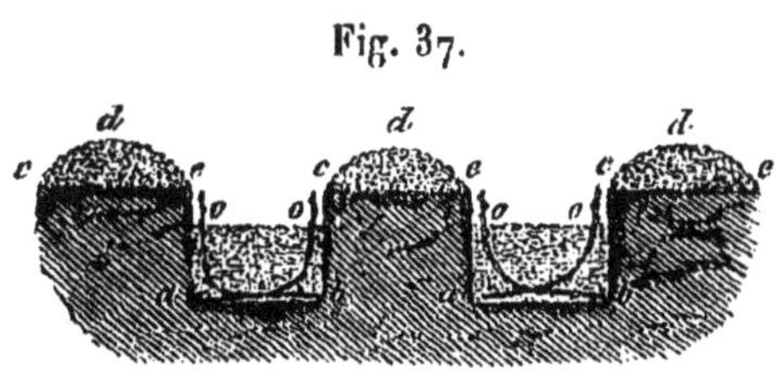

On laisse la première pousse et souvent la deuxième sans les tailler; à la troisième année, on choisit le plus beau sarment, on abat tout le surplus, et l'on taille le sarment conservé à trois ou à cinq yeux. Les années suivantes, jusqu'à cinq ans, on ne laisse également qu'un sarment qu'on taille de même. Chaque cep est muni d'un échalas ou plutôt d'une branche de mâquis, à laquelle on laisse ses crochets et ses fourches, fig. 38 (au trente-troisième); cette espèce de rame sert à attacher le sarment de taille au moyen d'un jonc, tandis que les

Fig. 38.

pampres de la vigne, par le seul secours de leurs vrilles, s'accrochent facilement aux brindilles et aux fourches laissées. Chaque année, le fossé est en partie comblé par une portion de terre empruntée aux ados; le terrain est à plat vers la cinquième ou sixième année.

A cette époque, les ceps donnent quelques raisins; mais les plants sont restés en lignes jusque-là, et la planche va être garnie désormais par des provignages. En effet, vers la cinquième année, l'intérieur de la planche est garni pêle-mêle, à Bastia, par les ceps de la bordure recouchés en dedans; mais, au cap Corse, ce provignage se fait avec beaucoup plus de régularité.

Les ceps des bordures, restés de franc pied, ou les ceps résultant du recouchage primitif ou du provignage d'entretien, sont tous taillés et conduits de même et sur les mêmes principes, quoiqu'avec une variété infinie de forme et d'étendue données à chaque cep. Pendant les premières années de plantation, ou dans l'année de provignage, les ceps sont maintenus à un seul sarment, taillé le plus généralement à trois ou à cinq yeux, souvent plus, suivant la force, et ce sarment est fixé par un lien de jonc à l'échalas fiché obliquement à Bastia (fig. 38) et droit au cap Corse (fig. 39).

Fig. 39.

Mais bientôt le cep grandit, et le vigneron lui donne deux bras, puis trois ou quatre, chacun terminé toujours par un seul sarment rabattu à trois ou à cinq yeux et plus, suivant la vigueur, et chaque sarment de la taille est attaché à un échalas, plus régulièrement au cap Corse, figure 40, moins régulièrement à Bastia, fig. 41.

Fig. 40.

Avec le temps, beaucoup de ceps meurent dans la planche; le vigneron n'hésite pas alors, et il a raison, à allonger indéfiniment un seul cep, qui tient la place d'un grand nombre d'autres, et à le charger de dix, douze et quinze bras. J'en ai vu un chez M. Lota, contrée de San-Gaetano, en haut de Bastia, qui occupait 5 à 6 mètres d'une planche, et sur lequel nous avons compté dix-huit bras, portant chacun un courson à quatre et cinq yeux. Ces ceps, qu'on a laissés s'étendre,

Fig. 41.

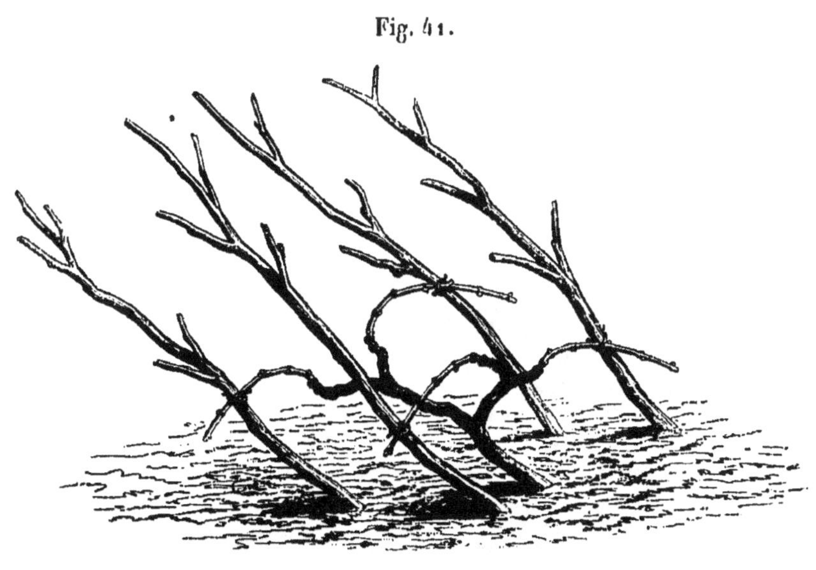

sont ceux qui donnent le plus de bois, le plus de raisins, et qui vivent le plus longtemps, par cela seul qu'on les a étendus. J'ai remarqué beaucoup de ces ceps, mais j'ai relevé le croquis du plus fort, que j'ai vu chez M. Lota, et je donne ce croquis dans la figure 42, au trente-troisième.

Fig. 42.

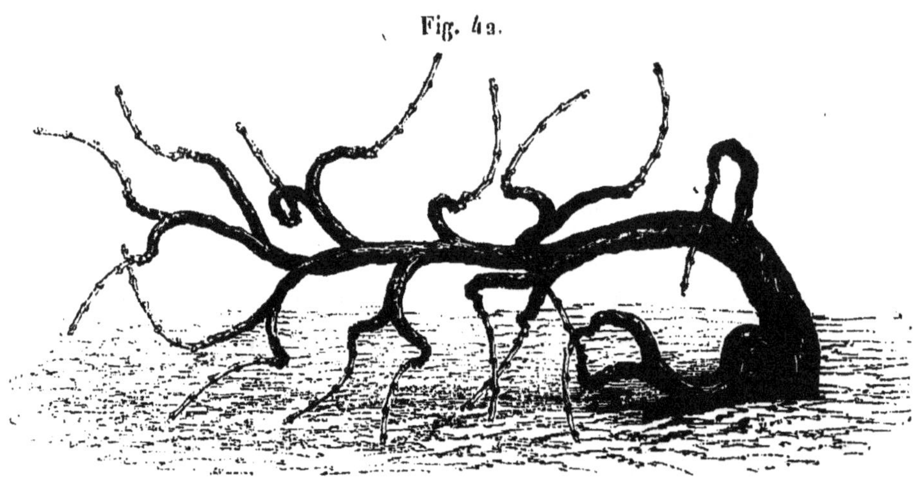

J'ai supprimé les échalas pour faire comprendre le cep, ce qui eût été difficile avec les dix-sept tailles, soutenues chacune par un échalas branchu et incliné comme ceux de la figure 41. Ce cep, avec ses échalas en place, figurait à lui seul une planche de petits pois à rames très-serrées; c'est, du reste, l'aspect général de toutes les vignes en planches des environs de Bastia, aspect que j'essaye de re-

Fig. 43.

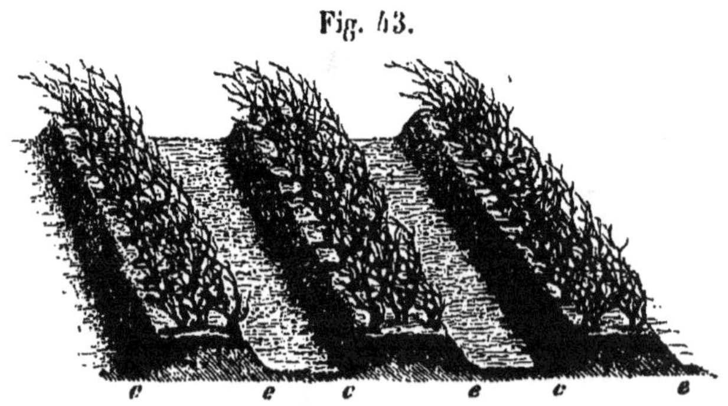

produire, au centième, dans la figure 43. Il est facile de voir que le cep de la figure 42 n'aurait pu être compris au milieu de la forêt de branches que j'essaye de représenter et qui n'offre rien d'exagéré.

En comparant la figure 43 avec la figure 37, on voit que dans celle-ci la plantation est en creux, et que dans celle-là les planches sont en relief. C'est qu'en effet, vers la cinquième ou sixième année, les fossés *eooc* étant remplis par les emprunts de terre faits chaque année aux ados *cde*, le terrain est alors nivelé. Dès que la vigne se met à produire du raisin, on lève un demi-fer de bêche dans les sentiers ou intervalles des planches *ec*, et on charge les planches de cette terre. Cette opération se répète bisannuellement et alternativement d'une planche à l'autre, en sorte que, en peu d'années, la planche, qui commence par être un fossé, devient un billon, et l'intervalle, qui était un billon, devient un fossé souvent très-profond.

Sur les planches, les ceps sont bientôt non-seulement sans alignement, mais encore avec des irrégularités et des lacunes très-fréquentes et très-étendues à Bastia, mais bien plus rares et bien moins considérables au cap Corse, où la vigne est l'objet de beaucoup plus de soins et où, dans le même espace, il y a presque le double de branches à fruits.

Chaque année, on ne pioche qu'une planche sur deux après la taille, on n'ôte et l'on ne remet les échalas qu'aux planches piochées; mais, en mai et juin, on bine et on sarcle toute la vigne. On n'attache aux échalas que la taille sèche, on n'attache point les pampres. On n'ébourgeonne au printemps qu'exceptionnellement et dans les vignes très-soignées; on ne pince pas, on ne rogne pas les pampres; on effeuille à l'automne, quelques jours avant la vendange; on ne fume pas et l'on ne terre qu'en approfondissant les intervalles. La vigne est entretenue par le provignage, qui sert en même temps à terrer. La plupart des vignes sont faites à la journée, dont le prix moyen est de 1 franc et nourri et de 2 francs sans nourriture.

Un autre mode de conduite de la vigne est usité aux environs de Bastia : c'est la conduite en *filagni* ou en palissades. Pour ce genre de culture on plante en fossés, sur un seul rang, des boutures profondément enfouies et longuement coudées, comme dans le mode précédent, les boutures à 25 ou 30 centimètres dans le rang et les rangs à 2 mètres d'intervalle à plat.

Les palissades sont formées d'autant d'échalas qu'il y a de ceps, plantés vis-à-vis chaque cep, par conséquent à 25 ou 30 centimètres les uns des autres. Ces échalas sont plus forts, plus droits que les échalas des vignes, et ils sont sans crochets ni fourches. Solidement fichés en terre, ils s'élèvent à $1^{m},20$ au-dessus du sol et sont reliés par trois traverses en roseaux, la supérieure à $1^{m},10$ centimètres de terre, l'inférieure à 40 centimètres et la troisième au milieu des deux.

Les ceps sont taillés d'abord, comme ceux des vignes en planches, à un sarment seul, à quatre ou cinq yeux, attaché à son échalas, puis montés sur deux ou trois bras terminés par des tailles de cinq à dix yeux; puis, à mesure que les ceps grandissent, leur nombre diminue, et les autres s'étendent volontiers et occupent avantageusement les places vides par quatre, cinq et six bras, bi- ou trifurqués, chaque extrémité portant une longue taille de cinq à dix yeux : à mesure que les ceps s'étendent ainsi, ils poussent plus de bois, portent plus de fruits et vivent plus longtemps. Nous avons vu des *filagni* abondamment garnis par un seul cep, sur une longueur de 12 mètres, portant trente-cinq tailles de cinq à dix yeux (deux cent cinquante yeux environ), comptant plus de cent ans et d'une fertilité extraordinaire. Je reproduis dans la figure 44, au centième, les différents

Fig. 44.

âges et les différents espaces appartenant aux filagni que j'ai pu observer.

Quoi qu'il en soit, le principe de la taille et de la conduite de la vigne, à Bastia et au cap Corse, paraît être le long bois et non le courson; car tout ce qui dans la taille du sarment dépasse deux yeux, trois au plus, appartient au long bois et non au courson. La taille à courson à un ou deux yeux n'a obtenu tant de faveur auprès des vignerons qu'en ce que son effet principal est d'allonger la souche le moins possible chaque année. Or, dès qu'on laisse de trois à cinq yeux à la taille, si l'on ne pince pas les bourgeons supérieurs, la souche s'allonge chaque année avec une grande rapidité, avec autant de rapidité que si on laisse dix yeux et plus, la reprise de la taille ne dépassant jamais le sarment du troisième ou du quatrième œil quel que soit d'ailleurs le nombre d'yeux laissés.

La première récolte ne s'obtient à Bastia qu'à sept ou huit ans.

La vendange se fait en paniers simples de vendangeurs et en paniers doubles de porteurs. Le raisin apporté est foulé dans un pressoir de pierre, et de là mis dans une cuve de bois où il reste douze à quatorze jours et plus : plus la cuve en contient, plus on prolonge la macération. On tire le vin clair et froid, en vieux vaisseaux, on soutire rarement, et l'on garde sur lie, en caves à température variable : aussi les vins rouges, à moins d'être tout à fait choisis, se conservent-ils peu. Les vins rosés se conservent bien ; les vins blancs choisis du cap Corse et de Bastia se gardent indéfiniment.

Au cap Corse on ne fait que des vins blancs : les uns très-fins et très-renommés, façon malaga, madère et muscat, qui sont excellents, et dont la qualité repose sur le degré de maturité des raisins, le *genevose*, la *biancolella*, le *vermentino*, la *malvasia*, le *grimenese* et le *moscatello*, ou sur la concentration de leurs moûts par le soleil, ou sur la paille, ou par la chaudière ; les autres sont ordinaires, procèdent de raisins plus communs, et sont traités comme tous les vins blancs.

Si de Bastia on passe le Golo pour aller à Vescovato, à Cervione, à Pietra et à Moita, le principe de la taille change absolument. C'est d'abord le dressement à 30 centimètres du sol, à un, deux et trois bras ; la taille à courson, à un et à deux yeux, avec un échalas sans branche à chaque cep, qui dominent à Vescovato, Campile et Borgo. Là encore se retrouvent quelques traces de planches à deux rangs, à 50 centimètres l'un de l'autre, avec 1 ou 2 mètres d'un double rang à un autre ; plus loin, à Cervione, il n'y a plus, pour soutenir la vigne, ni échalas, ni rames, ni palissades ; à peine si quelques-uns donnent au cep un petit tuteur à sa formation. Les ceps sont en outre dressés sur terre à un, deux ou trois bras, à courson à un ou deux yeux ; enfin, la culture de la vigne en planches a complétement disparu, pour faire place à la vigne pleine, à ceps équidistants partout.

Dans cette circonscription de l'arrondissement de Bastia dont Cervione est le centre et le plus ancien et le plus grand vignoble, on ne plante presque plus en fossés; toutes les plantations s'y font à plat, sur un défoncement général à 40 ou à 60 centimètres, soit au pied de biche sans coude du plant, soit au trou avec coude. Autrefois, à Cervione, on ne défonçait pas : on plantait sur simple culture à la cheville; et j'ai vu des vignes ainsi plantées chez M. Padroni, très-vigoureuses et datant de cent cinquante ans. Aujourd'hui même encore un grand nombre plantent sans défoncer; les riches seuls défoncent la totalité du terrain; quelques-uns pratiquent encore le fossé (les plus pauvres). A Vignale, dans la plaine au bas de Vescovato, on pourrait s'abstenir de défoncer; mais une quantité énorme de ronces, qui repoussent avec une force et une opiniâtreté extrêmes, semblent obliger au défoncement. Dans tous les cas, la plantation à boutures se fait toujours à 40 ou 50 centimètres de profondeur.

A Vescovato et aux environs, les vignes sont plantées en lignes et restent de franc pied; tantôt les lignes en double files à 2 mètres les unes des autres et les ceps à 50 centimètres dans la ligne, tantôt à 1^{m},20 ou 1^{m},30 au carré. A Vignale, M. le comte de Casa-Bianca a fait planter une vigne d'aramon à 1^{m},50 au carré, dressée sur quatre bras, à la méthode de l'Hérault. Cette vigne est la plus belle que j'aie vue; malheureusement on en diminue les bras, et chaque bras n'a qu'un courson à un œil. Dans le canton de Vescovato les vignes ne sont provignées que pour remplacer les ceps manquants. A Cervione, au contraire, on provigne pour entretenir et pour rajeunir; et par les provignages les lignes de plantation sont promptement brisées, et les vignes sont entretenues en foule et en désordre.

A Vescovato, les vignes sont dressées à 33 centimètres de terre et sur un et deux bras, bien rarement sur trois, et chaque bras ne porte qu'un courson taillé à un œil, bien rarement à deux. De la hauteur d'un pied, les souches s'élèvent et atteignent souvent une hauteur double avec l'âge. Voici (fig. 45) le croquis de trois souches que j'ai prises à

Fig. 45.

Poggie, commune de Venzolasca, dans une ancienne vigne appartenant à M. le comte de Casa-Bianca : cette vigne est en files doubles irrégulières; elle est très-vieille et représente bien la conduite traditionnelle du pays. Elle rapporte encore 20 hectolitres à l'hectare. C'est presque la moyenne du pays, du moins pour les vignes bourgeoises; car, en descendant de Vescovato dans la direction de la mer, nous avons traversé de nombreuses et belles vignes en files à 2 mètres, beaucoup plus jeunes, mais également à un et deux bras avec courson rabattu sur un seul œil et ne donnant que 25 hectolitres à l'hectare. Évidemment la plantation profonde, l'espacement trop grand entre les lignes, trop restreint entre les ceps dans le rang, les dressements à un et à deux bras, la taille à un œil, sont en complet désaccord avec la bonté du terrain et la générosité du climat. Les dressements et les tailles de Bastia et du cap Corse, tout à fait opposés, suffiraient à démontrer cette vérité; malheureusement la conduite de ces derniers vignobles présente d'autres défauts qui font plus que compenser les inconvénients de la taille trop restreinte et qui empêchent Vescovato et Cervione de reconnaître les avantages d'une taille plus généreuse.

A Cervione, les vignes sont plus rapprochées de terre; mais elles sont dressées de même à un, deux, rarement à trois bras, et taillées aussi plutôt à un œil qu'à deux; en conséquence, la vigueur des vignes étant extrême, les ceps succombent rapidement à cette taille courte, et l'on doit recourir à des provignages très-nombreux et très-étendus pour entretenir les vignes. On ne manque point de beaux sarments, Dieu merci, pour y faire des provins par marcotage, et la longueur de ces sarments n'y fait pas non plus défaut. J'ai vu provigner à Alzeto, propriété de M. d'Astima près de Cervione, et le mode de provignage, que j'y ai vu pratiquer pour la première fois, m'a jeté dans la stupéfaction.

Les souches, sous la taille adoptée, lancent naturellement des sarments de 5 à 6 mètres de longueur, et le plus souvent ce sont des gourmands qui sortent du pied de la souche. J'en ai vu un grand nombre de cette dimension et de cette espèce, réservés pour le provignage par les vignerons de M. d'Astima. Une fosse allongée de 2, 3 ou 4 mètres, sur 30 centimètres de largeur et sur une profondeur pareille, là où les ceps doivent être remplacés, est disposée à l'avance; plusieurs fosses pareilles étaient là sous mes yeux. Le sarment qui tient à la souche mère est couché dans la fosse et relevé en festons là où il doit donner un cep ; il forme ainsi deux, trois ou quatre ondulations dont les sommets affleurent le sol en deux, trois, quatre points, si l'on veut lui faire produire deux, trois ou quatre ceps ; puis on le fixe dans cette position en remplissant la fosse. J'essaye de faire comprendre cette opération dans la figure 46 : *a* est la souche

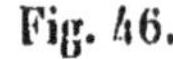

Fig. 46.

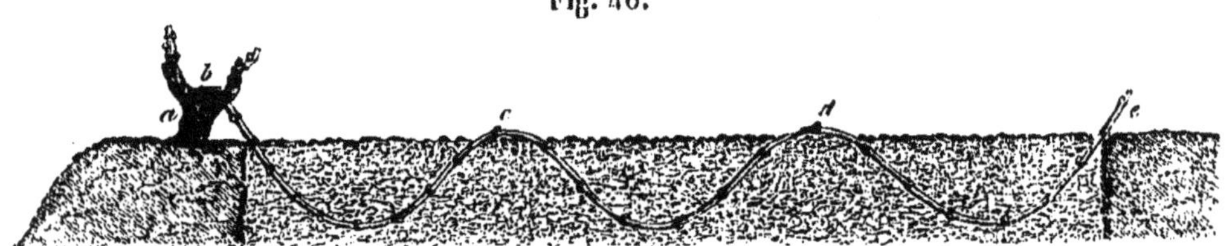

mère ; *b* est l'origine du sarment *bcde ;* les points *cde* sont les points culminants du sarment, qui doivent donner chacun un cep nouveau. Ce procédé de provignage est en grand usage depuis longtemps à Cervione ; je l'indique comme fait intéressant, mais je suis loin de le recommander. Je crois, jusqu'à preuve contraire, qu'aucun arbre ou arbrisseau normal, vigoureux, durable, fertile, ne peut surgir des points *c* et *d ;* ce sont là des rameaux venus sur une souche souterraine, et je crois qu'une vigne est très-pauvrement meublée quand elle est constituée par des ceps ainsi faits. Une simple bouture bien plantée, ou, à défaut, un simple plant de pépinière, vaudra toujours mieux, coûtera beaucoup moins, et constituera un cep indépendant et un végétal normal beaucoup meilleur ; qu'on peut dresser, tailler, conduire comme un être complet, ce qu'on ne peut pas faire pour une branche sortant d'une souche souterraine. On provigne aussi en enfouissant des souches d'où l'on tire jusqu'à huit ceps nouveaux. Le provignage est poussé jusqu'à l'abus à Cervione.

L'habitude, à Cervione, est aussi de ne point tailler la jeune vigne plantée à sa première et à sa deuxième année. A la troisième, quatrième et cinquième, on restreint la taille autant que possible; c'est là encore un grand préjudice causé à la prompte fructification de la vigne et à sa vigueur future. Sur une plante de deux ans, j'ai taillé, à Alzeto, plusieurs petites souches à deux et à trois bras ou coursons à deux yeux, tandis que le chef vigneron taillait, concurremment à côté de moi, à la mode du pays. Si les deux séries ont été également soignées, j'ai la certitude qu'au moment où j'écris ces lignes mes souches sont beaucoup plus vigoureuses que les siennes. J'explique le fait par la figure 47 : *a*, *b*, sont les deux sujets à tailler; *a'* et *b'*

Fig. 47.

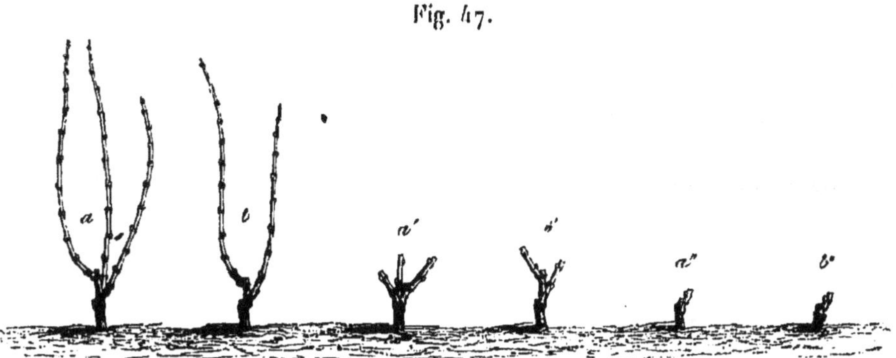

sont les deux tailles que j'ai faites; *a''*, *b''*, sont les deux tailles du vigneron.

En descendant d'Alzeto, nous avons traversé et examiné une magnifique jeune vigne de M. Mazzoni. Cette vigne avait trois ou quatre ans; elle venait d'être taillée, et les allées offraient une jonchée de magnifiques sarments, souvent plus gros que le pouce; en reportant sa vue, de cette belle végétation abattue, sur les déplorables tronçons laissés pour la végétation, on était frappé de la mutilation. Voici les trois types de toutes les souches taillées par le vigneron (fig. 48, au 12ᵉ). Un seul œil sur *a*, deux sur *c*, trois sur *b*;

Fig. 48.

a et *c* sont les tailles les plus nombreuses, *b* est exceptionnel. Cette vigne aurait pu produire 50 hectolitres à l'hectare cette année même, tandis qu'elle va donner des sarments de 6 à 8 mètres et deux ou trois gourmands à chaque souche; elle donnera peu de raisin, et la même taille, l'année suivante, reculera de plus en plus ses bonnes récoltes.

Le dressement de la tête à deux bras est le dressement moyen à Cervione; ces deux bras sont fréquemment réduits à un; j'estime à un cinquième les souches que j'ai vues à trois bras dans les vignes de Cervione. Voici (fig. 49) un type *A*

Fig. 49.

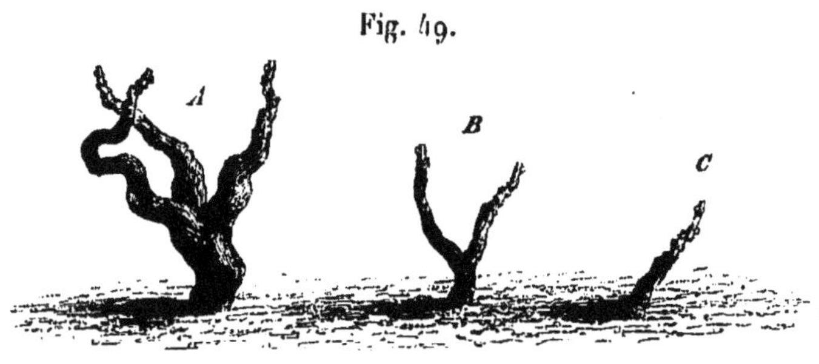

de ces dernières, que j'ai relevé chez M. Padroni, ancien maire de Cervione; mais les souches les plus fréquentes sont celles représentées par *B* et *C*. En somme, à Cervione on n'ébourgeonne pas ou peu, ou trop tard; à Vescovato on ébourgeonne avec soin, on ne rogne pas en juin et juillet, mais on effeuille en septembre; on pioche ou l'on bêche en février et mars, et l'on bine en mai. La vendange, le foulage, le cuvage, ainsi que les vins, sont faits et soignés comme à Bastia, à peu de chose près.

M. le conseiller Suzzoni m'a fait visiter, dans sa propriété de Fiume Lalezani, une plantation de vigne raccordée en lignes et mise à la branche à bois et à la branche à fruit; il se félicitait de l'abondance du produit, mais ce n'était encore qu'une tentative à peine ébauchée, dont le vin, que j'ai goûté, était vert et très-léger, ce qui arrive souvent la première année de dressement.

Mais là où j'ai vu les plus belles vignes et les mieux tenues, tant dans le système du pays que sur des données progressives, c'est au domaine de Vignale, situé dans la plaine entre la mer et Vescovato, domaine fondé par M. le comte de Casa-Bianca. Ce domaine est une terre promise, non-seulement pour la vigne, mais pour toute espèce de produits potagers et fruitiers, pour les luzernes, les prairies, les racines, les tubercules et les céréales de toutes sortes, les légumineux et les fourrages divers. Un canal d'irrigation peut y porter les eaux partout. Les orangers de Majorque et les mandarins y viennent à merveille et y donnent des fruits excellents et en abondance.

Les cédratiers y prospèrent et ne demandent qu'une bonne combinaison d'abris pour y donner leurs riches produits. Quant à la vigne, elle y prospérerait sous toutes les formes de taille et de conduite et y donnerait toutes les qualités de vins, depuis les vins muscats de Maraussan jusqu'aux beaujolais; j'y ai goûté un vin de prunela vieux, généreux, corsé, coloré; un autre de nieluccio (grenache) très-remarquable. Quant aux vins d'aramon, je les ai trouvés légers, alimentaires et sans excès d'alcool.

La vigne qui les produit est magnifique; elle est admirablement établie en souches à trois et quatre bras en gobelet, à 14 centimètres de terre et à 1m,50 au carré. On croirait voir une des plus belles vignes des plaines de l'Hérault. C'est, en effet, la méthode de l'Hérault que M. le comte de Casa-Bianca a voulu importer en Corse, et il a parfaitement réussi; mais, comme je l'ai dit, la taille réduite à un œil par bras, malgré la faculté que possède l'aramon de donner des raisins et des grappes énormes près du vieux bois, est beaucoup trop courte et les bras, que la coutume du pays tend à réduire de jour en jour, sont trop peu nombreux pour la vigueur et la fécondité du sol; huit à dix coursons à deux yeux, par souche d'aramon, seraient à peine suffisants pour équilibrer toutes les conditions de santé, de durée et de fécondité locales de la vigne (fig. 50, *A B C*).

Fig. 50.

Dans cette même vigne plusieurs souches avaient été ménagées pour des expériences de taille; ces souches étaient garnies de nombreux et très-beaux sarments : j'en profitai pour montrer aux trois ou quatre personnes qui m'accompagnaient divers spécimens de taille de la Lorraine, de la Charente-Inférieure, du Médoc, etc. en prévenant toutefois qu'il ne s'agissait là que de démonstrations momentanées, parce que l'aramon ne se prêtait point à ces tailles variées et étendues. J'insistai seulement pour que la taille lorraine fût suivie comme essai; elle consiste à laisser deux coursons à trois ou quatre yeux par bras, dont on pince, en avril ou mai, tous les bourgeons, aussitôt qu'on aperçoit trois ou quatre petites feuilles au-dessus de la plus haute grappe, sauf le bourgeon le plus bas, le plus près du vieux bois, qu'on laisse croître sans le pincer, pour en faire la base de la taille de l'année suivante. Je fis aussi quelques arçons, quelques versadis et la taille du Médoc à deux astes et à deux cots de retour, dans une jeune vigne de malvoisie, tailles définitives sur ce cépage, et pour lesquelles je recommandai les ébourgeonnements, les pincements, les rognages nécessaires; mais il était difficile qu'une démonstration aussi rapide fût comprise dans ses intentions, et menée à bonne fin dans ses pratiques, par des vignerons peu versés dans l'usage de la langue française, et si fortement attachés à leurs habitudes, que M. de Casa-Bianca lui-même a eu beaucoup de peine à faire adopter la méthode de l'Hérault pour la plantation et la conduite du spécimen qu'il a introduit en Corse, et plus de peine encore pour faire pratiquer le soufrage. Je plantai aussi quelques boutures qui réussissent partout, à Nice comme en Languedoc, à Paris comme dans les Charentes.

La méthode de plantation, de dressement et de conduite de la vigne, à Corte, diffère en beaucoup de points de celles de Bastia et du cap Corse, avec lesquelles elle a toutefois plus d'analogie qu'avec les méthodes de Cervione.

A Corte, toutes les vignes sont plantées en rigoles de 25 centimètres de largeur sur 75 centimètres de profondeur, sans aucun défoncement préalable du terrain. Les rigoles sont parallèles à la pente des coteaux, tandis qu'à

Bastia, et surtout à Ajaccio, elles sont au contraire perpendiculaires à cette pente.

Un seul rang de boutures, simples sarments coudés au fond et de toute la largeur de la rigole, est disposé le long d'un des bords du fossé; la distance entre ces boutures n'est pas de plus de 15 centimètres, et souvent elle est de 10 centimètres. Le haut des sarments dépasse le niveau du sol, et un petit billon de terre le chausse presque jusqu'à son sommet. J'essaye de représenter cette disposition dans la figure 51, au trente-troisième.

Fig. 51.

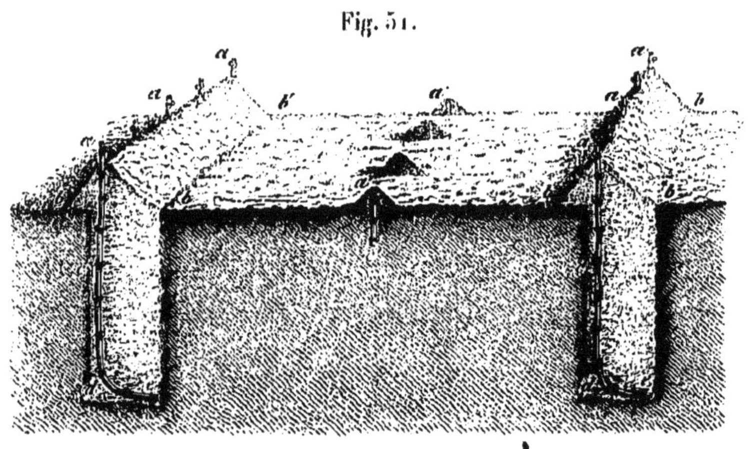

La figure 51 montre, en perspective, la série des sommets des boutures et leur billon *aaa, bbb;* et, dans la coupe verticale, les boutures *acde,* en position dans leur rigole remplie.

Avec une plantation aussi profonde, il manque naturellement beaucoup de boutures, et c'est en prévision de cette défaillance qu'on les rapproche autant. Dans celles qui réussissent, la pousse est d'ailleurs très-faible.

Pour la première taille, on déchausse la bouture et on la rabat sur le sarment le plus bas, que l'on rogne à un ou deux petits yeux, alors très-rapprochés. A la deuxième taille, on ne laisse encore qu'un sarment à deux ou trois yeux. A la troisième taille (quatrième année) et à la quatrième (cinquième année), on ne laisse toujours qu'un sarment à trois ou quatre yeux, rarement à cinq.

A la deuxième ou à la troisième année, on met à chaque cep un échalas de 1^{m},50, uni, sans crochets ni fourches, quoique fait de branches de mâquis (bruyères et arbousier), et l'on attache le sarment de taille, avec un lien de paille, à l'échalas.

A partir de la quatrième ou de la cinquième année, on ouvre un fossé d'un mètre de largeur et de 75 centimètres de

Fig. 52.

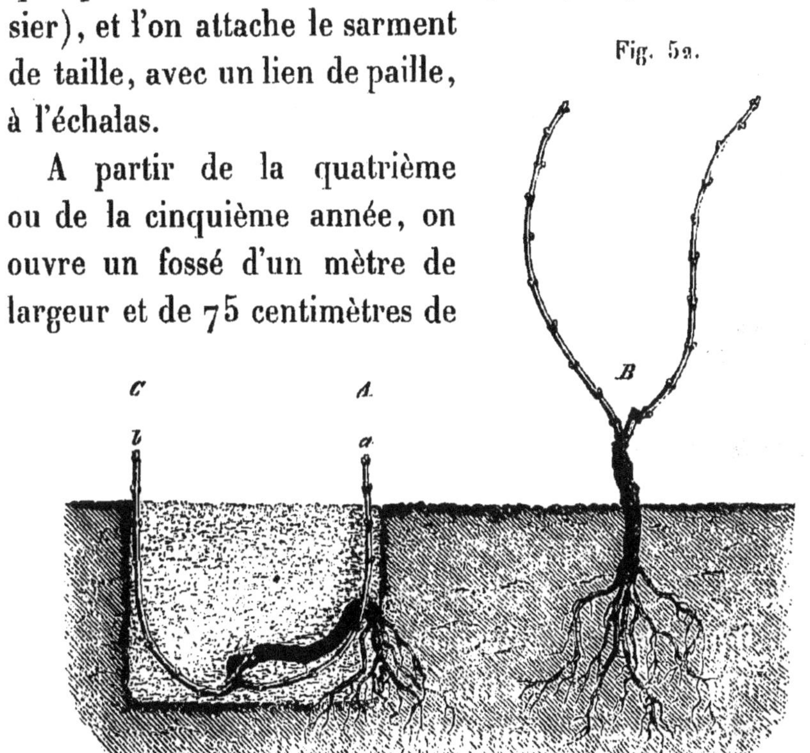

profondeur, le long d'une ligne de ceps *A*, figure 52, devenus assez forts, comme *B*, pour être provignés; et on abaisse les souches *s t*, à la tête *t* desquelles on a laissé deux beaux sarments qui sont ramenés en courbes, l'un en *a*, à la place de la souche couchée, l'autre en *b*, pour former un rang nouveau et intermédiaire C. Quelquefois les rigoles de plantation ne sont qu'à 1m,50, ce qui rapproche beaucoup les rangs au provignage. Mais toutes les vignes des ceps ne sont pas provignées à la cinquième année; on saute une ligne sur deux sans la provigner. Ce n'est que cinq ou dix ans après que la deuxième ligne est provignée à son tour, et que la vigne est ainsi définitivement garnie.

A partir des provignages, chaque cep n'est généralement taillé qu'à un seul courson de trois à cinq yeux, comme à Bastia. Chaque courson est attaché à un échalas, et le cep s'allonge ainsi rapidement et outre mesure.

La figure 53 représente, en *A*, un jeune cep d'un an de provignage, et, en *B*, un cep de douze à quinze ans, devant

Fig. 53.

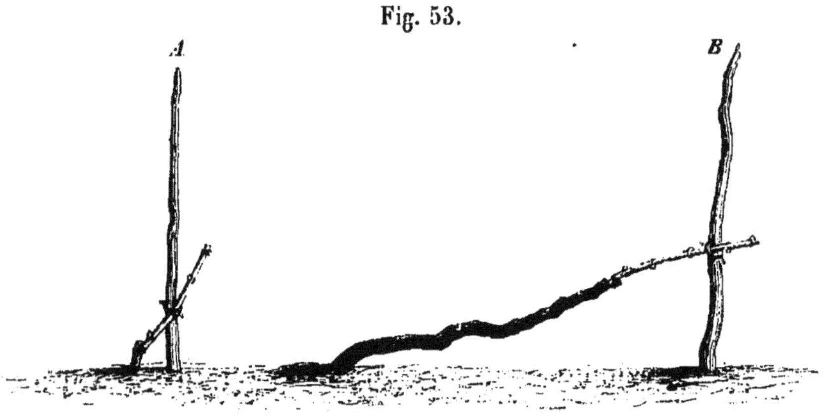

être bientôt provigné. En effet, quand les ceps sont trop allongés ou morts, on les provigne ou on les remplace par un provignage très-profond. Les fosses sont remplies, la première année, seulement à la hauteur de 25 centimètres, et le surplus des terres extraites est répandu sur les ceps environnants pour les engraisser. A Corte, les fosses du provin sont fort allongées; elles demeurent rectangulaires, jusqu'à ce que, d'année en année, elles soient remplies peu à peu par les cultures. La figure 54 donne l'aspect d'un provin de première année.

Fig. 54.

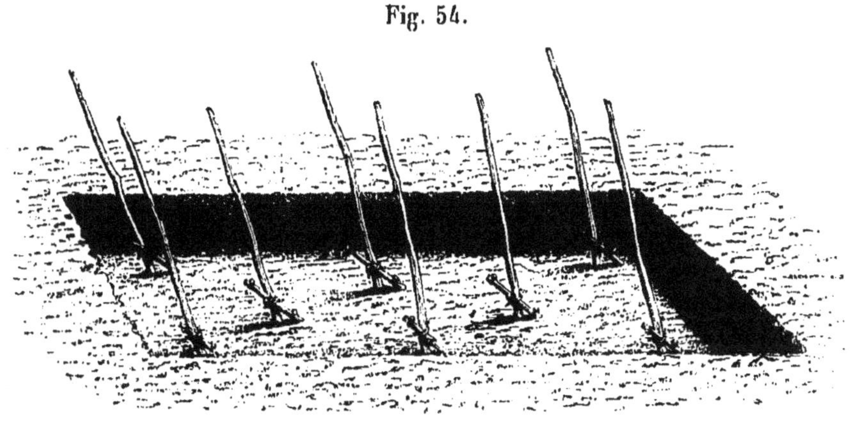

A Corte, on ébourgeonne avec soin fin avril et mai, souvent une seconde fois de fin mai en juin. On relève et on attache avec un lien de paille en juin, et parfois on relève et on rattache une deuxième fois à la fin d'août ou au commencement de septembre; on ne pince pas, on ne rogne pas, si ce n'est avant la vendange, pour donner plus d'air et de soleil aux raisins. On donne deux cultures, l'une en mars, l'autre, simple binage, en mai.

Le provignage est le mode d'entretien, et on en use largement par douzième et quinzième de la totalité par an; ce qui met promptement les vignes en foule et les ceps hors de tout alignement. On ne fume ni on ne terre les vignes. On ne connaît les principaux cépages que sous les noms de *nero* et de *bianco;* pourtant on m'a cité par exception le *rafaïone,* que je crois être le pulsart, le *muscat,* le *malvoisie* et l'*aleatico.*

Peu de vignes sont faites à colon et à moitié. La plupart sont cultivées à la journée de 1 fr. 50 à 2 francs, plus un litre de vin; beaucoup de vignerons demandent que le prix leur soit remis au lieu de vin; mais les propriétaires refusent, parce que sans vin, disent-ils, les vignerons travaillent beaucoup moins : c'est ce qui arriverait à un cheval auquel on ne donnerait pas d'avoine.

La récolte moyenne, à Corte, est de quatre-vingts litres à la journée, et l'on compte cinquante-six journées à l'hectare, ce qui donne quarante-quatre à quarante-cinq hectolitres à l'hectare; à quatre et à cinq ans on obtient huit à dix hectolitres à l'hectare, mais la pleine récolte ne commence guère qu'à sept ou huit ans.

A Corte et dans la montagne, les vignes sont généralement à ceps petits et serrés et à sarments beaucoup moins vigoureux qu'à Bastia, au cap Corse, à Cervione et à Vescovato. Les sarments y sont relativement très-grêles.

A Corte, les femmes ne travaillent aux vignes qu'à la vendange. La vendange, recueillie en paniers, est le plus souvent foulée et pressée dans une seille en bois, à la vigne; on met les jus et les marcs réunis dans des outres de peau de chèvre, qu'on transporte à dos de mulet, puis on les vide dans des tonneaux de bois où a lieu la fermentation; on laisse les marcs et les jus en contact pendant dix à vingt jours; on tire le vin clair et froid; on presse le marc sur un pressoir de pierre avec une grosse pierre dont le poids est augmenté par l'action d'un fort et long levier; on tire en vaisseaux vieux; quelques-uns soutirent au mois de mars, mais c'est l'exception.

Nous avons visité une vigne au moment où M. le sous-préfet de Corte la faisait planter, et j'ai saisi cette occasion pour faire moi-même quelques boutures courtes, plantées à plat à 20 centimètres, rognées sur un œil et recouvertes d'un peu de terre, entre les deux rangs semblables à ceux indiqués dans la figure 51. Je reproduis cette expérience en *a' a' c'* dans cette même figure, et M. le sous-préfet s'est engagé à la faire appliquer dans tous les intervalles, de huit à dix ares, de sa vigne. Je motivais mon conseil sur ce raisonnement : si les petites boutures *a' a' c'*, plantées sans rigoles et sur un terrain non préparé, réussissent mieux que les boutures *a a a b c d e*, vous aurez acquis la preuve d'un fait important pour tout le pays, réalisé une grande économie de plantation et une économie plus grande encore de provignage.

Malgré les promesses faites, de me faire connaître les résultats, je n'ai reçu depuis trois ans aucune nouvelle de cette expérience; heureusement la supériorité de ce genre de bouture est établi à Nice, dans les Charentes et dans la Seine.

A Ajaccio, la vigne est plantée en fossés de $1^{m},20$ de largeur et de 1 mètre de profondeur, avec des intervalles d'un fossé à l'autre de 3 mètres; on fait tomber au fond 25 centimètres de la terre du dessus, et c'est sur cette couche première qu'on place les boutures, coudées d'un bord à l'autre au fond, puis relevées verticalement jusqu'à trois yeux au-dessous du sol. Chaque bouture constitue ainsi un sarment de près de 2 mètres de longueur. Deux rangs de boutures, à 25 centimètres l'une de l'autre dans le rang, sont placés l'un d'un côté, l'autre de l'autre côté du fossé; puis le fossé est rempli de la terre restante jusqu'au niveau du sol. Aussi ne pousse-t-il pas la moitié des boutures, et quand elles poussent, elles offrent des sarments de 3 à 5 centimètres de long; quelquefois elles ne donnent signe de vie qu'à la deuxième année. Elles mettent quatre et cinq ans à acquérir assez de force pour être provignées, et ne donnent que quelques grappes insignifiantes comme récolte.

Cinq ans après la plantation, un rang de ceps est provigné sur deux, comme à Corte, mais en fossés de 1 mètre de large sur 1 mètre de profondeur. Le fossé de provignage ne se remplit que peu à peu. Cinq ans après, le second rang de ceps est provigné comme le premier. Il faut ainsi dix ans pour compléter une vigne et l'amener à son maximum de production.

Toutes les tailles se font d'abord sur un seul sarment sortant de terre, soit sur plantation, soit sur provignage (fig. 55 *A*); puis, l'année suivante, si le cep ne paraît pas assez vigoureux, on le continue par un seul courson (fig. 55 *B*); mais s'il est vigoureux, on le bifurque, c'est-à-dire qu'on lui donne deux coursons (*C*), puis trois coursons et même quatre, s'il est de plus fort en plus fort. Mais, au bout de sept à huit ans, on supprime un bras sur quatre, puis un sur trois, puis on le réduit à un, et enfin on le remplace par le provignage. Au contraire, si le cep a été jugé toujours faible par le vigneron, il reste à un seul courson pendant dix à douze ans, jusqu'à ce qu'il soit provigné ou reprovigné. Dans ce cas, le cep monte rapidement par ses tailles

Fig. 55.

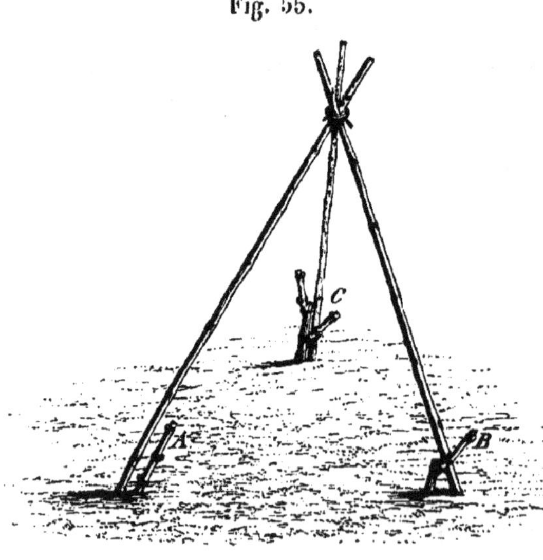

superposées. Je donne, dans la figure 56, l'aspect de trois âges relatifs de trois types, jugés faibles, les plus fréquents dans les vignes d'Ajaccio. Si l'on ajoute à cette pauvreté du nombre moyen des coursons sur chaque souche que chaque courson compte rarement plus de deux yeux à sa taille, on concevra facilement que les vignes d'Ajaccio ne donnent que vingt hectolitres à l'hectare en moyenne.

Fig. 56.

Chaque cep est muni d'un échalas à Ajaccio; mais ces échalas, pour résister au vent, sont liés par trois, en faisceau à leur sommet, comme on peut le voir dans les figures 55 et 56; moitié des échalas sont en roseaux (fig. 55) et la moitié en bruyères (fig. 56). Les premiers ne durent que deux ou trois ans, les seconds se conservent de six à sept ans.

A Ajaccio comme à Corte, on ébourgeonne avant la fleur; on relève et on lie les pampres aux échalas après la fleur; on ne pince pas, on ne rogne pas, l'on effeuille avant la vendange.

Les cultures de la vigne sont très-simples; on bêche ou l'on pioche la vigne en mars après la taille, et on lui donne un simple binage en mai.

L'entretien de la vigne a lieu par provignage. Les vignerons d'Ajaccio, qui sont, comme partout, en grande majorité Lucquois, Génois, Livournais, etc. mettent une grande propreté et une grande coquetterie dans la confection des provins.

Généralement les fosses à provin sont faites carrées, de $1^m,30$ à 2 mètres. On en extrait le plus de terre possible pour répandre sur les ceps environnants; et, si elles ont 1 mètre à $1^m,20$ de profondeur, on ne les remplit que de 25 centimètres de terre par-dessus les souches recouchées au fond.

La première année de provignage, la fosse reste rectangulaire, à bords bien nets et bien dressés, la terre aplanie et égalisée autour. Mais, chaque année ensuite, le vigneron enlève circulairement une partie de la terre des bords pour rechausser successivement les jeunes ceps, en la faisant tomber dans la fosse; puis il dresse, en évasement conique régulier, cet abaissement des bords; chaque provin ressemble alors à un cône creux, au fond duquel serait inscrite

Fig. 57.

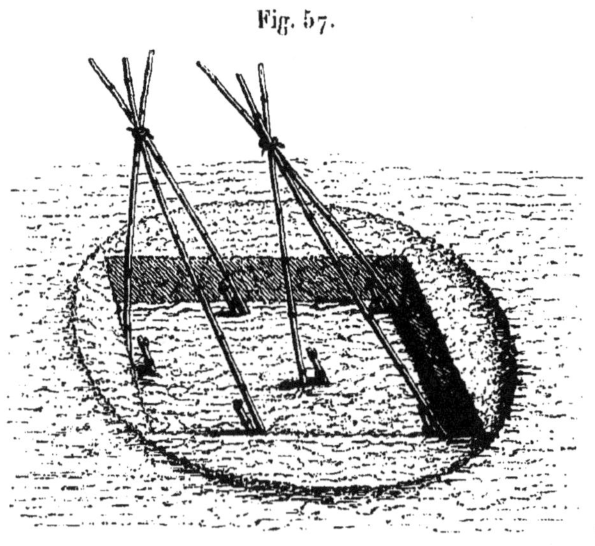

une fosse carrée. J'essaye de reproduire cette disposition, au trente-troisième, dans la figure 57.

L'aspect des vignes des environs d'Ajaccio est rendu tout à fait original, en mars, par la multitude de fosses coniques parfaitement faites qui les garnissent. Les vignerons rabattent les bords des provins avec une grande célérité, en manœuvrant très-habilement leur grande bêche qu'ils appellent *la vanga* (fig. 58, au trente-troisième).

Fig. 58.

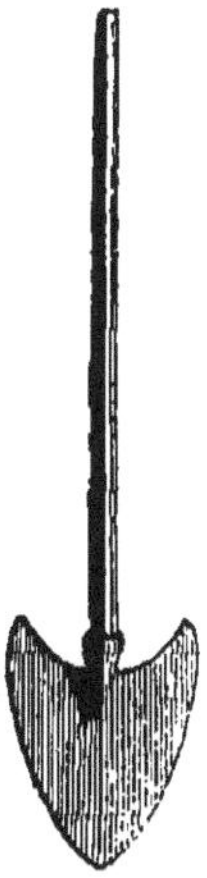

Pour abattre ces bords des provins, nécessairement les échalas sont enlevés, le vigneron dérase la terre des angles avec sa vanga, qu'il manœuvre en fauchant et en dirigeant la terre dérasée dans la *cave* (c'est le nom de pays donné à la fosse); de cette façon, les jeunes plants sont souvent enfouis sous la terre; et, pour reconnaître leur place, le vigneron pique à côté de chaque petit cep un sarment que l'on appelle un signal, pour ne pas blesser le cep en le découvrant pour égaliser la terre au fond de la cave.

Ces signaux, enfoncés seulement de 5 à 6 pouces en terre, prennent presque tous racine, et ils végéteraient beaucoup plus fort et beaucoup mieux que les boutures enfoncées de 75 centimètres, si on les laissait pousser en place : les vignerons le savent bien; et s'ils ne se servent pas de ce procédé rapide, simple, économique, s'ils ne le proposent pas aux propriétaires pour planter leurs vignes, c'est que les fosses profondes et les nombreux provignages forment le fond de leur salaire, et qu'ils ont tout intérêt à ne pas progresser dans l'art de planter les vignes.

Par les plantations et les provignages multipliés et profonds, outre la dépense première, qui est énorme, et qu'il faut mettre à la charge éternelle de la vigne, la récolte est reculée à six ans pour la première demi-récolte et à dix ans pour la récolte entière; et cette récolte entière est réduite bientôt à la moitié par la profondeur des provignages d'entretien.

En effet, que peut-on attendre d'un arbrisseau dont les racines devraient s'accroître sans cesse, en descendant dans le sol, selon les lois absolues de la nature (*A*, fig. 59), et dont on fait remonter le système radiculaire en l'enfouissant de plus en plus chaque année, et en le laissant toujours à l'état d'avorton, par le renversement de tous les principes d'existence imposés à tous les végétaux (*B*, fig. 59).

Fig. 59.

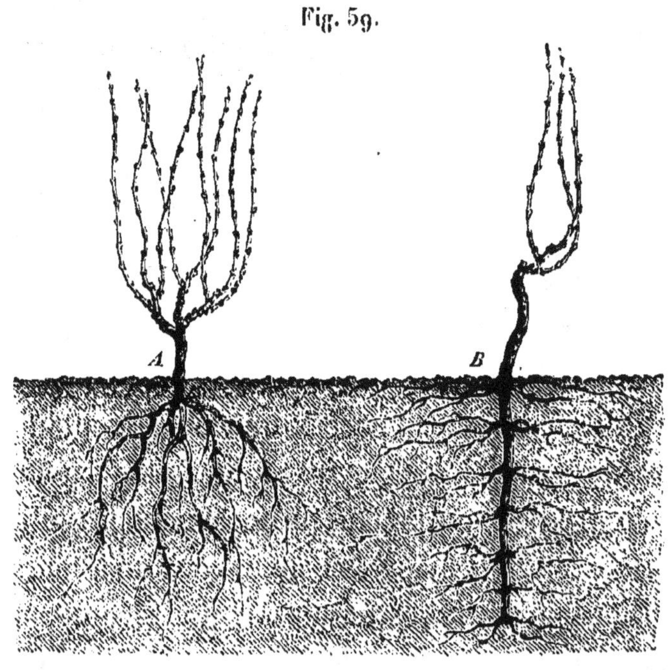

Aussi les vignes d'Ajaccio sont-elles très dispendieuses à créer, à conduire, à entretenir, et elles rapportent très-peu. L'exploitation à la journée, qui est le mode dominant, journée qui se paye 2 francs et le vin, est la principale cause de toutes ces pratiques adoptées et perpétuées, et la cause en même temps de l'infériorité relative de la production. La main-d'œuvre est ce qui produit le plus au vigneron, voilà tout.

La vendange n'offre rien d'extraordinaire : on foule le raisin et on le met en cuve sans l'égrapper. On laisse cuver de deux à quatre semaines, parfois moins, souvent plus; on tire le vin clair et froid, et on le met en petits vaisseaux immeubles par destination. On soutire peu le vin rouge, ou même on ne le soutire pas du tout.

Sur la recommandation de M. Géry, préfet de la Corse, M. Poli, inspecteur départemental d'agriculture, m'a dirigé et accompagné dans la visite et l'étude des vignobles environnant Ajaccio. Au beau quartier vignoble de Bacciocchi, nous avons vu particulièrement la pépinière départementale; puis les vignes de M. Roux, qui y possède un vignoble assez étendu et très-soigné. En nous rendant à ces vignes, j'ai remarqué une vigne de franc-pied selon la méthode de l'Hérault, dressée sur trois, quatre et cinq bras en gobelet, présentant une vigueur et, m'a-t-on dit, une fécondité exceptionnelles, mais à coup sûr un développement et une force dans les ceps que ne présentait aucune des vignes à provignage environnantes. J'ai vu aussi des vignes en treilles végétant avec une puissance qui prouve que la chétiveté des ceps voisins ne tient qu'à leurs provignages et à leur taille restreinte. M. Roux, qui nous conduisait chez lui, a bien voulu faire dresser devant moi un de ces provins si singuliers et si propres qui piquaient ma curiosité; enfin, comme nous discutions sur la nécessité ou l'inutilité des plantations profondes en Corse, le hasard me fit apercevoir un jeune plant poussant à merveille dans une fosse, je l'arrachai; c'était un signal de l'année précédente laissé au provin : il était muni de très-belles racines et d'une fort jolie tige, et n'avait été piqué qu'à 20 centimètres de profondeur. Une fois l'attention éveillée par ce premier fait, nous en avons trouvé de suite plusieurs semblables; ce qui m'a conduit à faire chez M. Roux deux ou trois boutures normales, plantées à 20 centimètres, la terre tassée autour, et rabattues à un œil recouvert : auront-elles réussi comme les signaux? Je l'ignore, mais j'en doute, parce que la terre est là un gravier granitique, si perméable et si désagrégé, que M. Roux pouvait faire pénétrer sa canne partout jusqu'à 1 mètre de profondeur, comme il l'eût pu faire dans de la cendre.

J'ai visité ensuite les plantations de vignes, les vignes, les oliviers sauvages, greffés et plantés, ainsi que les cultures jardinières et fruitières du pénitencier de Saint-Antoine.

Cet établissement m'a offert les sujets les plus intéressants d'observation : d'abord j'y ai vu des flancs entiers de montagne découpés transversalement à leur pente, c'est la coutume du pays, par d'innombrables fossés d'un mètre vingt centimètres de largeur sur un mètre de profondeur, destinés aux plantations de vignes; puis d'autres fossés remplis de l'année dernière, offrant de rares pousses de deux à trois centimètres, des boutures nombreuses desséchées, et quelques-unes offrant encore un peu de verdeur à la section faite au sécateur, *pouvant pousser peut-être cette année*, disait M. Carlotti, directeur de l'établissement.

Jamais je n'ai vu d'une façon plus nette et plus éclatante dans quelles étranges erreurs les esprits les plus éclairés et les plus pratiques pouvaient se laisser entraîner par une longue tradition locale. Ainsi, d'une part, M. Carlotti, homme instruit et expérimenté, d'autre part, M. Laburthe, jeune homme des plus fortifiés par les enseignements agricoles et par les études les plus avancées et les plus complètes en agriculture théorique et pratique, voulant et devant développer la viticulture sur une grande échelle (sur cinq cents hectares environ), n'osent pas planter la vigne comme on plante tous les végétaux, c'est-à-dire à la surface de la terre, parce que les vignerons mercenaires du pays, trouvant, de temps immémorial, un avantage immense à exécuter des travaux de terrassements illimités, ont fini par les imposer comme une nécessité absolue du succès de la vigne : fossés d'un mètre au moins pour boutures d'abord; ensuite à cinq ans, deuxième fossé d'un mètre pour provigner un rang de boutures; à dix ans, troisième fossé d'un mètre pour provigner le deuxième rang de boutures, soit sept mille cinq cents mètres cubes de terre à manœuvrer deux fois, pour la fouille et le remplissage, revenant à 50 centimes l'un, soit 3,750 francs de terrassements seulement, dans un hectare, pour planter une vigne, la compléter et la mener à sa pleine production en dix, et à sa demi-production en six ou huit ans: voilà ce que peut imposer une tradition vicieuse.

Vainement les boutures périront pour un tiers ou moitié sous ce régime; vainement les pousses des survivantes seront misérables et accuseront l'état de souffrance qu'il leur impose; vainement on attendra six ans une demi-récolte et dix ans pour une pleine récolte; vainement on saura que dans le Languedoc, où rien de pareil ne se fait, la demi-récolte est à trois ans et la pleine à quatre ou cinq ans. La tradition existe, donc elle a sa raison d'être, donc il faut la subir : et on la subit.

Mais à ces 3,750 francs il faut joindre 200 francs par an,

en moyenne, pendant six ans, fourniture et main-d'œuvre comprises (un piochage, trente-deux journées; un binage, dix-huit; la taille, le sarmentage, l'échalassage, l'ébourgeonnage, le relevage, le liage et les réparations des manquants : quarante journées à 2 francs, 180 plus 20 francs de fournitures), ce qui donne pour six ans 1,200 francs. Enfin, pour peu qu'on attribue 4 à 500 francs de valeur à l'hectare de terre, le capital total engagé, à la septième année, sera de plus de 5,500 francs par hectare; soit 275 francs de rente dont la vigne est grevée. A cette rente nécessaire il faudra joindre 300 francs de frais annuels, car ces frais sont augmentés de 100 francs au moins par hectare pour vendanges, cuvages, pressurages, logement et manutention du vin, aussitôt que les récoltes deviennent importantes. Pour faire face seulement à cette charge de 575 francs par an, il faudrait une récolte moyenne de trente hectolitres de vin à 20 francs, soit 600 francs.

Ce n'est pas tout. A la quinzième année d'une pareille institution de vigne, le vigneron entendra l'entretenir par des provignages d'un quinzième des ceps, et consacrer soixante à quatre-vingts journées à cette opération : d'où 140 francs, en moyenne, à ajouter à la dépense annuelle, qui s'élèverait ainsi à 440 francs et ne laisserait que 160 francs au propriétaire pour son capital de 5,500 francs, si la moyenne récolte était de trente hectolitres, c'est-à-dire de dix hectolitres plus élevée qu'elle n'est aujourd'hui à Ajaccio.

Dans ces conditions, la plantation de la vigne est une opération impossible à faire comme production de richesse et accroissement de population; et il est à remarquer que c'est l'intérêt du vigneron seul qui a imposé cette situation contraire à toute observation, à toute science et à toute raison, raison que la bourgeoisie n'a pas su ou n'a pas pu faire intervenir.

Si, au contraire, on plante la vigne sur un simple défrichement et à fleur de terre, comme la vigne, comme tous les arbres et toutes les plantes de l'univers l'exigent impérieusement, le capital engagé jusqu'à la première récolte, qui doit être très-rémunératrice à trois ou quatre ans, ne peut dépasser 2,000 francs, y compris les 500 francs de la valeur du sol; avec une rente de 100 francs on aura donc 5 p. 0/0 de son argent.

Mais si la vigne est tenue de franc pied et le provignage supprimé, la dépense annuelle, tout compris et toutes choses égales d'ailleurs, se bornera à 300 francs : or, la récolte moyenne étant seulement de trente hectolitres à 20 francs, le produit de 600 francs laissera 300 francs ou 15 p. 0/0 au capital; à vingt hectolitres, le propriétaire aurait encore ses 5 p. 0/0 de revenu.

Il y aurait donc vertige et folie à entreprendre cinq cents hectares de vignes à Saint-Antoine, mille hectares à Chiavari, sur les données traditionnelles de manouvriers soignant exclusivement leur propre intérêt et non l'intérêt qui ne les regarde pas.

J'ai vu partout le vigneron journalier laisser à la vigne juste de quoi le payer, et c'est là tout ce qu'il lui faut, non pas qu'il calcule méchamment contre le propriétaire, mais il s'ingénie à se créer une large part d'ouvrage; et comme la vigne n'aime rien tant que rester tranquille à sa place, comme tous les végétaux, le vigneron la fait maigrir, l'use et la tue, sans comprendre même le mal qu'il lui fait par les tortures qu'il lui inflige.

Mes études directes en Corse, beaucoup trop rapides pour être suffisantes, beaucoup trop restreintes pour comporter des déductions générales, se sont terminées ici par la visite du pénitencier de Saint-Antoine.

Dans une conférence à la préfecture d'Ajaccio, j'ai essayé de résumer mes impressions et de signaler les principales améliorations dont la viticulture et la vinification seraient susceptibles en Corse, ainsi que les conditions les plus simples, les plus économiques et les meilleures de son extension et de ses installations nouvelles. Voici ce résumé :

Excepté dans la très-haute montagne, dans les marécages et sur les rochers absolument nus, la vigne peut partout, en Corse, végéter, prospérer et donner de bons fruits, en plaine comme en coteau ou sur plateau : au nord comme au sud, à l'est comme à l'ouest, la Corse est un climat privilégié pour toutes les natures de vignes et pour toutes les espèces de vin; seulement à mesure que l'on monte et que le climat se refroidit, soit par l'altitude, soit par l'exposition au nord, il faut planter des cépages plus hâtifs.

Malheureusement je ne puis connaître les cépages corses pour leurs qualités diverses de précocité, de sucre, de parfum, de tanin, de mollesse ou de fermeté, d'astringence ou d'acidité, et je me sens arrêté au premier pas, le plus important de tous, dans les conseils à donner à l'égard de leur choix, car c'est toujours et partout le cépage qui fait le vin avant tout. Sans doute avec un bon cépage il faut un bon climat et un bon sol pour faire un bon vin, mais jamais on ne fera un bon vin avec un mauvais cépage, planté même dans un bon sol et sous un bon climat.

Je me contenterai donc de dire que, pour faire des vins

de liqueur, il faut choisir les plaines et les rampes des collines exposées à l'est et au midi; que les muscats jaunes de Lunel, de Frontignan, de Rivesaltes, produiraient de meilleur muscat que le moscatello mélangé de genovese; que le furmint donnerait un excellent vin de tokay, sur les côtes et dans les sites les plus chauds; que la clairette donnerait d'excellents vins blancs et en abondance, ainsi que le mozac, le sémillon et le sauvignon blanc de Sauterne, le savagnin jaune du Jura, mais ces derniers à une altitude déjà grande, comme à Corte; les pineaux et morillons blancs et noirs sous l'influence d'un climat encore plus froid. Je dirai que, pour les vins rouges de liqueur et de rôti, aux meilleurs cépages de la Corse pourraient être joints avec avantage le grenache, le carignan, le piran des Pyrénées-Orientales, le braquet, la foëla des Alpes-Maritimes, la syra (petite) et la roussane de l'Hermitage, la sérine et le vionnier des Côtes-Rôties, la mondeuse de la Savoie. Pour les vins de grand ordinaire, à l'altitude et au climat de Corte ou bien au nord des collines basses, le carbenet sauvignon, le malbec et le merlot de la Gironde et les pineaux noirs de la Bourgogne feraient merveille. Enfin, aux dernières altitudes vignobles, les plants verts-dorés de la Champagne, les meuniers du Loiret, le précoce des environs de Paris, donneraient encore de très-bons vins. J'ajouterai qu'excepté les pineaux, la sérine, le vionnier et les plants verts-dorés, qui préfèrent les terrains calcaires, tous les autres cépages se plaisent sur les terrains granitiques, schisteux, siliceux et d'alluvion. Les petits gamays du Beaujolais donneraient les meilleurs produits dans les schistes et les granits des régions élevées et froides.

On ne doit jamais faire son vin qu'avec un ou deux cépages, trois au plus; pour les vins rouges, un cinquième de raisin blanc de haute qualité et sans parfum spécial augmente la qualité. Un seul cépage vaut mieux que deux, deux valent mieux que trois pour faire un vin toujours bon, toujours le même et capable de soutenir sa réputation.

Jamais on ne doit planter une vigne que d'une seule et même espèce, parce que les espèces différentes se nuisent et se détruisent par leurs racines; parce que la conduite, la végétation, l'époque de la maturité, étant différentes, les mêmes soins ne peuvent convenir à toutes les espèces en même temps.

Il faut, autant que possible, éviter les frais de défoncement du sol à une grande profondeur; autrefois on ne défonçait point et nous voyons des vignes de cent et de cent cinquante ans, plantées simplement à la cheville, aujourd'hui vigoureuses et bien portantes encore, là où l'on se croit actuellement obligé de défoncer (Cervione).

Il faut planter la vigne sur simple culture à plat, comme pour semer un blé, ou sur simple défrichement de mâquis : l'essentiel, c'est que le terrain soit bien nettoyé d'herbes, d'arbrisseaux et de racines, surtout de celles qui peuvent repousser; qu'il soit bien propre et bien égalisé à sa surface, hersé et roulé si c'est en plaine, ratissé si c'est en coteau.

La vigne doit être plantée près de la superficie du sol, à 20 centimètres au plus de profondeur, là où tous les végétaux, petits ou grands, établissent leurs racines, là où toutes les graines de châtaignier, d'olivier, d'oranger, peuvent germer et pousser. Toute plantation à 30 centimètres comme à 1 mètre de profondeur est le renversement de toute raison.

Toutes les vignes doivent être plantées et maintenues

toujours en lignes; chacun des ceps doit toujours rester de franc pied, c'est-à-dire qu'il ne doit jamais être provigné et qu'on doit le remplacer par un cep nouveau quand il meurt.

Les lignes doivent être orientées du nord au sud en plaine; et en coteau elles doivent être disposées de façon que le soleil, autant que possible, voie les deux côtés des lignes dans le courant de la journée.

La distance des lignes, pour les vignes à cultiver à la main, doit être de $1^{m},50$ dans les terrains très-fertiles et très-chauds, de $1^{m},30$ dans les terrains moyens et de 1 mètre à 80 centimètres dans les terrains sans vigueur; la même distance doit exister entre les ceps dans les lignes.

Pour les vignes à cultiver à l'aide d'instruments attelés, la distance entre les lignes, sans échalas ni palissages, ne peut être moindre de $1^{m},30$; elle peut se restreindre à 1 mètre avec palissages et échalas bien tenus. Dans tous terrains fertiles, la meilleure distance sera toujours $1^{m},50$ entre les lignes et autant entre les rangs; pour le surplus, il suffira de savoir que le nombre des ceps doit augmenter avec la froidure du climat et la pauvreté du sol; mais, dans le cas extrême, les ceps à 1 mètre en tous sens donneront toujours le plus, si leur taille est suffisamment étendue.

Pour planter de bonnes vignes, il faut avoir de bon plant; le meilleur de tous est le simple sarment, ayant porté fruit l'année précédente et appartenant à une souche reconnue vigoureuse et fertile. On ne doit jamais planter une bouture d'une souche qu'on ne connaît pas, à moins qu'elle ne porte deux queues ou au moins une queue de fruit qui prouve sa fertilité.

Lorsqu'on le peut, il convient de marquer avant la vendange les souches les plus fertiles auxquelles on doit emprunter ses boutures : le meilleur moment de les recueillir est après la chute des feuilles; à mesure qu'on les recueille, on les enfouit, par lits de 8 à 10 centimètres d'épaisseur, dans un fossé de jardin ou de terre saine, à 30 ou 40 centimètres de profondeur, et on les laisse, bien garnis et bien couverts de terre, à la fraîcheur et à l'humidité végétales, jusqu'à ce que le moment de les planter soit venu.

Quand le vignoble ne peut pas fournir lui-même les sarments dont on a besoin pour boutures, et que ces sarments doivent être empruntés à un autre vignoble, il est bon de s'adresser au nord plutôt qu'au midi de chaque localité; c'est une coutume généralement suivie dans les vignobles des bords de la Loire et dans ceux des deux Charentes. L'expérience démontre que les cépages gagnent en vigueur et en fécondité en se déplaçant du nord au sud, et qu'ils perdent en allant du sud au nord. Pour une distance d'un ou de deux myriamètres, la différence en bien ou en mal est déjà très-appréciable.

Le meilleur moment de la plantation est la première quinzaine qui suit la sortie des bourgeons du printemps; des départements entiers suivent cette méthode de temps immémorial et réussissent mieux leurs plantations que tous les autres départements vignobles : depuis trois ans elle est appliquée dans les Alpes-Maritimes, aux portes de Nice même, avec un succès complet. La Charente et la Charente-Inférieure plantent leurs vignes du 15 mai au 15 juin, et jamais on ne voit manquer une plantation. Les plantations les plus tardives ne sont pas les moins belles.

Les meilleures plantations se feraient donc, en Corse, dans le courant d'avril.

L'époque de la plantation arrivée et le terrain étant bien

préparé, trois ou quatre cordeaux, portant des nœuds qui indiquent la place de chaque bouture, doivent être tendus parallèlement à la distance voulue pour les lignes, sur un des côtés de la vigne à planter, de façon que chaque nœud d'un cordeau corresponde au milieu de l'intervalle des nœuds des deux cordeaux voisins.

Ces dispositions prises, deux planteurs ou plus, munis chacun d'une barre de fer de $1^{m},30$ de longueur, terminée inférieurement par renflement olivaire de 4 centimètres de diamètre, pratiqueront les trous de 25 à 30 centimètres de profondeur.

On aura en même temps retiré du fossé de stratification la quantité de sarments à employer dans la journée; et, en les tenant à la fraîcheur, le maître planteur les taillera au fur et à mesure de l'emploi à 1 ou 2 millimètres au-dessous d'un bourgeon, descendra le sarment à 20 centimètres dans le trou, plutôt moins que plus profondément, mais toujours de façon qu'un œil soit au niveau du sol; puis il remplira le trou en y coulant de la bonne et riche terre, soit pure, soit mélangée de terreau (un quart de litre suffit à chaque cep, 2 ou 3 mètres cubes suffisent à un hectare); il tassera cette terre avec force, ainsi que la terre environnante, puis il rognera le sarment à 2 centimètres au-dessus de l'œil sur terre, couvrira entièrement cet œil d'une poignée ou deux de terre légère, de bruyère ou de sable, et piquera la rognure à côté en guise de signal.

La bouture ainsi faite réussira toujours; elle se comporte à la fois comme graine et comme bouture, parce qu'elle est couverte et à l'abri des rayons du soleil. J'ai déjà constaté que les signaux (sarments simplement piqués à 12 ou 15 centimètres en terre) réussissent parfaitement en Corse;

mais M. le vicomte de Casa-Bianca, qui m'a fait l'honneur de m'accompagner et de me guider dans l'arrondissement de Bastia, a pu voir de ses yeux à Nice, avant de nous embarquer, plusieurs hectares de plantations ainsi faites en mai 1864 par M. Gaudais, chez lui-même et chez M. Jaumes, riche propriétaire; chaque bouture avait non-seulement réussi, mais encore elle présentait d'un à trois sarments de 1 à 2 mètres de longueur et de la grosseur du petit doigt, le 22 février 1865.

Dans une pareille plantation, il suffit de donner trois ou quatre binages superficiels (de 4 à 6 centimètres), de façon à ne laisser aucune herbe envahir le terrain, surtout autour des boutures.

On peut également planter ainsi la bouture à la pioche, mettre dans le trou de la terre ou de la vase de torrent, des cendres de lessive, du terreau, un peu de fumier, etc. l'essentiel, c'est que la bouture soit plantée droite, à 20 centimètres de profondeur au plus; que la terre soit vigoureusement tassée, pilonée ou pressée par une veine d'eau d'arrosement; qu'un œil seul soit laissé sur terre et que cet œil soit recouvert par une terre légère, toujours facile à traverser par le bourgeon naissant. Je donne (fig. 60, au dixième) les dispositions de la bouture préparée, *abcd*: *a* est l'œil qui doit rester à fleur du sol; *d* est la section qui doit être faite au sécateur au-dessous de l'œil; *a' b' c' d'* présente la bouture en place, recouverte en *a'* de sa terre légère, et *s s'* est le signal piqué à côté: si ce signal était piqué à 12 ou 14 centimètres, il reprendrait

Fig. 60.

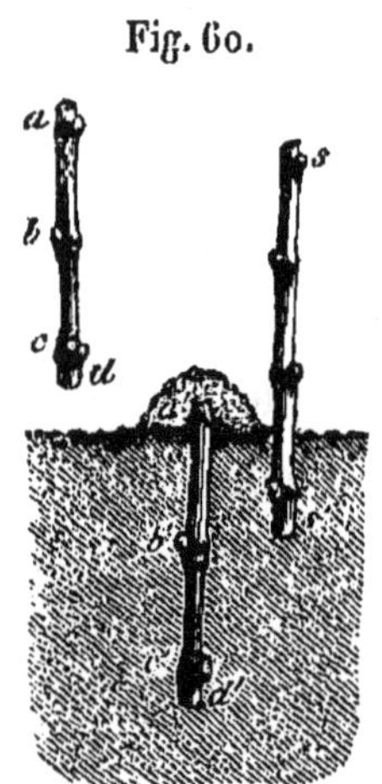

certainement; on pourrait prendre cette précaution comme en cas : cela se fait ainsi à Brantôme, dans la Dordogne.

L'année suivante, avant la séve, chaque bouture poussée devra être taillée à deux yeux sur un seul sarment s'il n'y en a qu'un, sur deux s'il y en a deux, et même sur trois s'il y en a trois, bien placés en triangle ou en gobelet; les sarments disproportionnés ou mal placés doivent seuls tomber; les autres doivent immédiatement être établis sur deux yeux francs.

Après la bonne plantation, la condition la plus essentielle à la précocité, à la fécondité, à la vigueur et à la durée de la vigne, c'est de ne pas être arrêtée dans sa formation, c'est de conserver à sa tige tous les canaux séveux correspondant aux racines, c'est-à-dire tous les bons sarments; il suffit de les rabattre à deux yeux francs pour assurer la vigueur des bourgeons qu'ils veulent engendrer.

Si la plantation a été bien faite, dès l'année suivante on obtiendra quinze à vingt hectolitres à l'hectare; c'est ce qui arrive souvent dans l'Hérault, dans l'Aude, et plus souvent encore en Beaujolais : aussi ne faut-il pas croire que cette récolte ruine la vigne, l'expérience contraire est largement établie dans les pays que je viens de nommer.

Quelle que soit la méthode d'après laquelle on se propose de conduire la vigne, soit à coursons en gobelet, comme dans le Lot et l'Hérault, soit à deux bras et à long bois, comme dans la Gironde, il faut absolument la former dès la première taille, que la pousse soit forte ou faible; mais c'est ici que se place la question la plus grave de la méthode à suivre.

Il y a des cépages qui sont très-fertiles à la taille courte et qui peuvent être maintenus en souches, à bras nombreux et peu étendus, comme seraient les haricots et les petits pois nains. Il y en a d'autres qui, comme les petits pois et les haricots à rame, ne sont jamais ou ne restent pas longtemps fertiles à la taille courte; ils ne portent leurs fruits que très-haut sur le sarment : il faut donc leur laisser de longs sarments pour qu'ils produisent constamment et suffisamment; ceux-là sont les plus nombreux et généralement les plus fins et les plus précieux.

Mais, quelles que soient les aptitudes des cépages et quelle que doive être la taille possible, longue ou courte, il faut toujours qu'elle soit généreuse. La vigne étant un arbrisseau très-puissant et très-expansif, si sa tige est mutilée de façon à ne pas répondre à la puissance de ses racines, elle s'étiole et se rabougrit promptement, et refuse de donner, au bout de peu d'années, des bois suffisants et des fruits : c'est précisément là le traitement que les vignerons lui infligent. Sur cinq ou huit mille souches, s'il n'y a qu'un bras, c'est cinq ou huit mille tailles seulement, et s'il y en a deux, c'est dix ou seize mille; s'il y en a quatre, c'est vingt à trente-deux mille. En retranchant les bras, le vigneron obéit à son propre sens commun, partout où l'ouvrage se fait à la tâche, puisqu'il réduit son travail au tiers ou à moitié; mais la vigne a besoin d'une tige, et d'une tige d'une certaine étendue, pour constituer un arbrisseau viable avec quelque force.

Si donc on adopte la taille courte à coursons ou à deux yeux, il faut donner cinq à six bras à la vigne, pour qu'elle porte douze yeux à sa tête; yeux qu'on peut porter à vingt-quatre en laissant deux coursons à chaque bras. Si, au contraire, on adopte des cépages qui se prêtent à la méthode à longs bois, avec deux bras portant chacun un courson de retour à deux yeux et une aste ou long bois à dix yeux, on aura également vingt-quatre yeux; c'est là ce qui suffit à constituer un arbrisseau fertile et durable dans sa fécondité.

Dans la première hypothèse, celle de l'adoption de la taille courte, il faut donner dès la première année deux, trois et quatre bras à deux yeux, et, dès l'année suivante, porter les coursons à cinq et à six pour constituer les cinq à six bras. Dans la seconde hypothèse, celle de l'adoption de la taille longue, il faut donner deux bras seulement, la première année de taille, par deux coursons à deux yeux qui produiront chacun deux beaux sarments : l'un, le plus bas, qui sera taillé à deux yeux, pour former courson de retour; l'autre, le plus haut, qui sera laissé d'une longueur suffisante pour pouvoir en piquer l'extrémité en terre, en ne lui laissant que de quatre à dix yeux, suivant l'âge et la force, et en *dérasant* tous les autres.

J'ai donné, dans la figure 47, une taille *a'* qui peut servir de type à la taille courte de première année, et une autre taille *b'* qui peut servir de type à la taille longue également de la première année. A la seconde année *a'* devra comporter la taille de la figure 61, et *b'* celle de la figure 62. On voit que la figure 61 et la figure 62 ont chacune douze yeux; par conséquent, leur richesse de taille et de végétation sera la même, quoique sous deux

Fig. 61.

Fig. 62.

formes bien différentes. A toutes les tailles suivantes, le long bois de la figure 62 sera jeté bas en *a* et en *b*, et les sarments poussés aux yeux *cc* seront taillés à deux yeux pour faire courson de retour; tandis que les deux sarments poussés dans les deux yeux *dd* serviront à remplacer les deux longs bois, à quatre ou à dix yeux chacun, suivant la force de la végétation.

Dans la culture avec instruments attelés, les longs bois de la figure 62 devront être piqués en terre dans l'axe de la ligne de plantation, de façon à laisser l'intervalle entièrement libre. Cette même conduite, pour la charrue, peut être adoptée à l'égard des ceps à taille courte comme pour les ceps à taille longue; seulement, à la troisième année, au lieu de couper les longs bois en *a* et *b*, on les conserve pour former des bras permanents, sur lesquels on taille

Fig. 63.

désormais les coursons (fig. 63).

Je n'ai parlé jusqu'ici que dans l'hypothèse de la vigne sans échalas ni palissage, comme on la conduit à Vescovato et à Cervione. A la rigueur, un échalas de $1^{m},50$ à chaque souche et même de $1^{m},30$ est très-suffisant pour opérer les relevages et les liages, puis les rognages des pampres, surtout dans les cultures à la main; mais dans les cultures avec les animaux de trait, les palissages en lignes sont pour ainsi dire indispensables. Dans tous les cas, la vigne pourvue d'échalas, ébourgeonnée, pincée avant mai, relevée, liée, rognée en juin et effeuillée en septembre, produit une moyenne double de celle des vignes sans échalas, sans pincement et sans rognage; ce serait donc au moins trente hectolitres qu'il y aurait à gagner par l'adoption d'un bon palissage: or dix mille échalas en Corse, où les mâquis en fournissent abondamment, ne doivent pas coûter plus de 20 francs le mille, ou 200 francs; leur durée est de cinq ans au moins : c'est donc là une fourniture dont l'entretien est de 40 francs par an et par hectare. La préparation, la pose et le déplacement des échalas, les opérations qui se rattachent à leur emploi, avec l'ébourgeonnement, le pincement, le liage, le rognage et l'effeuillage, restent au-dessous de 60 francs pour la dépense. Il s'agit donc de 100 francs au maximum, ajoutés aux frais d'exploitation d'un hectare, pour obtenir trente hectolitres à 20 francs, ou 600 francs d'accroissement de production. Admettons vingt, admettons dix hectolitres de différence, ce sera encore 400 ou 200 francs pour 100 francs. Il n'y aurait donc pas lieu d'hésiter à recourir à l'emploi des échalas, si la main-d'œuvre le permettait; mais la main-d'œuvre peut être bien facilement conquise en Corse par les ouvriers italiens, qui s'y fixeraient volontiers sous de bonnes conditions.

La vigne est destinée à grimper : ses vrilles et sa végétation à l'état sauvage en font foi; plus elle est soutenue, plus ses grappes se nourrissent et deviennent pesantes. Un support est meilleur pour la vigne que de l'engrais; c'est aujourd'hui un fait étudié et acquis. Les bons propriétaires du Beaujolais remettent les échalas à leurs vignes et s'en trouvent très-bien.

Mais, pour les vignes cultivées à la charrue, l'échalas est incomplet : il faut un palissage, si simple qu'il soit; il augmente les produits de la vigne et les améliore. Or, pour garnir les lignes d'un hectare à $1^{m},50$, à deux rangs de fil de fer n° 13, première qualité, recuit, il faut un peu moins de 16,000 mètres, à 25 kilogrammes pour 1,000 mètres, et à 61 francs les 1,000 kilogrammes, ce qui fait 250 francs; il faut, tous les 10 mètres, un pieu de 1m,50 coûtant 10 centimes: sept cent cinquante pieux coûtent donc 75 francs, plus 25 francs de pose; total de la dépense du palissage, 350 francs. Moyennant ce palissage, dont l'intérêt et l'entretien n'ajoutent pas aux frais habituels 30 francs par an, on donne aux vignes, pour 6 francs, un labour qui coûtait 60 francs, et pour 4 francs des binages qui coûtaient 40 francs à la main. Le labour d'un hectare se fait en un jour, au lieu de trente, et le binage en deux tiers de jour, au lieu de vingt journées entières.

Si l'on ne veut employer ni échalas ni palissades, pour bien cultiver à la charrue, il faut dresser les vignes à longs bois comme l'indique la figure 26, et à court bois comme l'indique la figure 27, ou bien en éventail à trois ou quatre bras, comme dans la Haute-Garonne. Il faut, en outre, ébourgeonner ou pincer, à la fin d'avril ou aux premiers jours de mai, tous les bourgeons qui se dirigent vers les allées, ranger les autres dans la ligne des ceps en mai et juin, et les y entrelacer ou les attacher, sans les serrer, les uns avec les autres.

Jamais les façons données au sol des vignes ne doivent être profondes: elles ne doivent pas descendre à plus de 10 centimètres; parce que, si la vigne aime par-dessus tout n'avoir aucune herbe sur ses pieds ni aucun arbre sur sa tête, elle tient également à étendre ses racines dans un terrain solide et même dur. C'est une expérience faite depuis longues années en plusieurs vignobles. Toutefois les binages, étant moins profonds, doivent être plus fréquents : l'un doit être donné à la mi-avril, le second à la mi-mai, le troisième à la mi-juin, et le quatrième après la chute des feuilles ou toujours avant Noël.

Toutes les vignes doivent être ébourgeonnées avant mai en Corse, c'est-à-dire qu'on doit jeter bas, avec les doigts, tout ce qui ne porte pas fruit et ce qui ne peut servir à la taille de l'année suivante. Dans le même temps, ou plutôt dès qu'on peut distinguer quatre petites feuilles au-dessus de la plus haute grappe, on doit pincer, c'est-à-dire supprimer le sommet de tout bourgeon qui porte fruit, au-dessus de cette quatrième feuille, excepté le sommet des bourgeons qui doivent donner les sarments de la taille pour l'année suivante. L'ébourgeonnage et le pincement doivent être faits avant le 1er mai pour être efficaces : tout le monde concevra que les bourgeons à fruit ne pouvant pas s'allonger, toute la séve à bois se portera sur les sarments de taille; mais le meilleur effet du pincement, c'est de forcer la séve à se porter dans le fruit, ce qui l'empêche de couler.

Dès que le grain du raisin est formé et que les pampres de la taille sont relevés et liés à l'échalas, ou relevés et liés sans échalas, il faut les rogner à une longueur de 80 centimètres à 1 mètre de la souche. Le rognage fait grossir le raisin, assure la fertilité du sarment pour l'année suivante, s'oppose au brûlis ou le diminue considérablement, et diminue l'oïdium tout en rendant son traitement beaucoup plus facile par le soufre. Les pampres traînants sont des couvoirs à oïdium, comme les arbres superposés aux vignes. Dans les vignes en palissades, les pampres se fixent d'eux-mêmes au fil de fer supérieur, et on les rogne, au-dessus et de flanc, avec la faucille ou le croissant, comme on taille les haies.

J'ai dit, et je répète, qu'il ne faut point entretenir les

vignes par le provignage, qui est la ruine du propriétaire et de la vigne. Il faut que la vigne soit plantée avec toutes ses souches et que chaque souche reste un arbrisseau régulier; mais s'il meurt des souches, il faut bien les remplacer, et, d'ailleurs, une des pratiques qu'on recommande le plus consiste à en détruire beaucoup, car ce n'est pas tout que de planter une vigne de franc pied, il faut s'assurer tous les ans que chaque souche est fertile : aussitôt que, deux années de suite, une même souche n'a rien donné ou qu'elle a très-peu donné, alors que les souches voisines ont donné beaucoup, il faut la détruire et la remplacer par un plant nouveau, en rapportant de la terre neuve et de l'engrais dans le trou; il doit en être de même à l'égard de toute souche morte. (Une souche est une vache à l'étable; si la vache ne donne pas de lait, il faut la changer.)

Fig. 64.

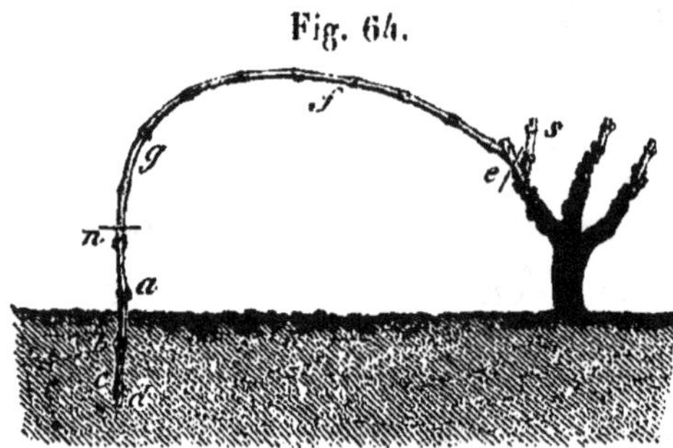

Outre le remplacement direct, il y a un bon moyen de remplacement que j'ai rencontré dans les Charentes et dans l'Allier. Je l'ai signalé partout, on l'a appliqué partout, et partout il a donné des résultats merveilleux, comme il les donnait de temps immémorial dans le pays où je l'ai trouvé: c'est le *versadi*. Le versadi est un sarment (fig. 64, *efgad*) assez long pour venir se planter par son extrémité libre, par sa tête renversée (d'où lui vient son nom), à la place de la souche morte ou détruite. On en taille l'extrémité supérieure comme pour en faire la partie inférieure d'une bouture *d*, fig. 60; on enlève ou on laisse intact l'épiderme de l'entre-deux-nœuds supérieur, et, après avoir mis de la bonne terre dans la place de la souche enlevée, on y pratique un trou à la cheville, on enfonce le sarment dans le trou, à 20 centimètres, on tasse vigoureusement la terre autour, on laisse deux yeux au-dessus de terre et l'on éborgne tous les autres jusqu'à la souche. Cette opération se fait au mois de mars. Dès l'année même, le versadi donne un beau cep et une belle récolte. A la taille suivante, on taille le versadi en *n*, on dispose ses sarments venus en *a n*, et l'on a ainsi une souche qui devient des plus belles et des plus fertiles de la vigne. Quant au sarment *g f e*, il est supprimé en *e* sans que la souche mère en soit troublée. Dans l'Allier, on laisse tous les bourgeons, de *e* en *f* et en *g*, porter leurs fruits, qui sont plus beaux ; mais, dans ce cas, il faut pincer tous ces bourgeons avant mai et rogner les repousses en juin et juillet ; c'est un moyen employé à Saint-Pourçain (Allier) pour augmenter les récoltes : on fait tous les ans des versadis à toutes les souches, seulement pour avoir du raisin et du plant, car ce plan est excellent.

Je n'ai parlé jusqu'ici que des vignes à planter et à conduire sur de nouveaux vignobles ; que peut-on faire pour réparer les anciennes vignes ou augmenter un peu leur fertilité ?

La question est complexe et difficile : le véritable principe de la culture lucrative de la vigne, c'est l'assolement ; c'est-à-dire qu'après vingt-cinq, trente, quarante, cinquante ou soixante ans, suivant les pays, la vigne de franc pied, diminuant de moitié dans sa fécondité, doit être arrachée. Dans la plupart des pays qui tirent le plus de produits de leurs vignes, cet arrachement est pratiqué : ainsi, dans l'Hérault, dans le Beaujolais, dans l'Aude, dans la Lorraine, dans le Mâconnais, les vignes sont régulièrement arrachées de vingt-cinq à quarante-cinq ans; on sème un blé sur le défrichement, puis une avoine ou une orge avec prairie artificielle, qu'on récolte pendant trois ans; et, après la cinquième année de repos du terrain, on retourne la prairie artificielle, et l'on replante la vigne, qui donne dès la deuxième ou troisième année au plus tard de vingt à trente hectolitres, soixante à la quatrième, puis jusqu'à quatre-vingts, cent, cent vingt, puis elle revient lentement à cinquante vers vingt ans; et quand elle est tombée à trente ou vingt-cinq, on l'arrache de nouveau. C'est la plus riche pratique qu'on puisse imaginer: je conseille fortement son adoption en Corse, pour un grand tiers des vignes que j'ai vues à Bastia, à Corte et à Ajaccio.

Pourtant il y a une opération intermédiaire qui offre de grands avantages et dont je conseille l'application. Cette opération consiste à ne laisser à toutes les vieilles souches qu'un seul sarment, le plus beau, de toute sa longueur, ou deux sarments au plus, si les souches sont rares; puis on fait ouvrir des rigoles parallèles, à la distance de 1 mètre si c'est pour cultiver à la main, de $1^{m},50$ si c'est pour cultiver à la charrue; et, après avoir déchaussé les souches jusqu'à ce qu'elles puissent s'abaisser sans casser, on les conduit par des rigoles de jonction à la rigole principale; on dispose les sarments, qui seuls doivent sortir de terre, comme dans les provins, à la distance égale les uns des autres de 1 mètre à $1^{m},50$; on donne un peu de fumier aux rigoles et on les remplit complétement de terre, en redressant les sarments parfaitement en lignes et les attachant à un échalas. Ainsi tous les vieux troncs ont disparu; ils sont parfaitement enfouis, et l'on ne voit plus que de jeunes sarments, bien alignés et bien distancés. Cette opération se fait de novembre en février; en mars, au premier mouvement de séve, on détache les sarments des échalas, on les rogne à 60 centimètres ou à 80, suivant la force, et l'on pique en arceau les extrémités en ligne dans la terre, qu'on tasse comme si on voulait les planter; l'échalas reste en place. Aussitôt que les bourgeons poussent le long de ce bois, et dès qu'on voit quatre feuilles au-dessus de la plus haute grappe, on les pince tous, excepté les deux ou trois les plus rapprochés de l'échalas, qui sont destinés à reconstituer la souche. L'année suivante, on taille le premier bourgeon à deux yeux, et le second ou le troisième est destiné au remplacement du long bois : on coupe tout le surplus.

La vigne est ainsi restaurée et rendue fertile pour longtemps. J'en connais qui, depuis six ans, n'ont fait qu'augmenter de fertilité après cette opération : ainsi M. le comte de la Loyère, en Bourgogne, M. le comte de Laistre, dans la Vienne, ont rajeuni de vieilles vignes qui ne donnaient au premier que douze hectolitres à l'hectare et rien au second. M. de la Loyère, l'année même de l'opération, a atteint quarante hectolitres à l'hectare, bien que son cépage fût le pur pineau noir de Bourgogne, et M. de Laistre a dépassé cinquante hectolitres en breton; en sorte que M. de la Loyère, au lieu de 1,200 francs, a tiré 4,000 francs par hectare, et M. de Laistre 1,250 francs là où il n'obtenait absolument rien. La dépense de M. de la Loyère a été de 300 francs par hectare, mais celle de M. de Laistre a été de 850 francs, parce qu'il agissait sur d'énormes et très-longues souches, à enfouir dans le roc presque pur. Tous les ans, depuis 1860, la récolte a été en augmentant.

Tout le monde à Cervione, à Vescovato, à Corte, à

Ajaccio, peut faire, avec un immense avantage, cette opération sur les vieilles vignes qui ne rapportent presque plus rien.

Mais il est encore un moyen très-simple d'augmenter les récoltes sans frais dans toute la Corse : c'est en laissant deux crochets ou coursons sur chaque bras et en les taillant à deux yeux francs, ou bien en n'en laissant qu'un, mais en le taillant à quatre yeux et en pinçant les deux ou trois bourgeons supérieurs avant mai, et en en faisant tomber les repousses à la fin de mai ; le pincement des deux ou trois yeux supérieurs, tout en conservant et en assurant le raisin, force la séve à accroître et à fortifier le bourgeon inférieur, qui donne alors un magnifique sarment de taille. Cette taille doit s'appliquer à deux bras, s'il y en a deux ; à trois et à quatre, s'il y en a trois et quatre. J'affirme, sur l'expérience et l'observation séculaires des quatre départements lorrains, qui récoltent en moyenne soixante hectolitres à l'hectare, que, loin d'affaiblir la vigne par cette conduite, elle en recevra une force et une fécondité extraordinaires.

Il est temps que j'arrive à la vendange et à la confection des vins. Je n'ai aucune recommandation à faire pour les vendanges, si ce n'est qu'on ne parviendra jamais à faire des vins légers en vendangeant sur le vert.

Julien, auteur de la *Topographie de tous les vignobles connus*, et l'homme le plus complet et le plus judicieux dans l'appréciation des vins, s'exprime ainsi :

« Il y a très-peu de terrains en Corse où l'on ne puisse « obtenir de fort bons vins, si on les fabriquait avec plus « de soin et si l'on ne mettait dans la cuve que les raisins « qui ont acquis leur maturité ; mais comme les vignerons

« tiennent à leur routine, ils font pour la plupart des vins *à « la fois liquoreux et acerbes*, qui se conservent difficilement « plus de deux ans et ne supportent pas le transport par mer « à de grandes distances. »

J'ai déjà bien des fois exprimé mon opinion à l'égard des bonnes vendanges : elles ne doivent se faire qu'à pleine maturité, que ce soit pour des vins de liqueur, pour des vins de rôti, de grand ordinaire, d'ordinaire ou communs. Les vins ne se font bien et ne se gardent que s'ils sont faits avec des raisins récoltés en pleine maturité. Il y a pour tous les fruits une époque où ils sont disposés à passer à la fermentation alcoolique complète, et d'autres où ils n'y sont pas disposés, comme les nèfles, les cormes et les poires, qui blettissent. Si l'on met en fermentation des raisins non complétement mûrs, la moitié des jus ne fermentera pas et gâtera le reste.

C'est seulement par les cépages que se font les vins des diverses classes; mais, dans toutes les classes, il faut vendanger à la pleine maturité. Pour cela, il ne faut qu'un même cépage dans chaque vigne; et tant qu'il acquiert du sucre, il faut le laisser au cep.

Supposons donc le raisin parfaitement mûr : il faut le recueillir assez rapidement pour emplir la cuve en un seul jour; fouler avant de mettre en cuve, n'emplir la cuve qu'aux cinq sixièmes; égaliser et battre le dessus du marc; couvrir la cuve d'un simple canevas et ne plus rien y faire qu'écouter et regarder. Si la cuve a été remplie en un jour, dans les vingt-quatre heures la fermentation doit être déclarée; tant qu'elle augmente, ce qui est indiqué par l'intensité de plus en plus grande du bouillonnement, tant que le marc s'élève, il ne faut pas tirer la cuve; mais dès que le bruit du bouillon diminue, dès que le moût baisse, il faut tirer le vin.

Que les phénomènes que j'indique s'accomplissent dans les trente-six heures, comme à Thorins; en quarante-huit heures, comme au Clos-Vougeot; en trois jours, comme à Pomard; en quatre jours, comme à Saint-Émilion, dans les grandes années; ou qu'ils tardent à s'accomplir cinq, six, et même sept jours, dans les mauvaises années: aussitôt que leur intensité diminue, il faut tirer vite, vite, et répartir le vin dans des vaisseaux neufs[1] ou d'une pureté de goût parfaitement assurée; puis, vite aussi, porter le marc au pressoir, à un pressoir régulier, en presser et en recueillir le jus avec soin, pour le répartir avec égalité dans les jus tirés de la cuve. Le vin de presse possède au plus haut degré les principes conservateurs du vin, et la restitution de ces principes au vin de la cuve est indispensable.

Les tonneaux remplis par la répartition des vins de presse doivent compléter la fermentation du vin, qui a dû être trouble et chaud, au lieu de clair et froid, lors du remplissage. C'est au tonneau que le vin doit s'éclaircir et se refroidir: aussi doit-on laisser les tonneaux dans la vinée jusqu'à la Saint-Martin. Jusque-là, la bonde aura dû être couverte avec une feuille de vigne chargée de sable. A la Saint-Martin, le vin doit être bondé et descendu en cave fraîche et à température invariable; c'est là une des grandes conditions de la bonne confection et de la conservation des

[1] Les tonneaux de châtaignier neufs, dont je ne connais pas l'usage, ont absolument besoin, dit-on, d'être macérés longtemps à l'eau et soufrés avant de recevoir le vin, même chaud, et les moûts, même non cuvés. Il n'en est pas de même des tonneaux neufs de chêne, qui admettent avantageusement les vins rouges bouillants et les vins blancs à fermenter.

vins. Dans la cave, il faut remplir tous les huit jours; et en décembre ou janvier, par un temps sec et le plus froid possible, il faut soutirer les vins à clair, les remettre en vases bien nettoyés, les remplir et les bonder, puis remplir tous les mois.

A mon estime, la cuvaison ne doit souvent durer que trois jours en Corse, mais jamais dépasser cinq jours, si les raisins ont été cueillis bien mûrs et mis en cuve étant chauffés au soleil. Les cuvaisons prolongées, après la vendange hâtive, sont la cause de la plupart des défauts des vins en Corse; l'absence de moyens de pressurage suffisants, et, par conséquent, l'impossibilité de rendre les vins de presse aux vins de cuve, sont encore un grand défaut; enfin on ne soutire pas et les caves sont mauvaises. Mais jamais ceux qui cuvent au delà de sept à huit jours ne pourront faire de bons vins réguliers: ainsi à Tallano, où quelques vins sont délicieux après six, huit et douze ans, les cuvaisons prolongées ôtent toute régularité et toute certitude dans le succès.

Les moyens de faire les meilleurs vins rouges sont si simples, qu'on ne se résoudra jamais à les employer. Maturité complète, identité du raisin, emplissage rapide de la cuve, décuvaison après trois ou cinq jours, mélange du pressurage, vins tirés troubles et chauds, achèvement de l'opération au tonneau; descente en cave fraîche seulement à la Saint-Martin, soutirage en décembre ou janvier: personne ne voudra croire que c'est là la pratique de la Côte-d'Or, du Médoc, du Mâconnais, de Saint-Émilion, etc.

Personne ne croira que plus le vin reste en cuve, plus il s'affaiblit, plus le marc lui prend son esprit, plus sa couleur est terne et moins il se garde, parce qu'il s'est usé et aplati par la macération du marc dans le jus; tout cela est pourtant d'une vérité absolue, scientifique, et je n'ai rien à dire de plus pour engager à faire du bon vin, parce que je ne sais rien de plus ni de mieux.

Quant à la confection des vins blancs, elle est encore plus simple : c'est le soleil seul qui doit les faire avec un seul et même cépage. Ayez des muscats dorés, seuls, si vous voulez faire du muscat; ayez le furmint seul, si vous voulez faire du tokay, et de même pour tous vos vins blancs. Laissez mûrir, pansir, et même pourrir, vos raisins, et plus ils sont pansis et blettis, plus votre vin sera parfait. Si ce degré de maturité a lieu au cep, c'est ce qu'il y a de mieux, votre vin vaudra de l'or; si la maturité s'achève sur la paille, c'est moins bon, mais c'est encore bon, votre vin vaudra de l'argent; si le jus se concentre à la chaudière, votre vin ne vaut plus que du cuivre, et si c'est le trois-six de vin qui vient garder le sucre, ce n'est plus qu'un rogomme malfaisant à la santé; c'est du cassis, c'est du brou de noix, c'est du moût de raisin à l'eau-de-vie, digne du cabaret; enfin, si votre vin est viné à l'esprit de grain ou de betterave, c'est une falsification, une adultération des jus de la grappe, un attentat à la santé et à la sanité privées et publiques.

Quant aux vins blancs ordinaires, c'est toujours au soleil qu'il faut demander leur bonté, et, Dieu merci, le soleil ne vous refuse pas ses rayons bienfaisants. Voyez ce qui arrive dans la Gironde : Sauterne vendange le 15 octobre et récolte, avec le sémillon et le sauvignon blancs, d'excellents vins qui valent 1,000 francs le tonneau, et M. le marquis de Lure-Saluce, avec les mêmes cépages, dans le même terrain, vendange le 15 novembre et fait le vin de

Château-Iquem, qui vaut de 10,000 à 12,000 francs le tonneau.

Les vins blancs doivent donc se faire aussi avec des raisins bien mûrs pour les vins ordinaires et extra-mûrs pour les vins de liqueur : voilà où doit se porter toute l'attention du producteur de vins blancs. Quant à la confection elle-même, rien de plus simple : recueillir les grappes bien mûres, les soumettre au pressoir, après les avoir foulées, les mettre en futailles neuves, laissées à la température ambiante, dans un cellier non clos ou sous un hangar, jusqu'à l'hiver pour les vins ordinaires et pendant plusieurs années pour les vins de liqueur. Les soutirer en décembre et janvier, après les avoir collés avec quatre blancs d'œufs, cinq grammes d'acide tartrique et dix grammes de tanin par hectolitre; les remplir avec soin et les tenir bien fermés et en caves fraîches : voilà tout ce qui convient pour les bons vins blancs ordinaires et de liqueur : le raisin, le soleil et des soins très-simples. Dans les meilleurs vins blancs, comme dans les vins rouges, c'est le mélange de raisins très-sucrés et de raisins verts qui fait les fermentations successives et cause la plupart des altérations ultérieures.

Il y aurait ici une étude des plus importantes à faire pour obtenir les vins blancs ordinaires et légers, tels que le chablis, le meursault, le sauterne, les vins de Saumur, etc.

M. Georges de Parceval, viticulteur des plus distingués et secrétaire de la Société de viticulture de Mâcon, m'a fait part d'une observation très-sérieuse, faite par lui à Pouilly, à Fuissé et à son domaine des Perrières, sur les pineaux blancs en *vignes basses* et sur les pineaux blancs en *hautains*, dans le même terrain, à la même exposition, et n'offrant de différence absolue que dans la hauteur au-dessus du sol.

M. Georges de Parceval a constaté qu'il se fait moins de sucre dans le raisin à une certaine hauteur au-dessus de la terre que contre terre; et cela à maturité égale du raisin. Je sais bien, me disait-il, que le raisin mûrit moins vite en hautains qu'en vignes basses : aussi vendangeons-nous les hautains une ou deux semaines après les vignes basses, c'est une différence de temps; mais lorsque toutes les apparences de maturité sont parfaitement égales, il y a moins de sucre dans les raisins sur vignes hautes que dans les raisins sur vignes basses.

La solution de cette question par une étude approfondie de la différence du sucre produit, à des hauteurs graduées dans leur différence, avec un même cépage rouge et un même cépage blanc, serait de la plus haute importance, car elle résoudrait peut-être le problème de la production des vins de bonne et de grande consommation courante en Corse, en Algérie et dans notre extrême midi. Un jour viendra peut-être où des vignes de syra et de roussane, conduites et maintenues à un mètre au-dessus du sol de la plaine orientale, donneront d'excellent hermitage; où des vignes de carbenet sauvignon, de malbec et de merlot, tenues à 2 mètres, au même lieu, donneront de très-bon médoc; où des pineaux noirs tenus à 3 mètres donneront d'excellent bourgogne, et enfin où des plants verts et des plants dorés à 4, 5 ou 6 mètres de hauteur, pourront donner le plus fin champagne : tous ces raisins ne faisant que le sucre convenable, et arrivant pourtant à la parfaite maturité, selon leur altitude dans l'atmosphère.

Nous avons des précédents qui semblent donner une certaine vraisemblance à ces hypothèses : en Savoie, dans l'Ain, dans l'Isère, dans les Hautes- et Basses-Pyrénées, tous les vins provenant de treilles sur arbres et sur palis sont d'autant plus légers que les raisins qui les produisent sont recueillis plus haut dans l'atmosphère. Qui sait? l'avenir et la fortune de la splendide côte orientale de la Corse, l'avenir et la fortune de l'Algérie, sont peut-être dans les treilles mieux étudiées? D'abord les vins de treille se gardent parfaitement, ce qu'on attribuait à leur verdeur et à l'absence d'un excès de sucre; mais on dit ces vins mauvais: les a-t-on d'abord étudiés? Ne sont-ils pas dits mauvais relativement aux vins forts et de coupage que la vigne basse produit autour d'eux? Ces vins, destinés à la boisson et à la piquette des gens du pays, ont-ils été bien faits, bien observés, relativement aux vins de Lorraine, de Franche-Comté, de l'Aube, de l'Yonne, etc. etc.? Non, jamais aucune étude sérieuse n'a été faite à cet égard.

En présence de pareilles questions et de si grands intérêts, comment comprendre qu'il n'existe pas en France d'institut viticole où les mille problèmes relatifs à la viticulture et à la vinification pourraient seuls se résoudre?

Quoi qu'il en soit, si la rapidité de mon passage en Corse ne m'a pas permis d'étudier la viticulture de cet intéressant pays avec toute l'attention qu'elle méritait, au moins y ai-je trouvé déjà des sujets de graves méditations; j'en ai rapporté la conviction que cette île peut atteindre au plus haut degré de prospérité : chaque coin de terre y renferme un trésor.

DÉPARTEMENT DES BOUCHES-DU-RHÔNE.

Le département des Bouches-du-Rhône compte environ 45,000 hectares de vignes, plutôt plus que moins, car si, d'une part, depuis la statistique de 1852, on a arraché les vignes de la banlieue de Marseille pour les transformer en villas, en prairies et en fermes à la mode; si les ravages de l'oïdium, sur quelques points du littoral, et la résistance à l'emploi du soufre ont déterminé quelques propriétaires à abandonner et à détruire leurs vignes; d'autre part, l'augmentation générale du prix des vins a déterminé un grand nombre de propriétaires à planter de nouvelles vignes, surtout dans les terrains délaissés de la Crau. Outre leur extension par plantation nouvelle, les vignes reçoivent des soins plus actifs et plus intelligents que par le passé, et les moyennes récoltes, qui ne s'élevaient guère au-dessus de 14 hectolitres à l'hectare, paraissent s'être élevées, d'après les renseignements que j'ai recueillis partout, au-dessus de 20 hectolitres, surtout dans l'arrondissement d'Aix, qui compte à lui seul près de 25,000 hectares de vignes contre 10 à 11,000 dans l'arrondissement de Marseille et 8 à 9,000 dans celui d'Arles. L'augmentation de la moyenne serait beaucoup plus élevée si l'oïdium n'anéantissait pas une grande partie des récoltes dans les vignobles voisins des bords de la mer.

La moyenne des prix du vin depuis six ans s'est élevée

de beaucoup au-dessus de 20 francs, et cette cote était la plus basse, même cette année (1863).

Le produit total des vignes des Bouches-du-Rhône s'élève donc au moins à 18 millions de francs et représente un tiers de la production agricole du département. C'est sans doute quelque chose; mais si l'on considère que les Bouches-du-Rhône, sur plus de 220,000 hectares de terres incultes, en possèdent plus de 145,000 en pâturages, pâtis, landes et bruyères, dont plus de 60,000 sont éminemment propres à la vigne à bons vins, et ne produisent rien ou presque rien dans leur état actuel, on concevra que la richesse agricole de ce département et sa population rurale sont susceptibles d'un accroissement considérable par l'extension de la viticulture.

Le département des Bouches-du-Rhône produit déjà des vins de bonne consommation, surtout dans les environs de Marseille et dans la Crau; mais son climat et son sol lui permettent d'en produire de meilleurs encore par le choix des cépages, l'emploi de meilleurs vaisseaux, et surtout par la création de caves souterraines à température froide et constante.

Le climat des Bouches-du-Rhône est, comme celui du Var et comme celui des Alpes-Maritimes, prédestiné à la culture de la vigne et à la production des vins délicats.

Dans ce département la température, uniforme sur les bords de la mer, et l'absence ou le peu d'intensité des gelées favorisent, il est vrai, le développement de l'oïdium, et de plus dans l'arrondissement d'Aix les gelées sont non-seulement sensibles au printemps, mais l'hiver les vignes gèlent une année sur dix ans jusqu'à fleur de terre, et cet accident fait perdre une année avant que les ceps soient remis à fruits; mais qu'est-ce que ces inconvénients, très-remédiables, auprès des fléaux qui assaillent la majorité des vignobles?

Le sol, plus encore que le climat, est ici favorable à la bonne viticulture, comme celui du Var et comme celui des Alpes-Maritimes; Marseille et Aix sont assises sur les terrains tertiaires moyens, laissant à découvert à l'est et dans l'intérieur de vastes surfaces de grès verts avec quelques relèvements jurassiques, tandis qu'à l'ouest du département le diluvium alpin et les alluvions à galets, à cailloux roulés, à terres rouges et jaunes, présentent, par la plaine de la Crau, le commencement de ces immenses superficies vignobles qui s'étendent jusqu'à Saint-Gilles dans le Gard, jusqu'à Lunel dans l'Hérault, et remontent au nord par Nîmes, jusqu'à Avignon, en embrassant Arles et Tarascon. Entre Eyguières, Salon, Saint-Chamas, Istres, l'étang de Ligagnau, celui de Meyrane et celui des Beaux seulement, il y a place pour 15,000 hectares de vignes de grande qualité. Mais la population ferait complétement défaut à une pareille création et à l'entretien nécessité par elle. Cette population, qui devrait être de plus de 7,500 familles, comprenant 30,000 individus, ne pourrait être empruntée aux villes; elle ne pourrait être empruntée aux industries; elle ne pourrait être empruntée au commerce; elle ne pourrait être empruntée aux armées : l'agriculture peut donc seule créer sa propre population, et non-seulement l'agriculture doit créer ses propres colons, mais elle doit alimenter les villes, l'industrie, le commerce et l'armée de tous les bras nécessaires.

C'est dans l'agriculture, productive d'hommes, que les villes, l'industrie et le commerce doivent placer la plus grande partie de leurs épargnes et de leurs bénéfices; c'est à eux de faire prospérer l'agriculture par leur instruction, leur sollicitude et leurs ressources. Tout autre mode de procéder est un suicide, toute autre philosophie est une erreur : les villes, l'industrie, le commerce, n'ont de principes solides et durables d'existence que dans la production du sol de leur pays en hommes, animaux, végétaux bruts et travaillés. Les villes, les industries, le commerce, les armées, fondés sur la production étrangère, n'ont qu'une durée éphémère. La France filant le coton d'Amérique, ou prenant ses armées en Écosse ou en Suisse, m'a toujours semblé marcher vers sa ruine.

Que les citadins, les industriels, les commerçants, sachent bien qu'une propriété agricole acquise, fondée et édifiée par eux est la seule fortune réelle et durable qu'ils posséderont pour eux et pour leurs familles; qu'ils sachent bien que, à moins de frais et à moins de risques qu'en aucune de leurs spéculations, ils auront là des intérêts aussi forts et plus solides de leur capital. Je prendrai pour exemple 100 hectares de la Crau à mettre en vignes pour moitié, l'autre moitié étant destinée à des cultures accessoires et divisée en dix familles à moitié fruits, après la troisième année; les familles recevant 1,000 francs par an chacune jusque-là, le compte s'établirait ainsi, selon moi :

DÉPENSES.

Acquisition à 500 francs l'hectare.............	50,000f
Construction du vendangeoir central et mobilier...	30,000
Construction de 10 métairies..................	30,000
Plantation de 50 hectares de vignes à 500 francs, y compris les cultures pendant trois années..........	25,000
1,000 francs à 10 familles pendant trois ans.....	30,000
Intérêts pendant trois ans....................	30,000
Somme à valoir..............................	10,000
TOTAL du capital engagé........	205,000

PRODUITS À LA QUATRIÈME ANNÉE.

40 hectolitres par hectare, à 20 francs l'hectolitre, 800 francs.

Pour 50 hectares, produit brut égal............	40,000f
dont moitié aux colons.....................	20,000
Reste en produit net..........	20,000

Le colon, comme en Beaujolais, étant chargé de toute la main-d'œuvre, de tous les transports et manutentions jusqu'à la mise en cave, il n'y a aucuns frais à faire autres que ceux d'un peu d'engrais dans le midi, où il n'y a pas d'échalas, et dans des terres vierges où, pendant trente ans, la vigne prospère sans grande réparation.

Dans la Crau, on plante à bouture sur simple labour et à la cheville : j'ai donc compté largement les dépenses, et j'ai laissé de côté 50 hectares de terrain regardés comme accessoire, devant produire des légumes, des racines, des tubercules, des céréales et des plantes fourragères pour hommes, lapins, porcs, vaches, bœufs, etc., mais ne devant rien produire en argent; j'ai donc compté largement les dépenses, et je suis convaincu que bien des viticulteurs expérimentés créeraient cette situation à 25 et 30 p. o/o de moins.

Quel intérêt plus grand peut-on retirer de son argent sur garantie immobilière? Et quelle sécurité ne donne pas la propriété foncière en toute circonstance de la vie? La vigne seule, il est vrai, peut donner un aussi beau résultat, et le donner en trois ans; la ferme ne pourrait rien donner de pareil dans de mauvaises terres et même dans de fort bonnes; l'olivier ne prospérerait pas où réussit parfaitement la vigne, et il lui faudrait trente ans avant de donner des revenus importants. La vigne serait donc là, comme en bien d'autres lieux, presque le seul arbrisseau colonisateur : ailleurs les mûriers, le tabac, la garance, les pommes de terre transformées en porcs, pourraient remplir les mêmes fonctions; mais dans les terrains maigres, et dans le midi surtout, la vigne seule peut offrir une rémunération suffisante comme atelier et comme centre de colonisation.

La vigne est cultivée dans le département des Bouches-du Rhône, à peu de chose près, selon les mêmes principes que dans le Var.

Partout elle est en jouelles ou hautains, excepté dans l'arrondissement d'Arles et aux environs de Tarascon, où les vignes sont cultivées sans plantes sarclées ni céréales intercalaires; partout ailleurs, ou à de bien rares exceptions près, que l'on rencontre dans les arrondissements de Marseille et d'Aix, la vigne a des herbes sur ses pieds ou des arbres sur sa tête, et souvent les deux à la fois.

Toutefois, comme dans le Var et les Alpes-Maritimes, l'espace laissé au double rang de vigne que forme le hautain de chaque côté de l'ouillière n'est jamais ensemencé, et il reçoit deux cultures, l'une consistant en un bêchage complet au mois de mars, l'autre en un binage léger au mois de mai, et c'est tout.

La disposition la plus générale des jouelles est celle de la

Fig. 65.

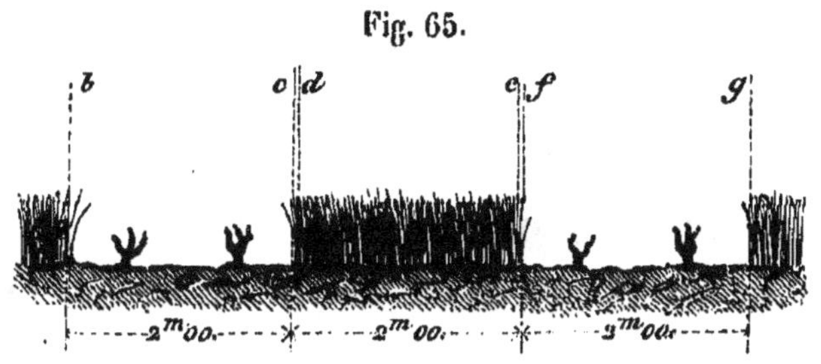

figure 65. Les bandes *bc*, *fg*, destinées à la vigne, sont de

2 mètres de largeur; les ceps occupent le milieu à 1 mètre de distance, et il reste 50 centimètres de terre labourée et binée de chaque côté.

On dit qu'autrefois tous les environs de Marseille étaient complantés de vignes qui suffisaient à la consommation de la ville, et que ces vignes étaient établies à plein, c'est-à-dire sans ouillières ni cultures intermédiaires; mais les vignes cessant de prospérer par suite de l'épuisement des terres, on a d'abord arraché un rang tous les quatre rangs, puis deux rangs, ce qui constituerait l'état actuel; puis enfin la tendance est encore d'ôter aujourd'hui un rang sur les deux qui restent, parce qu'on croit que la terre se stérilise de plus en plus sous l'arbrisseau qui l'occupe depuis deux mille ans.

Je ne puis admettre ni la version ni les motifs, car aujourd'hui même j'ai vu planter des vignes sur un et sur deux rangs, suivant la fantaisie du planteur; j'ai vu des vignes de un, de deux et de quatre rangs, depuis deux ans jusqu'à dix, vingt et trente ans de plantation. On n'arrache point, on plante à notre époque dans ces dispositions; au surplus, il n'y a peut-être pas dans tout l'arrondissement de Marseille une seule souche qui remonte à cent cinquante ans. La vérité est que la vigne s'étiole et dépérit à côté des céréales, qui recouvrent ses chevelus d'un manteau de fraîcheur et d'humidité jusqu'au mois de juin, époque où ce manteau disparaît par la moisson, juste au moment où il est le plus dangereux de livrer la terre aux ardeurs du soleil et précisément au moment où les plantes herbacées ayant fait couler les fleurs de la vigne, celle-ci ne peut plus redevenir fertile.

La culture de la vigne en jouelles, quelle que soit la largeur des ouillières qui portent les cultures intermédiaires, m'avait toujours montré de tristes produits; mais nulle part aussi bien qu'ici je n'avais pu juger de la mauvaise influence du voisinage des cultures herbacées sur la vigueur de la vigne et sur sa fécondité.

On s'était persuadé que, en mettant la vigne en bordure des champs, elle profiterait des fumures qu'on lui refuse en particulier, pour les prodiguer à des cultures bien moins rémunératrices qu'elle. Eh bien! j'ai vu dans la banlieue de Marseille, à Aubagne, à Aix, comme à Carcès, comme à Nice, des hautains de deux et trois rangs et des vignes pleines à côté de hautains à un rang, dont les sarments étaient deux et trois fois moins longs et moins gros que ceux des vignes pleines partout.

La vigne ne prospère que sur un sol dénudé d'herbes; l'utilité ou l'inutilité de ces herbes pour l'homme lui importe peu. Les herbes étiolent et pourrissent ses chevelus en couvrant la terre, et elles font couler les fleurs de la vigne en s'élevant à côté d'elle dans l'atmosphère. Ce sont là des faits incontestables.

Aujourd'hui, la question de la vigne en jouelles est jugée dans le Var, et, je crois, en partie dans les Bouches-du-Rhône; la jouelle est condamnée. Quiconque cultivera la vigne d'un côté et les céréales de l'autre verra sa vigne plus forte et plus féconde, ne lui donnât-il pas de fumier; car dans ce cas les plantes herbacées lui font beaucoup plus de mal que le fumier ne lui fait de bien.

La question des arbres mêlés à la vigne est mieux jugée encore par les faits que par la théorie. En fait, la vigne, sous les oliviers, ne donne rien ou presque rien; elle supporte mieux l'amandier à cause de la légèreté de son feuillage, mais ses racines la dévorent. Le figuier, le pêcher, l'abricotier, le prunier, tous ces arbres, du plus au moins, font un tort considérable à la vigne, et la vigne leur fait également tort. Rationnellement, tout le monde conçoit que la nature, ayant destiné la vigne à monter sur les arbres et à couvrir leur tête de sa puissante végétation, la vigne ne peut que languir et donner de chétifs et mauvais fruits sous leurs ombrages et à leurs pieds.

Dans le Var, on arrache impitoyablement les oliviers, les mûriers, les amandiers, les figuiers et tous les arbres mêlés aux vignes que l'on veut rétablir; on les arrache même pour planter la vigne. Mais ici l'olivier, qui peut donner 4 francs par pied; l'amandier, qui donne parfois 2 francs; les figuiers mêmes, ne seraient pas volontiers sacrifiés au produit de la vigne, tout supérieur qu'il serait; moi-même je ne puis voir, sans en être fâché, détruire les oliviers, qui sont une grande valeur acquise par de nombreuses années : aussi je ne proscris pas les arbres fruitiers. Je demande que les jeunes vignes soient plantées sans arbres et qu'elles ne soient point chargées de céréales ni de légumes; je demande simplement la séparation. Assez de landes, de garigues et de friches sont à conquérir par la vigne, sans qu'on se croie obligé de détruire pour elle des produits assurés, quelque faibles qu'ils soient.

Le plus grand obstacle à la séparation des cultures herbacées et arborescentes de la culture de la vigne tient à l'état du métayage en ce pays. Le paysan (métayer, colon ou méger), quoique généralement sans titre et sans contrat autre que la coutume, veut que les choses soient maintenues à sa convenance dans sa métairie (mégerie); il veut son blé pour avoir du pain, ses légumes, ses fruits et sa boisson. Quelque valeur qu'on lui présente à réaliser autrement, il se croirait menacé dans son existence si l'on supprimait ce qu'il croit lui être directement nécessaire, d'une part; d'une autre part, cette production, variée et détaillée, met absolument le débit au marché dans sa main, et il ne veut pas se dessaisir de ce détail : son instinct, et peut-être son raisonnement (car tous les Provençaux sont fins et intelligents), lui dit d'ailleurs que le propriétaire tirerait peut-être un meilleur parti des cultures séparées et qu'il arriverait sans doute à se défaire tout seul des produits, par gros lots et par parties distinctes. De son côté, le propriétaire n'entend pas contraindre son méger; il ne se sent pas même la force de l'éclairer ni de le convaincre : « Mon paysan ne veut pas, mon paysan ne voudra pas, mon « paysan n'a pas voulu; » telle est la réponse, faite quatre-vingt-dix fois sur cent, aux indications les plus simples, les plus faciles, les plus avantageuses et les mieux comprises par les propriétaires.

Ici, je vois le patriarcat rural établi et maintenu dans toute sa naïveté, et je suis loin de blâmer cet admirable respect pour la tradition; mais cette organisation de l'exploitation à moitié fruits, qui unit véritablement l'ouvrier rural au propriétaire et conserve la déférence et le contentement du premier, la placidité, la bonne humeur et le *far niente* du second, pèche précisément par la privation du concours actif, intelligent et éclairé de ce dernier. C'est à lui de garder et d'exercer l'autorité patriarcale, pour faire marcher ses enfants dans la voie du progrès; c'est à lui d'étudier, de voir, de calculer et d'ordonner la marche en avant. Qu'est-ce qu'un officier à qui ses soldats déclarent qu'ils veulent rester à l'ombre ou à la fraîcheur d'un fossé, parce qu'ils s'y trouvent bien pour le moment, dussent-ils y prendre la fièvre et y trouver la mort?

Le maître et son paysan partagent les produits : quelle belle position pour commander! Le maître apporte les connaissances et ordonne les dispositions qui vont augmenter la richesse, et la moitié de cette richesse est pour celui auquel on apporte les moyens de la réaliser. Quel argument irrésistible dans la bouche du propriétaire qui dit à son métayer : « Je me suis assuré que nous pouvions doubler « nos revenus; obéis-moi, travaille de tes bras comme j'ai « travaillé de ma tête, et tu vas avoir deux fois plus d'ai-« sance à donner à ta famille! » Mais quelle triste position pour un maître du sol qui avoue la supériorité et la toute-puissance de son métayer, parce qu'il ne sait rien de la terre, et que sans son métayer, qui n'a ni le temps d'apprendre ni le moyen de voir et de savoir, il ne pourrait rien faire de sa propriété ni rien y faire faire? De cette déplorable situation à cette question : « A quoi sert le pro-« priétaire? » il n'y a qu'un pas.

La propriété est un levier social, un instrument de production : celui qui a l'honneur de tenir cet instrument entre ses mains est obligé moralement à faire plus et mieux que ceux qui n'ont que leurs bras; plus son levier est long, plus son instrument est puissant, plus le propriétaire est obligé à le mettre en mouvement par des efforts et par un travail proportionnés. C'est par sa force et son habileté à se servir de son arme, dans l'intérêt de tous, qu'il méritera la confiance, le respect et la subordination reconnaissante de ses mégers. Il abandonne leurs propres intérêts, il trahit le progrès, s'il dépose son arme et laisse le soin de la manœuvrer à des mains inhabiles ou impuissantes. Le propriétaire a le devoir de travailler mieux et plus que les autres : voilà le véritable droit, le grand honneur de la propriété.

Toutefois, malgré cette défaillance du patriarcat rural, le bien qu'il produit, ou plutôt qu'il conserve encore, n'en est pas moins précieux et très-appréciable. Les rapports du propriétaire au paysan, la douceur et l'aménité des caractères, sont évidemment moins altérés là où il existe encore que là où l'agriculture est pratiquée industriellement et sans la moindre participation de l'ouvrier rural aux produits. Pour mon compte, je suis charmé des manières et de l'humeur provençales, et je suis heureux de retrouver dans toute la Provence cette bonhomie, ce cœur et cet esprit joyeux qui fuient rapidement du nord de notre France.

Dans les Bouches-du-Rhône, comme dans le Var, on plante la vigne sur un défonçage plus ou moins profond, le plus souvent aujourd'hui au pal et à bouture droite descendue à $0^m,30$ ou $0^m,40$ de profondeur; quand on plante à la bêche ou en défonçant, on courbe légèrement l'extrémité de la bouture en mettant le pied dessus avant de recouvrir de terre (fig. 66); cette plantation à courbure inférieure s'appelle *à pied de bœuf*.

Fig. 66.

J'ai vu planter ainsi, dans les plaines aux environs de Tarascon, des boutures de grenache à 1 mètre dans le rang, les rangs à $1^m,50$; c'est la méthode d'espacement suivie dans l'arrondissement d'Arles pour les vignes pleines à labourer à la charrue, sans arbres ni cultures intermédiaires. Dans les vignes à la main, la distance est à 1 mètre carré.

Ici, c'est-à-dire dans l'arrondissement d'Arles, on taille

généralement, la première année, à deux yeux sur un seul sarment, le plus bas; mais dans l'arrondissement de Marseille et dans celui d'Aix on laisse le plus souvent la première pousse sans la tailler et quelquefois la deuxième, en sorte que pour asseoir une taille régulière on est obligé de raser à la troisième ou quatrième pousse toutes les souches au niveau du sol. Cette opération retarde d'un an ou deux toute production, ce qui porte à la quatrième et à la cinquième année la première récolte. Ce procédé est déplorable et ruineux; beaucoup de ceps ne repoussent pas après cette mutilation, et les frais de replantation et d'attente rendent très-onéreuse la culture de la vigne. Il est donc indispensable de tailler la vigne dès la première année et toutes les années suivantes.

Dans tout le département, on dresse la vigne sur trois bras; deux et quatre bras sont l'exception à la règle.

On pratique peu les opérations d'épamprage; on ébourgeonne cependant dans l'arrondissement d'Aix, et l'on y impose même l'ébourgeonnement au métayer; mais on ne pince et on ne rogne nulle part. Quant au relevage et au liage, ils ne sont pas plus pratiqués; il n'y a nulle part aucun moyen de palissage, ni aucun échalas.

La vendange se fait dans des paniers de sparterie, qu'on vide dans des baquets en bois portés sur voiture à la maison d'exploitation. Les raisins sont versés sur une plate-forme disposée *ad hoc* et nommée *pressoir* ou *piétin*, où les hommes les écrasent à pieds nus. Souvent les raisins, comme dans le Var, sont versés sur des planches disjointes placées sur les cuves et foulés sur ces planches. Les raisins versés dans la cuve sont égalisés tous les jours, c'est-à-dire pendant tous les jours que dure l'emplissage. On laisse cuver de quatre à huit jours, selon la saison; à Aix, on fait cuver de dix à quinze jours, et l'on plâtre, puis on tire en grands vaisseaux vieux, c'est-à-dire faisant partie du mobilier permanent de l'exploitation; on pressure ensuite et l'on répartit généralement les vins de presse dans les tonneaux; on vend ordinairement les vins sur lie pendant l'hiver, ou bien on soutire en mars.

Le département des Bouches-du-Rhône est peut-être le département de France où le plus grand nombre de cépages a été apporté de toutes parts par les navigateurs: on en compte aux environs de Marseille jusqu'à 260 variétés, plus ou moins répandues; mais les cépages rouges qui constituent les vignes sont : le morved, le brun fourca, le bouteillan, le monestel, l'ugni noir et le grenache, qui s'y propage malheureusement beaucoup; les raisins blancs sont l'ugni blanc, le rose, les clairettes, la blanquette, le pascal et le columbaud. Dans l'arrondissement d'Arles, à Tarascon surtout, un cépage rouge appelé *le benadut* est très-répandu.

Les récoltes moyennes s'élèvent de 20 à 25 hectolitres à l'hectare, et les prix moyens de 20 à 25 francs l'hectolitre.

Les vins du département des Bouches-du-Rhône ont une belle couleur, une saveur agréable; ils sont alcooliques, mais sans goût de rancio ni de chaleur altérante après qu'on les a bus; les vins des environs de Marseille sont plus légers et plus délicats que ceux d'Aubagne et environs, et ceux-ci moins forts et plus agréables à l'usage ordinaire que les vins des environs de Tarascon. Je n'ai pu goûter les vins si renommés de Cassis.

Ce dernier pays a été longtemps, et jusque dans ces

dernières années, tellement frappé par l'oïdium que les récoltes étaient à peu près nulles. Il en a été de même pour la plupart des vignobles voisins de la mer; mais depuis deux ans les soufrages ont été appliqués avec succès, et les récoltes sont déjà ou seront bientôt rétablies dans leur intégrité. La plupart des cultures sont exploitées à moitié fruits, par métairies ou mégeries, dans tout le département; là où la vigne est pleine elle est souvent exploitée par le propriétaire directement, mais la main-d'œuvre est rare, chère, et il est souvent impossible de se procurer des ouvriers.

Les quartiers de Saint-Louis, Séon-Saint-Henri, Séon-Saint-André et plusieurs autres des environs de Marseille étaient, il n'y a pas encore vingt ans, des vignobles importants; la culture des figuiers, des amandiers et autres arbres à fruits y occupait une place considérable. Les fruits de ces quartiers sont délicieux; le commerçant y avait sa bastide, et la dame de la maison s'occupait des produits et des fruits, presque toujours cultivés par un métayer à moitié. Marseille faisait presque tout son vin dans sa banlieue; mais l'œuvre importante de la dérivation de la Durance sur Marseille ayant été accomplie, beaucoup de vignes, toutes les vignes, on peut le dire, ont été arrachées pour faire place à des prairies irriguées et à des villas, toutes de luxe ou d'agrément. C'est à M. Sauze, chef de division de l'agriculture à la préfecture des Bouches-du-Rhône, que je dois ces renseignements.

J'ai visité, entre les Pennes et Aubagne, la belle propriété de M. Bonnet, juge de paix d'Aubagne, qui m'a montré les faits de viticulture les plus intéressants, tant chez lui-même qu'à Aubagne, où il a bien voulu m'accompagner. C'est chez lui que j'ai vu l'un des contrastes frappants entre des vignes pleines et des vignes en jouelles, pour la force de la végétation. J'ai croqué sur place une souche en vigne pleine, dont je donne la reproduction figure 67. Cette souche, prise

Fig. 67.

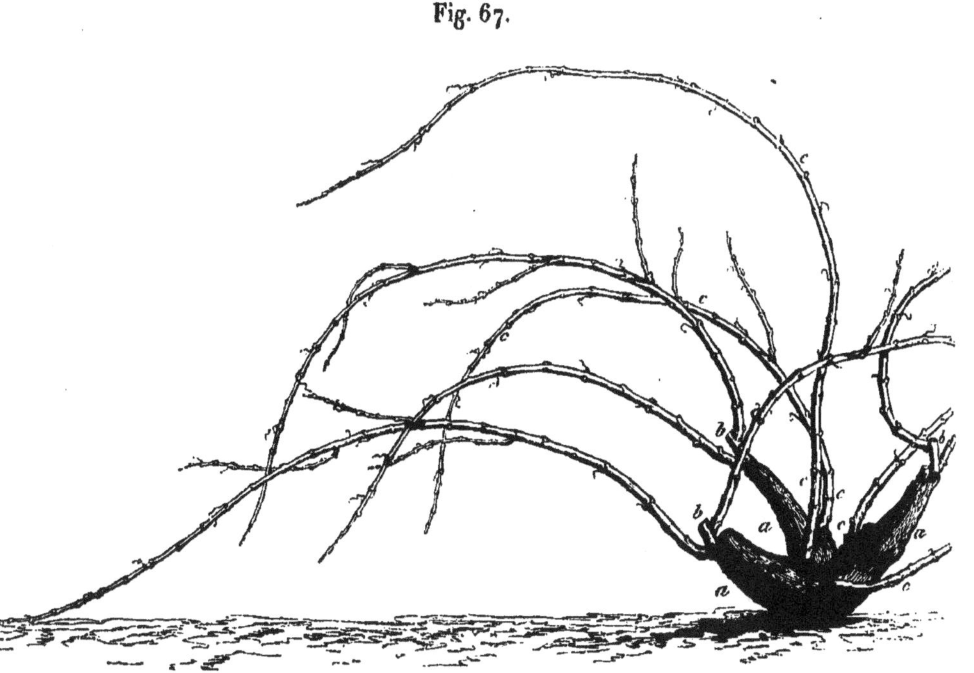

au hasard dans un grand nombre d'autres pareilles, très-jeunes, présentait, outre une vigueur incroyable et des sarments de 3 à 4 mètres de long, tous les inconvénients réunis d'une taille trop courte, d'abord par les bois de souches énormes *a a a*, par ceux de la dernière taille *b b b*, insuffisants à employer la séve, et par la sortie des vigoureux gourmands *c c c*, qui prouvaient énergiquement cette insuffisance.

Je donne ensuite le croquis de deux souches à cultures intercalaires, sur deux rangs à 1 mètre (fig. 68), et (fig. 69) celui d'une souche d'un rang avec cultures en céréales de chaque côté, beaucoup plus grêles que les souches sur deux rangs.

Fig. 68.

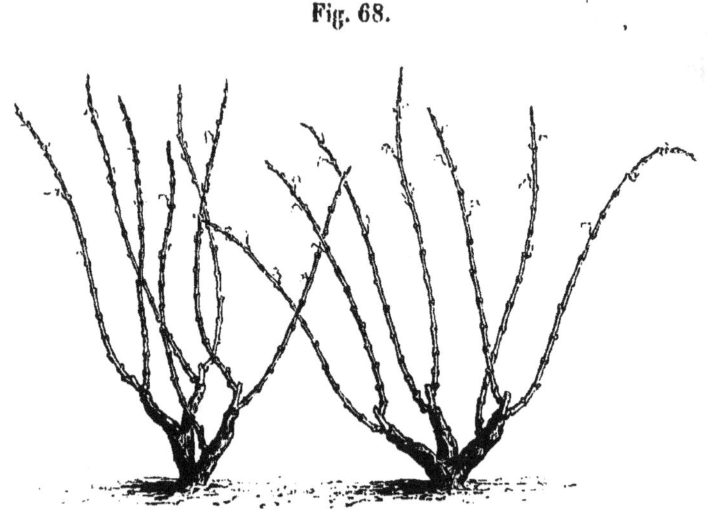

Fig. 69.

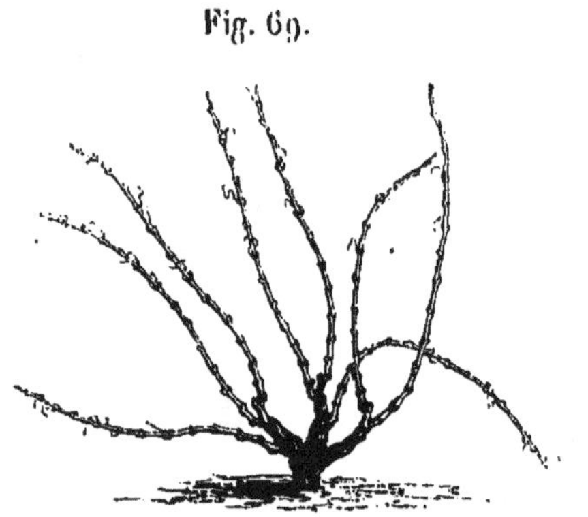

C'est sans doute sur des observations de ce genre que se fondait le vigneron, métayer de M. Bonnet, qui devant moi disait à son propriétaire qu'il ne pouvait admettre qu'on plantât de nouvelles vignes sur un rang; il était convaincu que la vigne réussissait mieux sur deux.

A Aubagne, M. Monier, président du Comice agricole, viticulteur très-habile et très-expérimenté, tant dans le Var, où il possède beaucoup de vignes, que dans les Bouches du-Rhône, nous a donné des renseignements bien précieux dans notre promenade viticole avec M. Bonnet et quelques membres du Comice.

Depuis longtemps il a constaté les inconvénients des cultures herbacées dans les ouillières et les a supprimées à son grand avantage; il a interdit les provignages de remplacement à ses fermiers dans le Var, et il n'en fait point faire à Aubagne, ayant remarqué que, pour obtenir de belles récoltes pendant un an et de médiocres pendant une seconde année, on n'avait plus qu'un mauvais plant et souvent la mère souche perdue; il fait remplacer ses plants morts par de jeunes plants, et grâce à la suppression des herbages et à ce remplacement, ses vignes ont été deux fois plus fécondes que les autres; elles ont dépassé le temps ordinaire de fécondité et elles demeurent encore très-fertiles aujourd'hui.

On cultive en petites mottes pyramidales entre les ceps à la Ciotat, et en billons transversaux aux ouillières à Cassis et aux environs.

Enfin M. Monier a constaté que les labours profonds étaient la perte des vignes, et ses binages ont été réduits à 8 ou 10 centimètres de profondeur.

Tout cela est fondé et démontré par une longue pratique et un succès incontestable. M. Monier est un habile observateur et un excellent viticulteur.

A Aix, MM. Béraut père et fils, ainsi que M. Milles, propriétaires, ont bien voulu me faire connaître les vignes des environs, et c'est M. Rousseau-Bienvenu, de Tarascon, qui m'a fait visiter les vignobles de cet arrondissement. M. Rousseau, en me faisant remarquer des mûriers arrachés, me dit que c'est là une culture abandonnée dans le pays par suite de la maladie des vers à soie ; il m'a fait voir des vignes que l'on plante en plaine dans des terres à froment et à garance. J'aimerais d'autant moins voir ces installations de vignes qu'elles n'ont pour objet que de produire des vins d'abondance, en aramon, teret-bouret et grenache, et que les garigues sur coteaux en face, très-propres aux bonnes vignes, demeurent sans culture. Je le répète ici, la vigne n'est point à sa place là où de beaux et bons produits en légumes, céréales, racines et fourrages sont acquis, à moins qu'on n'y fasse l'orge pour la bière ou l'alcool de racines ou de tubercules. La vigne est surtout utile pour la conquête des terres sans valeur et pour peupler les pays déserts par les bras qu'elle y occupe et l'argent qu'elle y donne pour les nourrir ; mais la production des gros vins d'abondance dans les plaines fertiles est d'autant plus déplorable que le mauvais commerce prend ces gros vins seuls sous son patronage, parce qu'il les achète à bon marché et qu'il les revend cher en les déguisant, et parce que le propriétaire, pour les conserver, est obligé de les plâtrer ou de les alcooliser, double empoisonnement public. M. Rousseau m'a fait goûter les vins du pays. Les vins des environs de Tarascon sont très-colorés, très-forts et très-généreux; on les fait cuver de dix à quinze jours après le foulage : aussi sont-ils moins délicats que ceux de Marseille et ne se vendent-ils que 15 francs l'hectolitre en moyenne. On vendange ici dans des paniers d'osier qui sont vidés sur des bâches imperméables tendues et disposées en réservoir sur des voitures. On paye la journée 2 fr. 25 cent. du lever du soleil à 3 heures du soir.

M. Lemée, grand propriétaire et possédant les vignes

les plus vigoureuses que j'aie vues dans les environs de Marseille, s'étant plaint que, malgré ses soufrages insistants et réitérés, la maladie lui fait encore éprouver des pertes sensibles, je pus lui donner l'assurance qu'avec les trois opérations de l'épamprage son succès serait désormais facile et complet, par les soufrages faits à chaque apparition de l'oïdium et par un beau temps fixe et chaud.

En effet, dans tout le département et surtout sur le littoral, l'absence absolue d'épamprage et la végétation enchevêtrée des pousses sont la cause principale de la violence du mal et de l'inefficacité des soufrages.

Bien que Marseille soit toute à son commerce, à sa puissante navigation et à ses splendides accroissements de terre et de mer, j'ai été très-heureux d'y rencontrer un très-vif intérêt pour les questions d'agriculture et de viticulture. MM. Rougemont et Barthel, président et vice-président de la Société des Bouches-du-Rhône, s'occupent avec énergie de leurs progrès.

A Marseille, à Aubagne, à Aix, à Tarascon, malgré l'intérêt légitime qu'inspirent l'olivier et l'amandier, la vigne a été proclamée le plus riche produit de la circonscription. Quant aux céréales, qu'il était prudent et indispensable de cultiver à tout prix alors que les voies de communication étaient rares et difficiles, alors que les obstacles à l'introduction des blés étrangers tenaient le pays sous la menace permanente d'une disette possible, leur culture est déclarée onéreuse, et elle serait de beaucoup diminuée si les habitudes et les exigences des paysans ne la maintenaient pas encore en grande partie.

On se plaint partout, dans le département, de la difficulté de se procurer des ouvriers ruraux, même à prix très-élevé. En effet, Marseille attire et absorbe tous les ouvriers, tous les jeunes gens des campagnes du département et même des départements voisins. Cette jeunesse est loin de gagner beaucoup à Marseille et d'y réussir toujours : les chômages et la misère arrivent trop souvent à la place de l'ouvrage et des gains qu'elle espérait; on s'inquiète du sort de ces déserteurs dans les campagnes qu'ils ont abandonnées; on sait leur détresse, on les invite à revenir, soit par lettres, soit par des démarches de famille, mais tous les efforts sont infructueux : les villes ne rendent pas leur proie; le travail des champs, à la journée et sans intérêt, est trop triste et trop solitaire; la pipe, le cabaret, les camarades et les filles, voilà ce qui fait passer le temps en attendant l'offre d'un travail intermittent, à conditions variables, à périodes incertaines.

En me rendant de Marseille à Nîmes, j'ai traversé de nouveau la fameuse plaine de la Crau, qui compte plus de 20,000 hectares de superficie plane, sans autres accidents de terrain que quelques dépressions à fleur de sol, où l'on est étonné de voir de vastes flaques d'eau et des étangs, assez rares toutefois. Cette retenue des eaux surprend d'autant plus que, partout où l'œil peut interroger le sol dans des tranchées ouvertes, on n'aperçoit, à un ou à deux mètres de profondeur, qu'un banc de galets sans fin, lesquels semblent constituer le sol le plus perméable possible; mais ces incroyables amas de galets en amandes ou de cailloux ronds et roulés, sans le moindre ciment, sont, à ce que l'on peut voir en certains endroits, assis sur une même roche cimentée et soudée, qui forme un banc d'alios à peu près imperméable. Les galets et cailloux sont recouverts, à la surface du sol, de 10, 20 et jusqu'à 30 centimètres de terres jaunes et rouges, plus souvent rouges, ferrugineuses, mélangées elles-mêmes de galets et de cailloux; sur les bords des étangs, la terre devient grise et parfois noire; plus loin, elle reprend ses teintes jaunes et rouges.

L'aspect général de la plus grande étendue de la Crau est le désert, avec la stérilité la plus absolue en apparence. De Saint-Chamas à Saint-Martin, on n'y voit pas un arbre, pas une herbe; autour de Saint-Martin, la population a développé des végétations herbacées et arborescentes d'abord; puis après Saint-Martin, jusqu'à Raphèle, on traverse des garigues immenses couvertes alors de thym, de genêt épineux et de chêne kermès de 10 à 15 centimètres de hauteur.

Cette vaste plaine, ce désert de 20,000 hectares, est occupé par un millier de bergers, qui habitent là une partie de l'année dans des constructions où ils s'abritent, eux et leurs moutons, dont on porte le nombre à 150,000 ou 200,000; puis ils émigrent, eux et leurs troupeaux, pour aller les faire paître sur les hautes montagnes des Cévennes, des Alpes, des Pyrénées, à des distances prodigieuses. Beaucoup de riches négociants et propriétaires de Marseille commanditent ces courageux et étranges bergers et possèdent des troupeaux dans la Crau; mais, quoique les troupeaux donnent un très-beau revenu, sous l'habile et honnête conduite des bergers, ce n'en est pas moins un résultat très-minime pour la population et pour le produit, relativement à l'étendue de la superficie, quand on considère surtout que plus de la moitié du sol de la Crau est éminemment propre à la vigne, qui s'y montre très-vigoureuse et très-fertile en plusieurs points. D'excellentes vignes, donnant de très-bons vins, existent depuis longtemps dans la Crau, mais depuis quelques années on en plante beaucoup de nouvelles ; j'en ai vu, pour mon compte, d'un an jusqu'à six, en divers points en apparence des plus stériles, et végétant avec une grande force à tous ces âges. Bien que la Crau m'ait apparu de suite comme un sol généralement très-bon pour la vigne, je me serais à peine expliqué la belle apparence des quelques vignes là où sous $0^{m},20$ de terre se montrait 1 mètre d'épaisseur de petits galets comme des amandes, serrés entre eux sans la moindre terre intersticielle, si un fait singulier, qui m'expliquait cette bonne végétation, ne s'était fréquemment offert à mes yeux le long du parcours du chemin de fer.

Dans un grand nombre de trous de 1 mètre environ de profondeur et tout récemment fouillés, dans les lieux les plus arides et dépouillés de toute végétation même herbacée, à perte de vue, on voit croître des arbres isolés, des figuiers, je crois, avec une certaine vigueur (fig. 70). Je ne sais si ces plantations sont intentionnelles ou si elles sont dues au hasard ; dans tous les cas, elles révèlent un moyen facile pour obtenir dans la Crau des végétations arborescentes, et elles font comprendre comment la vigne, dont les racines plongeantes sont des plus puissantes pour aller chercher l'eau et l'enlever au sol, peut prospérer sur ce sol de galets presque purs.

Fig. 70.

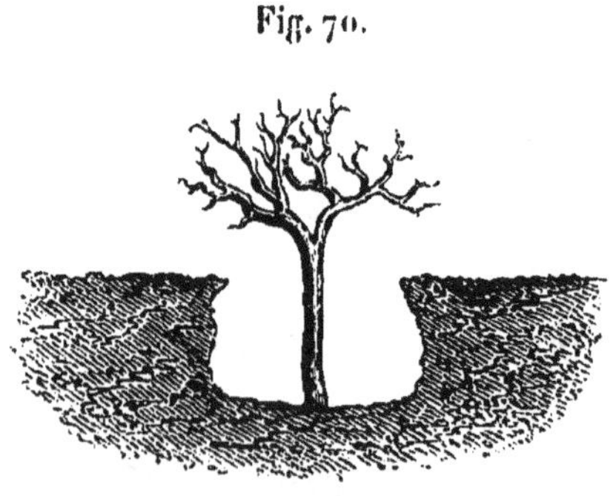

DÉPARTEMENT DE VAUCLUSE.

Le département de Vaucluse cultive la vigne, l'olivier, le mûrier, la garance, les céréales et les prairies.

L'olivier y rapporte peu et n'y a jamais été d'un grand rapport, parce que Vaucluse est déjà sur la limite des latitudes qui ne conviennent plus à cet arbre.

Les mûriers ont subi une grande diminution de rapport à cause de la maladie des vers à soie, qui continue à peser lourdement sur la vente des feuilles, malgré les efforts les plus actifs et les plus intelligents faits par la Société d'agriculture d'Avignon pour assurer, par des essais préventifs en serre chaude, les meilleures conditions de l'emploi des graines et de la bonne constitution des vers à soie.

La garance, dont le prix est descendu à 30 francs le quintal (50 kilog.), par suite de la crise cotonnière, couvre à peine les frais de sa culture; les céréales donnent peu de bénéfices; les prairies et le bétail seul restent dans une bonne position. C'est donc la vigne, la vigne à peu près seule, qui présente un état prospère et offre de très-grands profits dans le département de Vaucluse, bien que jusqu'à présent elle n'y ait été l'objet d'aucune attention, d'aucun enseignement et d'aucun encouragement spécial de la part des sociétés d'agriculture, dont la sollicitude avait été absorbée par les mûriers, les garances et les blés.

Mais la Société d'agriculture s'est proposé, depuis quelque temps, de consacrer une grande proportion de son activité et de son intelligente impulsion à la viticulture et à la vinification dans le département.

Ce n'est point que le département de Vaucluse, justement fier de ses bons crus de Châteauneuf-du-Pape, du Château-de-la-Nerthe, de Condorcet, de Vaudieu, de Côteau-Brûlé, de Sorgues, de Gadagne, etc. soit resté stationnaire. Loin de là, l'intérêt privé ne s'est pas mépris sur l'importance des produits de la vigne dans le département, et la meilleure preuve qu'on puisse en donner, c'est que la superficie des vignes y était de 20,000 hectares en 1816 et qu'elle est aujourd'hui de 30,000 hectares.

Mais l'intérêt privé n'est pas toujours en état de s'éclairer sur les meilleurs cépages ni sur les meilleures pratiques de viticulture et de vinification; et c'est en apportant la lumière dans ce sens que la riche et puissante Société d'agriculture d'Avignon rendra de grands services, surtout si elle établit un vignoble d'essai comme elle en a manifesté l'intention formelle.

Quoi qu'il en soit, la moyenne production de l'hectare de vigne, en prenant les indications des arrondissements d'Avignon, d'Apt, d'Orange et de Carpentras, est au-dessus de 20 hectolitres à l'hectare, et le prix moyen dépasse 25 francs l'hectolitre. Les 30,000 hectares donnent donc un produit total de 15 millions de francs au moins, et représentent ainsi le budget de 15,000 familles ou de 60,000 habitants, le quart de la population et le quart de la production totale agricole, sur une superficie qui n'est que le douzième à peu près de la surface du sol.

C'est déjà un grand bienfait de la vigne, mais le bien

ne s'arrêtera pas là : le département de Vaucluse est tout à la viticulture; et, en vérité, aucun département n'a plus de raisons pour s'y adonner en toute confiance. Il possède de vastes superficies de terrains essentiellement propres à la vigne et d'une maigreur telle pour les autres cultures, que la vigne seule peut y donner des produits rémunérateurs.

Ces amas prodigieux de cailloux roulés, de petits galets condensés et de roches à peine couvertes de terres rouges, jaunes ou grises, argilo-calcaires ou ferrugineuses, qui se glissent dans leurs interstices et recouvrent leur surface, souvent de quelques centimètres seulement, sont vraiment les sols producteurs de bons vins. Ces terrains, analogues à ceux de la Crau, se montrent depuis Avignon jusqu'à Orange et Sérignan, en longeant le Rhône, sur une largeur qui touche Carpentras, Pernes, l'Isle et Cavaillon en les enveloppant. De grandes parties de leur surface, comme le Plant-de-Dieu, sont restées longtemps absolument nues; d'autres ont été ou sont couvertes de garigues en chênes kermès, genêts ou taillis rabougris, qui ne rapportent presque rien. Aujourd'hui d'excellents vignobles prospèrent sur une partie de ces terrains; les autres parties sont achetées ou convoitées, jusqu'au prix de 1,000 francs l'hectare, par les viticulteurs, qui en tirent, ou savent qu'ils en tireront, 10 et 15 p. o/o de toutes leurs avances.

A Sérignan, une garigue de 18 hectares est demandée à la commune et sollicitée du régime forestier, au prix de 38,000 francs par les vignerons; cette garigue ne rapporte que 200 francs à la commune : si elle est vendue, la commune payera, avec 30,000 francs, les frais d'un pont qui lui est indispensable; elle enrichira l'agriculture des environs, et avec les 8,000 francs restants elle acquerra en rentes sur l'État 300 à 400 francs de revenus municipaux; mais le plus important de tous ces avantages sera un produit annuel d'au moins 8 à 10,000 francs, c'est-à-dire l'existence de huit à dix familles, de quatre membres en moyenne. Telle est la puissance, tels sont les bienfaits de la viticulture.

Mais à côté de ces terrains de grandes alluvions s'élèvent en petits coteaux, ou bien s'étendent en petites plaines, des terrains tertiaires à roches calcaires, formant des sites bien disposés et bien exposés pour la vigne, comme sont les collines de Gadagne, de Châteauneuf-du-Pape, d'Orange, de Carpentras et d'Apt; enfin, les roches des grès verts forment la plus grande partie des montagnes de Lebéron et de la chaîne plus au nord d'où sort la fontaine de Vaucluse. Ces deux sortes de terrains, qui avec les alluvions complètent la superficie du département de Vaucluse, sont plus fertiles que ces dernières et parfaitement propres à la vigne, partout où elles sont en bonne exposition et à l'abri de l'invasion des eaux.

Dans le département de Vaucluse, la conduite générale de la vigne se rapproche beaucoup de celle du Gard, dans sa partie nord-ouest, et un peu de celle des Bouches-du-Rhône, dans sa partie sud-est. A partir de Morières, on commence à la voir cultivée en jouelles, avec céréales, légumes intercalaires et arbres fruitiers; le long du Rhône, à Avignon, Châteauneuf-du-Pape, Sorgues, les vignes sont plantées à plein en quinconce, à $1^{m},50$ entre les lignes et à $1^{m},50$ entre les ceps, ou bien à 2 mètres entre les lignes et à 1 mètre entre les ceps, sans cultures herbacées intercalaires; mais, excepté dans les crus en renom, elles sont garnies d'arbres fruitiers mélangés.

Partout les vignes sont en lignes plus ou moins rapprochées; moins rapprochées, chose étrange, dans les terrains maigres. Partout elles sont dressées à trois bras, parfois à deux, souvent à quatre, cinq et jusqu'à six; partout elles sont taillées à un seul courson par bras, à un ou deux yeux francs, mais le plus souvent à un seul œil franc et le bourillon.

Nulle part elles ne sont ni munies d'échalas ni palissées : pourtant on observe quelques bordures de champs ou quelques vignes en jouelles soutenues par des échalas et des palis, en allant de Morières à Apt; mais c'est là une faible exception dans la superficie totale des vignes, et cette exception est appliquée sans régularité et sans système arrêté.

Partout on admet l'importance de l'ébourgeonnage, et pourtant on n'ébourgeonne sérieusement qu'à Sérignan, à Sainte-Cécile et un peu dans les environs d'Avignon; nulle part on ne pince, nulle part on ne rogne; on épampre parfois quelques jours avant la vendange.

On fume peu les vignes à Vaucluse, pour ne pas dire qu'on ne les fume jamais; on porte quelquefois des terres aux pieds; pourtant nulles vignes mieux que celles sur cailloux roulés, galets ou roches à terres maigres ne profiteraient des engrais ou terrages abondants des bonnes terres argilo-calcaires ou d'alluvion, qui ne sont jamais bien loin des vignes en ce pays.

Les cultures se font à l'araire ou à la main. Quand on cultive toute la vigne à la main, on donne rarement plus de deux cultures, l'une en mars, au louchet, et l'autre en mai, à la bêche ou à la pioche; on donne quatre cultures quand on bine avec l'araire.

On plante presque toujours à boutures (crossettes) et au pieu, à 30, 35 et jusqu'à 50 centimètres de profondeur; on laisse hors de terre deux et trois yeux.

On prépare toujours le sol par un labour profond de 30 ou 40 centimètres à la charrue Dombasle, ou à la défonceuse attelée de 16 à 20 mules ou de 10 à 12 chevaux; on défriche ainsi certaines garigues en une seule fois, ou bien par un défonçage à la main qu'on descend à 40 et à 50 centimètres.

Dans le département de Vaucluse et dans une partie de la Provence, on défriche les garigues et les bois avec un grand soin pour planter la vigne; on enlève scrupuleusement toutes les racines, et la plantation se fait immédiatement sur le défrichement, aussi bien quand la vigne succède à un bois de chêne vert que quand elle succède à un bois de chêne pédonculé, improprement nommé dans le pays *chêne blanc* ou *chêne blond.*

Ce fait général et bien établi comme une bonne pratique est digne d'être remarqué, car partout en France et en Suisse un préjugé existe : c'est qu'on ne peut planter la vigne sur un défrichement de bois que cinq à dix ans après le défrichement. Ici les vignes viennent fort bien et sans le moindre délai. Ce fait m'avait déjà été signalé dans l'arrondissement de Roanne, où la vigne est plantée sur défrichement de bois de chêne avec un succès complet.

Toutefois M. Escoffier, notaire et propriétaire de vignes à Sérignan, me dit, et il est soutenu dans son dire par plusieurs grands propriétaires assemblés, que sur un tel défrichement, les vignes venant fort bien pendant quatre à cinq ans, on voit bientôt mourir par-ci par-là quelques souches jusque-là très-bien portantes, et que, si l'on arrache les souches avec soin, on trouve toujours une racine de chêne au fond du trou; ce serait le contact de cette racine qui empoisonnerait la vigne.

Dans les terrains maigres, à cailloux roulés, à galets et à terres rouges et jaunes, le défoncement est plus nuisible qu'utile. On m'a assuré, au cercle de Sérignan, que des vignes avaient été plantées dans un même lieu, les unes sur défoncement à 40 centimètres, les autres sans défoncement : les premières ont disparu rapidement; au bout de dix à douze ans, il n'en restait plus de trace; les secondes ont subsisté en conservant toute leur vigueur.

Les cépages des vignobles de Vaucluse sont, en rouge, le tinto (morved, espar), le teret noir, le picpoule noir, le picardan, et surtout aujourd'hui le grenache, qui donne plus tôt, qui donne beaucoup, et qui craint moins l'oïdium que les autres; il y a des vignes entières plantées en grenache et désignées sous le nom de *grenachières*. La syra (petite) réussit aussi fort bien; mais je ne l'ai vue qu'au domaine de Condorcet, chez M. Berton, où elle donne des vins bien supérieurs à tout ce qui se produit de meilleurs vins dans tout le département.

Aussi ce vin est-il vendu par son propriétaire 80 francs l'hectolitre, l'année même où le vin de Châteauneuf-du-Pape se vend 40 francs. Mais la syra, pour donner du fruit, exige d'être conduite à longs bras et à taille longue. M. Berton avait vu, pendant un grand nombre d'années, deux hectares environ de syra, plantés par son père, conduite à la taille courte, d'une stérilité constante et à peu près absolue. Lorsqu'il entra en possession de son beau vignoble de Condorcet-la-Nerthe, il consulta un jardinier, qui vint lui tailler sa vigne à longs bois, son métayer se refusant à faire cette opération; à partir de l'installation de cette taille, M. Berton n'a cessé de faire de bonnes récoltes et d'excellents vins avec ses raisins de syra.

Je montre, à 3 centimètres pour mètre, dans les figures 71, 72 et 73, l'aspect le plus général des souches taillées

Fig. 71. Fig. 72. Fig. 73.

de Vaucluse, et, dans la figure 74, la conduite des souches de syra, telle que je l'ai vue dans les vignes de Condorcet.

Fig. 74.

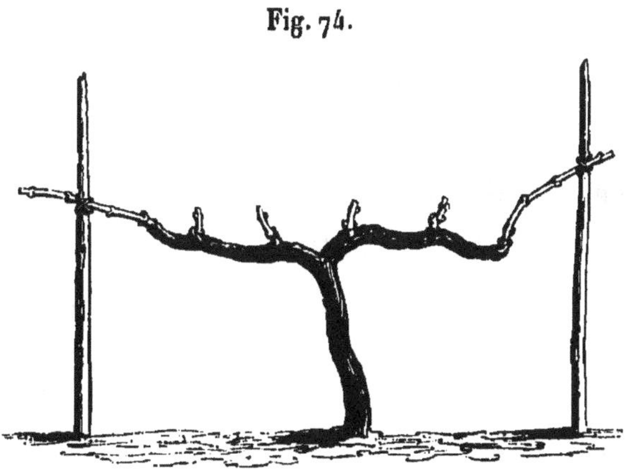

Les cépages blancs sont la clairette, l'ugni et le muscat; le bourboulenque et le pascal blanc se trouvent surtout dans le vignoble de Vaudieu, où l'on fait un vin blanc très-sec et très-fort.

Tous ces cépages, excepté la syra chez M. Berton, sont traités à la taille courte, à un seul œil et à un seul courson par bras, la souche ayant trois bras en moyenne, ce qui réduit à trois yeux francs et à trois bourillons la végétation de chaque cep; une pareille mutilation, sous un climat et dans un sol si favorables, tient les vignes dans un état de stérilité et d'étiolement remarquable.

Pourtant quelques vignerons qui soignent leurs vignes avec plus d'intelligence et de sentiment du profit que les autres, quelques grands propriétaires qui prennent la tête du progrès, commencent à donner à leurs souches un nombre et une longueur de coursons proportionnés à la force de la végétation. M. le comte de Malessy, propriétaire du château de la Nerthe, voyant ses jeunes vignes produire obstinément beaucoup de bois et pas de fruits, a eu l'excellente idée de charger ses vigoureuses plantes de plusieurs coursons à chaque bras et d'allonger les coursons à deux yeux francs et même à trois yeux. Il a obtenu et il obtient ainsi beaucoup de fruits et encore de fort beaux bois; mais M. de Malessy pense, par ce procédé, abattre la vigueur de ses vignes. Jusqu'à présent il n'en est rien, et je crois que ses vignes seront plus lontemps fortes, par cette taille libérale, qu'en les mutilant contre toute raison, selon la cou-

Fig. 75. Fig. 76.

tume du pays. J'ai croqué sur place une jeune souche à taille généreuse que représente la figure 75. Pour montrer le contraste avec la taille ordinaire, je place ici une souche du même âge, du même cépage, venue dans le même terrain et taillée à un courson et à un œil sur trois bras (fig. 76).

On a adopté beaucoup de dispositions de vignes en quinconce, depuis $1^{m},50$ jusqu'à 2 mètres au carré, dans les vignes à cultiver par les animaux de trait, parce qu'on tient par-dessus tout à labourer en long et en travers; c'est là une disposition fâcheuse pour atteindre un but sans utilité. La disposition est fâcheuse, d'abord en ce que les ceps trop écartés, surtout à la taille extracourte, diminuent les rendements des surfaces sans le moindre avantage pour les ceps, surtout en terrains secs et maigres; ensuite en ce que les labours en tout sens, s'ils sont continués pendant la végétation, tourmentent les pampres de tous les côtés et les mutilent si l'on veut approcher de trop près; ils s'opposent à tous changements de taille et à l'adoption des longs bois; en un mot, personne ne peut faire de bonnes vignes, courtes ou longues, avec la prétention de labourer tout près et tout autour des souches, sous prétexte d'éviter quatre coups de bêche, au lieu de deux, à la main de l'homme, dont, dans tous les cas, l'intervention est toujours indispensable. Cette prétention est simplement due à l'absence de toute réflexion et à ce qu'on attribue aux labours des vignes des propriétés qu'ils n'ont jamais eues; la vigne a besoin d'être propre et binée légèrement, voilà tout: 50 centimètres de plus ou de moins à passer à la ratissoire ne sont pas une affaire.

Cette coutume des labours croisés, qui s'applique d'ailleurs ici même aux céréales, avait quelque valeur quand la terre n'était pour ainsi dire que grattée par les araires sans versoirs; elle a encore de la valeur pour les charrues fouilleuses sous sol; mais avec les instruments à versoirs qui retournent entièrement tout le sol, les labours croisés sont aussi peu rationnels que le serait un louchetage en travers après qu'il aurait été exécuté en long : ils sont nuisibles, puisqu'ils remettent dessous la terre mise dessus par le premier labour.

Les vignes façonnées à la charrue, intelligemment conduites et cultivées, n'admettront jamais que le labour longitudinal; les plantations des ceps doivent être faites, en conséquence, à 1 mètre dans le rang et à $1^{m},30$ et $1^{m},50$ au plus entre les lignes sous le climat de Vaucluse; c'est là ce qui donnera le maximum de produits et de bonne végétation.

L'ancien cépage et le plus répandu dans la Provence, le morved, sera toujours le meilleur pour faire de bons vins d'ordinaire; le teret noir est bon aussi; mais le grenache donne aux vins trop de chaleur, moins de finesse et un certain goût altérant qui ne va point aux vins alimentaires et de consommation courante. Vaucluse serait le vrai pays de la syra et donnerait des vins aussi bons que ceux de Tain et des environs; le carbenet-sauvignon et la mondeuse n'y réussiraient pas moins que la syra et placeraient les vins de Vaucluse parmi les premiers vins de France. La clairette et l'ugni blanc ne peuvent que donner de la couleur, de l'éclat et des qualités de solidité aux vins rouges, s'ils sont admis pour un cinquième à peu près dans les cuvées.

Au surplus, les vins de Vaucluse sont d'une belle couleur, solides, corsés, très-droits, d'un excellent goût et désaltérants avec de l'eau quand ils n'ont pas trop de grenache; ils ne pèchent, selon moi, qu'en un point, c'est par leur trop grande force, qui les relègue parmi les vins de rôti ou pour fortifier les vins faibles : mieux vaudrait produire, dans le département, des vins de grand ordinaire et d'une consommation large et facile.

Dans les bons crus de Vaucluse on tient parfois à égrapper la vendange, ce qui se fait au moyen d'une petite fourche à trois dents, agitée dans la cornue remplie à moitié de raisins à égrapper; mais la vendange est partout et toujours foulée, soit à pieds nus, soit à la fouloire à cylindres cannelés, avant d'être mise en cuve; on tient à remplir la cuve en deux jours et on laisse cuver pendant huit à dix jours aux environs d'Avignon, mais partout ailleurs la cuvaison dure quinze jours, trois semaines et souvent plus; on mêle les pressurages aux vins de cuve. Les caves de Vaucluse sont généralement voûtées, souterraines et excellentes.

Dans Vaucluse toutes les façons se font à la journée ou à prix fait; le métayage y est peu pratiqué. Le prix de la journée est de 2 fr. 50 cent., 2 fr. 75 cent. et 3 francs, du lever au coucher du soleil. Le vigneron n'a aucun intérêt dans le produit : aussi, faut-il le dire, les vignes y sont généralement très-peu soignées, lorsqu'elles ne sont pas cultivées par les mains du vigneron propriétaire ; mais lorsque c'est le vigneron qui cultive ses propres vignes, comme à Sérignan, à Sainte-Cécile et dans d'autres pays, elles sont parfaitement tenues.

Si, en adoptant la syra de l'Hermitage, le carbenet-sauvignon de la Gironde, la mondeuse de la Savoie, les viticulteurs de Vaucluse voulaient fumer leurs vignes ou les terrer davantage; s'ils voulaient ébourgeonner, pincer, rogner les pampres et surtout tailler leurs ceps à plus longs coursons, sinon à branches à fruit, ils produiraient de fort bons vins et en plus grande quantité.

DÉPARTEMENT DU GARD.

Le Gard est un des départements vignobles les plus importants de France : il compte aujourd'hui plus de 90,000 hectares de vignes, dont la production moyenne est au moins de 30 hectolitres; le prix moyen du vin, depuis sept ans, s'y est élevé à 15 francs l'hectolitre, au lieu de 10 francs, valeur moyenne en 1852.

Le produit total brut des vignes du Gard est donc d'environ 40 millions de francs; la moitié du produit total d'un territoire de 583,000 hectares, dont la vigne occupe moins de la septième partie. Ces 40 millions représentent l'existence de 160,000 habitants ou de 40,000 familles, à quatre membres en moyenne, c'est-à-dire plus du tiers de la population totale.

Aussi la vigne joue-t-elle un grand rôle, pour ne pas dire le premier, dans l'agriculture du Gard. Toutes les côtes du Rhône, très-accidentées, et les vastes plateaux qui les surmontent offrent de très-bons vignobles, depuis Saint-Gilles jusqu'à Beaucaire, Aramon, Villeneuve, Roquemaure, Bagnols, le Pont-Saint-Esprit, dont les vins sont tous très-généreux et très-solides; la plupart sont très-foncés en couleur, très-connus et très-appréciés pour l'amélioration des vins moins bien doués de couleur, de liqueur et de spiritueux. Quelques-uns, comme ceux de Chusclan, Tavel, Lirac, Saint-Geniez, Beaucaire, Canteperdrix, sont à juste titre très-estimés dans la consommation de grand ordinaire et même comme vins d'entremets. Les vins de Lédenon et de Langlade, aux environs de Nîmes, ainsi que ceux de Lacassagne, Saint-André et Pérouse, aux environs de Saint-Gilles, jouissent aussi d'une bonne réputation.

C'est sous le climat et sur le sol de Saint-Gilles que le docteur Beaumes a planté le furmint, dont il fait ce bon vin de tokay-princesse si justement et si bien apprécié dans l'Ampélographie française. J'ai goûté le vin de tokay-princesse du docteur Beaumes; je suis assez heureux pour avoir du véritable tokay impérial de Hongrie, et je déclare qu'à part une nuance de finesse et de suavité qui tient à la différence d'âge sans doute, le tokay-princessse vaut les excellents tokays de Hongrie; mais surtout j'affirme qu'il leur ressemble pour l'arome et la saveur, aussi complétement qu'un bon vin muscat ressemble à un bon vin muscat. J'ai également goûté du tokay du Gard chez M. Molines, prime d'honneur du département depuis ma visite; j'en avais goûté du vignoble d'essai de Toulon, et partout le tokay ressemble au tokay, malgré les différences de climat, de sol et de culture.

J'insiste sur ce fait, parce qu'il est une des démonstrations les mieux établies de la correspondance du vin avec son raisin, indépendamment des circonstances extérieures au cep. Le muscat montre encore cette vérité d'une façon éclatante : le muscat donne le vin musqué, depuis les bords du Rhin jusqu'à Cadix, jusqu'au cap de Bonne-Espérance; il le donnerait avec les mêmes attributs d'arome, de saveur et probablement d'action physiologique, fût-il venu en serre chaude au Spitzberg. C'est bien le cépage qui fait le vin, comme le grain fait le pain de froment, de seigle, d'orge, d'avoine, de maïs. Depuis le pôle jusqu'à l'équateur, le pain d'orge ne sera jamais du pain de froment, quelque bon que soit le terrain, quelque favorable que soit le climat.

Chaque raisin est un composé végétal spécial; chaque vin qui en résulte est un liquide végétal spécial correspondant à son raisin. Les divers raisins représentent, dans le vin, les qualités ou les vices que les diverses céréales représentent dans le pain.

Les cépages cultivés dans le Gard sont, en rouges:

L'espar, le teret noir, l'œillade, le picpoule noir, l'ugni noir, le calitor, le spiran, le grenache et l'aramon.

En roses et blancs: les clairettes, les picpoules, l'ugni, le malvoisie et le furmint.

Les raisins blancs sont associés aux raisins rouges dans les cuvées, mais dans une faible proportion.

L'espar, qui fait la base de tous les vins de Provence, sous le nom de *morved*, est à mes yeux le cépage le plus précieux du Gard pour donner des vins alimentaires, droits, solides et désaltérants; évidemment l'espar a été emprunté par le Gard à la Provence, et la qualité de ses vins y a beaucoup gagné; le teret noir, l'œillade et le spiran rouge sont aussi fort bons, mais il est à regretter que le grenache, qui donne un excellent vin d'entremets ou de liqueur, se répande beaucoup et entre de plus en plus dans la composition des meilleurs vins du département; on l'abandonne avec raison à Saint-Gilles, quoique la raison qui le fait délaisser ne soit pas la seule bonne: sa couleur, d'abord très-brillante et foncée, se décompose et se transforme en deux ou trois ans en nuance de vin vieux très-peu coloré.

Une autre immixtion des cépages de l'Hérault est beaucoup plus grave, c'est celle des terets-bourets et des aramons, des aramons surtout, qui se plantent et se cultivent aujourd'hui en vastes espaces, pour produire seulement, non de la qualité, personne n'élève cette prétention, mais des quantités énormes de vin. J'ai vu de ces belles vignes à Congeniès, près de Sommières dans la Vausnage, qui donnent 1,000 litres par deux cents souches, 200 hectolitres à l'hectare; ces vins se vendent 10 à 12 francs l'hectolitre et constituaient naguère les vins destinés à la chaudière. Ces cultures, qui portent la valeur d'un hectare de vignes à 10,000 et à 12,000 francs, ne donneraient pas autant en coteaux, et même en plaine de médiocre fertilité; elles sont établies en terres de première fécondité en plaine : telles sont la plupart des vignes de Calvisson, Sommières et environs.

Si de fins cépages étaient établis dans ces sols frais et fertiles, ils donneraient beaucoup aussi et des vins meilleurs, mais ils donneraient beaucoup moins que les aramons et les terets-bourets. Prenant pour ceux-ci une moyenne production de 100 hectolitres à 10 francs, mieux vaudrait obtenir une moyenne récolte de 50 hectolitres à 20 francs en vins d'espar, de teret noir, œillade, clairette, etc.; mieux vaudrait encore conquérir par la vigne en coteaux les grandes et pauvres garigues que j'ai vues dans le Gard, et laisser les bonnes terres aux blés, aux luzernes et aux pommes de terre; mais cette discipline du sol s'établira d'elle-même aussitôt que les plus sûrs et les plus gros profits seront aux bons vins, aussitôt que l'augmentation des populations, par une meilleure économie rurale, rendra plus nécessaire la production des aliments solides, végétaux et animaux dans leur lieu de prédilection. En attendant, je vois avec plaisir la vigne de tous cépages s'établir partout, jusqu'à ce que le vin soit devenu la boisson ordinaire de toutes les familles, à l'exclusion des boissons factices; alors la vigne se corrigera elle-même de ses propres défauts et s'élèvera aux qualités exigées pour la bonne consommation, dans un avenir prochain.

Les alluvions à cailloux roulés et à galets, les grès du sud-est du Gard, ses couches inférieures du terrain crétacé, coupées par des bandes de terrains tertiaires, de transition et granitiques à l'ouest et au nord, présentent partout, sauf en quelques plateaux culminants, trop froids, une assiette et des conditions de végétation excellentes pour la vigne. Le climat chaud et sec du Gard est le meilleur qu'on puisse désirer pour les vignobles; enfin les inclinaisons générales, à l'est et au sud de la vallée du Gard et de celle de la Cèse, les pentes au sud de la vallée du Vidourle et de Saint-Gilles, vers les marais, complètent les meilleures conditions de la prospérité des vignes sur une immense étendue du département.

Aussi la vigne est-elle cultivée de temps immémorial dans le Gard, et elle y est cultivée suivant des lois et des pratiques traditionnelles dont l'uniformité et la continuité indiquent la solidité.

Dans le Gard, on prépare le sol par un labour profond, soit à l'araire, soit à la main, qui varie de 30 à 60 centimètres de profondeur; moins dans les terres légères sur cailloux roulés ou galets, plus dans les terres compactes.

On plante généralement à bouture et à la cheville, rarement à barbues et au louchet; la plantation se fait partout en lignes, en quinconce, à 1^{m},50 au carré, pour pouvoir labourer en tous sens : le quinconce était la loi d'autrefois et aujourd'hui encore elle est celle de la majorité. Dans les nouvelles plantations, la tendance est d'espacer les lignes à 1^{m},80 ou à 2 mètres, et de rapprocher les ceps dans le rang à 1 mètre ou à 1^{m},10.

On ne fait aucune culture herbacée dans les vignes, si ce n'est par très-petite exception; mais dans beaucoup de localités, surtout le long des côtes du Rhône, à Roquemaure, à Villeneuve, à Beaucaire, et souvent aussi dans l'intérieur, les oliviers et d'autres arbres fruitiers, mais surtout les oliviers, y sont associés en plantations régulières et souvent en lignes beaucoup trop rapprochées, à 4 mètres par exemple; mais partout où l'on tient à faire de bons vins ou à en récolter beaucoup, les cultures arborescentes sont exclues des vignes.

On taille généralement la vigne dès la première année, et dans le cours de cinq à six ans, elle est dressée sur quatre bras, parfois trois, souvent cinq, six et plus, suivant la vigueur; mais la règle est quatre bras bien symétriques sur la tige. Pourtant cette symétrie est rarement maintenue, parce qu'on n'ébourgeonne pas ou parce que l'on ébourgeonne très-irrégulièrement et très-négligemment; aussi l'Hérault et le Lot, qui pratiquent avec un soin extrême l'ébourgeonnage, ont-ils des souches beaucoup mieux coiffées et beaucoup plus régulièrement maintenues que celles du Gard. Bien que le Gard suive la même règle de dressement que ces deux départements, il néglige toutefois l'usage d'un tuteur mis et maintenu au pied de chaque souche pendant deux ou trois ans; ce qui contribue encore beaucoup à rendre moins régulier le dressage des vignes. Dans le Gard comme dans l'Hérault on pratique au printemps, autour du pied de chaque souche, une cuvette de 14 ou 15 centimètres de profondeur et de 30 à 40 centimètres de diamètre, pour détruire les petites racines du collet. Ces cuvettes sont remplies à la culture de mai.

La taille le plus généralement pratiquée dans l'Hérault est à deux yeux francs et le bourillon, sur un courson à chaque bras. Pourquoi la règle de la taille dans le Gard est-elle un seul œil franc et le bourillon, également sur un seul courson à chaque bras?

Je n'ai pas pu saisir les motifs de cette différence, et j'en ai vu de grands désavantages pour le Gard: le premier et le plus grand est une fécondité moindre avec autant de vigueur de végétation, qui se traduit par la sortie d'une foule de gourmands, lesquels, n'étant pas ébourgeonnés, déforment la souche et la couvrent de plaies et de chicots à la taille sèche de chaque année.

Plus on taille court, quand une vigne est forte, plus il sort de gourmands; ce qui prouve que, n'ayant pas laissé assez de bourgeons fruitiers pour employer la séve, la séve crève la vieille peau de la souche au-dessous de la taille et fait des bourgeons non fruitiers que les vignerons du Gard laissent végéter. L'épuisement de la vigne par huit bourgeons fruitiers et huit gourmands non fruitiers serait exactement le même que par seize bourgeons fructifères; il n'y a que les raisins de moins et la détérioration de la souche de plus.

On n'emploie aucun échalas ni aucune sorte de palissage dans le Gard; on ne pince pas, on ne relève pas les pampres, on ne les rogne pas et on ne les attache pas; en un mot, une fois la taille sèche terminée, et elle se fait depuis novembre jusqu'en mars, aucune opération relative aux pampres n'est exécutée.

On ne provigne guère que pour remplacer les ceps morts, et dans certains pays, comme à Congeniès, par exemple, on ne sépare pas toujours le provin de la mère souche.

On donne à la vigne deux, trois, quatre et jusqu'à six cultures, ce qui est très-bien; mais la quatrième et la sixième culture ne sont données qu'à la charrue : la première, plus profonde, en mars, à l'araire, et les suivantes en mai, juin et jusqu'en septembre, avec le fourca, charrue plus légère que l'araire.

Les instruments de culture à la main sont le louchet (fig. 77), pour les défonçages, et surtout pour la culture en mars; la bêche (fig. 78), pour la culture de mai, ainsi

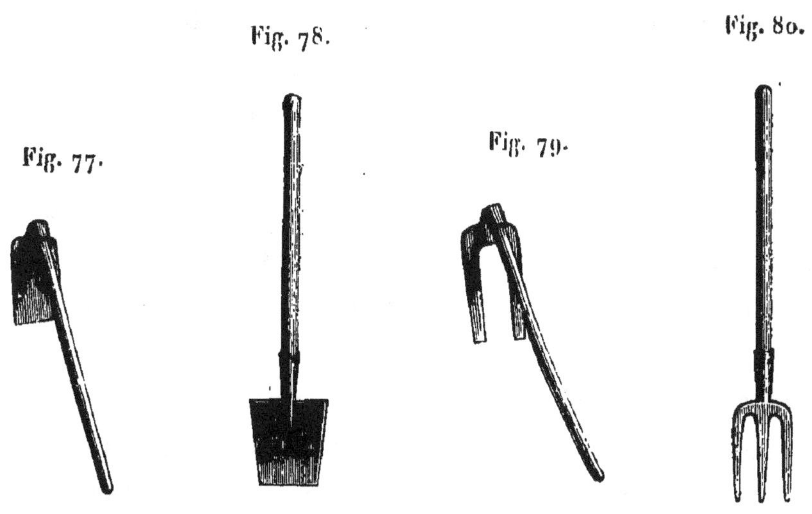
Fig. 77. Fig. 78. Fig. 79. Fig. 80.

que pour la troisième fin juin, premiers jours de juillet; quelques personnes ne donnent que deux cultures. Sur les côtes très-accidentées du Rhône, toutes les cultures sont faites à la main. On emploie encore dans les terres fortes, ou pour arracher le chiendent, le bigot (fig. 79) et la fourche (fig. 80). Quand on fume, le fumier est placé autour du collet de la souche; mais on ne fume pas souvent, ni partout. Je n'ai point entendu parler du terrage des vignes: c'est une opération qui vaut les meilleures fumures; elle est peu dispendieuse et elle a l'avantage d'occuper les ouvriers l'hiver. 100 mètres cubes de terre répandue dans un hectare suffisent à entretenir sa fertilité pendant cinq ans au moins, et ne coûtent que 50 à 100 francs, selon la distance à laquelle la terre doit être transportée; 33 francs seulement, si la terre est prise dans les allées de la vigne même.

Le rendement moyen des vieilles vignes, en coteau et sous oliviers, ne s'élève guère qu'à 15 hectolitres à l'hectare; il est de 20 à 25 hectolitres dans les jeunes vignes dans la même situation, et de 30 à 40 hectolitres dans les vignes sans arbres superposés. Quant aux vignes de plaine, la moyenne est de beaucoup plus élevée : elle dépasse certainement 60 hectolitres.

La vendange, dans le Gard, n'offre pas de pratiques bien différentes de la plupart de celles de tous les grands vignobles du Midi. On vendange au panier, qu'on verse dans les bennes ou cornues, chargées sur voitures, pour être conduites au cuvier; là on verse les raisins sur des planchers mobiles et disjoints, sur lesquels on foule le raisin à pieds nus; puis on renverse les planches, et les raisins foulés tombent dans la cuve. Dans certains vignobles, le long des côtes du Rhône, on égrappe à la benne et au trident; dans la plupart on n'égrappe pas.

Le temps de la cuvaison varie beaucoup d'un pays à l'autre; c'est à Chusclan, qui donne un des meilleurs vins du pays, qu'on cuve le moins. On emplit la cuve, et lorsqu'elle est pleine, ce qui demande deux ou trois jours, on tire; à Langlade on ne cuve que trois jours; dans toute la circonscription de Tavel on ne dépasse pas six jours; à Bagnols on cuve huit à dix jours; enfin à Saint-Gilles, et partout où l'on tient par-dessus tout à la couleur, on laisse le vin de douze à dix-huit jours en cuve et l'on plonge les marcs sous le vin.

Partout on presse les marcs aussitôt le vin tiré et l'on répartit également les vins de presse dans les vins de cuve; puis on met de nouveau les marcs en cuve et l'on fait de la piquette. Pourtant, quelques propriétaires gardent les marcs en cuve pour les distiller et faire manger les résidus aux moutons, qui s'accommodent également bien, ainsi que les cochons et même les bœufs, des marcs bouillis ou non bouillis. J'ai vu ces pratiques parfaitement établies chez M. Causse-Nègre, à son magnifique domaine de Massereau près de Sommières.

Quelques personnes font encore bouillir quelques hectolitres de raisins noirs avec leur moût, ou simplement les pellicules de ces raisins réunies, pour en extraire toute la couleur, en rejetant le tout en cuve après deux ou trois bouillons; c'est ainsi que dans le Lot on fait les vins noirs.

On construit, dans le Gard, des cuves en ciment de chaux hydraulique et de sable, avec briques ordinaires ou cailloux, pour l'épaisseur des murailles; le revêtement est en briques vernissées, mises de champ sur toutes les faces intérieures. J'ai vu au domaine de Puech-Ferrier, chez M. Molines-Ducros, huit cuves faites comme je l'indique, de $4^{m},25$ de profondeur sur 4 mètres carrés, en murailles de $0^{m},40$ d'épaisseur, d'une capacité de 650 hectolitres chacune; rangées par quatre sur deux rangs; séparées par un corridor de service, de nettoyage et de dépotage; se vidant toutes par tubes et robinets dans le dépotoir commun et recouvertes de planchers en madriers disjoints : le tout fait avec une entente et un soin parfaits. M. Molines a planté 100 hectares de vignes, établies et conduites avec une admirable régularité, et les dispositions du vendangeoir correspondant ne sont pas moins remarquables; certes, la prime d'honneur, qui lui a été décernée cette année même, était bien méritée, pour la spécialité du moins qu'il m'était possible de juger.

Des cuves faites de même, et avec un soin non moins grand, existent à Massereau, chez M. Causse-Nègre. C'est, du reste, un genre de cuves très-répandu et très-accepté dans le Gard. En même temps que ces cuves de pierre, la plupart des grands viticulteurs possèdent un appareil de cuves et de foudres en bois. J'ai ouï dire à plusieurs d'entre eux que le vin fait dans les cuves en bois était un peu plus coloré et plus corsé que le vin, de même provenance, fait dans les cuves en pierre; il peut et il doit en être ainsi, parce que l'enveloppe en bois retient mieux la chaleur et favorise une fermentation plus haute et plus chaude que la brique ou la pierre. Ainsi que j'ai déjà eu l'occasion de le faire observer, la chaleur et la promptitude de la fermentation doivent exercer une influence favorable sur la couleur des vins et leur solidité.

J'ai vu chez M. Causse-Nègre les plus belles dispositions à créer et à étendre l'horticulture, l'agriculture et surtout la viticulture. Des eaux abondantes, et amenées par aqueducs, forment des réservoirs immenses et des chutes d'eau d'agrément qui, après avoir vivifié des jardins et des vergers très-beaux, vont se répandre en irrigations de prairies et de cultures. Des garigues vont être défrichées et mises en vignes; des écuries, des étables, des vinées et des cuviers, sur un très-grand pied, viennent d'être achevés; une distillerie à la Derosne, des conservations de grains et de marcs fonctionnent très-bien, et des caves souterraines font exception aux moyens assez imparfaits en usage dans le département pour la conservation des vins; il est vrai que ces vins, pour la plupart, sont très-solides à toute température.

Au milieu de ces grands appareils, un petit instrument destiné à prendre et à détruire l'eumolpe a fixé particulièrement mon attention : c'est un entonnoir en fer-blanc (fig. 81) muni d'une échancrure *a*, par laquelle on fait entrer le cep; on secoue alors brusquement le cep, l'eumolpe tombe et glisse par la douille *d* dans un petit sac *s*, d'où on tire les eumolpes récoltés pour les tuer.

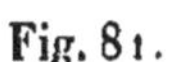
Fig. 81.

Dans ma tournée par Uzès, Bagnols, Roquemaure, Villeneuve, Remoulins et retour à Nîmes, mon attention avait été attirée, en beaucoup de points de la route que je venais de parcourir, par une quantité de champs couverts de petits arbrisseaux qui semblaient être des vignes parfaites à la taille basse et courte, à quatre ou cinq bras. Il me fallut plusieurs fois aller au milieu de ces cultures pour m'assurer que c'étaient bien des mûriers nains et non des vignes. A mesure que je rencontrais ces plantations de cinq ans, de dix ans, de quinze ans, je trouvais une analogie de plus en plus frappante entre la végétation de ces arbrisseaux, traités à la taille basse et courte, et celle de la vigne, traitée de même; la figure 82, qui donne l'aspect d'une plantation de mûriers nains taillés, comparée à la figure 83, qui présente celui d'une vigne également

Fig. 82.

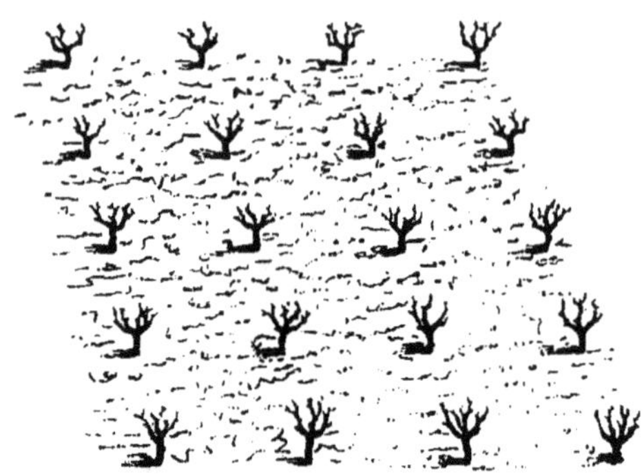

taillée, peut expliquer la facile confusion entre les deux cultures.

Fig. 83.

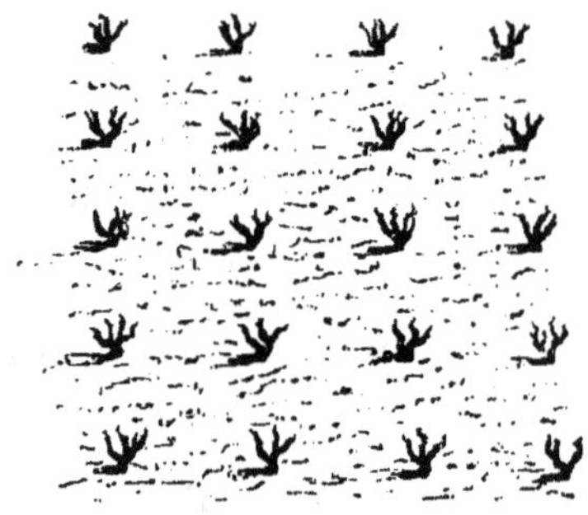

Toutes les plantations au-dessous de six à sept ans offraient des jets de l'année magnifiques et parfois de 2 mères de longueur; tout ce qui était au-dessus de cet âge, jusqu'à dix et douze ans, n'offrait plus que des pousses de 80, 60 et 40 centimètres; tout ce qui approchait quinze ans ne présentait plus que des brindilles grêles, de 15 à

20 centimètres de longueur, annonçant la décrépitude et la mort prochaine de l'arbrisseau; tandis que les mûriers à plein vent et à haute taille, de même âge, étaient dans leur première vigueur et n'avaient pas encore parcouru le sixième de leur existence, assurée pour un siècle.

Ces faits ayant une grande importance de physiologie végétale, je donne ici la série des mûriers nains aux diverses phases de leur existence.

La figure 84 donne l'aspect d'un mûrier nain à cinq ans.

Fig. 84.

Fig. 85.

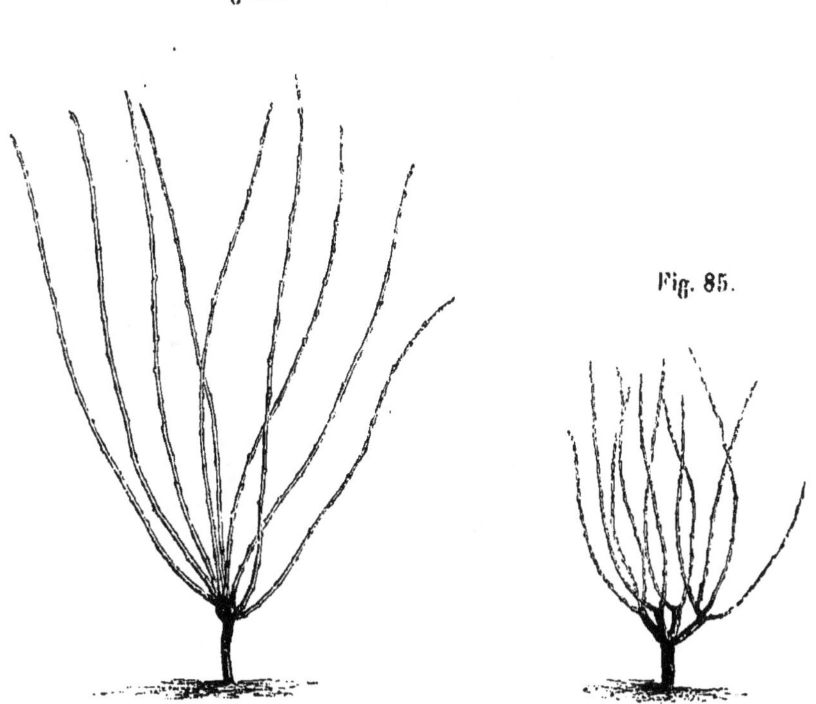

La figure 85 donne l'aspect d'un mûrier nain à neuf ans.

A douze ans, le mûrier nain prend l'aspect de la figure 86.

A quatorze ans, le mûrier nain présente la décrépitude des figures 87 et 88.

A quinze ou seize ans, le mûrier nain est mort ou à peu près (fig. 88).

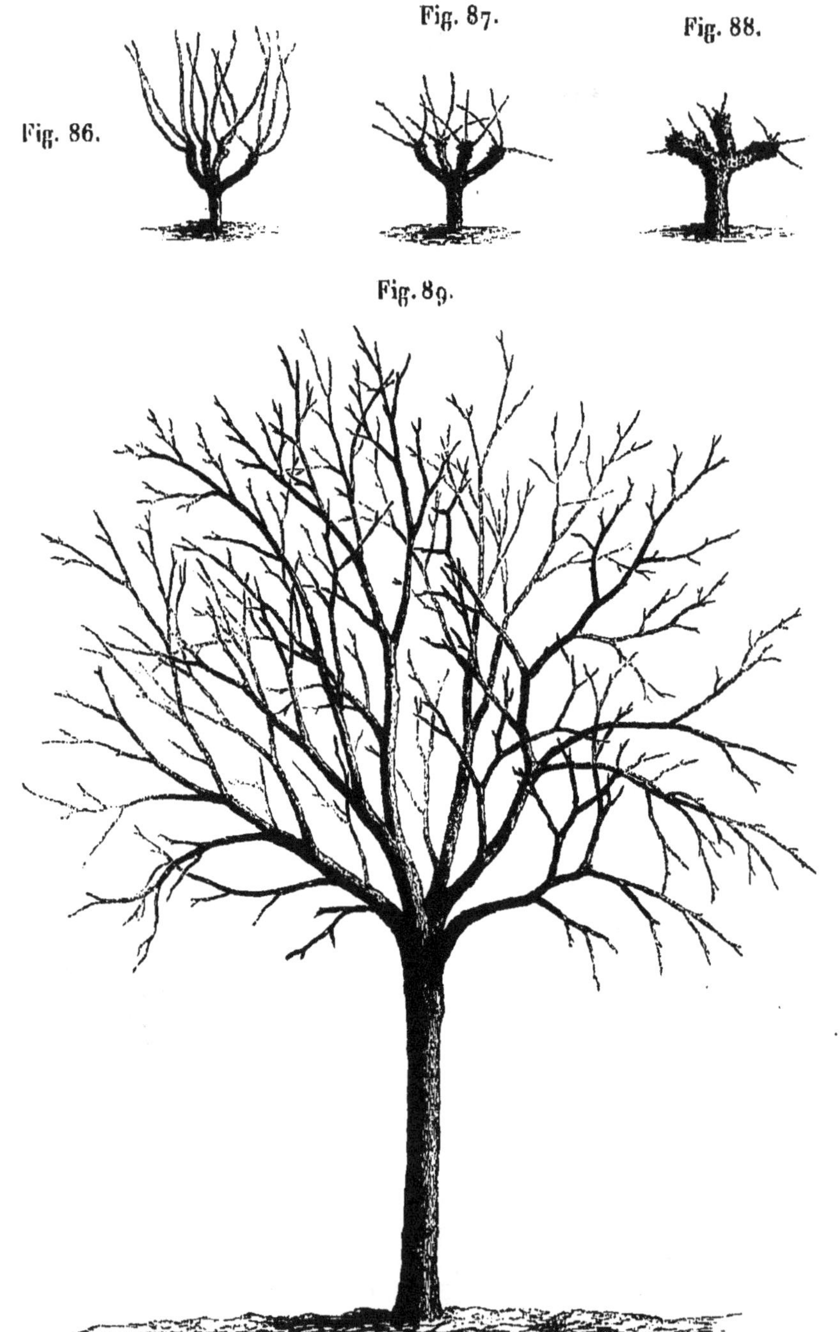

Fig. 86. Fig. 87. Fig. 88.

Fig. 89.

Tandis qu'à seize ans le mûrier à haute tige ou à plein vent est dans sa première jeunesse (fig. 89).

Quelle cause avait donc pu produire cette différence? cette existence courte et chétive pour un arbrisseau, et cette existence longue et splendide pour son frère du même âge, pris dans la même pépinière? La contrainte et la mutilation, par la taille courte, sur le premier; la liberté et l'expansion de sa nature, par la taille longue, pour le second : pas autre chose.

La taille courte ne fortifie donc pas? Elle affaiblit donc? Elle fait donc mourir un végétal à grande arborescence, lorsqu'elle arrête par trop son expansion? — Oui.

Mais la vigne est-elle un végétal à grande allure? — Oui. La taille courte l'affaiblit donc? Elle la fait donc mourir? — Oui, cent fois oui.

Je présente ici, pour être comparées aux mûriers nains, quatre souches prises dans le Gard :

La figure 90 représente une souche d'aramon de cinq ans.

Fig. 90.

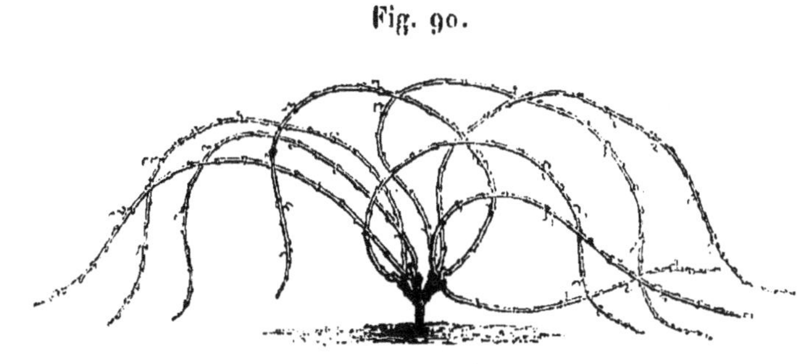

La figure 91 offre l'aspect d'une souche de douze ans.

On voit dans la figure 92 une souche de dix-huit ans.

Et la figure 93 représente une souche de trente à quarante ans.

Fig. 91.

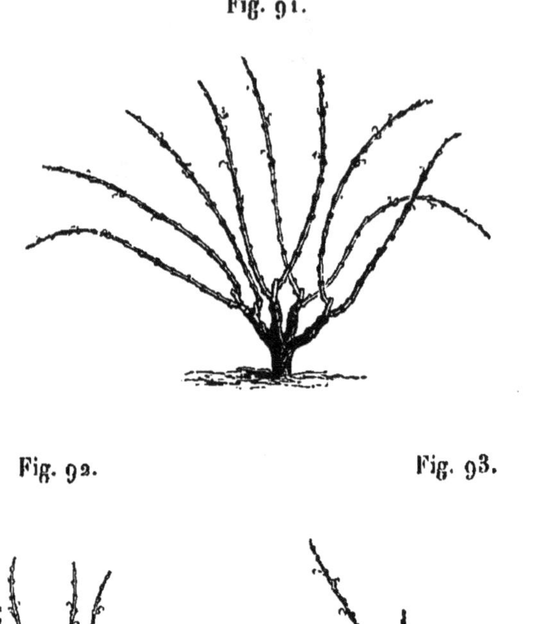

Fig. 92.

Fig. 93.

On reconnaîtra, par la comparaison de ces souches de vignes avec les mûriers nains, que la taille courte, quoique avec plus de temps, produit sur la vigne les mêmes effets que sur le mûrier. Si j'ajoutais le dessin d'une treille de trente ans, l'analogie serait encore plus frappante par la vigueur et les beaux bois qu'elle présenterait à cet âge.

Il faut donc renoncer à la taille courte? — Non, cela est impossible, parce que la vigne doit être basse et près de terre pour donner un produit de qualité suffisante et de suffisante rémunération; mais il faut bien savoir ce que fait la taille trop courte et trop restreinte, pour n'en user que dans les limites du besoin de la vigne et de l'intérêt du vigneron. J'étais donc frappé de cette similitude entre la taille de la vigne et celle du mûrier, qui m'était présentée par le hasard, et je soumis à cet égard ma pensée à M. Durand, maire de Roquemaure, qui a confirmé ma manière de voir par des données précises sur la taille et la durée des mûriers nains et sur celle des mûriers à haute tige.

La plupart des vignes sont sous oliviers très-beaux à Roquemaure; mais les oliviers rapportent peu de chose, relativement à la vigne, m'a dit M. Durand. M. Durand m'a fait voir les vignerons au labour et les instruments qu'ils emploient. Là, j'ai appris que la journée d'hiver est de 1 fr. 50 cent. à 1 fr. 75 cent., celle de mars de 2 francs et celle d'été de 2 fr. 50 cent.; mais la journée d'été ne commence qu'à sept heures et demie du matin et finit à cinq heures du soir, avec une heure et demie de repos et de repas. L'hiver, la journée commence à neuf heures et finit à trois heures.

Les ouvriers font la loi : l'éminée, mesure du Gard, est de 7 ares 90 centiares; les ouvriers se disent entre eux : «Le travail est bon dans cette propriété; viens, on en fera une demi-éminée par jour.» Quand ils disent : «Le travail est mauvais,» cela veut dire qu'on ne devra faire pour tel autre propriétaire qu'un tiers ou un quart d'éminée; en un mot, les ouvriers taxent arbitrairement le travail.

Chaque propriétaire a un ouvrier chef qui dirige les autres ouvriers et auquel on donne, par jour, 25 centimes de plus qu'aux autres; ce conducteur s'appelle *un bail*. Ce nom a jeté d'abord quelque confusion dans mon esprit.

Tout se fait, me disait-on, par *un bail.* « M. un tel a un bon *bail* qu'il vous montrera. — Mon *bail* est mauvais, je le changerai, etc. » Tous les grands propriétaires me parlant de leurs *baux* m'étonnaient beaucoup : la confusion a cessé seulement lorsque M. Durand m'a montré son *bail.*

C'est vraiment quelque chose de pénible à voir que cette exploitation sans conscience du propriétaire par l'ouvrier : commencer une journée l'été à sept heures et demie, après trois et quatre heures de travail préalable à la fraîche ; finir cette journée à cinq heures pour aller travailler ailleurs dans la soirée; ne faire que ce qu'il a décidé dans sa tête, sans principe et sans crainte d'une loi qu'il fait tout seul, ni d'un juge qui n'a rien à dire de par cette loi, qui n'est ni connue ni prévue : tel est le rôle de l'ouvrier dans les cultures du Gard, qui se font, pour une bonne partie, à la main et où tout se fait à la journée.

Toute la viticulture s'accomplit industriellement dans le Languedoc. Tout se paye à la tâche et à la journée, et l'ouvrier n'a pas le plus petit intérêt sur les produits de la terre; son travail est simplement automatique et mécanique, ce qui représente à peine le quart de la valeur productrice humaine, dont l'activité, l'intelligence et l'intérêt constituent les trois autres quarts.

Pendant que sa machine travaille, lentement et mal, à une œuvre indifférente, l'homme se nourrit de pensées de jalousie et de vengeance contre le riche et contre la société ; ni son esprit, ni son cœur, ni son intérêt, n'ont rien à faire là pour bien diriger sa machine; son esprit, son cœur, son intérêt, enfiévrés par la fatigue, engendrent de singulières idées et des sentiments peu bienveillants et peu doux. Chacun se croit savant et capable, surtout celui qui sait peu de chose : tout paraît donc à l'ouvrier, qui se croit capable de tout, injuste, hostile, tyrannique; il se défie de tout, il déteste tout; il ne se marie pas : qu'est-ce qu'il ferait d'une femme? Et s'il est marié, il n'aura point d'enfants, un ou deux au plus peut-être; qui est-ce qui l'honorera, l'aidera dans sa famille? Qu'est-ce qu'une famille aujourd'hui? Quel est le propriétaire qui ne prend pas plus volontiers le garçon ou la fille que le mari et la femme? Qui est-ce qui reçoit les enfants aujourd'hui? Qui est-ce qui ne repousse pas une famille d'ouvriers avec une bande d'enfants? Voilà ce que se dit l'ouvrier journalier. Avec quoi nourrira-t-il sa famille? avec ses économies? Erreur et déception : l'économie n'est pas possible avec la famille; sans famille elle n'apparaît pas comme nécessaire. L'ouvrier, sans s'en rendre compte, se sent séparé de la Providence par le propriétaire, et le propriétaire ne laisse arriver à lui aucune émanation providentielle : aussi l'ouvrier s'agite-t-il dans une colère impuissante à faire le bien pour lui-même, mais efficace à arrêter la production. L'ouvrier diminue le travail; il ruine le propriétaire, il ruine l'entrepreneur, mais il n'y gagne absolument rien; au contraire, il augmente la cherté des aliments, des vêtements, des logements, et il annule l'augmentation de son salaire. Sans pénétrer aujourd'hui dans l'examen des institutions générales qui peuvent rendre l'ordre, la paix et le bonheur à tous les étages de la famille sociale, je dois me borner à répéter ici que l'ouvrier rural doit être intéressé au produit brut de son travail : le produit net dépend de l'entrepreneur, du propriétaire qui gère bien ou mal, qui compte bien ou mal, qui se trompe ou qui trompe; l'ouvrier n'a aucune confiance et ne peut avoir aucune confiance dans le produit net. Le produit en nature, outre son salaire, qui assure sa nourriture, son vêtement et son logement, c'est là sa part providentielle. Il faut distinguer les garçons et les filles des ménages, et les ménages stériles des ménages féconds : aux premiers, la domesticité à gages; aux seconds, la tâche avec prime en nature; aux troisièmes, le colonage à moitié fruits, avec commandite et direction : le tout sous la direction libre et paternelle du propriétaire.

Les fermages à bail sont un mode excellent d'exploitation rurale; mais le fermier à prix et à temps fixés de redevance et d'occupation du sol s'élève à son tour au niveau du propriétaire, assumant toutes ses responsabilités, et par conséquent ayant toutes ses obligations et toutes ses prérogatives.

Le colonage partiaire exige, au contraire, le concours du maître pour aider, améliorer et faire progresser les cultures, dont les fruits le regardent personnellement, autant et plus que son métayer.

L'exploitation directe à la tâche, avec prime en nature, est sous l'autorité directe du propriétaire, resté maître en sa chose. Enfin, l'exploitation à la journée, ou par domesticité, rentre sous l'autorité absolue du maître en sa chose et sur les personnes. Ce dernier mode d'exploitation, qui s'adresse à des nomades et à des domestiques, dont le travail est mobile et varié à l'infini, n'exige pas la prime ou la part rémunératrice de l'activité, du dévouement, de l'intelligence, en nature des produits ou en valeur des produits en nature; mais les gratifications, proportionnées au concours de chacun et à la richesse des récoltes de l'année, sont le plus puissant moyen d'obtenir le zèle de la domesticité et d'augmenter la richesse de la production.

Un chapitre ouvert et des récompenses attribuées aux meilleures méthodes d'encouragement au travail rural, par participation, primes et gratifications dans les programmes et les concours ruraux, rendraient d'immenses services, et j'engage de tout cœur, et dans la conviction qu'ils y trouveront une grande satisfaction et des profits plus grands encore, les propriétaires du Gard à méditer ces questions, dont la solution les fera rentrer dans la voie de prospérité et de quiétude qui semble s'éloigner d'eux.

C'est à M. de Labaume, premier président de la cour d'appel de Nîmes, président de la Société d'agriculture du Gard, que j'ai dû la bonne direction de mes études dans le Gard et une grande partie de mes meilleures observations.

DÉPARTEMENT DE L'HÉRAULT.

Sur 624,000 hectares de superficie totale, le département de l'Hérault compte aujourd'hui à peu près 150,000 hectares de vignes d'une production moyenne de 60 hectolitres à l'hectare, calculée sur une moyenne de 45 hectolitres en coteaux et de 90 en plaine; l'étendue des vignes en coteaux comptée pour deux tiers et celle des plaines pour un tiers: ce qui donne une récolte moyenne totale de 9 millions d'hectolitres, du prix moyen de 15 francs l'hectolitre; à 11 fr. 50 cent. les vins de plaine et à 22 fr. 35 cent. les vins de coteaux, prix moyen inférieur à celui des dix dernières années.

La valeur brute, totale, annuelle des vins de l'Hérault est donc d'au moins 135 millions de francs, pouvant fournir le budget annuel de 135,000 familles de quatre membres ou de 540,000 habitants: 152,000 de plus que sa population, qui est d'environ 388,000 âmes. Les autres cultures y donnent un produit brut de 50 millions, y compris les produits animaux, répondant au budget normal de 200,000 individus, ce qui porte à 352,000 le nombre de ceux que l'Hérault peut alimenter et pourvoir en dehors et en sus de sa population totale. En joignant à ceux de son agriculture les produits de ses industries et de son commerce, on verra que l'Hérault peut entretenir une population plus que double de la sienne : c'est donc un département des plus riches et des plus précieux de la France : évidemment c'est la vigne qui fait sa grande valeur publique; et si l'on déduit 400 francs, par hectare de vigne, pour tous frais, on trouvera un produit net de 75 millions, qui constitue sa fortune privée viticole.

Le sol du département de l'Hérault est essentiellement constitué par les terrains tertiaires moyens et inférieurs, par le diluvium alpin et par des alluvions. Sa surface, d'une couleur rouge, jaune ou grise, est tantôt composée de calcaire pur, tantôt mêlée d'argile et de silice : dans les plaines et dans les vallées, la terre végétale offre souvent des épaisseurs considérables, parfois sans mélange de pierres fragmentaires, de galets ni de cailloux; ailleurs, les cailloux roulés et les roches fragmentées y dominent, au point que la terre végétale semble ne remplir que les interstices de ces conglomérats; le sous-sol est un tuf infertile ou bien une roche lamellaire fendillée, dont une terre ferrugineuse remplit les lits et les failles, où les racines de la vigne trouvent un puissant aliment, qu'elles vont chercher à de grandes profondeurs. Les coteaux, peu élevés et à pentes peu rapides, offrent généralement les terres dites de garigues et les garigues elles-mêmes.

L'aspect des garigues, ou du moins l'aspect de la plus grande partie des surfaces qui restent incultes sous ce nom, semble exclure toute possibilité d'approprier ce mélange de roches saillantes et d'arbrisseaux rabougris à aucune production régulière; il n'a fallu rien moins que des prodiges de travail, d'opiniâtreté et de courage des habitants pour y discipliner la vigne et la rendre productive d'une façon avantageuse et durable.

Toutefois l'aridité et l'ingratitude du sol ont sur quelques points des garigues, très-rares à la vérité, vaincu les efforts de l'homme; car on y voit des murailles circonscrivant des espaces réguliers où la vigne a été cultivée autrefois, et où il n'existe plus aujourd'hui que la dénudation et la stérilité la plus complète.

Mais sauf quelques garigues abandonnées ou restées vierges de toute culture, soit parce qu'elles appartiennent aux communes, soit parce qu'elles sont conservées pour le parcours des moutons ou autres animaux domestiques, on peut dire que tout le territoire de l'Hérault est la terre promise de la vigne, et que la vigne y laisse bien loin derrière sa riche production les rendements de l'olivier, qui s'y complaît et qu'on y voit en grande quantité, ceux des froments, qui y viennent à merveille, et même ceux des luzernières, là où ces prairies artificielles donnent les récoltes les plus étonnantes.

Dans les garigues, où parfois la terre est si rare que la superficie de plusieurs hectares, à 20 centimètres de profondeur, n'offre souvent que des fragments de pierres et la roche au-dessous, aussi bien que dans les plaines et les vallées où le sol végétal pur offre plusieurs mètres de profondeur, un simple sarment mis dans un trou de 30 à 40 centimètres (fait par un pal ou broche de fer et rempli par une ou deux poignées de terre glissée et serrée dans le trou) reprend et pousse à merveille, s'il est planté de novembre en avril.

Aujourd'hui beaucoup de propriétaires, dans certains lieux et pour certaines plantations, pour la plantation des muscats par exemple, défoncent le sol à 40 ou 50 centimètres préalablement à la plantation; mais souvent aussi le sol ne reçoit d'autre préparation qu'un simple labour ou un défrichement à 20 ou 30 centimètres, et la vigne réussit si facilement partout dans l'Hérault, que l'utilité du défonçage préalable y est encore niée par des hommes d'une grande autorité.

Cette question du défonçage est complexe; elle doit être examinée relativement au climat et relativement à la nature du terrain frais ou sec, sur tuf ou sur roche; elle constitue une question générale, qui sera traitée plus loin.

Quoi qu'il en soit, dès la seconde année le sarment mis en terre et enraciné pousse des branches plus grosses que le doigt, et souvent de 1 et de 2 mètres de longueur. J'ai vu, à Maraussan, un plantier de deux ans qui a donné 21 hectolitres de vin à sa troisième feuille. La souche, formée sur deux et trois bras à 15 ou 20 centimètres de terre dès la troisième année, est portée à quatre, à cinq et jusqu'à six bras et plus, suivant la vigueur du cep, de la quatrième à la dixième année.

Fig. 94.

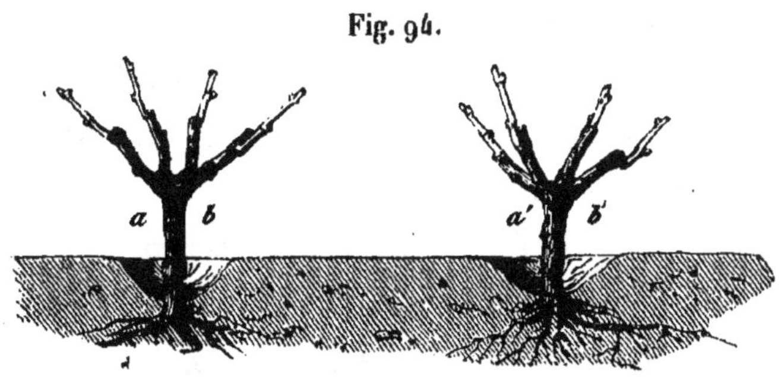

Souches de l'Hérault taillées et déchaussées.

Cette souche, composée d'un tronc vertical et cylindrique autant que possible, de 30 centimètres environ de hauteur, entre le plus haut collier de racines et la naissance des bras, s'élève de 15 centimètres au-dessus du niveau général du sol et descend de 15 centimètres au-dessous. Pour obtenir ce résultat, on déchausse le cep pendant les premières années, et notamment pendant la deuxième, et l'on a soin de détruire toutes les racines et tous les gourmands qui tendraient à pousser entre le collier principal des racines et les bras.

Cette pratique est excellente en ce qu'elle force les racines mères à se former et à s'enfoncer en dehors de toute atteinte des cultures ultérieures, en même temps qu'elle maintient la netteté du tronc et la régularité des bras.

Les bras forment, au sommet de la tige, un cône à base supérieure ou un gobelet; ils sont au nombre de quatre ou cinq en moyenne, et s'implantent, autant que possible, à la même hauteur et symétriquement autour du tronc : cette disposition symétrique n'est point indifférente, car elle partage exactement les vaisseaux séveux du tronc en autant de faisceaux qu'il y a de bras, et les tient en correspondance directe avec chacun de leurs bras, de façon à en former pour ainsi dire autant de ceps à part (voir fig. 94).

Toutes les opérations de taille dans l'Hérault se font aujourd'hui au sécateur, dont les dimensions sont proportionnées à la force des souches.

A la taille sèche de l'hiver ou du printemps, on ne laisse qu'un seul sarment à l'extrémité de chaque bras; on choisit à cet effet le sarment le plus bas et le mieux placé pour conserver au bras sa forme et sa direction régulière. On jette bas tous les autres sarments au ras du vieux bois, et l'on taille le sarment conservé à deux yeux francs, plus le bourillon ou œil tout à fait inférieur et tout près du vieux bois : lorsque la vigne est très-vigoureuse, dans les excellents terrains et dans les vallées, on taille à trois et jusqu'à quatre yeux francs. Enfin, dans les vignes d'une végétation et d'une fertilité tout à fait exceptionnelles, sur les bords de l'Hérault, par exemple, on double le courson d'un ou plusieurs bras, et on laisse en outre parfois un sarment de huit à dix yeux au-dessous du courson d'un des bras. Ce sarment s'appelle, là, un gourmand. Quand il ne gèle pas et que les coursons sont assez chargés de raisins, on le supprime; quand la souche a été gelée, ce qui arrive quelquefois, ce seul gourmand donne encore une bonne récolte. On laisse aussi une broche ou un gourmand à certains cépages, aux muscats par exemple; plusieurs propriétaires ont aussi commencé à laisser à leurs souches une branche à fruit d'un mètre, outre les crochets, mais cette dernière pratique est exceptionnelle dans l'Hérault. On peut et l'on doit dire que la taille générale de l'Hérault est la taille à un seul courson à chaque bras, courson rabattu à deux, trois et quatre yeux francs.

Dans cette taille à courson l'Hérault a adopté, depuis quelques années, une pratique très-rationnelle, celle de tailler le courson sur la cloison de l'œil au-dessus du plus haut bourgeon conservé : de cette façon le bourgeon supérieur garde toute sa force et toute sa fécondité, ce qui n'avait pas toujours lieu lorsque le sarment était tranché près de lui, c'est-à-dire dans la longueur du sarment qui sépare deux bourgeons.

En effet, si l'on fend un sarment en deux moitiés, suivant sa longueur, on voit (fig. 95) qu'immédiatement au-dessous de chaque œil il existe une cloison transversale séparative de la moelle, et que chaque œil appartient à la cellule ligneuse et médullaire au bas de laquelle il est fixé. Cette cellule qui le surmonte paraît lui appartenir tout entière physiologiquement ; et l'intégrité de cette cellule semble nécessaire à l'intégrité et à la perfection des fonctions de l'œil. On voit aussi par la figure 96 que la cellule médullaire reste close quand la taille est faite en 2-2, tandis qu'elle est mutilée et ouverte si la taille est faite en 3-3 (fig. 95). Il n'est aucun vigneron qui ne sache d'ailleurs qu'en rompant un sarment vert il se casse de lui-même à un nœud, et que le fragment supérieur emporte l'œil inférieur avec lui.

Fig. 95.

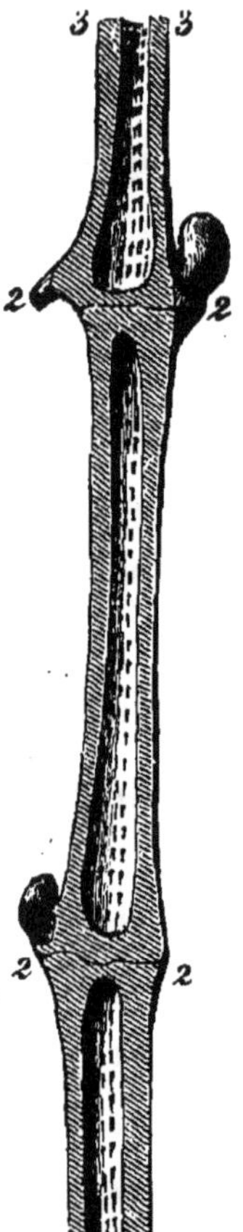

3 3 2 2 2 2

Sur vingt bourgeons sortis d'un œil supérieur dont la cellule médullaire a été mutilée par une taille rapprochée, il y en a dix de faibles et de défectueux ; plusieurs même ne végètent pas du tout.

Fig. 96.

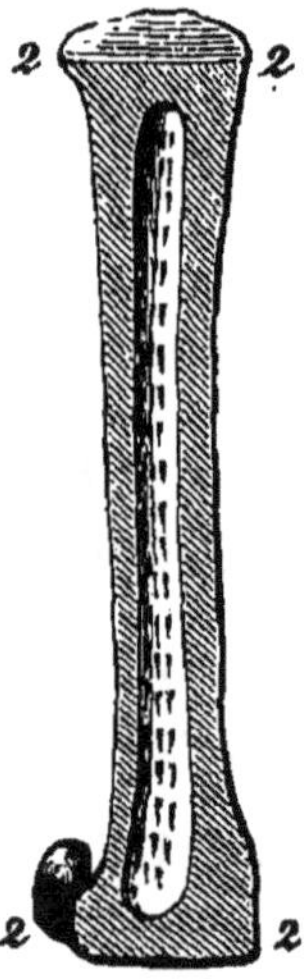

2 2 2 2

Toutes les vignes de l'Hérault sont plantées en lignes et en quinconce avec une grande perfection. La distance le plus généralement admise entre les lignes et entre les ceps est de 1 mèt. 50 cent. au carré ; et, dans ce cas, on peut labourer dans tous les sens (fig. 97). On voit pourtant beaucoup de vignes cultivées à la charrue dont les lignes sont à 3 mètres ; on en voit moins dont les lignes sont à 2 mètres. Les ceps, dans ces deux derniers cas, sont à 1 mètre dans le rang (2 mètres entre les lignes valent mieux que 3).

Les deux tiers des vignes sont encore cultivés à la main dans l'Hérault ; un tiers seulement est cultivé avec diverses charrues, mais surtout avec l'araire romain perfectionné et muni de socs divers pour la première culture et pour les

Fig. 97.

Vignes taillées et déchaussées.

binages. Cet araire, à deux limons (fig. 98), peut être conduit parfaitement à l'aide d'une seule bête de trait et par un

Fig. 98.

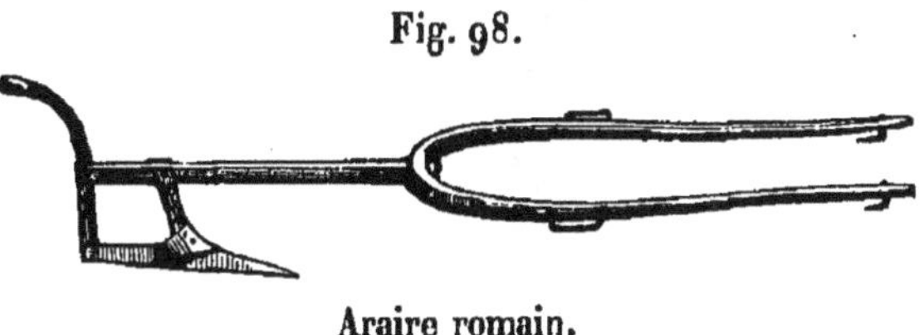

Araire romain.

seul homme : muni d'un soc allongé en pointe obtuse et d'un très-petit versoir, il passe aussi bien dans les cailloux que dans les terres pures : garni de deux ailes tranchantes étendues en V, suivant la méthode de M. Cazalis-Allut, il peut biner d'un trait une largeur de 70 à 80 centimètres; il se prête d'ailleurs à toutes les exigences; c'est un fort bon instrument, facile à guider dans les vignes avec son unique mancheron et qui offre la moindre résistance possible. Les vignes ne devraient jamais être labourées que par une seule bête de trait : les charrues à deux mules, deux ânes, deux chevaux ou deux bœufs, dans les cultures des vignes faites, sont très-dangereuses pour les ceps et très-incommodes pour retourner. Un labour à la charrue coûte de 15 à 16 francs par hectare, et de 50 à 60 francs à la main, la journée étant de 2 fr. 50 cent. à 3 francs.

Autrefois on ne donnait dans l'Hérault que deux labours aux vignes faites : l'un en mars et l'autre en mai. Aujourd'hui on en donne trois et quatre, soit à la main, soit à la charrue. On dit, et cela est certain, qu'un binage vaut un arrosement. Les quatre labours ont augmenté la récolte de plus d'un tiers en moyenne; on fume le plus possible en hiver, au pied des souches; on terre peu.

Sauf l'ébourgeonnage primitif du pied de la vigne, on ne pratique généralement aucune des quatre opérations de l'épamprage, savoir : le pinçage, l'ébourgeonnage complet des pousses stériles, le rognage des branches de charpente laissées sans pinçage et l'effeuillage. Toutefois on pratique le pinçage à la fleur sur le cépage appelé *clairette*, ce qui le rend plus fertile en empêchant la coulure.

On n'emploie ni échalas ni palissage d'aucune sorte dans l'Hérault : le mode de taille à coursons, la force des souches et la vigueur des sarments suffisent à soutenir les grappes et les bois de l'année, qui d'ailleurs disparaissent à la vendange et à la taille sèche pour sortir de nouveau toujours près de la souche.

Si le terrain de l'Hérault est favorable à la végétation de la vigne, son climat n'est pas moins puissant pour lui faire produire du bois et des fruits magnifiques et en quantité plus grande qu'en aucun autre pays.

Sur une seule souche on peut compter vingt à trente sarments, dont plusieurs mesurent 2 centimètres de diamètre

Fig. 99.

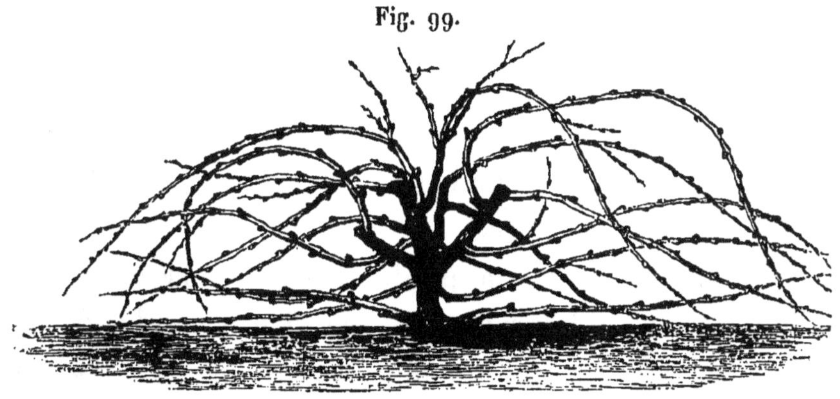

Souche avec tous ses bois d'hiver.

à la base et 4 à 6 mètres de longueur; la figure 99 donne l'aspect d'une souche moyenne très-faible après la chute des feuilles.

Dans les plaines et dans les vallées il n'est pas rare de voir les vignes composées de certains cépages, d'aramon et de teret-bouret par exemple, produire 60 muids de 7 hectolitres chacun par hectare (15 muids par céthérée), soit 420 hectolitres. Cette production exceptionnelle et excessive n'a lieu que pour les vins destinés tous autrefois à la chaudière et, par conséquent, très-communs; je dois dire que c'est l'extrême d'une moyenne production de ces mêmes vins qui n'atteindrait pas 120 hectolitres dans toutes les plaines. On attribue cette grande fertilité aux détritus basaltiques contenus dans les alluvions : plusieurs roches basaltiques se montrent en effet sur divers points du département et surtout dans les coteaux qui bordent le val de l'Hérault.

Les vignes de côtes, composées de plus fins cépages, tels que le teret noir, le spiran, le mourastel, le carignan, le sinsaou, le plant dur, l'œillade, l'alicante, le picpoule noir et la clairette, atteindraient à peine une moyenne production de 60 hectolitres dans les bonnes terres et de 30 hectolitres dans les garigues; quant aux muscats blancs et noirs, qui donnent les excellents vins muscats de Lunel, de Frontignan et de Maraussan, on ne leur attribue qu'une moyenne production, sur leurs maigres coteaux, de 8 à 12 hectolitres à l'hectare.

Je ne sais pourquoi la production des muscats est réduite à une si faible proportion, car rien n'est plus fructifère en treille et à la taille longue que les muscats noirs et blancs; et les sarments des vignes que j'ai vues plantées en ces cépages m'ont semblé assez vigoureux pour qu'on ne doive pas craindre de les mettre un peu plus à fruit. Cette restriction dans la production est sans doute intentionnelle : elle doit tenir à la perfection qu'on veut obtenir dans les moûts. Je n'ai pas eu le temps d'éclaircir cette anomalie.

Quoi qu'il en soit, le soleil de l'Hérault amène promptement la plupart des cépages à mûrir parfaitement leurs raisins. Le plus souvent, dès la fin de juillet, les signes de la maturation se montrent, pour parcourir leurs périodes dans le cours d'août, et pour les compléter et les porter, dans les mois de septembre et d'octobre, à un degré de perfection inconnu au centre et au nord de la France.

En peu de mots, sous ce magnifique climat, tous les raisins atteignent les 8, 9 et 10 degrés glucométriques qui sont nécessaires aux vins ordinaires; les fins raisins atteignent les 11, 12, 13 et 14 degrés qui appartiennent aux vins de rôti ou grands vins de table; et enfin quelques espèces peuvent s'élever à tous les degrés des vins de liqueur secs ou sucrés, c'est-à-dire de 15 à 25 degrés glucométriques et même plus haut. A peine ai-je besoin d'ajouter que certains raisins peuvent se dessécher au cep, et constituer de véritables sirops.

Telle est la puissance du climat de l'Hérault, puissance qui, jointe aux qualités spéciales du sol et à l'intelligente activité de ses habitants, a fait de ce département le premier département viticole de la France par l'abondance de ses produits et par la variété de ses liquides, comprenant depuis les vins de chaudière, les vins ordinaires, les grands vins, les vins de liqueur, jusqu'aux eaux-de-vie et aux trois-six.

L'Hérault produit des vins de consommation directe dont quelques-uns sont très-renommés : d'abord ses vins muscats de Frontignan, de Lunel, et puis ses vins rouges de table de premier ordre, tels que ceux de Saint-Georges-d'Orques. Ses vins rouges et blancs de montagne constituent des vins ordinaires très-agréables, très-sains et très-hygiéniques. J'ai bu à mes repas, chez le vigneron même, des vins de garigues composés de raisins mélangés, et je puis dire que ces vins supportent parfaitement l'eau, sont très-digestifs, et augmentent véritablement les forces; ils sont droits et ne présentent ni excès d'acide à l'avant-goût, ni cette amertume éthérée à l'arrière-goût que les consommateurs du nord se plaignent à juste titre de trouver dans les vins du midi.

Ces bons vins de l'Hérault, dits vins de commerce, ne constituent que le tiers ou les deux cinquièmes au plus de la production totale du département; le surplus était autrefois destiné à la distillation et à la production des eaux-de-vie et des esprits. Cette production s'est élevée, dit-on, jusqu'à 500,000 hectolitres; elle serait, paraît-il, réduite aujourd'hui des neuf dixièmes.

Cette réduction dans la production et l'écoulement des trois-six Montpellier tient à une double cause : 1° à la disette des vins de boisson ordinaires, qui a offert un placement avantageux à 3,000,000 environ d'hectolitres de vins de chaudière; 2° au remplacement des eaux-de-vie et des trois-six de vin par les eaux-de-vie et les trois-six de betteraves et de grain à plus bas prix, remplacement qui menace d'une destruction complète l'industrie des esprits de l'Hérault, comme celle des eaux-de-vie d'Armagnac et de Cognac.

Si donc, d'une part, la disette des vins de boisson ordinaire venait à être remplacée par l'abondance; si, d'autre part, la tromperie sur la marchandise (c'est-à-dire la substitution, cachée au consommateur, des esprits de grain et de betteraves aux esprits de vin) continuait à être pratiquée, la grande prospérité viticole de l'Hérault, du Gers et des deux Charentes pourrait bien, dans un avenir prochain, être transformée en détresse.

Si le département de l'Hérault joint à ce grave sujet de préoccupation la pensée qu'un jour ou l'autre, et ce jour arrive rapidement, l'hygiène aura fait justice de la couleur des vins comme étant parfaitement étrangère à leurs qualités et ne servant qu'à dissimuler ou à couvrir leurs vices et leurs falsifications, et que les forts vinages, surtout ceux de betteraves et de grains, seront considérés comme annihilant les vertus des vins naturels et les transformant en vins destructeurs de la santé physique et morale, les intelligents habitants de l'Hérault voudront, je n'en doute pas, profiter de leur sol et de leur climat privilégiés pour réformer peu à peu leurs vignes; ils montreront autant d'habileté à faire et à fournir des bons vins de consommation directe qu'ils en ont montré à produire les vins d'abondance, alors que cette abondance trouvait son application et sa rémunération légitime. Ils sauront très-bien comprendre que 40 hectolitres à 30 francs valent mieux pour eux que 100 hectolitres à 10 francs et que 200 hectolitres à 5 francs. C'est là toute la question.

Or il n'est pas un hectare dans l'Hérault qui ne puisse produire en moyenne 40 hectolitres de vin valant 30 francs et plus l'hectolitre, et ce vin n'a besoin ni d'être foncé en couleur ni de contenir plus de 10 à 12 degrés d'esprit; il suffit qu'il soit produit par de bons et nobles cépages, taillés selon leur convenance, et que le vin soit bien fait, bien enfutaillé, et placé dans des chais ou caves souterraines, à la température invariable de 10 à 12 degrés, pour atteindre en un ou deux ans cette valeur moyenne.

Les pineaux, les carbenets, la syra, les cots, les sauvignons, les sémillons, etc., joints aux spiran, carignan, grenache, mourastel, clairette, etc., leur donneront des vins tout à fait supérieurs et de boisson recherchée, s'ils sont bien récoltés, bien faits et bien gardés. Mais, pour quelques-uns de ces cépages, on devra recourir à la taille à longs bois, au pinçage, à l'ébourgeonnage et au rognage, peut-être même à un léger palissage ou échalassage, comme dans le Médoc, les Graves et les palus de la Gironde.

Je n'entends pas jeter ici un blâme sur la taille adoptée dans l'Hérault; je regarde au contraire cette taille comme admirablement adaptée aux cépages que ce département a choisis, et qui acceptent le lit de Procuste qu'il a su leur imposer.

On ne peut s'empêcher d'admirer les belles lignes de vignes de l'Hérault, lorsqu'elles viennent d'être taillées et labourées; la régularité des troncs et des tiges en gobelet, le déchaussement des souches, la symétrie des bras et des coursons et leur apparence de vigueur, la bonne façon et la propreté de la terre, révèlent une méthode bien réfléchie, bien suivie, et qui mérite l'attention et l'approbation de tout bon vigneron, surtout lorsque la pensée d'une production abondante, qui en est toujours la conséquence, vient se joindre à cet aspect favorable des vignes : malheureusement tous les cépages, et surtout ceux qui produisent les meilleurs vins de France, ne restent pas fertiles sous l'influence de cette taille et de cette conduite.

Plusieurs éminents viticulteurs de l'Hérault ont essayé les pineaux, les carbenets, les cots, et la plupart des cépages à bons vins; ils en ont fait et ils en font encore des vins d'échantillon, de qualités exquises, mais ils soumettent ces cépages au traitement commun usité dans l'Hérault, et leur stérilité relative ne permet pas d'en étendre la culture : pourtant ils ont constaté qu'en les conduisant à longs bois ou en treilles plusieurs de ces cépages produisent beaucoup de fruits.

Mais sans sortir des meilleurs cépages consacrés aux vins de commerce dans l'Hérault, et sans sortir de leur taille, des expériences ont été tentées pour donner à leurs jus les qualités et le goût des vins du centre et du nord de la France : la plus importante de toutes est celle qui consiste à vendanger les raisins lorsque leurs moûts marquent de 9 à 10 degrés. M. Cazalis-Allut avait raison d'admettre que les vins faits avant une maturité complète pour le pays ne sont sujets ni à s'acétifier ni à tourner, qu'ils se conservent et se transportent très-bien, et sont très-agréables et très-sains à la consommation. J'ai entendu dire d'ailleurs à Florensac qu'on évitait la pique en vendangeant sur le vert. Toutefois je persiste à croire que la première condition pour avoir de bons vins consiste dans le choix et dans l'adoption de bons cépages, et que la culture doit être subordonnée aux exigences des cépages choisis.

Une autre condition de qualité et de conservation consiste à limiter la cuvaison des vins rouges au temps de la fermentation tumultueuse. La cuvaison se prolonge généralement pendant deux semaines dans l'Hérault; quelques propriétaires l'ont pourtant réduite à ses justes limites, c'est-à-dire à une semaine.

Enfin les vins de consommation ordinaire et de 9 à 12 degrés alcooliques exigent en tous pays la division en barriques de 2 à 3 hectolitres, et la conservation de ces barriques dans des chais ou des caves souterraines à température fixe de 10 à 12 degrés au plus.

Les vaisseaux vinaires de l'Hérault sont généralement de 50 à 200 hectolitres, et ils sont placés dans des celliers qui subissent les mêmes variations que la température extérieure. Aucun vin de Bordeaux, de Bourgogne, de Champagne, de Beaujolais ou de Touraine ne pourrait se soutenir dans de pareilles conditions. Il serait donc avantageux et même indispensable à l'Hérault de changer ces conditions, s'il songe à produire des vins analogues à ceux produits et recherchés des consommateurs dans les hautes latitudes.

La division immédiate des vins de consommation en barriques d'expédition et leur conservation dans les lieux à température fraîche et fixe offrent aux propriétaires des avantages très-grands, outre la bonne tenue de leurs vins : ils peuvent expédier sur demande directe aux consommateurs, ce qui conserve à leurs vins leur originalité et leur donne leur véritable valeur; ils peuvent être ainsi gardés indéfiniment et sans crainte dans les années d'abondance et d'avilissement de prix; en un mot, les producteurs deviennent maîtres de leur marchandise à l'égard du commerce, avec lequel, dans l'état actuel des choses, ils sont toujours dans une fausse position, soit parce qu'ils ne peuvent vendre leurs grands fûts aux consommateurs directs, soit parce qu'ils ne peuvent y garder longtemps leurs vins, soit enfin parce qu'aux approches de la vendange ils doivent vider leurs cuves à tout prix.

Comme, en définitive, le vin doit toujours être mis en barriques pour être livré au consommateur, il ne s'agit, dans cette transformation des grands fûts en petits, que d'une avance et d'une première mise de fonds qui rentre avec toutes les ventes.

Les vignes donnent les plus grands revenus du sol de l'Hérault; elles y entretiennent de leur travail, de la confection de leurs produits, de leur manutention et de leur commerce la grande majorité de la population. Elles y constituent l'aisance et la richesse de toutes les classes, propriétaires, industrielles, commerçantes et ouvrières; la main-d'œuvre s'y paye de 2 fr. 50 cent. à 5 francs par journée de huit à dix heures de travail effectif, et non du lever au coucher du soleil : le vigneron donne, en général, les premières et les dernières heures du jour (les meilleures) à ses propres cultures, et la pénurie des bras met positivement le propriétaire à la merci de l'ouvrier, le plus souvent propriétaire lui-même.

On s'efforce de remédier à cette situation, vraiment pénible dans l'économie rurale actuelle, quoique logique et nécessaire, en appelant des ouvriers de l'Ariége et des Cévennes et en appliquant de plus en plus les instruments aratoires à la culture de la vigne; mais ce ne sont là que des palliatifs insuffisants et momentanés : l'agriculture tourne ici, comme ailleurs, dans un cercle vicieux d'où il faudra sortir bientôt, si l'on veut rendre au propriétaire sa dignité compromise, à l'ouvrier son bonheur perdu, à tous deux la solidarité et l'harmonie sociales, et à la France le repeuplement condensé des campagnes.

C'est là une des questions générales que j'ai déjà dû aborder dans les données communes aux autres départements de cette région.

En résumé, je n'hésite pas à recommander aux propriétaires et aux vignerons, tout en admirant les belles cultures des vignes de l'Hérault et l'intelligence exceptionnelle avec laquelle leurs produits sont exploités, les pratiques suivantes :

1° Revenir peu à peu, et au fur et à mesure des remplacements, renouvellements ou plantations vierges, aux cépages pouvant donner les meilleurs vins possibles de consommation directe;

2° Adopter pour certains cépages, tels que les carbenets, les cots, les pineaux, etc., la taille aux branches longues horizontales, arquées ou inclinées à terre, gardées un an ou deux et même trois ans en cordon, rabattues et remplacées ensuite par un bois neuf;

3° Joindre à cette taille le palissage au fil de fer tendu sur pieux;

4° Opérer, sur leurs tailles actuelles, le pinçage de toutes les pousses portant fruit et ne devant pas faire partie de la taille de l'année suivante;

5° Ne pas pincer toutes les pousses qui doivent servir à asseoir la taille de l'année suivante, mais les rogner de 1 mètre à 1m,50, du 15 au 30 juin;

6° Casser à quatre feuilles tous les contre-bourgeons qui sortent sur les branches pincées ou rognées;

7° Jeter bas tous les gourmands qui sortent du vieux bois et tous les bourgeons inutiles aux fruits et aux bois de l'année, depuis le 1er mai jusqu'au 1er juin;

8° Allonger leurs coursons, si leurs vignes sont vigoureuses, à quatre yeux au lieu de deux, en ayant soin de pincer les trois bourgeons supérieurs à quatre feuilles au-dessus de la deuxième grappe;

9° Commencer la vendange des raisins à vins de consommation directe quand les moûts marquent au glucomètre 10 à 11 degrés, de façon que l'ensemble ne dépasse pas 12 degrés à la fin de la vendange;

10° Tirer les vins de boisson alimentaire, cuvés sans égrappage mais avec un seul foulage préalable, aussitôt la fermentation tumultueuse terminée, c'est-à-dire après moins d'une semaine; y mêler les jus de pressurage en égale proportion, et les mettre en futailles neuves d'expédition, c'est-à-dire de 2 à 3 hectolitres au plus;

11° Placer ces futailles, quinze jours ou un mois après leur emplissage, dans des chais ou caves souterraines à température invariable de 10 à 12 degrés;

12° Intéresser le vigneron à la récolte par une prime par chaque hectolitre récolté, qui lui donne la chance de voir doubler son salaire habituel;

13° Lotir à cet effet les vignes à cultiver, et donner les

lots par familles, à la journée, à façon ou en participation;

14° Prendre, pour cultiver les réserves des propriétaires, des domestiques étrangers, hommes et femmes, les dresser pendant un certain nombre d'années, les marier, et leur donner un lot de vignes à soigner avec une habitation, en les rendant libres.

C'est ainsi que les richesses de l'Hérault s'accroîtront, que son importance matérielle et morale s'augmentera, et que sa population, ainsi montée au niveau des besoins de ses cultures, ajoutera encore à la puissance et à la fortune publiques.

Il est impossible de parler des progrès de la viticulture dans l'Hérault sans citer M. Cazalis-Allut, qui en a été un des plus habiles promoteurs depuis 1816, où il a créé son magnifique vignoble des Aresquiés, jusqu'à ces derniers temps, où il n'a abandonné l'intérêt de la viticulture qu'avec la vie, laissant des exemples et des écrits viticoles qui ne seront jamais oubliés, non plus que sa carrière toute de travail, d'honneur et de vertus.

DÉPARTEMENT DE L'AUDE.

Le département de l'Aude compte aujourd'hui à peu près 80,000 hectares de vignes, produisant en moyenne, côtes et plaines compensées et considérées à Narbonne, Castelnaudary, Carcassonne et Limoux, de 40 hectolitres à l'hectare : ce qui donne 3,200,000 hectolitres pour tout le département; d'une valeur moyenne, mêmes compensations faites, sur vins de coupage et de table également compensés, de 18 francs l'hectolitre, donnant pour produit brut total de 57 à 58 millions, représentant le budget ordinaire de 57,000 familles ou de 228,000 individus.

Or l'Aude ne compte guère que 300,000 habitants : la vigne y entretient donc plus des deux tiers de la population sur moins du septième de sa superficie totale, qui est de 606,000 hectares. Sur les 526,000 hectares restants les produits agricoles ne sont que de 48 millions sans les produits animaux, et de 65 millions, les produits animaux compris. La vigne est donc incontestablement la plus grande richesse de l'Aude.

Ce département offre des terrains d'alluvion et de diluvium alpin, des terrains tertiaires comme dans l'Hérault, des terrains secondaires crétacés inférieurs comme dans les Pyrénées-Orientales, et de plus, non loin de Carcassonne et de Limoux, des terrains crétacés supérieurs. Dans tous ces terrains divers la vigne est plantée et prospère, soit dans les plaines, soit sur les coteaux.

Les modes de plantation, de culture, de conduite, de taille et d'exploitation de la vigne sont, en général, les mêmes que ceux de l'Hérault et des Pyrénées-Orientales; ils participent d'autant plus des avantages ou des défauts des vignobles de ces deux départements voisins, que le lieu où on les étudie se rapproche davantage de l'un ou de l'autre.

Les cépages sont aussi à peu près les mêmes. La carignane ou le carignan est le plant caractéristique de l'arrondissement de Narbonne; l'aramon tend à s'y propager et le teret-bouret y diminue, parce qu'il ne donne pas assez de couleur.

La population de Narbonne, qui augmente de jour en jour l'étendue de ses vignes, s'accroît sensiblement, tandis que celle de Castelnaudary tend à diminuer par une raison contraire, dit-on. Toutefois la main-d'œuvre dans le Narbonnais est très-chère à cause de l'insuffisance des bras : on paye 2 fr. 25 cent. la journée d'hiver de six heures effectives, et 3 francs celle de sept heures et demie à huit heures; le prix de la journée s'élève souvent de 3 à 5 francs en été, et l'ouvrage à la tâche est marchandé sur le même pied. Pourtant on cherche à diminuer cette dépense en attirant des ouvriers des montagnes, qu'on loge et qu'on nourrit, en les payant en moyenne 20 francs par mois; mais l'opinion générale du pays est que le travail de ces hommes, habituellement privés de vin dans leur contrée, est deux ou trois fois moindre et exécuté avec moins d'adresse et d'intelligence que le travail de l'ouvrier narbonnais. Le travail d'une femme de l'arrondissement de Narbonne, me disait

M. le marquis de Remiremont, président du Comice agricole de Narbonne, vaut mieux que celui d'un homme de la montagne. Cette différence est attribuée à l'usage ou à la privation habituelle du vin.

La même différence a été remarquée et la même opinion m'a été exprimée dans les Pyrénées-Orientales et dans l'Hérault par des hommes expérimentés et des plus respectables. L'observation et les faits semblent établir que l'usage du vin non-seulement augmente les forces, l'activité et l'adresse du corps, mais qu'il civilise et adoucit les mœurs, tout en augmentant l'intelligence et l'esprit (je parle ici de l'usage du vin comme boisson ordinaire des repas, et non des excès et orgies, où le vin cesse d'être alimentaire). La cour d'appel de Montpellier compterait les crimes, délits et procès dans les départements de son ressort en raison inverse de la superficie des vignes cultivées. On m'a assuré que dans l'arrondissement de Beaune, divisé en trois parties, la plaine en gamays, les côtes en pineaux et le *dévers* en cultures de ferme, les tribunaux n'auraient pas besoin de siéger plus d'un mois par an si les gens du *dévers* n'étaient pas là pour les alimenter toute l'année. Mais ce qui ne fait pas de doute dans les grands vignobles du midi comme dans ceux du centre et du nord, c'est que l'ivrognerie des classes ouvrières et populaires y est à peu près inconnue, tandis qu'elle existe à l'état endémique, et de plus en plus prononcée, dans les pays où les vignes sont rares et dans ceux où elles n'existent pas du tout.

Dans les plaines, la distance la plus générale des ceps est de 1 mèt. 50 cent. au carré; sur les coteaux, elle est plutôt de 1 mèt. 30 cent. en moyenne. Les souches sont à quatre, cinq et six bras en plaine, et à deux, trois et quatre en montagne. La taille est toujours un simple crochet, à un, deux ou trois yeux par bras. La fécondité des souches en fruits et leur pousse en bois sont à peu près aussi énergiques que celles de l'Hérault. Les vins tiennent à la fois de l'abondance de ceux de l'Hérault et des qualités de ceux du Roussillon. Les vins de Narbonne sont plus légers, quoique très-forts en couleur et en esprit, que ceux des Pyrénées-Orientales; ils sont plus aptes à la consommation directe et immédiate, quoiqu'ils soient généralement très-propres aux coupages.

Limoux donne des vins rouges d'une grande qualité, s'approchant de ceux de Saint-Georges-d'Orques, mais plus légers, et pouvant rivaliser avec de bon bourgogne. Ces vins sont produits par le teret noir, le picpoule, le carignan et le ribeyrenc. La blanquette de Limoux, vin blanc doux et crémant, est faite avec la blanquette et la clairette; mais c'est par ses vins rouges, et non pas par sa blanquette, que Limoux figure et doit légitimement figurer parmi les crus à bons vins.

Le vignoble de Limoux est entièrement planté, sur les rampes les plus élevées de ses coteaux, dans des terrains tertiaires jaunâtres, sablo-argileux, sur roches et marnes irisées, très-propres à la culture de la vigne; mais les rampes moyennes et inférieures, aujourd'hui livrées à la culture des céréales, des prairies artificielles et des racines, sont encore plus favorables, et la vigne peut s'y étendre avec grand avantage pour l'abondance et même pour la qualité de ses produits : car, en tous pays, ce sont les rampes moyennes et inférieures des montagnes qui donnent les meilleurs vins; les sommets et les plaines ne viennent jamais qu'en seconde ligne. Cette différence doit se faire sentir à Limoux comme en tout pays à climat tempéré, car déjà l'olivier ne s'y montre plus qu'à l'état de chétiveté et de souffrance, ce qui prouve un abaissement de température notable comparativement au Roussillon; et c'est à cet abaissement de température que j'attribue la qualité spéciale des vins rouges de Limoux, qualité qui les met au goût des latitudes centrales et septentrionales de la France et de l'Europe.

J'ai entendu dire dans le Languedoc et le Roussillon que la vigne n'est vraiment riche et que le vin n'est bon que dans les pays où prospère l'olivier: c'est là une exagération de patriotisme local qu'il faudrait prendre à rebours pour être dans le vrai, si on considère le vin comme boisson habituelle et courante pendant les repas, à moins que la région n'adopte les cépages à vins légers.

J'ai voyagé en Italie et en Espagne, et je n'ai jamais pu y satisfaire ma soif avec le vin du pays, même mêlé à l'eau pendant les repas; j'ai séjourné en Angleterre, où le porto et le sherry n'ont jamais pu me désaltérer. Je dois ajouter que les vins faits partout où prospère l'olivier ne constituent encore pour moi que d'excellents vins de liqueur, d'entremets et d'usage exceptionnel, de bons vins de coupage, propres à fortifier des vins trop légers, ou bien des vins à eaux-de-vie ou à esprits, lorsqu'ils sont produits par des cépages dont les jus sont abondants et sans délicatesse.

Mais pour vins de boisson courante, abondante, alimentaire, les vins de la région des oliviers sont moins admis que ceux des climats plus tempérés de la France : que cette différence tienne à leurs propriétés exagérées par la chaleur ou par la nature des cépages, c'est un fait qu'il importe de constater dans l'intérêt même de notre extrême midi, qui, en admettant cette vérité, a déjà trouvé et qui trouvera mieux encore les moyens de produire des vins acceptés par le nord dans la consommation habituelle des repas.

Je place ici ces observations, parce qu'en approchant des limites de la région des oliviers Limoux est la première étape où j'aie retrouvé dans les vins courants les goûts et les besoins du nord absolument satisfaits.

Les cultures de Limoux ressemblent à celles de tout le département; parmi ses vignerons, les uns, pour la plantation, défoncent à 40 ou 50 centimètres, les autres ne défoncent pas. On y plante au pal et à *boutures*; mais, depuis plus de trente ans, on y enlève l'épiderme de la portion du sarment qui est mise en terre. Ce procédé, qui se retrouve pratiqué de temps immémorial dans la Haute-Garonne, et qui est très-bon en lui-même, a été expérimenté, vulgarisé et prôné avec raison par M. Leroy, d'Angers, dans ces dernières années.

La taille de Limoux est généralement courte, trop courte: un ou deux yeux par courson; quelques vignerons laissent pourtant par place une broche de sept à huit yeux, outre les crochets; mais cette broche, qui s'appelle pichevi ou pisse-vin, est le plus souvent prise au-dessous des coursons, au centre ou à l'origine des bras. Quelques vignerons laissent un ou deux yeux de plus, sur un ou deux coursons des trois bras, quand la souche est forte.

On n'échalasse pas, on n'épampre pas non plus, rarement on ébourgeonne; on relève et l'on attache ensemble les pampres au mois de septembre, un peu avant la vendange. On ne fume que par exception: le fumier d'étable, la charrée, les chiffons de laine, le plâtre, sont mis avec avantage au pied des souches. On terre parfois, mais peu, ce qui est d'autant plus regrettable que le sol de Limoux possède de magnifiques minières de terre.

La récolte moyenne est de 25 hectolitres à l'hectare; à la vendange, on égrappe à la vigne pour diminuer le poids du raisin, dont le prix d'entrée en ville est perçu au poids. On foule le raisin sur une plate-forme, et on le met en cuve pour l'y laisser de vingt à quarante jours. Les vins sont mis en caves et en tonneaux de vingt hectolitres. Si les vins rouges de Limoux n'étaient cuvés que de quatre à huit jours, sans égrappage, et s'ils étaient ensuite mis en barriques de 2 à 3 hectolitres, ils auraient alors tout l'esprit et toutes les qualités de garde et de transport qui leur font un peu défaut.

Les cultures se font généralement à la main et à la houe

Fig. 100.

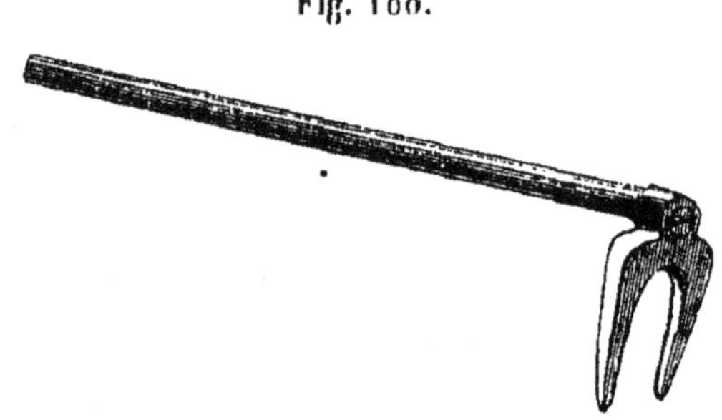

bidentée (fig. 100); on n'en donne que deux, en mars et en mai.

Les propriétaires et les vignerons de Limoux et de Carcassonne s'élèvent avec force et avec raison contre le ban de vendange, qui s'oppose à toute liberté, à tout progrès, et est presque toujours mal appliqué. L'abus du droit de grappillage, qui ne sert souvent qu'à donner la diarrhée aux enfants du pays et à causer un grand dommage à la vigne, est aussi l'objet de très-vives protestations.

Le ban des vendanges et le grappillage sont, en effet, des

coutumes abusives et attentatoires au droit de propriété : coutumes instituées autrefois pour la plus commode perception des dîmes féodales, et dont la suppression serait un bienfait digne de l'attention du souverain. Cette suppression satisferait tous les propriétaires et tous les vignerons, et elle n'exciterait de regrets que chez les truands et les vagabonds. Le droit de la propriété, qui est la base de toute production, est d'ailleurs bien antérieur et bien supérieur à la petite police municipale. Ce vœu des vignerons de l'Aude, je l'ai entendu exprimer énergiquement dans tous les vignobles que j'ai parcourus, et qui ont encore le malheur de voir la propriété la plus précieuse et la plus riche de France grevée de ces servitudes du moyen âge, au grand préjudice de tout progrès.

J'ai à signaler, dans le département de l'Aude, les belles cultures de vignes installées et exploitées, à huit ou à dix kilomètres de Carcassonne, par M. Portal de Moux. Ces vignes sont les plus régulières et les plus rationnellement tenues et conduites à la taille courte en gobelet que j'aie vues dans l'Hérault, dans le Roussillon et dans l'Aude. Elles peuvent être considérées comme les prototypes du genre ; leur direction, dans toutes leurs phases, fondée sur une logique sévère et sur des livres d'annotations et de comptes les plus clairs, met à la portée de tout le monde un enseignement précieux.

M. Portal de Moux défonce avant la plantation, au moyen de la charrue Dombasle suivie de la fouilleuse Baudin, jusqu'à 50 centimètres environ. Après le défonçage, il fait tracer sur le terrain, par un rayonneur disposé par lui *ad hoc*, les lignes parallèles et les lignes biaises qui coupent celles-ci, pour marquer par le point d'intersection la place que doit occuper chaque cep. La distance entre les lignes parallèles et les lignes biaises est constante, et leurs points de rencontre, se trouvant alignés en tout sens, permettent aux instruments aratoires de croiser les labours dans toutes les directions. La distance des lignes parallèles et perpendiculaires est d'environ 1 mètre 55 centimètres.

Au point d'intersection des lignes, le planteur enfonce une cheville en bois de 24 centimètres de long, surmontée d'une barre ou poignée en T, qui l'arrête sur le sol lorsqu'elle y a pénétré de toute sa longueur. Le vigneron pratique alors à la pioche un trou qui descend jusqu'à la pointe de la broche. Une pourette (petit poireau, plant d'un an, fig. 101) est descendue dans le trou, tenue verticalement, recouverte de terre choisie bien tassée, et assurée ensuite dans sa position verticale par un tuteur ou carasson de châtaignier, qui doit rester en place pendant trois ou quatre ans. Lorsque la souche est assez forte pour garder sa position, le tuteur est enlevé pour servir à d'autres plantations.

Fig. 101.

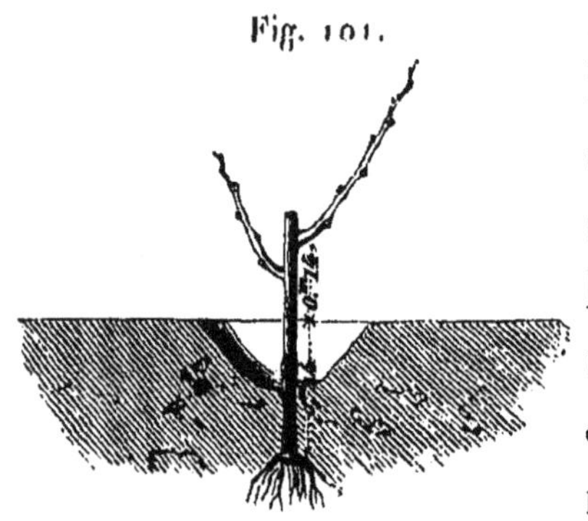

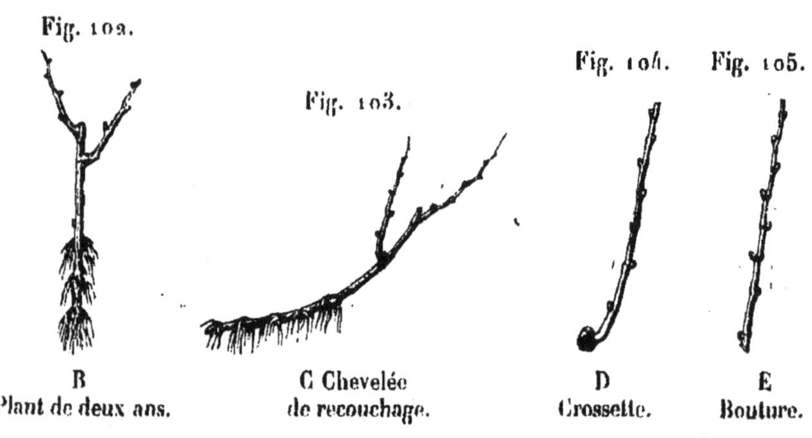

Fig. 102. B Plant de deux ans.

Fig. 103. C Chevelée de recouchage.

Fig. 104. D Crossette.

Fig. 105. E Bouture.

Les souches sont dressées à 14 centimètres de terre sur quatre bras; chaque bras porte un courson taillé à deux yeux chaque année. L'aspect des vignes ainsi conduites est d'autant plus admirable que les terres sur lesquelles elles s'élèvent sont parfaitement nivelées et ameublies, n'offrant aucune herbe parasite, grâce aux labours qui leur sont prodigués.

M. Portal de Moux a imaginé pour son usage un extirpateur, ou bien une houe à cheval, qu'une seule bête de trait conduit facilement, et qui cultive régulièrement et à une profondeur égale toute la largeur labourable d'une *rége* ou intervalle entre deux lignes. Cette culture est donnée à peu près une fois par mois l'hiver, et souvent deux fois par mois l'été. L'extirpateur de M. Portal de Moux est disposé de façon à pouvoir être rétréci dans son châssis, afin de passer entre les pampres poussés, et à pouvoir être élargi par des ratissoires latérales pour embrasser sous terre le même espace à labourer.

Cet instrument, parfaitement construit et facile à manœuvrer, rend les cultures si rapides et si économiques, qu'on peut les multiplier indéfiniment et entretenir la propreté et la perméabilité constante et absolue des terres. M. Portal de Moux attribue avec raison en grande partie la fertilité de ses vignes à ces binages fréquents.

Pour se rendre compte des opérations et des expériences qu'il pratique sur ses vignes, M. Portal de Moux a fait dresser des tableaux quadrillés, dans lesquels sont figurées les lignes qui se coupent, et où les points d'intersection désignent chaque souche: il appelle A, 1, 2, 3, 4, etc. une série de lignes, et B, 1, 2, 3, 4, etc. l'autre série de lignes sécantes; il a ainsi une table de Pythagore pour chaque pièce, table qui lui permet d'indiquer chaque cep, soit dans ses ordres à son régisseur, soit sur ses livres.

C'est avec cet ordre et ces précautions que M. Portal de Moux s'est livré à de solides expériences comparatives du pinçage des vignes, et qu'il a constaté, dans une période non interrompue de onze ans, 1° que les lignes de vignes pincées lui avaient rendu 13,63 pour 100 de plus que les lignes non pincées; 2° que le pinçage n'avait affaibli en rien la vigueur des souches.

Ce pinçage n'a point été pratiqué selon les principes absolus de l'épamprage, qui consiste à jeter bas tous les bourgeons qui ne portent pas fruit et ne sont pas destinés à la charpente et à la taille sèche de l'année suivante, à ne pincer que les bourgeons portant fruit et non les bourgeons destinés à la taille future, et enfin à rogner ceux-ci vers la mi-juillet pour les fortifier et les fertiliser en forçant la sortie des contre-bourgeons; mais l'épreuve, pour avoir été moins avantageuse, n'en a pas été pour cela moins concluante.

A l'égard de l'épamprage complet, M. Bonnefoy-Sicre, grand propriétaire viticulteur, ami et disciple de M. Portal de Moux, l'a pratiqué, tout entier et dans les règles, avec un succès complet, qu'il se plaît à proclamer, dans une vigne de sept hectares, dont la maturité a été hâtée et le rendement augmenté d'une façon marquée en 1861.

Les cépages préférés et dominants dans les vignes de M. Portal de Moux, de M. Sicre et autres propriétaires du même vignoble sont l'aramon, le teret-bouret, le mourastel, le brun fourca et le sinsaou.

Chez M. Portal de Moux, les cépages différents sont cultivés séparément : cet éminent viticulteur condamne absolument le mélange des divers cépages dans une même pièce de vignes. Je lui fis l'objection générale que, malgré la différence d'arborescence, d'époque de végétation et surtout de maturité, divers cépages dans une même terre pouvaient y vivre plus à l'aise et plus longtemps en prenant chacun des aliments différents. Il me répondit : « Avec des cépages « différents, les plus forts mangent les plus délicats; la moi« tié de la vigne est stérilisée ou souffreteuse, voilà tout ce « qu'on gagne à mélanger les ceps. »

Cette réponse, catégorique et vraie, me rappelle que j'avais vu dans un clos de collection de vignes, au domaine des Aresquiés, chez M. Cazalis-Allut, un rang de chasselas planté parallèlement à un rang de piran ou aspiran; ce rang de chasselas était littéralement dévoré et détruit par son voisin. A quelques mètres de là, plusieurs lignes de chasselas existaient ensemble dans le même terrain et se montraient toutes douées d'une vigueur extraordinaire, d'où je conclus que M. Portal de Moux avait absolument raison de proscrire, sous tous les rapports, le mélange des cépages.

Il est très-vrai que le mélange des raisins de cépages différents constitue d'excellents vins que les raisins d'un même cépage ne donneraient pas; mais rien n'empêche de cultiver séparément les cépages et de mélanger les raisins à la cuve ou au pressoir.

Les vignes de M. Portal de Moux ont été horriblement grêlées en 1861. Les pampres verts étaient tellement hachés, qu'il ne savait quel parti prendre pour faciliter la repousse: il consulta M. Rose Charmeux, et M. Charmeux conseilla de retailler de suite les pampres verts à 1 ou 2 yeux, comme on ferait pour la taille sèche. M. Portal de Moux mit immédiatement le conseil à profit. Les pampres repoussèrent rapidement : les sarments en furent si beaux et si bien aoûtés, qu'ils ont fourni pour l'année 1862 des boutures magnifiques, que j'ai vues en quantité trempées dans l'eau et attendant le moment de leur plantation.

Les moyennes récoltées par MM. Portal de Moux et Sicre sont de 90 à 110 hectolitres par hectare. Ils ne cuvent que huit à dix jours et obtiennent de bons vins rouges, même de teret-bouret et d'aramon; le climat, moins chaud à Carcassonne que dans l'Hérault, s'ajoute sans doute à la courte cuvaison pour améliorer des vins généralement tout à fait inférieurs.

M. Portal de Moux, avant d'être un viticulteur émérite, a été et est encore le premier agriculteur du département de l'Aude. Il a cultivé dans la perfection les céréales, les betteraves, les fourrages, les racines et même les plantes industrielles, telles que le chardon à foulon; il s'est livré avec une supériorité marquée à l'élève du bétail; tout le département et l'administration supérieure le savent si bien, que M. Portal de Moux en a reçu toutes les récompenses et toutes les distinctions possibles. Eh bien! M. Portal de Moux professe qu'aucune culture ne vaut celle de la vigne, et il prouve sa conviction à cet égard en substituant la vigne à la plus grande partie de ses autres cultures.

Il serait bien à désirer qu'un homme aussi éclairé, qu'un expérimentateur aussi habile et aussi précis donnât l'exemple des plantations de carbenet-sauvignon, de pineau, de cots verts et rouges, de mondeuse, de sauvignon et de sémillons taillés à longs bois et palissés en lignes : ses succès ne laisseraient aucun doute sur la possibilité de créer dans l'arrondissement de Carcassonne, comme dans celui de Limoux, des crus de premier ordre à vins fins; ils prouveraient la supériorité de la production des bons vins sur celle des vins communs, et ils fixeraient dans ces arrondissements la fortune, toujours précaire et fugace avec les vins communs.

M. Delcasse, grand propriétaire à Limoux, m'a écrit que, dans les tailles d'épreuve que j'ai pratiquées moi-même sur les vignes du pays, et dans celles qui ont été faites conformément aux spécimens établis, la récolte des fruits, parfaitement mûrs, avait été si supérieure et la pousse des bois si satisfaisante, que, cette année, les applications de la taille longue, unie aux coursons, allaient recevoir une grande extension dans l'arrondissement.

M. Delcasse a voulu s'assurer de la qualité comparative des raisins recueillis sur les branches à fruits et sur les vignes taillées à coursons, selon la coutume locale. Il en a pesé les jus au glucomètre, et l'identité la plus parfaite de leur richesse respective en sucre a été constatée dans toutes les pesées.

Cette vérification a été déjà faite un grand nombre de fois, et depuis plusieurs années les résultats obtenus par les mesures de M. Delcasse ont été trouvés parfaitement exacts; toutefois, ces résultats sont contestés et demandent des expériences nombreuses et authentiques avant d'être acceptés définitivement.

DÉPARTEMENT DES PYRÉNÉES-ORIENTALES.

Le département de l'Hérault compte environ 150,000 hectares de vignes, celui de l'Aude en cultive 80,000, et celui des Pyrénées-Orientales n'en possède aujourd'hui que 60,000 à peu près, bien que depuis quelques années il ait accru ses vignobles de 8 à 10,000 hectares par des plantations nouvelles.

Ces 60,000 hectares produisent en moyenne 20 hectolitres à l'hectare, ou 1,200,000 hectolitres valant, en moyenne, 25 francs; ce qui donne au total un produit brut de 30 millions de francs. 30,000 familles ou 120,000 habitants, plus de la moitié de la population, tirent donc leur existence du septième du territoire total, qui est de 416,000 hectares. Les 356,000 hectares autres que ceux destinés à la vigne donnent à peine 20 millions sans les animaux et 33 millions avec les produits animaux.

Le climat des Pyrénées-Orientales n'est pas moins favorable à la vigne que celui de l'Hérault; il est même plus chaud et plus abrité contre les vents de l'ouest, et tend à produire des vins plus généreux, plus sucrés, plus fermes et beaucoup plus colorés; mais son sol plus tourmenté, plus montagneux, et à pentes plus abruptes, offre des roches compactes, privées de terre végétale, qui excluent toute culture, même celle de la vigne, vers les sommets et sur les flancs d'un grand nombre de montagnes. Sur les versants et contre-forts où la vigne est cultivée, et même dans les plaines à terres calcaires rouges, à pierres fragmentées et sur roches lamellaires et fendillées ou bien à cailloux roulés où sont installés les vignobles de Perpignan, Rivesaltes et Salces, le sol est généralement moins favorable que celui de l'Hérault pour la vigueur des bois de la vigne et l'abondance de ses fruits. L'infériorité de la pousse des sarments et de la production moyenne est encore plus marquée dans les importants et curieux vignobles de Collioure, Port-Vendres et Banyuls, dont le sol, qui présente une agglomération de mamelons juxtaposés et superposés formant des vallons étroits, est exclusivement composé de roches granitiques schistoïdes, à terres jaunes et rouges, remplissant les interstices des lames et des fragments pierreux.

Les vignes de Collioure, de Port-Vendres et de Banyuls offrent un aspect général dont j'essaye de donner une faible idée par la figure 106.

Cette figure n'a rien d'absolument correspondant dans aucun des trois territoires; c'est une vue imaginaire, qui peut néanmoins servir à fixer l'attention sur un mode de culture très-facile à faire comprendre par un croquis et très-difficile à bien expliquer autrement. Des cultures sinon semblables, du moins ayant beaucoup d'analogie, sont pratiquées sur les côtes du Rhône, dans l'Ardèche et dans l'Aveyron, sur les bords du lac Léman, dans le canton de Vaud, en Suisse, et toutes les personnes qui les auront vues comprendront l'utilité d'une figure qui les rappelle.

Fig. 106.

Vignes de Banyuls, Port-Vendres et Collioure. (Vue imaginaire.)

Toutes les vignes, excepté celles du fond étroit des vallons, sont plantées en terrasses, dont les murs de soutenement et de clôture font à peu près à l'œil l'effet que j'ai essayé de représenter : des oliviers sont souvent mêlés aux vignes, surtout au pied des coteaux, et des orangers luxuriants de verdure et couverts de fruits se font remarquer autour des trois communes, dont les jardins sont le plus souvent clos par des haies de grenadiers.

Les terrasses des vignes sont disposées comme l'indique la figure 107; mais le plus souvent chaque gradin compte quatre et six rangs de vignes au lieu de trois.

Fig. 107.

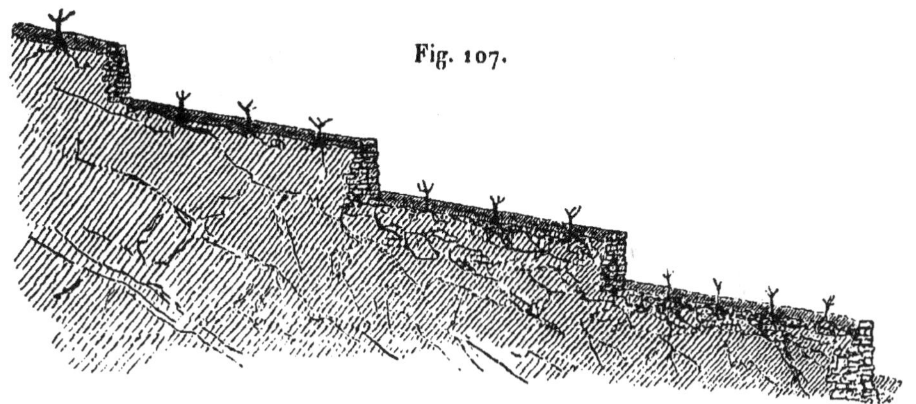

Vignes sur roches.

Fig. 108.

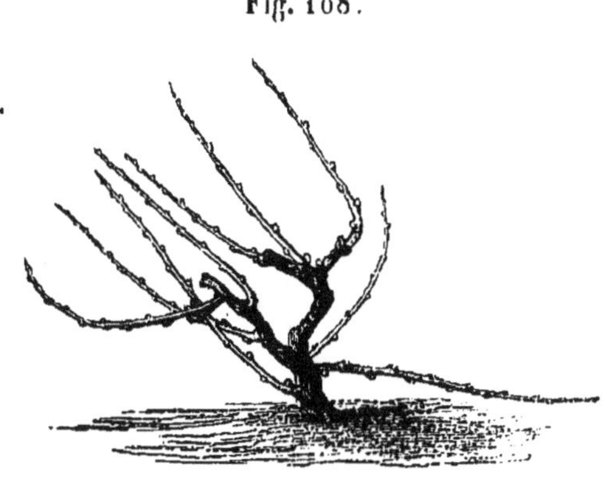

Souche non taillée.

La figure 108 représente une souche moyenne avec tous ses sarments d'hiver; on peut voir, en la comparant à la figure 99 de la souche moyenne de l'Hérault, page 246, combien sa puissance de végétation est moindre.

Fig. 109. Fig. 110.

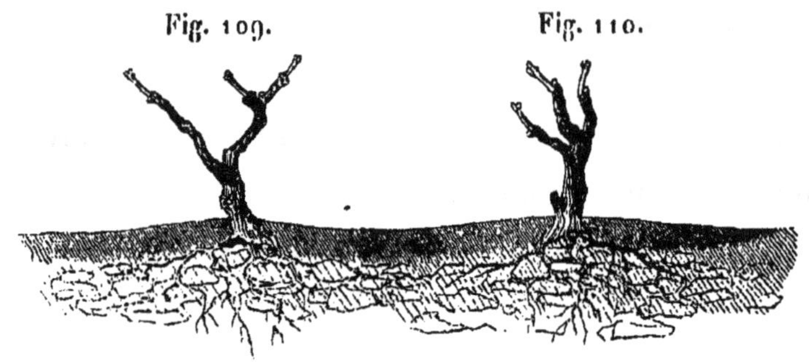

Souches taillées.

La taille de la souche représentée fig. 109 et de la souche de la fig. 110, la première formée sur deux bras et la seconde sur trois, montre aussi la faiblesse relative et l'irrégularité de la conduite de la vigne : cette taille et cette conduite sont à peu près les mêmes dans tout le département des Pyrénées-Orientales. On voit par les figures 109 et 110 comment les racines s'étendent à travers les roches fragmentaires au-dessus desquelles, à Banyuls, à Port-Vendres et à Collioure, il n'y a guère plus de 10 à 15 centimètres de sol cultivable et cultivé. La figure 111 indique la forme de la pioche qui sert à cette culture et au défrichement des garigues, qui ne

Fig. 111.

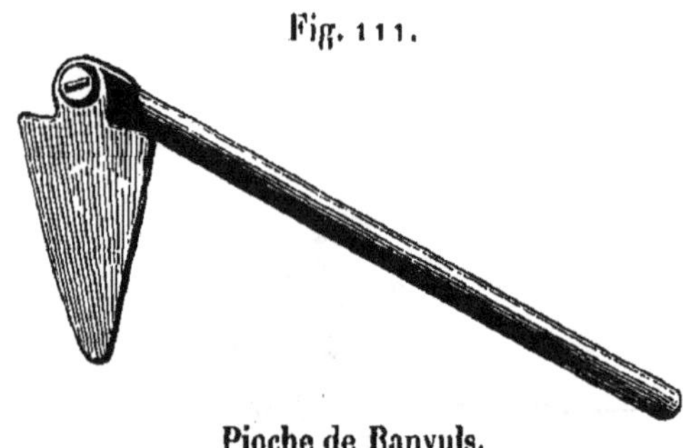

Pioche de Banyuls.

pénètre pas au delà de 10 ou 15 centimètres de profondeur,

et les figures 112 et 113 donnent les distances au centième et la disposition relative des ceps de Collioure et de ceux de

Fig. 112.

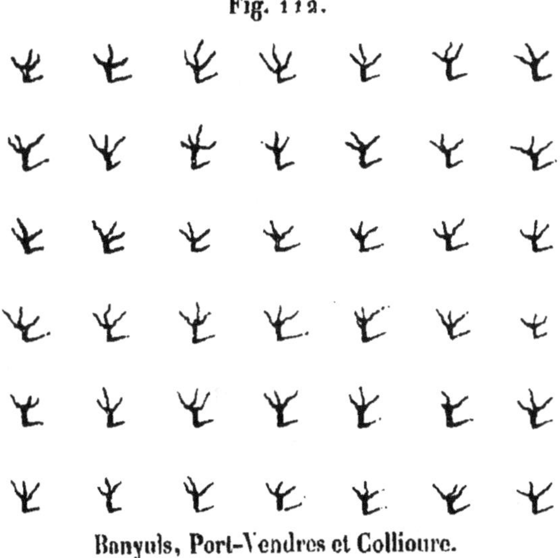

Banyuls, Port-Vendres et Collioure.

Perpignan et de Rivesaltes, distance et disposition qui sont à peu près les mêmes dans toutes les vignes cultivées à la main

Fig. 113.

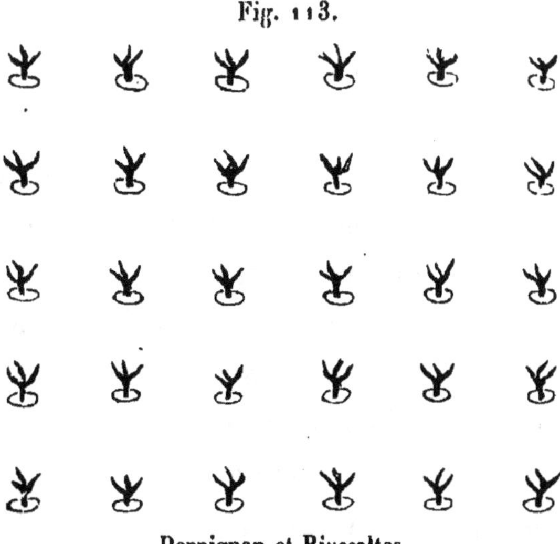

Perpignan et Rivesaltes.

dans le département, c'est-à-dire de 1 mètre à 1 mètre 30 centimètres au carré, huit à dix mille ceps à l'hectare. Les vignes à labourer sont à 2 mètres entre les lignes et à 1 mètre dans le rang (vignobles du Dr Passama, près de Perpignan; de M. Durand, à Salces, etc.).

En général, les préparations du sol pour la plantation dans le département des Pyrénées-Orientales se bornent à défricher, à labourer et à défoncer jusque sur la roche, c'est-à-dire à 10 et 15 et jusqu'à 30 centimètres seulement; la plupart des vignerons pensent qu'un défonçage plus profond est nuisible à la santé et à la durée de la vigne, laquelle, sous les ardeurs de ce climat brûlant, trouve pour ses racines une fraîcheur et une humidité qui n'existeraient plus si la roche avait été bouleversée et fragmentée trop profondément.

La plantation se fait à boutures de simple sarment et au pal : le pal ou broche de fer est enfoncé à 30, 40 et même à 50 centimètres, jusqu'à refus de la roche; on descend le sarment jusqu'au fond du trou, on glisse dans le trou la meilleure terre voisine dont on peut disposer, on l'y tasse fortement, et cela suffit pour obtenir une bonne reprise : plus la bouture descend profondément, pense-t-on, plus le succès est assuré. A la deuxième année de pousse, on coupe le cep rez terre, pour forcer un bourgeon à sortir du sol même et constituer la souche. La souche est dressée les années suivantes sur deux et trois bras, rarement sur quatre, mais sans principe et sans régularité : l'emploi du sécateur est encore refusé dans une grande partie du département, c'est à la serpe que se fait la taille.

On ne laisse à la taille qu'un sarment sur chaque bras; ce sarment est taillé en courson, le plus souvent à un seul œil franc, à deux parfois, surtout à Rivesaltes, rarement à trois. J'attribue en grande partie la faible végétation et la faible production des vignes du département à cette mutilation trop grande de l'arborescence.

On n'ébourgeonne pas, on ne pince pas, on ne rogne pas, on n'effeuille pas. On n'emploie ni échalas ni palissages quelconques.

A Collioure, Port-Vendres et Banyuls, on ne laboure que deux fois par an les vignes faites, une fois après la vendange et une fois après la taille du printemps; à Perpignan et à Rivesaltes, on donne un labour en mars, un autre en mai, et l'on pratique une cuvette de déchaussage au pied des souches; pour les labours à la charrue, M. le Dr Passama emploie l'araire romain perfectionné à limons, attelé d'un seul cheval.

La moyenne récolte varie de 10 à 16 hectolitres sur les coteaux et de 16 à 24 dans les plaines. On fume et on terre très-peu, mais on remonte les terres descendues par la culture et les pluies, du bas en haut des gradins, du bas en haut des coteaux.

On remplace le plus souvent par le provignage, au moyen d'un long sarment emprunté à une souche voisine, recouché sous terre et séparé de la souche mère à moitié bois après un an et complétement au bout de deux ans. Ce mode de remplaçage, dans les contrées de roches, est très-difficile : il faut pratiquer un fossé ou un trou avec la pince, avec le pic et souvent avec la mine. Ce provignage est coûteux et mauvais : il est mauvais pour le cep qui le fournit, et qui en est souvent ruiné; il est mauvais pour le cep nouveau, constitué sur une souche souterraine horizontale, qui ne peut avoir ni la vigueur ni la durée d'une bouture ou d'une pourette (plant de pépinière) plantée verticalement.

On fait valoir en faveur du provignage deux raisons qui

ne valent rien ni l'une ni l'autre : la première, c'est que si le provin donne une récolte abondante l'année même de sa création, et cela est vrai (il donne même encore un peu la deuxième année), il demeure ensuite trois ou quatre ans à peu près improductif, tandis que la bouture ou la pourette commence à donner la troisième année, après quoi la production augmente de façon à dépasser du double ce que le provin peut jamais donner. La seconde raison est que la bouture ou la pourette ne peut réussir au milieu des vieilles vignes, dont les racines dévorent la nourriture et dont les tiges étouffent la végétation. Cela est encore vrai si le jeune plant est mis en terre sans espace défoncé, sans engrais, et s'il est abandonné sans défense sous les pousses exubérantes des vieilles vignes; mais s'il est placé dans un bon terrain avec engrais et amendement, s'il est débarrassé des pampres inutiles des ceps voisins, il prospère comme à la plantation première, et il renouvelle et entretient réellement la fécondité de la vigne ainsi partiellement rajeunie.

Ce dernier mode de remplacement est d'ailleurs aujourd'hui pratiqué avec le plus grand succès par les viticulteurs les plus intelligents de Rivesaltes, de Salces et de Perpignan. J'ai vu au Mas-Fagès, près de Salces, de très-vieilles vignes magnifiquement renouvelées par les jeunes plants, interposés dans des trous de 40 centimètres carrés, bien terrés et bien fumés.

La vendange se fait ordinairement dans les premiers jours d'octobre. Pour les vins ordinaires du commerce, on foule les raisins, souvent en les saupoudrant de plâtre pour en aviver la couleur; on ajoute aussi 2 pour 100 et jusqu'à 6 pour 100 d'esprit *trois-six*, de vin autrefois, aujourd'hui de grains ou de betteraves, et on laisse cuver de vingt à quarante jours, toujours en vue d'augmenter la couleur; pour les vins de consommation directe et locale, la cuvaison est réduite à quinze et même à huit jours.

Dans les Pyrénées-Orientales, on rejette généralement l'aramon et le teret-bouret comme donnant des vins qui n'ont pas assez d'alcool, de corps ni de couleur.

Les cépages dominants sont le grenache, la carignane, le picpoule noir, le mataro, qui fleurit le dernier et mûrit le premier, le malvoisie, le pampanal et la clairette. M. Bernardi de Collioure m'a assuré qu'autrefois les cépages étaient différents de ceux d'aujourd'hui, et qu'on produisait alors des vins légers de couleur, mais spiritueux et très-fins.

On fait à Banyuls un vin de grenache seul, vin exceptionnel et très-recherché : le raisin est pressuré immédiatement au moment de la vendange, viné à 2 1/2 pour 100 d'esprit-de-vin et mis en tonneau sans cuvaison préalable.

Rivesaltes produit aussi, en dehors des vins ordinaires de Roussillon, des vins muscats supérieurs à ceux de l'Hérault, des vins de malvoisie et de macabéo, extraits des cépages du même nom, dont on fait écumer le moût, auquel on ajoute, lorsqu'il est refroidi et mis en tonneau, du trois-six de vin. Ce procédé ne s'applique qu'au moût de ces deux derniers cépages; le muscat se tire des raisins desséchés au cep ou sur des claies, sans ébullition ni addition d'esprit : c'est ce qui assure au muscat de Rivesaltes une supériorité marquée.

Les vins ordinaires et de commerce du Roussillon (Pyrénées-Orientales) sont bien connus, dans le monde vinicole, pour l'intensité vraiment extraordinaire de leur couleur naturelle. Dans plusieurs échantillons de divers crus j'ai versé jusqu'à six fois leur volume d'eau claire, et la coloration du mélange aurait encore pu rivaliser avec celle des vins rouges de Bourgogne et du Beaujolais : il est donc fâcheux que l'on cherche à augmenter davantage cette coloration en intensité et en éclat par l'addition du plâtre, qui minéralise le vin et tue sa vitalité hygiénique, pour obtenir un peu plus d'une qualité tout à fait inutile à l'alimentation.

Les vins fins du Roussillon sont également et à juste titre renommés pour leur corps, leur esprit, leur solidité, leur vinosité; ils supportent admirablement les transports, les variations de température les plus extrêmes; ils apportent une bonne partie de leurs avantages aux petits vins, aux vins légers et peu spiritueux auxquels on les associe : il est donc encore fâcheux que l'on y ajoute des esprits de vin, et plus fâcheux surtout qu'on y ajoute des esprits de betteraves, de pommes de terre et de grains d'Amérique, dans des proportions incroyables.

J'ai vu de mes yeux, et sous la surveillance de la douane, sur le quai, à Port-Vendres, ajouter 15 p. o/o d'esprit de grains d'Amérique à plus de cent muids de vin de Banyuls: c'était, à la vérité, pour l'exportation; mais ces vins exportés perdent l'antique et légitime réputation des vins du pays et lui causent un cruel préjudice au profit de quelques marchands qui font, à ce trafic, des fortunes très-considérables en peu de temps. Ces fortunes sont faites au détriment des propriétaires et des vignerons de ces belles contrées, car il est notoire qu'autrefois les vins de Banyuls gagnaient 50 p. o/o sur les vins espagnols à l'étranger, tandis qu'aujourd'hui ils sont tombés au-dessous du prix de ces vins dans une proportion presque aussi considérable. Pour justifier cette différence, on dit que les Espagnols ont appris à mieux faire leurs vins. J'admets qu'il en soit ainsi; mais les vins de Banyuls marcheraient au moins de pair avec eux, s'ils n'étaient détériorés et falsifiés par les inspirations d'une science et d'une civilisation dépravées : de la science, par des erreurs matérielles qu'elle érige en principes mathématiques; de la civilisation, par une avidité qui fait du gain, par tous les moyens, une prétendue nécessité sociale et une prétendue loi d'économie politique.

Les vignerons et les propriétaires de vignes des Pyrénées-Orientales font des vins naturels d'une couleur, d'une solidité et d'une force au-dessus de la couleur, de la force et de la solidité de tous les autres vins de France; bus très-vieux et en petite quantité, ils valent autant que le meilleur vin de Porto, mais ils ne peuvent convenir, qu'ils soient jeunes ou vieux, à la boisson ordinaire et courante : leur véritable emploi est d'être bus comme vins de liqueur ou de prêter leurs qualités à des vins trop faibles, en s'y mêlant pour une fraction d'un cinquième à un dixième. Ce coupage, si le vin de Roussillon est fait sans addition d'esprit du nord ni d'Amérique, n'offre que des avantages à l'hygiène publique. Le vin de Roussillon n'a qu'un tort, c'est d'être trop condensé; mais il l'est dans des proportions si parfaites, quand il est naturel, qu'il semble toujours être un vin pur, seulement plus léger à mesure qu'on l'étend d'eau. Le porto présente le même phénomène.

La vigne est la première richesse des Pyrénées-Orientales, comme elle est la première richesse de tout le Languedoc; elle est cultivée à la taille courte et sur souche basse, à bras moins réguliers que dans l'Hérault. Malgré l'infériorité marquée de son sol, le Roussillon pourrait atteindre à une production moyenne plus approchée de celle de ce département, s'il apportait plus de soin dans la taille et dans la conduite de ses vignes. Outre que le nombre des bras de chaque souche est moindre que dans l'Hérault, deux ou trois au lieu de cinq, la taille annuelle de chaque courson est souvent rabattue sur un seul œil franc. La pousse de gourmands et de sarments nombreux et forts prouve suffisamment que les conditions de la végétation annuelle sont trop restreintes par une taille aussi courte, très-favorable à la production du bois et tout à fait contraire à la production des fruits. On laisse à Rivesaltes une branche à fruits de 50 à 60 centimètres à chaque cep de muscat, de malvoisie, de macabéo, et la vigueur de ces ceps est plutôt augmentée qu'altérée par cette charge.

L'exploitation générale des vignes se fait à la journée et à prix fait. Le prix de la journée est de 2 fr. 50 cent. à 3 francs; plusieurs grands propriétaires font venir de la montagne des vignerons qu'ils payent 20 francs par mois, logés et nourris. De vastes cuisines et des dortoirs sont annexés, à cet effet, à certains grands domaines viticoles, par exemple au Mas-Fagès, propriété de M. Durand, près de Salces. On trouve dans les garigues de Collioure, de Port-Vendres et de Banyuls des entrepreneurs qui prennent du propriétaire les terres à défricher et à planter en vigne moyennant partage des récoltes par moitié pendant dix ans, à partir de la sixième année; l'entrepreneur fait tous les frais.

Des efforts considérables sont tentés, dans les Pyrénées-Orientales, pour sortir des mains de la mauvaise spéculation et du commerce industriel fabriquant les vins avec la couleur, le sucre et les trois-six de betteraves et de grains. Une société importante s'est formée à Rivesaltes pour mettre en rapport les producteurs et les consommateurs; cette société garantit les vins purs, mais elle fournit aussi les vins coupés qu'on lui demande. Il serait difficile qu'il en fût autrement en Roussillon, où les vins purs, sauf ceux de liqueur qui y sont excellents, ne peuvent être consommés sans être mélangés à des vins plus légers.

Les vins de Roussillon sont conservés en grands fûts de 50 à 200 hectolitres, placés dans des celliers, comme dans l'Hérault; mais ces vins sont tellement solides, qu'ils supportent très-bien ces mauvaises conditions de garde et de vente. Toutefois, je ne puis concevoir comment chaque propriétaire ne met pas au moins un quart de sa récolte en barriques propres à la vente directe : de cette façon, les propriétaires pourraient fournir à toute demande; ils fixeraient par la consommation directe les vrais prix à la spéculation; ils établiraient leur nom propre et leur réputation, et contiendraient la fraude en mettant leurs produits sincères en concurrence avec les produits altérés.

Aujourd'hui la spéculation industrielle, mise en présence d'un vin supérieur par ses qualités sensuelles et physiologiques, mais léger de couleur et de spirituosité convenable, et d'un autre vin de six couleurs, noir comme de l'encre, alcoolisé à vingt degrés, véritable poison de l'estomac et de la tête, offre 50 pour 0/0 de plus du vin grossier et dangereux, et méprise le vin naturel excellent que le consommateur, s'il le connaissait, payerait le double et le triple du vin noir alcoolisé. Il résulte de l'offre faite au vin noir par la spéculation que le propriétaire ne produit plus que du vin noir; car il n'a aucun rapport direct avec le consommateur, ni aucune disposition prise pour lui faire apprécier le bon vin qu'il produirait. Le consommateur en est donc réduit à accepter les vins industriels ou à boire de la bière; la bière, qui, quoique tout à fait inférieure au vin naturel comme stimulant des forces du corps et de l'esprit, finirait par être bien plus saine et plus sûre que le vin industriel, si elle n'était aussi falsifiée, puisque ce vin admet aujourd'hui les trois-six de betteraves, de pomme de terre, de grains, et que demain, grâce aux poisons alimentaires inventés chaque jour par la chimie industrielle, il admettra les trois-six de charbon et de goudron, les esprits et la matière colorante des bitumes et des asphaltes, et qu'ainsi le liquide du lac de Gomorrhe n'aura plus rien à lui envier. Il est certain qu'il se trouvera toujours des gens pour boire ce liquide, pour en savourer et en vanter les effets dépravés : Dieu sait où l'usage des vins industriels conduira la société.

En résumé, je suis convaincu que si le Roussillon adoptait la taille de l'Hérault dans le milieu du nœud supérieur de ses coursons; s'il portait ses coursons à un ou deux yeux de plus, ou bien s'il ajoutait un long bois ou branche à fruit à sa taille, en ayant soin de bien pincer tous les bourgeons à fruit qui en sortent ainsi que tous ceux des coursons qui ne sont pas destinés à la taille de l'année suivante; s'il jetait bas tous les bourgeons stériles et inutiles, en mai, et rognait les sarments de taille et de remplacement à un mètre, un mètre et demi de long, entre les deux séves, le Roussillon pourrait porter au double sa moyenne récolte (qui n'est aujourd'hui que de 20 hectolitres à l'hectare), et qu'il fortifierait ses vignes au lieu de les affaiblir.

RÉSUMÉ SYNTHÉTIQUE ET ANALYTIQUE

DE

LA RÉGION DU SUD-EST.

Aucune région ne peut offrir, en France, un climat plus généreux ni un sol plus favorable à la végétation de la vigne que cette zone où l'olivier prospère, où les orangers et les citronniers peuvent former une ceinture d'or à la Méditerranée, où les fleurs reçoivent, des ardeurs du soleil, des parfums que l'industrie recueille et que le commerce répand dans toutes les parties du monde : aussi la vigne y occupe-t-elle le premier rang par le nombre de ses cultivateurs et par les richesses qu'elle produit.

Sur une étendue territoriale de 5,689,000 hectares, le sud-est cultive 597,000 hectares de vignes, un peu plus du dixième de sa superficie totale.

De cette minime fraction du sol sort annuellement un produit brut de 373,600,000 francs : plus de la moitié du revenu total agricole, qui est de 736 millions; les 5,092,000 autres hectares ne produisent, en effet, que 362,400,000 francs.

Ces 373 millions produits par la vigne représentent le budget normal et complet de 373,000 familles moyennes ou de 1,492,000 habitants sur 2,925,000 qui constituent la population totale de la région : ce qui revient à dire que la vigne entretient plus de la moitié des individus, sur le dixième du territoire.

Ces chiffres, incontestables dans leur valeur relative, sinon dans leur précision absolue, prouvent, mieux que tous les raisonnements possibles, la puissance colonisatrice de la vigne et l'union providentielle de sa culture avec l'alimentation et avec la vie active, intelligente et heureuse de la famille.

Dans les dix départements de la région des oliviers, la vigne est cultivée en lignes, sur souches basses, à un, deux, trois, quatre bras et plus; chaque bras ne portant généralement qu'un seul courson à un, deux ou trois yeux, c'est-à-dire à taille courte. La taille longue ne s'y montre que dans quelques points peu étendus, tels que la Gaude et la Caule, dans les Alpes-Maritimes; en Corse, au cap et à Bastia; sur le muscat, le macabéo et le malvoisie à Rivesaltes; comme pare à gelée, sur les bords de l'Hérault; et un peu partout, depuis cinq ou six ans seulement, appliquée aux fins cépages ou aux souches très-vigoureuses.

Dans toute la région, les vignes sont tenues de franc pied et n'admettent le provignage que comme moyen de remplacement, non comme moyen de perpétuation. La Corse seule fait une exception bien tranchée à cet égard : on y provigne à outrance et on perpétue ainsi ses vignes, à grands frais, dans un état de production peu rémunératrice.

Dans le Languedoc et le Roussillon, l'assolement des vignes, par arrachement de vingt-cinq à cinquante ans, est la pratique dominante et la meilleure.

Dans les dix départements, on constate partout l'absence

de tout échalassage ou palissage; la Corse et quelques parties des Alpes-Maritimes font encore exception, et, sauf à Ajaccio et à Corte, les échalassages et les palissages y sont partout des plus irréguliers et des plus incomplets.

Excepté l'ébourgeonnage, qui se pratique avec quelque soin et sur certains cépages dans l'Hérault, dans l'Aude et dans le Var, les opérations de l'épamprage, les pincements, relevages, accolages, rognages, effeuillages, sont négligés et même proscrits dans presque tout le sud-est : c'est à grand tort; M. Gaudais, à Nice, M. Portal de Moux, dans l'Aude, et quelques autres praticiens distingués l'ont suffisamment prouvé; mais les viticulteurs qui se livrent avec raison aux pratiques complètes de l'épamprage sont rares, et leur zèle, à cet égard, ne remonte qu'à un petit nombre d'années.

Les cultures données à la vigne se réduisent généralement à deux, une en avril et l'autre en mai, si ce n'est dans l'Hérault et dans l'Aude, où elles sont portées à quatre, en cours de végétation; ce qui a singulièrement augmenté les produits. On donne en général quatre cultures ou binages aux plantiers (jeunes plantes).

Dans la Provence et dans les Alpes-Maritimes, la plus grande partie des vignes est cultivée en jouelles, c'est-à-dire en lignes simples, doubles ou triples, séparées par des espaces à cultures différentes. Presque partout les vignes sont mélangées d'oliviers, de figuiers, de pruniers, d'amandiers, d'abricotiers, quelquefois de mûriers. Dans le Languedoc et le Roussillon, on voit encore de ces mélanges, mais beaucoup plus rares : là, les vignes pleines et sans cultures superposées ou interposées sont la règle admise.

Le cépage d'abondance qui domine et caractérise les vins

ordinaires de la Provence est le morved, dont le Var est le quartier général, d'où il s'étend dans Vaucluse sous le nom de tinto, dans le Gard sous le nom d'espar ou de mataro, et un peu dans toute la région; tandis que le cépage d'abondance du Languedoc, la base principale des vins communs de cette province, et bien inférieur au morved sous tous les rapports, est l'aramon : l'Hérault est le centre d'où il rayonne en Provence à son tour, mais, comme le morved, en proportions décroissantes, presque comme la distance du centre à la circonférence. Dans les Alpes-Maritimes et les Pyrénées-Orientales on trouve encore le morved, mais l'aramon ne s'y rencontre point.

Autrefois le teret-bouret disputait à l'aramon la production des vins de chaudière; mais son défaut de couleur le fait délaisser depuis que ces vins sont livrés directement à la consommation.

Les principaux cépages des Alpes-Maritimes, donnant des vins ordinaires et même distingués, sont : dans le Belet et à la Gaude, le braquet, la foëla et la clairette ; ceux des Pyrénées-Orientales sont le carignan ou la carignane et le grenache. Ce dernier cépage se répand dans toute la région du sud-est depuis l'invasion de l'oïdium, auquel il résiste mieux que la plupart des autres cépages. La carignane et le grenache donnent aux vins ordinaires du Roussillon une grande supériorité de couleur, d'esprit et de solidité sur ceux de toute la région; mais à Banyuls, à Port-Vendres et à Collioure, le sol et les sites plus favorables, puisqu'ils permettent la culture de l'oranger, élèvent les vins de ces mêmes cépages, auxquels se joint un peu de picpoule noir et de morved, à la hauteur des meilleurs vins de Porto. Le grenache seul, le macabéo seul, la malvoisie seule, fournissent, dans le département des Pyrénées-Orientales, un vin spécial du même nom, vin de liqueur d'une grande réputation; il en est de même du muscat à Rivesaltes.

Le furmint seul donne, dans le Gard, le tokay-princesse. Le picpoule noir, le piran, le teret noir, l'œillade et la clairette sont la base des bons vins rouges de Chusclan, de Tavel, de Roquemaure, de Lédenon et de Langlade; la clairette produit les vins blancs estimés de Laudun et les vins blancs de l'Hérault connus sous le nom de picardans. Les vins remarquables de Saint-Georges-d'Orques, dans ce dernier département, procèdent aussi des pirans, du teret noir, des œillades et de la clairette; ce dernier cépage en petite proportion. Il en est de même des bons vins rouges des environs de Limoux, dans l'Aude. Les excellents vins muscats de Frontignan, de Lunel, de Maraussan, sont produits par les muscats blancs, jaunes et rouges. Dans Vaucluse, les vins renommés de Châteauneuf-du-Pape et ceux de la Nerthe étaient fournis aussi par les picpoules et le teret noir, avec un peu de clairette, sans morved (tinto) ni grenache; aujourd'hui le tinto et le grenache s'ajoutent et même remplacent les anciens cépages. Dans les Bouches-du-Rhône, les vins cuits de Roquevaire sont fournis par la clairette et l'araignan; les vins de Cassis et analogues, par l'ugni blanc, le pascal rose, l'araignan, pour un tiers, et le surplus par le morved, le grenache, le bouteillan, le brun fourca, le monestel et le rousselet. Dans les Basses-Alpes, le vin des Mées, vin fort estimé, était surtout produit par le bouteillan, avec un peu de clairette, de grenache, de brun fourca et de téoulié.

Tous les vins connus produits par les cépages que je viens d'énumérer sont d'autant meilleurs qu'ils comptent moins de variétés dans leur composition; aussitôt que les plants vulgaires et d'abondance du pays viennent se joindre aux anciens cépages, ces vins baissent de qualité et de réputation.

Mais tous ces vins d'élite sont des vins de liqueur, ou tout au moins des vins d'entremets et de rôti, très-forts et très-chauds; ils ne sont pas même de grande consommation de luxe, comme sont l'hermitage, le bourgogne, le champagne, le médoc, le sauterne, les graves, etc. Il en serait tout autrement, dans toute la région du sud-est, si la culture de la syra et de la roussane, de la sérine et du vionnier, du carbenet-sauvignon, du cot rouge et du merlot, du sémillon et du sauvignon blancs, des pineaux blancs et noirs de la Bourgogne et de la Champagne, et même des petits gamays du Beaujolais, était essayée à la place des terets, des aramons, des morveds, des carignanes, des grenaches, des pirans, des œillades, des bouteillans, des monestels, des mourastels, des picpoules noirs et blancs, des rousselets, des columbauds, des téouliés, des pascals noirs et blancs, du brun fourca, des pécoui-touars, des araignans, des ugnis blancs, de la clairette, des mayorquins, des muscats, des panses, etc. etc. Déjà des essais tentés dans ce sens par M. Cazalis-Allut et continués par son fils, M. Frédéric Cazalis, dans l'Hérault, par MM. Riondet et Pellicot, dans le Var, et par M. Gaudais, M. le baron de Zuylen et M. Jaumes, à Nice, ont donné et font espérer les meilleurs résultats.

Les vendanges et les mises en cuve, dans le sud-est, n'offrent rien de spécialement remarquable, si ce n'est que tous les vins rouges qui y ont acquis quelque réputation sont très-peu cuvés. Ainsi, à la Gaude, dans les Alpes-Maritimes, la cuvaison n'est souvent que de vingt heures; dans le Gard, sur les côtes du Rhône, à Tavel, Chusclan, Roquemaure, Langlade et Lédenon, la cuvaison est comprise entre un et cinq jours, tandis que pour les vins ordinaires et de commerce les cuvaisons sont prolongées de huit à quinze jours et plus.

En général les vaisseaux vinaires, dans les grands centres de production de la Provence, mais surtout du Languedoc, sont beaucoup trop grands pour la cuvaison et pour la garde.

Les meilleures cuvaisons de la Côte-d'Or, de la Gironde, du Beaujolais, sont faites dans des cuves en chêne de 40 à 50 hectolitres. Les cuves, en tout pays, devant être remplies en un jour pour que la fermentation y accomplisse toutes ses phases en même temps, les vaisseaux de 200, 600 et jusqu'à 1,000 hectolitres et plus ne peuvent donner que des fermentations superposées, successives et vicieuses. Les inconvénients des grands vaisseaux pour la garde sont encore bien plus graves; le travail de décomposition étant toujours en proportion de la masse des liquides, les vaisseaux de logement et de garde doivent être beaucoup plus petits que les vaisseaux de cuvaison : leurs dimensions doivent être comprises entre 2 et 6 hectolitres.

Mais ce qui m'a le plus étonné dans presque toute la région du sud-est, c'est l'absence de caves ou de celliers à température fixe et moyenne au-dessous de 12 degrés, température où les vins se conservent le mieux. Si les nécessités de la conservation du vin étaient bien comprises, c'est le sud-est qui devrait avoir les caves et les celliers les plus frais et les plus constants dans leur température; c'est précisément le contraire qui est la règle : c'est-à-dire que les vins y sont généralement exposés à toutes les variations de la température ambiante.

Avant de résumer les conditions les plus générales de la culture des vignes entre le propriétaire et l'ouvrier, et les impressions qu'elles ont laissées dans mon esprit, en ce qui touche l'influence de la viticulture sur la condition, les mœurs et le bien-être des populations rurales, je jetterai un coup d'œil rapide sur l'ensemble de l'agriculture française et sur la situation physique et morale de ces populations.

Dans ce qu'on nomme la grande culture, à vastes terrains tenus par des agriculteurs disposant de grands capitaux, il existe une tendance manifeste à considérer la terre comme une fabrique de denrées et à l'exploiter industriellement. En conséquence de ce principe, la culture y est dirigée exclusivement dans le sens du plus gros bénéfice possible de l'industriel, sans aucun souci ni du bien-être de l'ouvrier rural, ni de sa reproduction, ni de l'intérêt général de la société : ce dernier intérêt, qui se traduit par la somme du produit brut, est évidemment d'obtenir en tout temps les denrées de première nécessité et les matières premières des principales industries dans des conditions abordables pour tous les consommateurs : car chaque classe de producteurs dont se compose la société a sa tâche assignée, son ordre de devoirs à remplir; de même que chaque produit nécessaire à la vie sociale a sa valeur absolue représentée par le travail utile qui le crée.

Vivre d'abord, puis faire vivre le plus de consommateurs possible de ses produits, tel est le premier problème à résoudre par l'agriculture. Le rôle de ses consommateurs est de rendre aux agriculteurs les nécessités complémentaires de leur existence par d'autres productions équivalentes en travail utile, c'est-à-dire en valeur.

Le second problème dévolu à l'agriculture, dominant comme le premier toute la vie sociale, c'est celui de la reproduction, de l'entretien et de l'accroissement de la population. La culture industrielle ne résout aucun de ces deux problèmes; elle considère le travailleur agricole comme un instrument, le plus incommode de tous, qu'il faudrait, s'il était possible, éliminer à tout prix. Faire exécuter à l'aide des machines perfectionnées toutes les opérations de culture avec le concours du plus petit nombre possible d'hommes, c'est là l'idéal de la culture industrielle; la manufacture de denrées tend évidemment à réduire le plus possible l'emploi de la main-d'œuvre, à le supprimer tout à fait, s'il y avait moyen. Pratiquer l'agriculture dans ce sens et à ce point de vue, c'est méconnaître son principe fondamental. Il appartient à l'agriculture, et à elle seule, de reformer incessamment la population continuellement dévorée par l'armée, la marine, le travail des mines, les professions insalubres qui constituent la grande industrie. Sans la famille agricole, qui seule élève des enfants robustes, le pays se dépeuplerait. Créer la famille agricole, la maintenir, la perpétuer, assurer sa prospérité et par elle celle de toute la France, c'est le premier devoir et le premier besoin de l'agriculture.

L'observation démontre et les faits prouvent qu'une famille rurale de quatre individus (père, mère et deux enfants), ayant à sa disposition une surface cultivable proportionnée à ses forces, produit d'abord de quoi s'entretenir, puis de quoi entretenir une famille et demie, soit six autres individus. C'est ce qui a lieu dans les pays de métayage, à partage égal des produits du sol entre le propriétaire et le métayer; c'est ce qui n'a jamais lieu dans la culture pratiquée industriellement.

Je me garde bien d'en conclure que la grande culture et la grande propriété doivent être proscrites : ce qui est à désirer, c'est que l'exploitation du sol en grande culture se préoccupe toujours de la famille agricole; que chaque grand domaine possède à son centre le siége d'une vaste exploitation avec toutes ses dépendances, et à sa circonférence de nombreux ménages établis chacun sur un lot de terrain, avec habitation d'une étendue en rapport avec ses besoins. Par cet arrangement, la grande exploitation ne manquera jamais de bras pour ses travaux, et la famille rurale, jouissant d'un bien-être conforme à ses goûts, ayant pour but légitime de son ambition l'espoir fondé de devenir à son tour propriétaire de sa demeure et du champ qui l'environne, ne songera jamais à déserter la vie champêtre pour venir encombrer dans les villes les avenues des professions industrielles. On déplore la tendance funeste des ouvriers des campagnes à émigrer vers les villes; qu'on leur offre la perspective, même éloignée, d'atteindre à la petite propriété, fût-ce au prix de l'épargne la plus sévère et des plus dures privations, ils n'auront jamais la pensée de déserter.

La viticulture est, de toutes les manières d'utiliser le sol, celle qui, comme le prouvent les données statistiques qui précèdent, assure le mieux l'aisance de la famille rurale. Mais pour qu'il en soit ainsi, pour que les intérêts du propriétaire soient sauvegardés à l'égal de ceux du cultivateur et de ceux de tout le pays, il faut que le propriétaire comprenne les obligations que lui impose sa position ; qu'il exerce avec intelligence, avec cœur surtout, le patriarcat rural, hors duquel il n'y a pas de salut pour notre agriculture. La possession du sol ne doit plus être assimilée à la propriété d'une rente dont on mange le revenu sans avoir à se préoccuper de la manière dont il se produit : il faut que le propriétaire foncier s'initie aux choses de l'agriculture; que sa supériorité intellectuelle ne puisse être contestée par le métayer, que celui-ci accepte la direction du propriétaire avec la conviction que cette direction aura pour résultat d'accroître la production dans l'intérêt commun. Ce point obtenu, l'antagonisme, l'état d'hostilité sourde qui existe actuellement dans les campagnes, surtout dans les pays vignobles, entre celui qui possède le sol et celui qui le cultive, cet état déplorable cessera de lui-même; il sera remplacé par une entente cordiale, source de bien-être individuel et de félicité publique.

Cette vérité ressort évidemment de l'état social des populations rurales dans les départements de la région du sud-est, explorée par moi au point de vue de la viticulture. Dans les Alpes-Maritimes, le contraste est frappant entre la partie qui correspond à l'ancien comté de Nice et celle qui est un fragment détaché du département du Var. Sur la rive gauche du fleuve, le paysan *niçard* vit généralement dans les meilleurs rapports avec le propriétaire, qui, préoccupé d'intérêts d'un autre ordre, le laisse agir à sa fantaisie, ne se mêle pas de ses opérations et le traite avec une excessive indulgence quant au partage des produits. Le sol est exploité par métayage à moitié fruits; mais, en réalité, le paysan donne au propriétaire à peu près ce qu'il veut, et celui-ci s'en contente sans contestation. Le cultivateur n'en est pas beaucoup plus riche; car, faute d'instruction agricole ou d'une bonne direction qui lui en tienne lieu, il cultive mal et récolte peu. Là, tout est à faire pour tirer parti d'un sol fertile et du plus admirable climat de tout le midi de la France. L'impulsion est donnée; quelques propriétaires sont entrés dans la bonne voie, et ils trouveront des imitateurs.

Sur la rive droite du Var, on est en Provence, dans la partie de la France où s'est le mieux maintenue la cordialité dans les rapports du *méger* ou métayer avec le propriétaire. Le méger provençal est fier de son indépendance et content de sa position; le propriétaire prend intérêt à la famille du méger; il est souvent en mesure de lui donner d'utiles conseils quant à l'exploitation de sa métairie, et ses conseils sont toujours pris en bonne part.

Dans Vaucluse et dans les Bouches-du-Rhône, c'est encore le métayage équitable, à partage égal des fruits entre celui qui possède le sol et celui qui le cultive, qui domine, excepté malheureusement dans les principaux centres de viticulture. Sur la limite ouest des Bouches-du-Rhône, beaucoup de vignes sont exploitées directement par le propriétaire, qui emploie des ouvriers payés soit à la tâche ou à la journée; d'autres, de moindre étendue, sont exploitées par des familles de vignerons. Le propriétaire exploitant lui-même sa terre a presque toujours à lutter contre la difficulté de se procurer en temps utile la main-d'œuvre nécessaire, même en la payant fort cher. Le vigneron ne cultivant que l'étendue de vignes qu'il peut faire valoir avec ses bras et ceux de sa famille, sans recourir à une main-d'œuvre supplémentaire, obtient des produits plus constants et plus abondants : c'est qu'il applique à ses travaux de culture, outre sa force corporelle, toute la vigueur de son intelligence, tandis que l'ouvrier travaillant à la tâche ou à la journée, n'ayant aucun intérêt au résultat de son travail, en donne au propriétaire le moins qu'il peut pour son argent, tout en exigeant le salaire le plus élevé possible. Toutefois, tant qu'on est en Provence, le métayage à partage égal étant la règle et les autres modes d'exploitation l'exception, le mal est encore peu sensible. Il prend, au contraire, de grandes proportions dans le Gard, où l'exploitation directe des vignes par le propriétaire est le système dominant. Le petit nombre de vignes cultivé par les vignerons, soit comme locataires, soit comme petits propriétaires, rapporte par hectare précisément le double des vignobles exploités par les grands propriétaires, toujours aux prises avec les difficultés de la main-d'œuvre, qui se fait d'année en année plus rare et plus chère.

En Corse, au milieu d'une nature à végétation presque tropicale, la vigne, qui déjà sur plusieurs points donne des produits d'une qualité très-remarquable, n'attend pour se développer et créer de grandes richesses, et pour tirer parti d'un sol d'une fertilité exceptionnelle, que la colonisation par métayage ou la participation des familles agricoles aux produits.

Dans l'Hérault, un des plus riches départements français, riche seulement par la viticulture, les difficultés signalées dans le Gard se montrent encore sur une plus grande échelle et se reproduisent dans l'Aude et dans une grande partie des Pyrénées-Orientales. Comment porter remède au mal?

Le remède se présente de lui-même, d'une efficacité certaine, applicable partout avec une égale facilité : intéresser le travailleur au résultat de son travail, en lui allouant une part *en nature* dans le produit de la vigne. L'état économique du pays et la constitution de la propriété territoriale n'admettent pas partout avec la même facilité le métayage à partage égal des fruits entre celui qui possède et celui qui travaille; mais partout, en dehors du métayage, les vignes peuvent être cultivées à la tâche, et le vigneron peut recevoir, outre le salaire quotidien qui assure son existence et celle de sa famille, un dixième du produit de la vigne. Dans ce cas, mais à cette condition seulement, on peut compter qu'il apportera dans la culture de la vigne tout son savoir-faire, toute son activité; car il travaillera en partie pour lui-même.

Cette participation du vigneron aux produits de la vigne le conduit, par l'épargne, à la perspective de la propriété; cela seul double sa force et rend son travail productif, au profit du propriétaire comme à celui du travailleur. En fait, la petite propriété, les petits locataires, les ouvriers ayant un intérêt dans les produits du sol, louant leurs bras par le salaire et leur intelligence active et dévouée à la grande propriété par la participation à ses produits : telles sont les bases de la multiplication assurée des familles rurales et de l'accroissement de la production agricole.

RÉGION DU SUD-OUEST

OU

PYRÉNÉENNE ET BORDELAISE.

DÉPARTEMENT DE L'ARIÉGE.

L'Ariége ne cultive que 18,000 hectares de vignes, la vingt-cinquième partie de la superficie totale de son territoire, qui est de 454,000 hectares. Le rendement moyen de chaque hectare, déduit de trois centres de production, Saverdun, Pamiers et Foix, est de 15 hectolitres; le prix moyen de l'hectolitre également compensé, en blanc et rouge, dans les trois centres, est de 17 francs. Le produit brut total des 18,000 hectares de vignes de l'Ariége est donc de 4,590,000 francs, représentant le budget de 4,590 familles ou de 18,560 habitants : environ le quinzième de la population totale, entretenu par la vigne sur la vingt-cinquième partie du territoire.

Le sol de ce département est des plus variés. Il offre, dans l'arrondissement de Pamiers, des terrains tertiaires et d'alluvion analogues à ceux de la Haute-Garonne et de l'Aude; dans l'arrondissement de Foix, des terrains de craie, de grès vert et des granits; enfin, dans l'arrondissement de Saint-Girons, des terrains tertiaires inférieurs crétacés, jurassiques et granitiques.

Le climat de l'Ariége n'est pas moins varié que son sol; il est de plus en plus froid à mesure qu'on approche plus des Pyrénées, et par conséquent de plus en plus sujet aux gelées; il est plus chaud, au contraire, dans sa partie voisine de l'Aude et de la Haute-Garonne, mais alors plus exposé aux orages et aux grêles.

Cette double zone des gelées et des grêles semble se dessiner parallèlement aux Pyrénées dans l'Ariége, dans l'arrondissement de Saint-Gaudens, dans les Hautes- et les Basses-Pyrénées, dans les Landes, le Gers et dans la Haute-Garonne, de telle façon que les gelées dominent au sud et les grêles au nord de ces régions; leur ligne moyenne est souvent frappée par les deux fléaux à la fois.

Les désastres causés par les gelées et les grêles, et la crainte que ces fléaux inspirent à juste titre, ont restreint l'extension de la vigne dans l'Ariége, dans l'arrondissement de Saint-Gaudens (Haute-Garonne), dans les Hautes- et les Basses-Pyrénées; la crainte de la grêle seule a moins agi sur les Landes, le Gers et la Haute-Garonne, qui ont créé des vignobles dans une proportion beaucoup plus considérable.

Dans les départements ou dans les portions de départements qui touchent aux départements pyrénéens, les cultures de la vigne présentent les dispositions les plus différentes entre elles, et souvent les plus étranges. On y observe des vignes en lignes, sur souches basses sans échalas, des vignes en treilles ou en espaliers sur échalas et lianes, à

50, 70 centimètres et à 1^m,20 de terre; des vignes en hautains et sur poteaux, avec simple ou double croix à 1^m,80 du sol, et enfin les vignes cultivées sur arbres à 2, à 3 et jusqu'à 5 mètres d'élévation. Les cultures les plus élevées se montrent plus constantes dans la zone des gelées printanières et la plus rapprochée des Pyrénées; les plus basses cultures sont plus développées dans la zone du nord, la plus chaude des deux.

Les gelées de printemps attaquent en effet d'autant moins les vignes qu'elles sont tenues plus hautes au-dessus du sol; mais la maladie de la vigne, l'oïdium, agit précisément en sens inverse : les vignes hautes en sont plus attaquées, et ce fléau les atteint tous les ans de façon à détruire toutes les récoltes sur hautains. On abandonne donc peu à peu les vignes hautes, pour leur substituer les vignes basses; d'où résulte, tout le long des Pyrénées, une bigarrure et une anarchie de culture qui rend difficile toute description générale.

Toutefois le département de l'Ariége, dans l'arrondissement de Pamiers, cultive la vigne exactement comme dans la Haute-Garonne, d'un côté, et comme dans l'Aude, de l'autre; les cépages y sont à peu près les mêmes, et la qualité des vins, quoique un peu inférieure, est tout à fait analogue.

Mais à mesure qu'on approche de Foix, et notamment à Varilles, la vigne cesse d'être sur souches basses, sans échalas, et la taille sèche, au lieu d'être à coursons ou crochets simples, est toujours à longs bois ou à branches à fruits.

Les figures 114 et 115 reproduisent les principales dispositions des vignes de l'Ariége. La figure 115 donne le croquis d'une souche du canton de Saverdun avec tous ses sarments, et la figure 114 la taille complète de la même souche : on y reconnaît la conduite de la Haute-Garonne. La souche taillée ne porte qu'un œil par bras et par courson : aussi cette taille, trop courte de beaucoup relativement à la vigueur des pousses, fait-elle sortir du vieux bois six gourmands *aaaaaa* (fig. 115) qui épuisent le sol et fatiguent la tige plus que ne l'auraient

Fig. 114.

Fig. 115.

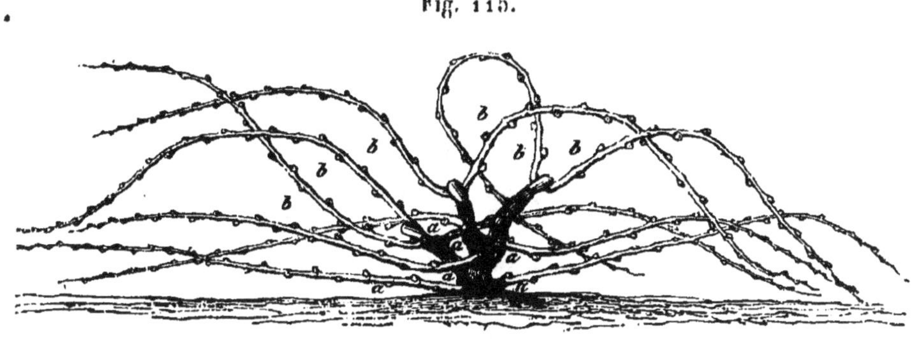

fait deux yeux de plus laissés à chaque courson, lesquels auraient donné le triple des grappes fournies par les trois yeux laissés.

Les figures 116 et 117 donnent l'état des ceps avant et après la taille, avec échalas et lianes de soutenement des souches de Varilles et de Foix. On commence à voir cette conduite de la vigne aux environs de Pamiers.

eee sont les échalas de 50 centimètres, 80 centimètres, $1^{m},20$ et 2 mètres, suivant la hauteur à laquelle on dresse le collet de la vigne, et cette hauteur est au maximum dans les plaines et sur les rampes qui les avoisinent, et au minimum sur les rampes élevées et les plateaux où l'humidité et les vapeurs séjournent moins; *lll* indiquent les lianes ou traverses de soutenement, qui tantôt sont faites de longs sarments rattachés ensemble, tantôt de branches de clématite sauvage qui poussent dans les bois comme de longues cordes.

La figure 116 représente une souche avec tous ses sar-

Fig. 116.

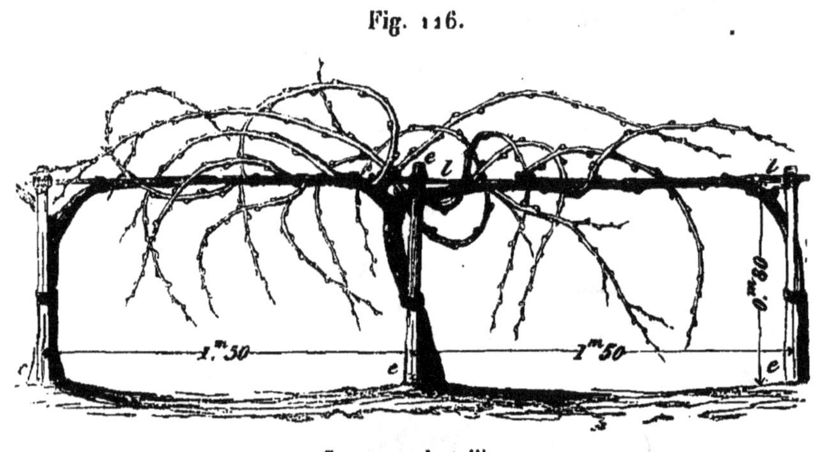

Cep avant la taille.

ments, avant la taille; la figure 117 indique cette même souche, bien taillée et attachée à l'échalas et aux lianes,

Fig. 117.

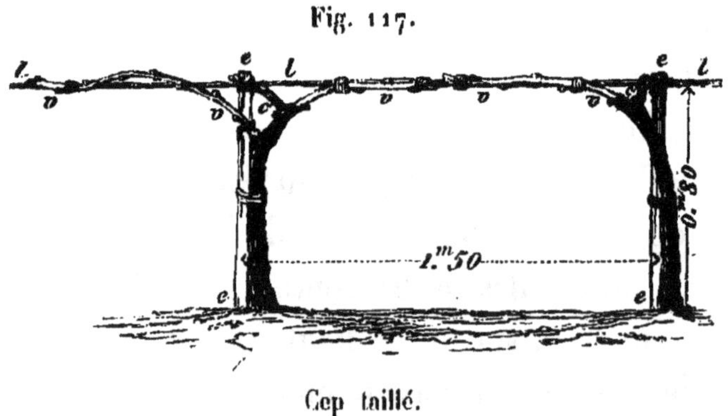

Cep taillé.

avec un crochet *c' c'* et deux branches à fruit *v v*, *v' v'*, de 50 centimètres à 1 mètre de longueur chacune.

Si l'on compare la taille que montrent les figures 114 et 117, on voit que le vigneron n'a laissé que trois yeux fructifères à la première et qu'il en a laissé quinze à vingt à la seconde. Si l'on regarde ensuite la pousse de la figure 115 et celle de la figure 116, on voit que la première, même avec ses gourmands, qui n'ont pas pu porter de raisins, est moins puissante que la seconde, qui n'a presque pas de gourmands, et dont toutes les pousses ont pu porter des fruits.

Si l'on ajoute à l'aspect de ces croquis, expression exacte des faits, que les souches des fig. 116 et 117 vivent plus longtemps et sont toujours plus vigoureuses que celles des figures 114 et 115, et que cette vérité est établie, dans le même pays et dans le même sol, par une comparaison séculaire; si l'on sait enfin que la moyenne production des souches 116 et 117 est à celle des souches 114 et 115 comme 3 est à 1, c'est-à-dire comme 60 hectolitres sont à 20, il faudra bien tirer de cette comparaison la conclusion que la taille longue est plus favorable que la taille courte à la longévité de la souche, à la vigueur de ses pousses et à sa fécondité. Cette conclusion est parfaitement vraie en tout pays, mais nulle part elle n'est plus fortement burinée par le temps et l'expérience que dans l'Ariége.

J'ai été heureux de trouver là cette démonstration toute faite des principes de viticulture que j'ai appliqués pour mon propre usage, dont j'ai constaté la justesse, et que je me suis efforcé de vulgariser dans l'intérêt général.

Je n'entends nullement dire que la taille à longs bois de l'Ariége réunisse toutes les conditions de la perfection, non; les vignerons ne laissent pas toujours autant de crochets de remplacement qu'il y a de branches à fruit à maintenir chaque année. Les vignerons ont le tort aussi de ne pas dresser leur vigne à sa hauteur définitive, avec ses crochets et ses branches à fruit, aussitôt que la vigueur des pousses le permet, c'est-à-dire en moins de quatre ans : ils mettent dix à vingt ans à laisser monter la vigne à sa hauteur finale, et jusque-là ils ne laissent que des branches à fruit et point de crochets de remplacement ; le crochet n'apparaît, pour remplacer chaque branche à fruit, que quand la vigne a atteint toute sa hauteur : or l'expérience démontre, pour les treilles, qu'il convient d'en former la tige d'un seul sarment aussitôt qu'il est assez vigoureux, et de les dresser là où elles doivent atteindre d'abord. Cette pratique donne immédiatement à la séve toute sa force d'ascension et la lui conserve mieux que quand la tige a été formée de vingt tailles successives. Enfin les vignerons de Varilles et de Foix n'ébourgeonnent pas, ne pincent pas, ne rognent pas, c'est-à-dire qu'ils ne pratiquent aucune taille en vert.

Sous l'impulsion de M. Laurens, président de la Société d'agriculture de l'Ariége, viticulteur aussi distingué qu'agriculteur éminent, et avec les bonnes dispositions que j'ai trouvées autour de lui chez un grand nombre de propriétaires, la viticulture, déjà reconnue par eux comme la source de leurs plus clairs et de leurs meilleurs revenus, arrivera bientôt, je n'en doute pas, à la perfection.

Le sol de l'Ariége est excellent pour la vigne ; son climat est favorable à tous les cépages de la Haute-Garonne, du Bordelais et de la Bourgogne, et j'y ai bu, chez M. Laurens et chez son fils, des vins purs du pays, bien colorés, bien corsés, d'un bouquet remarquable, d'une générosité suffisante et constituant de vrais types de vins de table. Le département de l'Ariége peut augmenter sa population et doubler sa richesse par la viticulture, et je suis convaincu qu'il poursuivra et qu'il atteindra ce résultat.

Fig. 118.

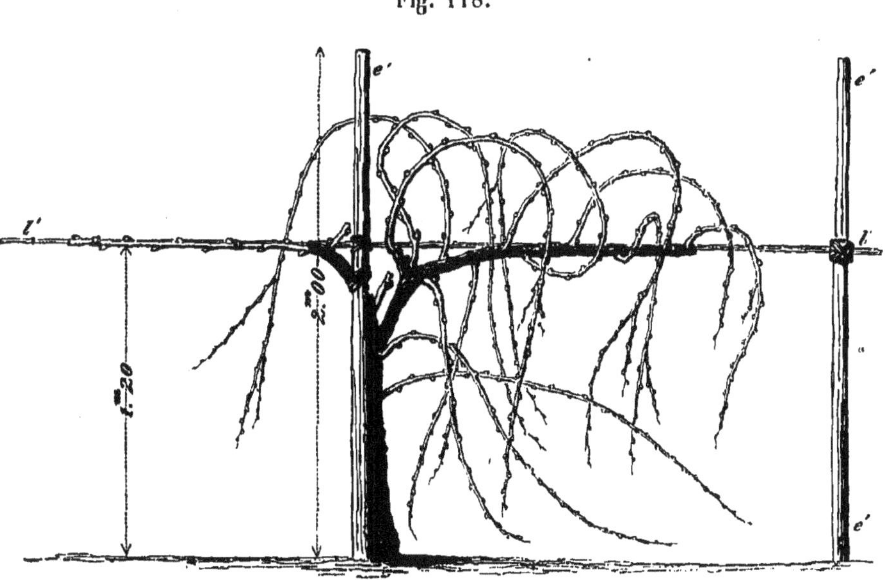

Cep de Varilles, ayant sa moitié droite avec tous ses sarments d'hiver et sa moitié gauche taillée.

La figure 118 représente un cep de Varilles dont la moitié droite est taillée et dont la moitié gauche porte encore tous ses sarments.

La figure 119 représente, 1° un plateau en vigne à taille courte, sans échalas ni palis *gg*, et des vignes en gradins *hhhh* à taille longue, sur échalas, fil de fer ou lianes, disposition qu'on voit en arrivant à Pamiers. La figure 120 donne la perspective d'une vigne également à taille longue, sur échalas et lianes, près de Foix.

Dans les vignes basses et sans échalas de l'Ariége, au canton de Saverdun, par exemple, on déchausse la vigne en mars et on la rechausse fin mai ; on ne défonce pour la plantation et l'on n'ajoute une troisième et une quatrième

Fig. 119.

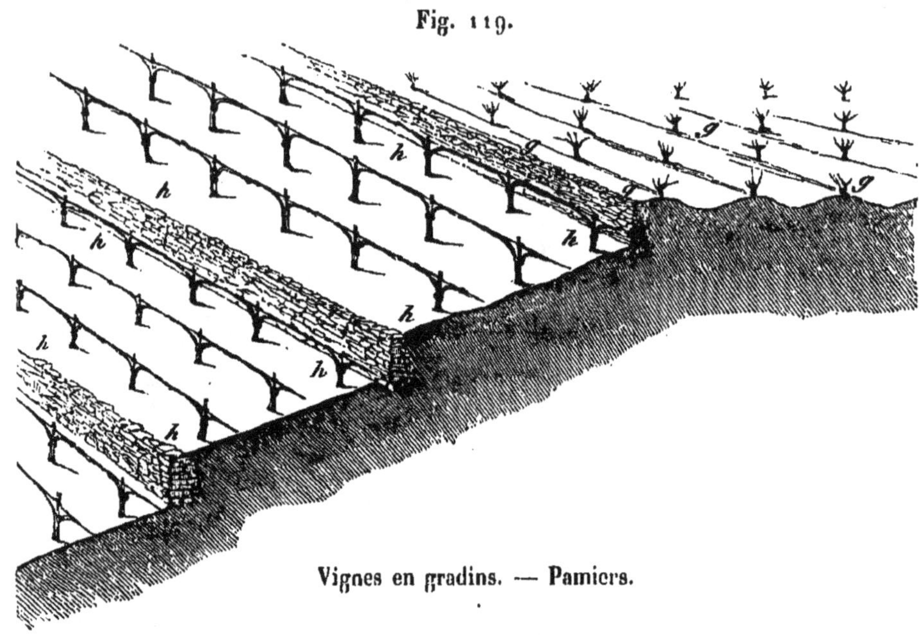

Vignes en gradins. — Pamiers.

Fig. 120.

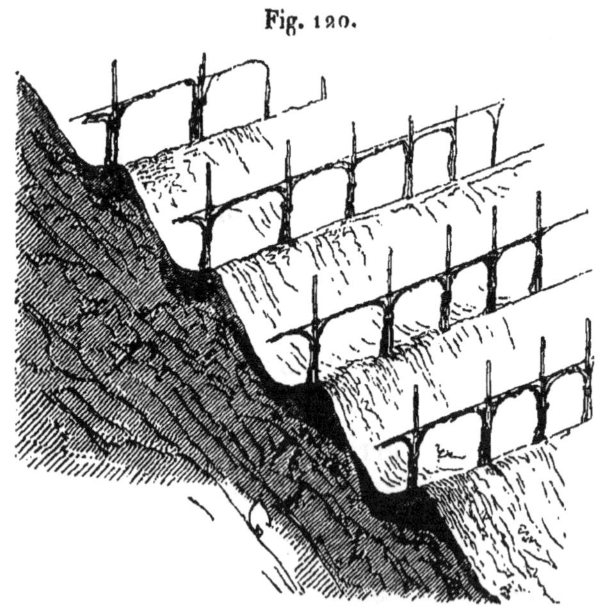

Vignes en gradins. — Foix.

façon que très-exceptionnellement. On taille le plus souvent chaque crochet à un œil franc. La vigne est dressée sur deux ou trois bras en éventail, et il n'y a qu'un crochet à chaque bras. On remplace par le provignage, on effeuille avant la vendange, et l'on attache les branches ensemble. M. Laurens a dressé des vignes selon les principes que je recommande; il pince et il ébourgeonne avec succès. On vendange tard et l'on cuve pendant trois semaines; M. Laurens cuve pendant huit jours seulement et fait le meilleur vin. On pressure peu : on fait des demi-vins et des piquettes en jetant de l'eau dans la cuve sur le marc non pressuré.

Les cépages de l'Ariége sont : le negret (breton carbenet), le bouchalès (cots à queue rouge, verte, cahors, malbec, noir doux), le bordelais, la grosse mérille, le mourastel, le morved, l'œillade (morterille, milliod, prunella, maroquin, gros picpoule, gamay, folle noire), le rédondal noir (macabéo) et l'alicante (l'apiran ribeyrenc), la chalosse noire, le teret-bouret, le picpoule noir; le duraze à Pamiers, Varilles et Foix; le teinturier à Varilles, le berdanel à Pamiers : les trois derniers sont de très-gros plants. M. de Luppé a introduit avec succès près de Foix les pineaux noirs et les gamays. Tous ces cépages sont noirs. Les ceps rosés sont le mozac et l'alicante roses; les blancs sont le mozac, la clairette, la blanquette, le meslier, le rédondal blanc, le muscadet ou muscadelle, le malvoisie, le chasselas, le picpoule blanc (folle blanche, enrageat, plant de dame, plant de Grèce le plus rustique et le plus commun de tous).

Les vignes se font à la journée, quand elles ne font pas partie d'une métairie. La journée se paye, dans l'Ariége, 80 centimes, 1 franc, 1 fr. 25 cent. et 1 fr. 50 cent. quand on fauche, plus un litre et demi de demi-vin. Les métayers ou colons partiaires sont tenus de labourer gratuitement, à la charrue, les vignes exploitées par le propriétaire. Ces colons ont, outre leurs terres, jardins, etc. à moitié, 40 ares de vignes par paire d'attelage, vignes également à moitié : c'est la vigne qui rapporte le plus au propriétaire et au colon.

L'Ariége est probablement le département de la France où la culture de la vigne coûte le meilleur marché : si l'on met à part les chaussages et déchaussages par les attelages des colons, la vigne ne coûte pas 50 francs par hectare de cultures annuelles. M. Faure, de Saverdun, a relevé des comptes de dix ans, et il a déboursé 30 francs par hectare; Mme de Larlinque paye le même prix à Pamiers, et M. Laurens ne dépensait guère plus avant qu'il s'occupât de la vigne autrement que tous ses voisins. Est-il surprenant que des récoltes moyennes n'atteignent pas 10 hectolitres par hectare avec si peu de frais et par conséquent si peu de soins? Eh bien! j'ai entendu se plaindre de la cherté de la main-d'œuvre dans l'Ariége aussi fortement que dans la Haute-Garonne, où elle n'est pas plus ou guère plus chère, aussi fortement que dans l'Aude, que dans les Pyrénées-Orientales et que dans l'Hérault, où la journée est payée de 3 à 5 francs.

On dit dans la Haute-Garonne et dans l'Ariége que la vigne donne trop peu pour payer toutes les façons recommandées, et cependant c'est encore la vigne qui y donne le plus entre toutes les cultures, auxquelles les propriétaires avancent, en frais, le triple de ce qu'ils donnent à la vigne. S'ils faisaient à la vigne les avances qu'elle mérite, au lieu de leur rendre trois fois plus que les autres cultures, elle rendrait dix fois plus. La vérité est que dans l'Ariége, les Hautes- et les Basses-Pyrénées, et même dans la Haute-Garonne, la vigne était reléguée sur les derniers plans de l'agriculture jusqu'en ces derniers temps, et que c'est depuis peu seulement qu'on y a compris son véritable rôle, grâce aux grandes voies de communications créées, et surtout grâce aux chemins de fer.

Dans l'arrondissement de Saint-Girons on observe, comme à Saint-Gaudens, des vignes conduites sur des arbres, soit en bordures, soit en massif sur céréales et cultures sarclées, soit en clôtures, surtout dans les plaines à droite et à gauche de la rivière du Salat.

M. Laurens, président de la Société d'agriculture de l'Ariége, a bien voulu me faire connaître le résultat de l'application des conseils que j'avais donnés et des tailles d'épreuve que j'avais faites moi-même; tailles et conseils que M. Laurens n'a pas hésité à faire appliquer à une grande étendue de ses vignes. Ce résultat a été des plus satisfaisants, et je citerai ici les quelques mots dits, à ce sujet, dans le rapport fait par une commission de sept membres au conseil municipal de Saverdun : « Il nous restait à étudier les « effets de la taille *Guyot*, et sur le raisin et sur la souche. « Que pourrions-nous dire, si ce n'est qu'il est impossible « de trouver à un tel point la quantité unie à la qualité, et « cela sur quelque cépage que ce soit; car, quand on par- « court les vignes de M. Laurens, à quelque endroit qu'on « se trouve, quelle que souche que l'on considère, on ne voit « que des raisins, des raisins partout, raisins magnifiques « par leur grosseur et par leur maturité. »

M. Laurens estime sa récolte à trois ou quatre fois la récolte des vignes environnantes, conduites selon l'habitude du pays; mais ce n'est pas seulement par les fruits, c'est encore par la beauté des bois, que les effets de la conduite nouvelle de la vigne se sont fait remarquer.

DÉPARTEMENT DE LA HAUTE-GARONNE.

Sur une étendue totale de 618,558 hectares, le département de la Haute-Garonne cultive 55,000 hectares de vignes; d'une production moyenne de 15 hectolitres à Villaudric et Fronton, ses meilleurs crus, mais les plus maigres; de 25 hectolitres dans les arrondissements de Toulouse et de Muret, et de 40 à 50 hectolitres dans les plaines : d'où se déduit une moyenne générale de 25 hectolitres, du prix moyen compensé de 16 francs l'hectolitre; ce qui donne 400 francs bruts par hectare, et 22 millions de francs de produit brut pour les 55,000 hectares : plus du quart du revenu total agricole (qui est de 81 millions de francs) sur la onzième partie du sol.

Ces 22 millions représentent le budget annuel de 22,000 familles ou de 88,000 individus, près de la cinquième partie de la population, qui est, au total, de 494,000 habitants. Le rôle de la vigne, assez restreint dans l'Ariége, devient donc ici d'une grande importance.

Le sol de la Haute-Garonne se compose de terrains tertiaires dans la plus grande partie de son étendue : ce n'est que dans l'arrondissement de Saint-Gaudens qu'on observe l'étage inférieur du terrain crétacé et l'étage supérieur des terrains jurassiques; partout ailleurs le sol est formé par le diluvium alpin, les alluvions anciennes de la Bresse et les alluvions récentes. A Muret et à Toulouse, les vignes sont généralement plantées dans des terrains riches et profonds, jaunes et rouges, tantôt à cailloux roulés et à gravier très-abondants, tantôt sans cailloux ni gravier; à Villaudric et à Fronton, le plateau des vignobles est formé de terres blanches silico-argileuses.

Le département de la Haute-Garonne est tourmenté par les orages et souvent ravagé par la grêle; son climat est pourtant plus froid que celui de l'Aude : aussi les vins y sont-ils encore plus directement et bien plus généralement potables; les cépages empruntés au sud-ouest y sont acclimatés, avec raison, de préférence à ceux du sud-est.

Le bouchalès, variété de cots, de malbec, et le negret, espèce de carbenet ou breton, le mozac et la chalosse, la morterille, le bordelais, dominent à Muret, à Toulouse, à Fronton, à Villaudric : ce sont là les cépages du sud-ouest qui font les meilleurs vins de la Haute-Garonne; quant au mourastel, au picpoule et à l'aramon, qui viennent du sud-est, ils tendent à disparaître : la clairette et la blanquette se rencontrent aussi dans la Haute-Garonne, comme elles s'étendent de l'est à l'ouest de tous les départements pyrénéens.

La Haute-Garonne (l'arrondissement de Saint-Gaudens toujours excepté) cultive la vigne en lignes, sur souches basses, à bras et à crochets courts, sans échalas comme dans l'Hérault, les Pyrénées-Orientales et l'Aude; mais ses cultures se distinguent de celles de ces trois départements en plusieurs points caractéristiques.

D'abord la vigne y est dressée de préférence, et le plus généralement, à trois bras en éventail, dont le plan se confond avec le plan de la ligne des ceps, au lieu d'être dressée sur trois, quatre et cinq bras et plus, en gobelet ou en calice.

Cette disposition en éventail a pour objet de permettre aux instruments aratoires d'approcher le plus près possible des souches sans accrocher leurs bras, et de diminuer ainsi la largeur de la bande à façonner à la main.

En second lieu, la majorité des vignes présente ses ceps en lignes distantes de 1^m,80, les ceps étant à 1 mètre ou 1^m,10 les uns des autres dans la ligne.

Enfin les lignes sont fortement chaussées fin mai; c'est-à-dire que les terres du milieu de l'intervalle des lignes sont déblayées et accumulées en billons dont le sommet touche le collet des souches, comme j'ai essayé de le représenter dans la figure 121, et ces mêmes lignes sont fortement déchaussées au mois de mars ou d'avril de l'année suivante,

Fig. 121.

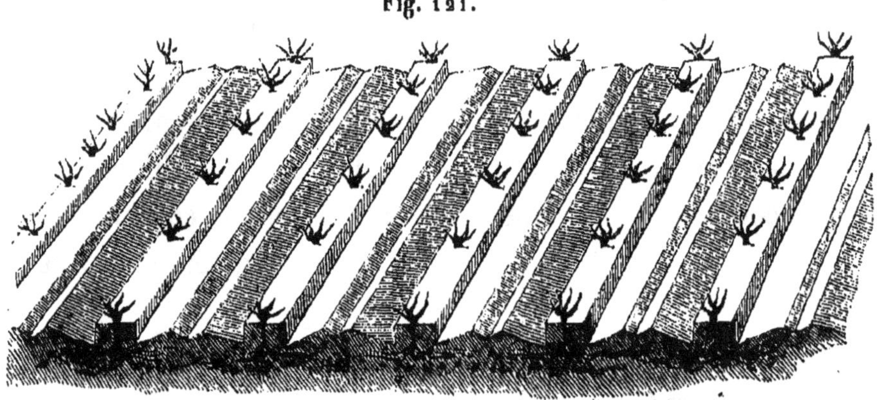

Vignes travaillées à la charrue et non décavaillonnées.

après la taille. J'insiste sur cette opération, parce qu'elle est difficile, coûteuse et nuisible à la vigne, et que néanmoins elle est pratiquée dans les Hautes- et les Basses-Pyrénées, les Landes, le Gers, le Tarn-et-Garonne, le Lot-et-Garonne, la Gironde, les Charentes, et dans beaucoup d'autres départements.

Voici comment s'opère le déchaussage : si l'on jette les

yeux sur la figure 122, on voit que l'éventail ou la tige des souches paraît être sur le sommet d'un billon, tandis que le

Fig. 122.

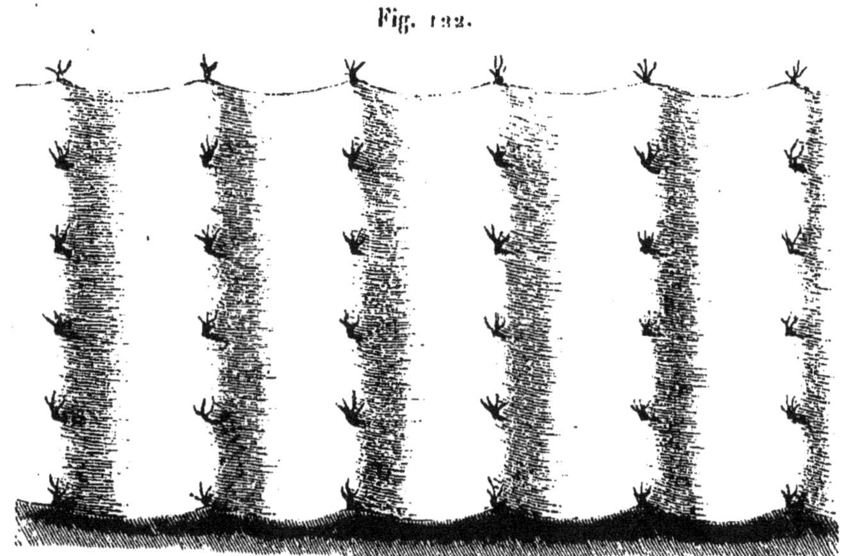

Vignes chaussées.

milieu entre les lignes est une espèce de rigole ou de fossé séparant deux billons; si l'on regarde ensuite la figure 123, une disposition toute contraire apparaît, c'est-à-dire que le billon occupe le milieu de l'intervalle des lignes de vignes, et que les lignes de vignes occupent le fond de la rigole ou du fossé : c'est là, en effet, l'état du déchaussage complet. Pour l'obtenir, on a attaqué, avec la charrue à versoir opposé à la ligne à déchausser, le billon de droite et celui de gauche, de façon à rejeter au milieu de l'intervalle des lignes la plus grande partie possible de la terre qui les constitue : la vigne ainsi labourée présente à peu près l'aspect que j'ai voulu reproduire par la figure 121. On voit par ce croquis que la charrue, n'ayant pas pu approcher des souches, a laissé sur leur ligne la portion la plus élevée du billon; cette portion doit être enlevée ensuite à la bêche et rejetée au milieu de l'intervalle, pour compléter l'aspect donné par la figure 123. Cette partie laissée intacte par la charrue, entre

Fig. 123.

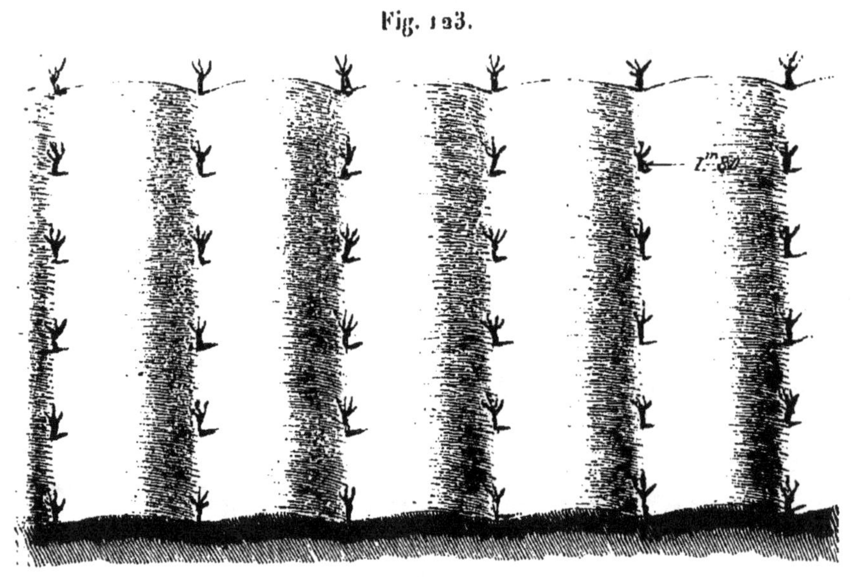

Vignes déchaussées et décavaillonnées.

les souches et de chaque côté, s'appelle le cavaillon; et ce nom de cavaillon vient de ce que l'ouvrier, qui en jette la terre à droite et à gauche avec sa pioche, se tient à cheval sur la ligne des ceps, pour exécuter plus habilement et plus régulièrement l'opération.

Cette culture, aussi difficile que dispendieuse, est parfaitement inutile; je dis plus, elle est nuisible à la vigne : l'expérience et le raisonnement se réunissent également pour la condamner, surtout dans son exagération. J'ai vu des propriétaires dans la Haute-Garonne, dans les Hautes- et Basses-Pyrénées, dans le Gers, dans le Lot-et-Garonne, qui ont fait déchausser leurs vignes à 30 centimètres au-dessous du collet, sans obtenir une récolte au-dessus d'un rendement moyen de 15 hectolitres à l'hectare, dans des terrains très-riches et très-profonds; tandis que dans la Champagne, dans la Bourgogne, dans le Beaujolais, où l'on cultive à plat, on obtient une moyenne de 30 à 40 hectolitres à l'hectare dans des terrains bien moins plantureux; tandis qu'aux environs de Paris, à Argenteuil par exemple, où les binages sont de 10 à 12 centimètres à plat, on obtient 50 à 60 hectolitres; tandis que dans l'Aude M. Portal de Moux, avec ses binages à plat, obtient 100 hectolitres. La majorité des vignerons de l'Hérault, des Pyrénées-Orientales, de l'Aude et du Lot cultivent à plat, et la vigne se porte à merveille, comme en Champagne, en Bourgogne ou en Beaujolais.

Le chaussage et le déchaussage de la vigne ont été imposés par les bouviers anciens, qui, avec leurs grossières charrues et leurs attelages de deux colliers, n'auraient pas su faire autrement que de jeter les terres sur le cep par une culture et de les rejeter au milieu par la culture suivante. Ces deux cultures faites, on ne savait plus comment biner en juin, juillet et août; aussi, dans la plupart des pays où l'on chausse et déchausse à la charrue, la vigne doit-elle se contenter de ces deux façons : c'est ce qui arrive en effet dans la Haute-Garonne, dans une partie de l'Ariége, dans les Hautes- et Basses-Pyrénées, dans les Landes, le Gers, le Lot-et-Garonne et le Tarn-et-Garonne. Dans la Gironde on répète souvent deux fois l'opération, et l'on donne ainsi quatre cultures, moins profondes d'ailleurs que dans les autres départements.

S'il est rationnel, pendant les premières années, de creuser, au printemps, de petites cuvettes de 14 centimètres de profondeur autour de chaque cep, pour détruire les colliers de racines trop rapprochées de la surface du sol, qui tendraient à s'implanter et à prendre de la force au-dessus de cette profondeur, rien, dans la physiologie végétale de la vigne, ne peut justifier les mutilations continuelles et surtout les changements profonds et subits de situation, d'hygrométrie et de température que le chaussage et le déchaussage imposent à ces racines.

La vigne, comme tous les arbres à végétation puissante, a besoin d'un sol solide et stable; et si les binages superficiels et fréquents lui sont si favorables, c'est parce qu'elle veut aussi un sol dénudé de toute végétation autre que la sienne, et parce que la surface remuée du sol y fixe la fraîcheur et l'humidité. Mais enlever tout à coup 20 et 30 centimètres de terre de son collet pour les accumuler au-dessus de ses chevelus éloignés; puis, lorsque ses racines se sont habituées à ce changement, reporter tout à coup vers leur centre 20 et 30 centimètres enlevés à leur circonférence, c'est placer la vigne dans la condition des arbres fruitiers plantés dans des prairies fauchées : ils y languissent et y meurent en peu d'années, tandis qu'ils prospèrent dans les prairies pâturées. En effet, les racines sont comme les vers de terre, elles s'installent et séjournent au degré d'humidité et de chaleur terrestre qui leur convient : soulevez la pierre qui recouvre le ver, et le ver se sauvera, ou périra s'il ne se sauve pas bien vite plus profondément; la racine, qui est venue lentement, ne se sauvera pas : elle souffrira, si elle ne périt pas. C'est ce qui arrive quand on fauche la prairie : un manteau de 40 à 50 centimètres est enlevé tout à coup aux racines venues à la surface; ce manteau supprimé, elles se dessèchent et l'arbre meurt ou languit. Si la vigne ne meurt pas par un déchaussage et un chaussage opérés l'un en mars et avril, l'autre en mai et juin, c'est qu'elle a, outre ses racines superficielles, assez de racines profondes pour l'empêcher de périr; mais certainement elle en souffre beaucoup.

La vigne doit être cultivée à plat et superficiellement, l'été surtout. Tous ces grands travaux de terrassement, les défonçages, les enfouissements de fumier, les provignages, les terrages, les fossés d'assainissement, les drainages, doivent être accomplis pendant le sommeil de la végétation; mais, une fois la végétation en activité, la vigne ne doit plus être dérangée et ne doit recevoir que des binages superficiels et à plat. Quant à l'aérage des terres et aux vapeurs azotées que la culture peut y fixer, les vignes de Banyuls, Port-Vendres et Collioure, celles du Lot et de tant d'autres pays, où la roche est à 10 centimètres au-dessous du sol remué, prouvent suffisamment, par leur santé et leur longévité, que les cultures superficielles à plat en prennent tout ce qu'elles peuvent et doivent prendre; et, en effet, les gaz, vapeurs et liquides azotés de l'atmosphère sont surtout déposés en terre par les pluies et les rosées, et ne sont point engendrés par le contact direct du sol et de l'air.

Dans la Haute-Garonne, les plantations se font au pal et à bouture le plus généralement : depuis plus d'un siècle, à Muret et à Toulouse, on est dans l'habitude d'enlever l'épiderme de la partie de la bouture qui doit être mise en terre. Dans les années suivantes, on ne creuse pas de cuvette autour du cep, et on n'enlève pas, comme dans l'Aude, le Roussillon et l'Hérault, le collier supérieur des

Fig. 124.

Vigne en éventail taillée définitivement.

racines. On ne taille pas la seconde année; on se contente de rogner ou plutôt de tondre les pousses exubérantes; la troisième et la quatrième année, on dresse la souche en éventail, à deux, trois et quatre bras, à 10 ou 15 centimètres au-dessus du niveau général du sol (fig. 124). On procède tous les ans, et de temps immémorial, à une taille préparatoire qui ne laisse qu'un sarment à l'extrémité de chaque bras (fig. 125). Cette taille préparatoire s'opère pendant le cours de l'hiver, au moyen de la serpe et de la scie; la taille définitive, qui consiste à rabattre les sarments laissés à un ou deux yeux, se pratique, en mars et en avril, par le sécateur.

Fig. 125.

Cep taillé provisoirement.

Fig. 126.

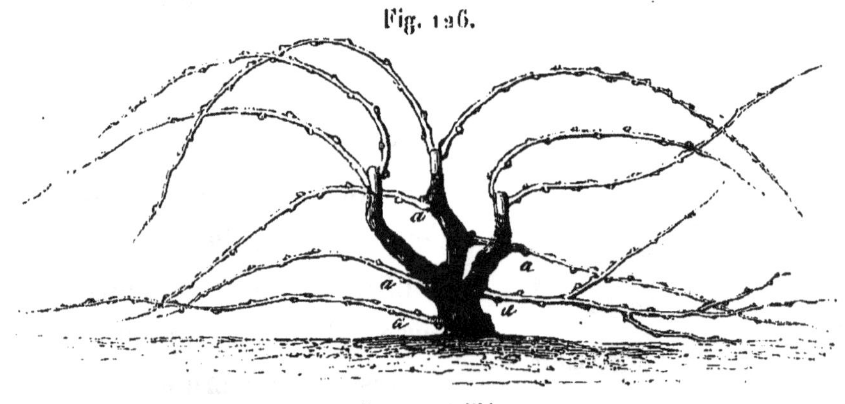

Cep non taillé.

La figure 126 montre une souche moyenne de la Haute-

Garonne. On voit, sur cette souche, que la taille trop courte fait sortir du vieux bois une foule de branches gourmandes *aaaa*. La figure 125 montre la même souche ayant subi la taille préparatoire; et la figure 124 représente la souche définitivement taillée. La serpe (fig. 127), qui présente un tranchant de *b* en *b'* et un autre de *c* en *c'*, est seule employée avec la scie à Muret; le petit sécateur est employé à la seconde taille à Toulouse, à Fronton et à Villaudric.

Fig. 127.

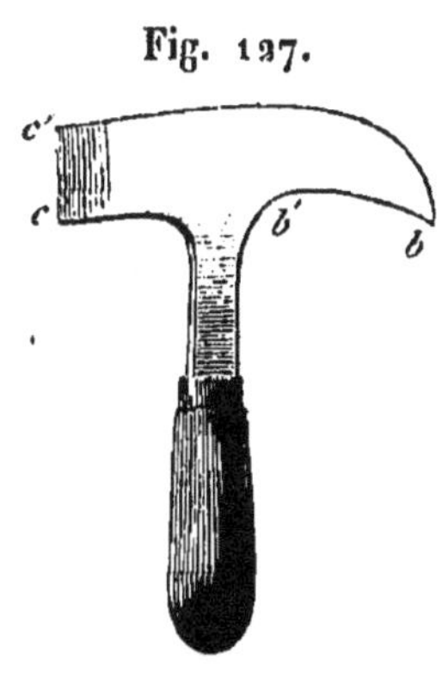

Serpe du midi.

Dans les grandes exploitations, là où les bras font défaut pour opérer la taille en février et en mars, la taille préparatoire offre une avance de main-d'œuvre meilleure que la taille définitive en novembre et décembre.

Des opérations de l'épamprage, on ne pratique que l'effeuillage avant la vendange.

La cuvaison se prolonge de quinze à quarante jours. Les vins sont conservés en chais très-bons. Ils sont à peu près tous tirés en vins rouges; les vins blancs ne sont qu'une exception. Les vins rouges des coteaux de Fronton et Villaudric sont de bonne qualité et de consommation directe : ils marquent, d'après les épreuves de M. Filhol, 12 degrés à 12 degrés et demi d'esprit; ils se vendent de 25 à 30 francs l'hectolitre. Ceux des plaines sont moins riches en esprit de 1 à 2 degrés; mais, en revanche, ils sont plus foncés en couleur, et sont achetés aussi cher que ceux de coteau par le commerce.

La Haute-Garonne produit déjà des vins très-agréables;

elle pourrait en produire de qualité supérieure, si à son bouchalès, à son negret et à son mozac elle joignait les carbenets-sauvignons et les pineaux de Bourgogne. Ses grands propriétaires le savent bien, et s'occupent depuis longtemps d'améliorer leurs cépages et leurs cultures. Une commission, composée de MM. de Papus et Linières et du savant professeur Filhol, a été chargée par M. le préfet de la Haute-Garonne de suivre et de développer les progrès de la viticulture; sous cette intelligente impulsion, le progrès ne se fera pas attendre dans le département.

En remontant de Toulouse, par Muret et par Noé, vers Saint-Gaudens, on quitte la région où les vignes sont exclusivement cultivées sur souches basses, et l'on commence à voir, à mesure qu'on approche de Saint-Gaudens, les vignes dressées sur des arbres, soit en bordures de routes et de champs, soit en quiconces et en champs de grande étendue, sur céréales ou plantes sarclées, jamais sur prairies naturelles ou artificielles à faucher. Ces vignes, à 3, 4 et 5 mètres de terre, forment de véritables forêts, ou des rideaux, ou des avenues. Ce genre de vignes se fait remarquer surtout dans les plaines; on en voit cependant aussi en coteau, bien alignées et bien taillées (fig. 128 et 129).

La figure 128 donne l'aspect d'un type de vigne conduite sur arbre. L'arbre est dressé en gobelet à environ 2 mètres de terre; une seule pousse est laissée tantôt au sommet d'une branche, tantôt au sommet de l'autre, pour entretenir la vitalité de l'arbre; toutes les autres pousses sont coupées rez le vieux bois. Cette taille engendre, le long des branches et à leur extrémité, des rugosités ou loupes dont j'ai essayé de rendre l'effet.

Les espèces d'arbres choisis et préférés sont : 1° l'érable,

2° le merisier, parce qu'ils ont un feuillage léger; mais d'autres espèces reçoivent aussi des vignes.

Généralement l'arbre et la vigne sont plantés en même temps : le vigneron impose au cep de vigne huit à dix ans, pour lui laisser atteindre les branches; pendant ce temps, l'arbre a pu être formé sur cinq à six branches en gobelet; et la vigne, dressée sur autant de bras, est attachée le long de ces branches. Chaque bras de la vigne porte une ou deux branches à fruits de 50 à 80 centimètres de longueur; j'ai compté jusqu'à dix branches à fruits de cette longueur sur un seul cep.

Fig. 128.

En année moyenne, chaque arbre, à partir de douze à quatorze ans, peut produire 10 à 15 kilogrammes de raisin, soit 45 à 70 hectolitres de vin par hectare et par an; vin toujours très-vert, très-acide et de pauvre qualité, parce que, à travers les feuilles et à cette hauteur, le raisin mûrit toujours inégalement et mal.

Les anciens vignerons du pays sont persuadés que la vigne a besoin de monter pour prendre toute sa force; ils ont raison : dans tout pays, plus la vigne est élevée, jusqu'à

3 ou 4 mètres de terre, plus elle est vigoureuse; mais ils ont tort de penser qu'elle ne pousserait pas bien sur terre ou, du moins, qu'elle ne pousserait pas suffisamment pour

Fig. 129.

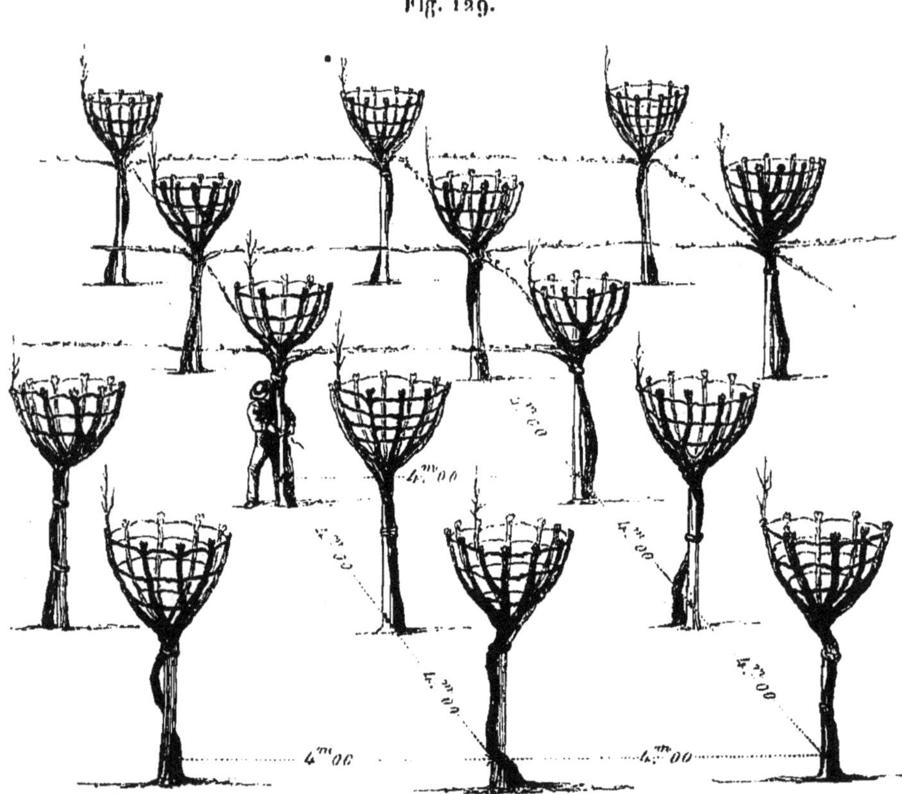

donner de bons bois et de bons fruits pendant un temps assez long (quarante à soixante ans), et pour que la culture de la vigne basse fût plus rémunératrice que celle de la vigne haute. Au surplus, les vignerons et les propriétaires sont éclairés aujourd'hui à cet égard, puisqu'on renonce partout, et même à Saint-Gaudens, aux vignes sur arbres. On leur substitue ou bien on plante à côté d'elles des vignes sur souches basses, à 1 mètre dans le rang et à 1^{m},20 entre les rangs. Ces vignes sont très-vivaces et très-vigoureuses; si elles sont peu fertiles, leur infécondité tient à la taille trop courte qu'on leur impose, aux nombreux gourmands qu'elles jettent forcément par suite de cette taille, et à l'absence d'ébourgeonnage, de pinçage et de rognage des pampres verts.

La figure 129 donne l'aspect d'une vigne pleine sur arbre, à 4 mètres au carré; les deux rangs d'arbres du premier plan sont isolés, et les trois rangs du second plan sont réunis par des lianes, le long desquelles on fait courir, en les y attachant, les branches à fruits et les pampres.

Fig. 130.

La figure 130 montre une bordure en arbres jeunes, avec cordon de lianes déjà tendu.

On prétend que ces vignes ne diminuent en rien la production des céréales et des plantes sarclées cultivées dessous. J'ai peine à le croire, malgré la chaleur du climat, qui pourrait, jusqu'à un certain point, rendre raison du fait. Saint-Gaudens est très-souvent gelé et grêlé; il est toujours dévoré par l'oïdium qui s'attaque surtout aux vignes sur arbres. M. le président Tataro m'assure que la main-d'œuvre est rare et chère à Saint-Gaudens; il me dit qu'on y cuve de quarante à soixante jours, parce que les gens de la montagne, qui achètent les vins du pays, n'en voudraient pas si ces vins n'avaient séjourné que huit à dix jours en cuve.

Les terrains sont de première qualité pour la vigne et pour l'agriculture dans la Haute-Garonne, surtout aux environs de Toulouse, de Muret, de Noé et de Saint-Gaudens. Si la grêle ne peut y être conjurée, du moins en retaillant la vigne sur les bourgeons verts aussitôt après le désastre, quand la saison ne sera pas trop avancée (jusqu'à fin juillet), on évitera souvent ses funestes effets sur les bois de l'année suivante.

Quant à la gelée, on pourra toujours parer à sa principale action en laissant un long sarment de précaution, que l'on jettera bas s'il n'a pas gelé au printemps, et qui donnera une belle récolte si tout a été gelé.

Si au soin de laisser un sarment *pare-à-gelée* on ajoute ceux de l'ébourgeonnage, du pinçage et du rognage sur une taille plus généreuse (12 à 24 yeux par souche); si l'on cesse de chausser et de déchausser profondément, et qu'on donne quatre binages au lieu de deux labours, on obtiendra dans la Haute-Garonne des récoltes doubles de ce qu'elles sont aujourd'hui, et l'on y fera d'excellents vins avec les bouchalès, les negrets et les mozacs blancs.

Toutefois, il faudrait encore, pour obtenir un résultat parfait, emplir chaque cuve, aux 5/6 seulement, dans le moins de temps possible et n'y laisser fermenter le vin que de cinq à huit jours, comme cela se pratique de temps immémorial en Bourgogne, en Champagne, en Touraine, en Médoc et dans tous les vignobles en possession de faire et de fournir les meilleurs vins de la grande consommation.

DÉPARTEMENT DES HAUTES-PYRÉNÉES.

Le département des Hautes-Pyrénées cultive environ 15,500 hectares de vignes, la trentième partie de sa superficie totale, qui est de 457,900 hectares. Le rendement moyen de chaque hectare de vigne est de 20 hectolitres et le prix moyen de l'hectolitre est de 14 francs, ce qui donne 280 francs de produit brut par hectare : donc, pour les 15,500 hectares, le produit total est de 4,340,000 fr., répondant au budget de 4,340 familles moyennes ou de 17,360 habitants : le quatorzième de la population totale environ est ainsi entretenu par la culture en vigne du trentième du territoire ; et ce trentième fournit le septième du revenu total agricole du département, revenu qui est de 30 millions.

Le sol du département des Hautes-Pyrénées présente, au sud, des terrains granitiques et de transition ; puis, en allant vers le nord, des terrains jurassiques, la couche inférieure des terrains crétacés, et enfin, dans sa plus grande partie, des terrains tertiaires où dominent les alluvions anciennes de la Bresse, lesquelles constituent la base de ses plus grands et de ses meilleurs vignobles. Le terrain de ces vignobles est généralement jaune, ferrugineux, argilo-calcaire, froid, tenant l'eau, mais profond et fertile partout s'il était défoncé et soumis à des cultures fréquentes. Les prairies s'associeraient ici à la vigne mieux encore que dans le Beaujolais, et y constitueraient une grande richesse avec une population nombreuse, au lieu d'une médiocrité relative passée à l'état chronique, faute de stimulation et d'enseignement. Seize mille hectares de vignes sont trop peu pour les Hautes-Pyrénées, alors que les coteaux où sont assis ses bons vignobles, à vins blancs et à vins rouges, offrent de vastes superficies de terrains et d'expositions favorables à cette riche culture; ces terrains sont consacrés à l'ancien assolement agricole, généralement peu productif et surtout peu colonisateur.

Pourtant le climat des Hautes-Pyrénées est des plus favorables à l'agriculture en général, et en particulier à la viticulture. Mais en parcourant les départements pyrénéens on ne peut échapper à cette pensée, que leurs habitants, comblés des faveurs de la nature, sont plus disposés à en jouir telles qu'elles leur sont offertes, qu'à les augmenter indéfiniment par les efforts et les luttes du corps et de l'esprit.

Trois modes de viticulture, bien différents et bien tranchés, sont suivis dans le département des Hautes-Pyrénées: 1° les vignes mariées aux arbres; 2° les vignes en hautains et en espaliers; 3° les vignes basses, dites *en picpoule.*

Les vignes sont élevées et conduites sur des arbres, comme dans les arrondissements de Saint-Girons (Ariége) et de Saint-Gaudens (Haute-Garonne), exactement sous les formes indiquées par les figures 128 et 129.

Aux portes de Tarbes, dans le canton de Vic, et jusqu'à Maubourguet, on voit des forêts d'arbres portant chacun un ou deux ceps de vigne, disposés en carrés à 3 ou 4 mètres, avec ou sans lianes, en lignes parallèles ou croisées en damier : chaque arbre est vivant et porte une ou deux branches d'alimentation ou tire-séve; en sorte que les vignes qui sont installées ainsi ressemblent à des bois d'érables, de merisiers, de frênes, etc. Les vins fournis par ce genre de culture sont, comme je l'ai déjà dit, verts, peu alcooliques et peu estimés; ils sont consommés sur place ou dans la montagne.

C'est sans doute pour éviter les inconvénients et l'influence pernicieuse des feuilles des arbres sur la bonne maturité et sur la qualité des raisins, qu'on a imaginé de substituer aux arbres, sur les coteaux de Madiran, de Peyriguère, de Jurançon, et dans beaucoup d'autres lieux du département et des départements voisins, de grands échalas, ou plutôt des poteaux de 3 ou 5 mètres de hauteur sur 7 à 12 centimètres de diamètre, sur lesquels on attache, à $1^{m},80$ ou à 2 mètres de terre, un échalas en croix de 1 mètre à $1^{m},20$ de saillie horizontale, *aa* (fig. 132), ou deux échalas en croix *bb* (fig. 131). Parfois les croix *bbbb*, au lieu d'être attachées aux poteaux par de fortes harts en osier, sont passées dans des trous pratiqués dans les poteaux. Ce sont ces échalas transversaux et le poteau qui les porte qui remplacent très-avantageusement l'arbre et sa tige; et, bien qu'ils coûtent près de 50 centimes l'un, mis en place, ils valent mieux que les arbres et coûtent encore moins cher : ils valent mieux, parce qu'ils sont tout venus de suite et qu'ils n'ont point de feuilles; ils coûtent moins cher, en ce que l'achat, la plantation et les soins d'entretien des arbres, ainsi que les difficultés d'attache et de conduite de la vigne sur leurs branches, coûtent

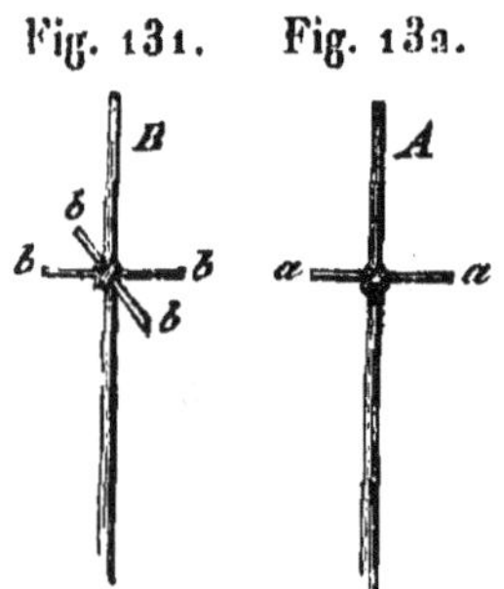

Fig. 131. Fig. 132.

plus d'un franc en sus de la fourniture, pour dix à quinze ans, durée moyenne des poteaux. Les vins récoltés sur ces derniers valent d'ailleurs beaucoup mieux, sont parfois très-distingués, même renommés, et se vendent beaucoup plus cher, sans compter que les vignes y produisent des récoltes non moins abondantes.

Il suffit de dire que les excellents vins rouges de Madiran, que les bons vins blancs de Peyriguère, que les vins si anciennement connus de Jurançon, sont pour la plupart, encore aujourd'hui, produits par des vignes dressées sur poteaux avec échalas en croix, et que toutes les vignes de ces bons crus étaient ainsi conduites à l'époque où elles ont fondé la réputation de leurs vins, pour montrer combien l'usage des poteaux l'emporte sur celui des arbres vivants, lesquels n'ont jamais produit que des vins communs et sans réputation.

Non-seulement les rameaux de la vigne sont soutenus par les échalas en croix simple ou double, mais le plus souvent encore ces échalas sont reliés les uns aux autres par des lianes empruntées aux sarments de la vigne elle-même ou aux clématites sauvages, fortement attachées au moyen d'osiers (vimes) à l'extrémité des échalas et bien raidies d'une croix à l'autre.

Par une prudence et une économie bien entendues, deux ceps de vigne sont plantés au pied de chaque poteau et y sont fortement attachés, jusqu'au collet, par plusieurs liens d'osier. Lorsque les deux ceps ont atteint la hauteur de 1^{m},75 à 1^{m},80 (ils devraient atteindre cette hauteur en moins de quatre ans au lieu de huit), ils sont alors taillés chacun à deux crochets de remplacement à deux yeux et à deux branches à fruits.

J'essaye de représenter ces dispositions d'ensemble dans la figure 133 (échelle au centième), avec les poteaux, les croix

Fig. 133.

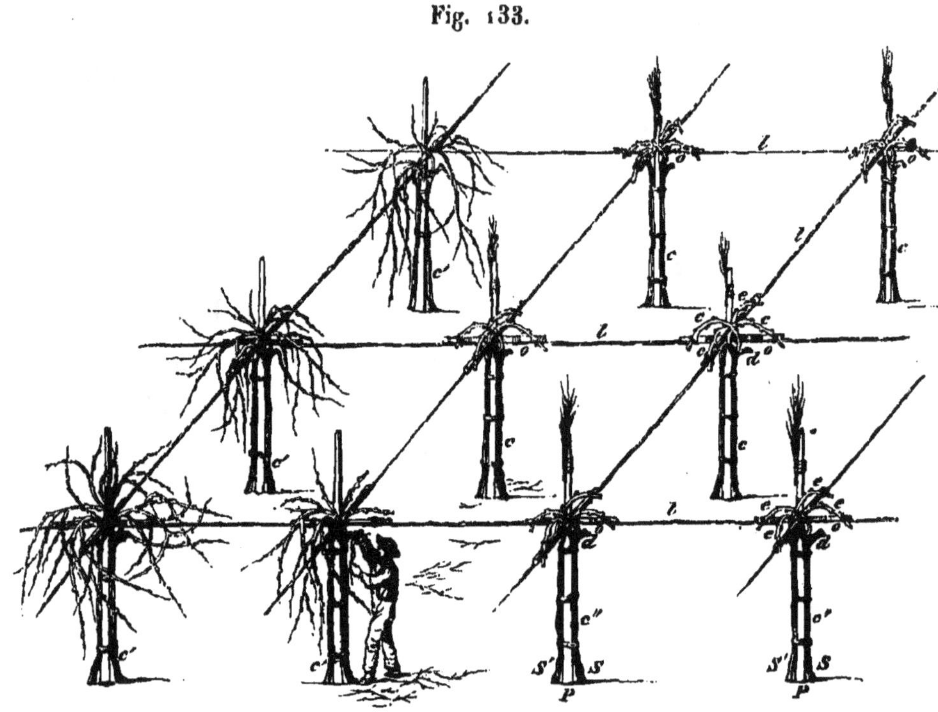

et les lianes portant les ceps taillés et non taillés. SS' sont les deux ceps reliés à chaque poteau, *dd* en sont les crochets, *eeee* en sont les branches à fruits. Les ceps des poteaux c et c'' sont taillés; ceux des poteaux c', c', c', c', sont avec tous leurs sarments d'automne: tel est l'aspect réel des vignes sur hautains.

Après les cultures de vignes en hautains, je donne l'aspect d'une ligne de vignes conduite en espalier ou en espalière à l'échelle d'un trente-troisième. Les ceps y sont placés à 1 mètre les uns des autres, seul à seul; et les lignes sont espacées de 2 mètres à $2^m,80$. Les lianes ou lattes transversales varient en hauteur de 60 centimètres à $1^m,10$. Les ceps y sont taillés généralement à un ou deux crochets et à une ou deux branches à fruits, comme j'essaye de le montrer dans les figures 134 et 135. Les ceps de la

Fig. 134.

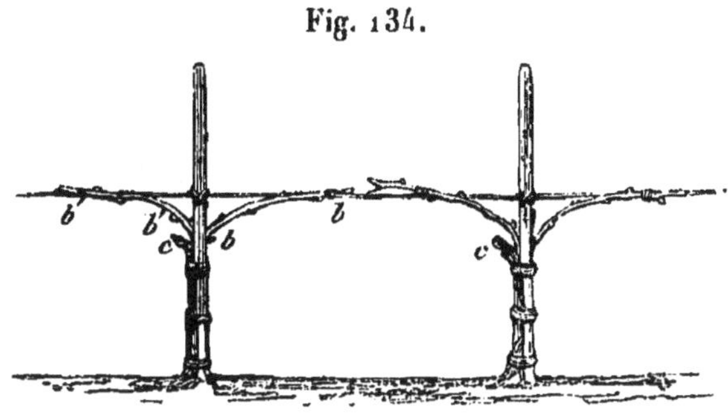

figure 134 offrent chacun un crochet *c* et deux branches à fruits *bbb'b'*. Le premier cep de la figure 135 présente un crochet *c* et une seule branche à fruits *bb*, et les deux suivants, deux branches à fruits *b'b'*, *b'b'*. Toutes les branches à fruits sont arquées comme dans cette figure.

Fig. 135.

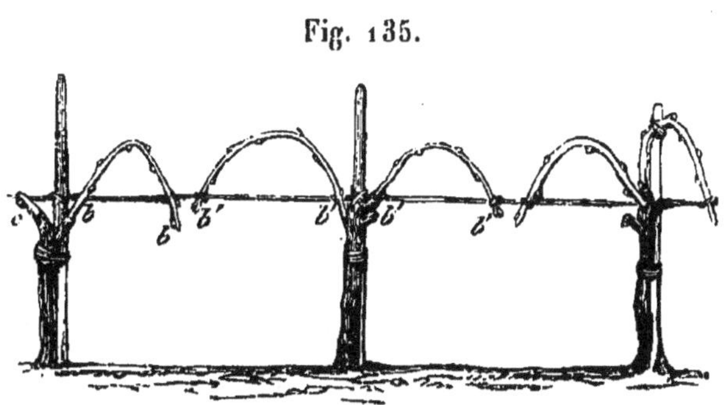

Les vignes hautes et en espalier ont été, comme les vignes sur arbres, éloignées de terre pour les préserver autant que possible de l'action des gelées du printemps; cette élévation remplissait fort bien son but, sans nuire à la maturité du raisin : car j'ai ouï dire, par les meilleurs cultivateurs et propriétaires de vignes de ces pays, que les vignes hautes donnaient des vins supérieurs aux vins des vignes sur terre. Ce fait n'a rien d'étonnant dans un pays où la maturité est toujours plutôt excessive qu'insuffisante : il ne se produirait pas, ou donnerait des résultats inverses, dans les climats moins chauds, car il est démontré que plus le raisin est près de la terre qui réverbère la chaleur, plus il mûrit vite et mieux il complète sa maturité.

Cette culture en hautains est encore très-favorable à la vigueur de végétation et à la longévité de la vigne, car la vigne est destinée par la nature à établir et à nourrir l'épanouissement de sa tige à une certaine hauteur; et à mesure qu'on satisfait mieux, dans ce sens, à l'exigence de son organisation, elle donne en proportion des pousses plus nombreuses, plus vigoureuses et plus étendues, et elle devient capable de porter une plus grande quantité de fruits sans diminuer ses forces et sans abréger sa vie.

M. Larré, père du maire actuel de Peyriguère et riche propriétaire de terres et de vignes, me montrait des vignes hautes que son grand-père avait plantées : il me disait que ces vignes ne baissaient ni en production de bois ni en production de fruits, bien qu'elles comptassent plus de cent vingt ans d'existence ; tandis que tout à côté, dans un même sol et dans des conditions aussi favorables, la vigne basse devient stérile, en bois et en fruits, en quarante ans, dans les mêmes circonstances où la vigne haute reste vigoureuse et féconde au delà de cent vingt ans. Cette curieuse vérité m'a été signalée et démontrée tout le long des Pyrénées, où les vignes hautes et basses sont entremêlées presque partout.

Le troisième genre de culture, celui des vignes basses, sur souches en lignes et sans échalas ni palissage aucun, comme dans la Haute-Garonne, l'Aude, les Pyrénées-Orientales et l'Hérault, a été adopté depuis longtemps ici, d'abord en faible proportion, par économie sans doute d'échalas, d'attaches et d'autres soins; mais aujourd'hui ce mode tend à se généraliser et à se substituer aux deux autres, pour échapper surtout à l'oïdium.

M. Nabonne, maire de Madiran, m'a assuré que M. de Franclieu avait tenté, dans l'intérêt de la viticulture, une expérience difficile et hardie sur ses vignes en hautains. Après l'époque des gelées du printemps passée, M. de Franclieu a fait détacher ses ceps de leurs supports et les a fait coucher à terre pour les sauver de l'oïdium par cette position; M. Nabonne m'a assuré que les résultats de l'expérience avaient été bons : c'est tout ce que j'en puis dire, n'ayant eu aucun détail, et n'ayant pas été assez heureux pour être mis en rapport avec M. de Franclieu, l'agriculteur et le viticulteur le plus considérable et le plus considéré du pays. La vérité est que les vignes sur arbres et les vignes en hautains sont les plus cruellement frappées et avec le plus de constance et d'opiniâtreté par la maladie. Ce phénomène se manifeste dans le midi comme dans le nord; c'est ainsi que les treilles de la Champagne, de la Bourgogne, des environs de Paris, et généralement du centre et du nord de la France, sont souvent atteintes par l'oïdium, tandis que les vignes basses, composées des mêmes cépages, en sont le plus souvent exemptes ou n'en sont que légèrement et passagèrement atteintes.

Dans beaucoup de localités éloignées ou voisines des Pyrénées, l'oïdium a commencé par attaquer les vignes hautes avec une violence extrême, alors qu'il épargnait et qu'il épargne encore quelquefois les vignes basses, ou du moins qu'il les atteint plus bénignement. Si l'on ajoute à ce fait, qui ne laisse aucun doute dans l'esprit des habitants, qu'ils ont longtemps tardé à accorder la moindre confiance à l'action curative du soufre, il sera facile de comprendre comment l'espoir de salut s'est plus que jamais tourné vers la vigne plantée et conduite près de terre.

La transformation des vignes hautes en vignes basses a bien pour principe le désir d'échapper à la maladie, puisque non-seulement on plante pour tenir la vigne basse sur terre, mais encore on plante, de préférence à tout autre, le cépage grossier qui échappe le plus à l'oïdium, cépage qui est la folle blanche des Charentes et ses variétés, l'enrageat de la Gironde, le plant de dame et le plant de Grèce, le picpoule dans les Hautes- et Basses-Pyrénées, dans les Landes, dans le Gers et dans le Lot-et-Garonne. Le nom de *picpoule* donné à ce même cépage dans cinq départements est en même temps le nom donné aux vignes basses, parce que les poules peuvent en piquer le grain; une vigne dite *en picpoule* s'entend d'une vigne sur souche basse, sans échalas, dans les cinq départements, tandis qu'une vigne de picpoule est, dans les mêmes départements, une vigne de folle blanche, enrageat, plant de dame et de Grèce, même et unique cépage. On y plante donc aujourd'hui tout en picpoule et de picpoule.

Si cette tendance n'était fondée que sur la panique causée par l'oïdium, regardé comme incurable, elle devrait être arrêtée par plusieurs motifs : le premier, c'est que, dans le midi, l'oïdium finit par atteindre les vignes basses aussi bien que les vignes hautes; le second, c'est qu'aujourd'hui nous avons la certitude absolue que l'oïdium cède aux soufrages bien dirigés, aussi bien sur les vignes hautes que sur les vignes basses; le troisième, c'est que, si les vignes basses ne demeuraient fertiles qu'à la condition de se composer de cépages grossiers, les bons vignobles, ainsi transformés, perdraient leur valeur; le quatrième, enfin, serait que si les vignes hautes, ou du moins à une certaine hauteur, échappent aux gelées du printemps et à une stérilité prématurée, il pourrait être bien plus avantageux de les tenir dans les conditions de leur immunité et de leur fécondité, puisqu'on peut aujourd'hui être assuré de les guérir de l'oïdium.

Il ne resterait plus, pour expliquer la transformation, que l'économie des installations, des cultures et des soins; mais cette économie serait illusoire, si elle entraînait l'avilissement de la qualité des vins et la diminution de la durée et de la force productive des vignes.

Quoi qu'il en soit, les plantations et les cultures des vignes en lignes basses se font aujourd'hui, à peu de chose près, dans les mêmes conditions que dans la Haute-Garonne, dans le Gers ou dans les Landes, suivant qu'elles ont lieu dans des régions plus ou moins voisines de ces départements. Les figures 136, 137, 138, 139, 140 et 141 donnent une idée des souches avec tous leurs sarments, des souches taillées à crochets et à *pisse-vin* et des souches taillées à crochets et à *branche*

Fig. 136.

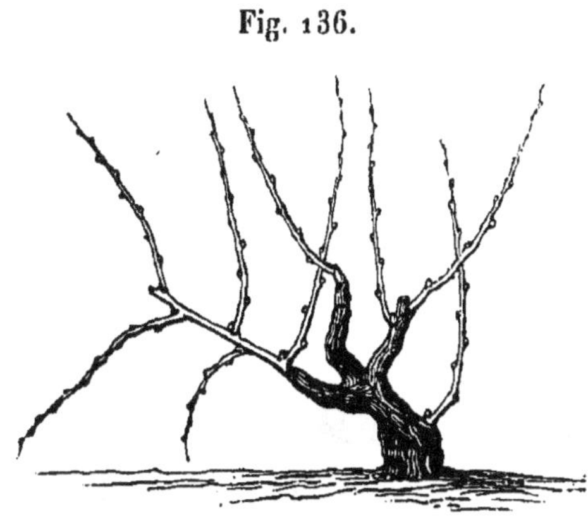

à fruit. Les tailles 138 et 139 et les tailles 140 et 141 ont le plus souvent lieu sans le pisse-vin CC, *cc*, et sans la

Fig. 137.

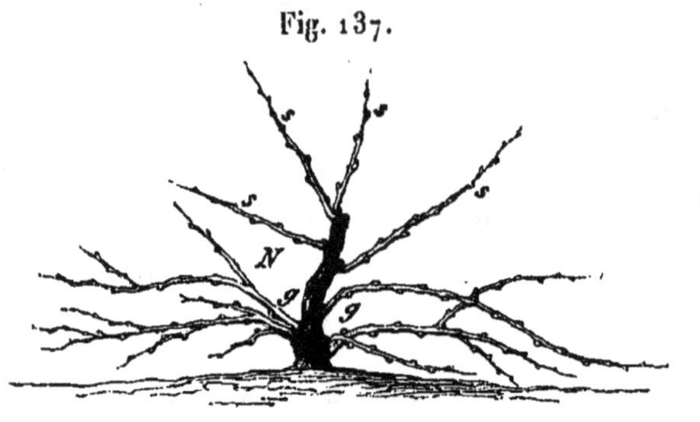

branche à fruit *bb, bb;* elles sont exécutées à simples crochets à un et à deux yeux, et souvent la souche, au lieu

Fig. 138. Fig. 139.

d'être à deux, trois ou quatre bras, est réduite à un seul tronc, comme la souche de la figure 141.

Fig. 140. Fig. 141.

On voit, par les sarments de la souche de la fig. 137, combien cette conduite et cette taille, réduites à leur plus simple expression, engendrent une végétation défectueuse et misérable ; cinq gourmands stériles *gg* ont jailli du pied et du vieux bois de la souche mutilée à sa tête ; et les sarments de tête *s*, *s*, *s*, *s*, les seuls qui aient pu porter quelques fruits, n'offrent qu'un développement rachitique. J'ai vu, dans les vignes basses des Hautes-Pyrénées, beaucoup de souches présentant l'aspect de la souche 140, et taillées comme les souches 139 et 141, sans branche à fruits ni pisse-vin.

J'en ai vu un grand nombre aussi présentant un pisse-vin placé en *c c* ou en *c' c'*, dans les figures 138 et 139; ou bien une branche à fruit placée comme sur la souche des figures 140 et 141. Quelques vignerons n'adoptent jamais que le pisse-vin; d'autres n'adoptent jamais que la branche à fruit.

La différence du pisse-vin (son nom indique assez que le vigneron le destine à porter beaucoup de raisin) avec la branche à fruit, c'est que le pisse-vin est toujours pris en dehors des sarments de charpente et de la taille régulière de la souche, sur un œil sorti du vieux bois au-dessous des sarments terminaux; tandis que la branche à fruit est toujours un sarment venu sur la taille ordinaire de l'année précédente, et choisi, soit comme bras terminal sans crochet de remplacement, soit avec crochet de remplacement du bras terminal, toujours au-dessous du sarment destiné à la branche à fruit. La branche à fruit appartient aux pousses normales et régulières du cep; elle est toujours fertile et ne détourne point la séve, qui suit son cours naturel; le pisse-vin est une pousse anormale, une crevée accidentelle du vieux bois, un détournement de la séve, qui n'est pas toujours fertile.

Les vignerons pensent généralement qu'ils n'épuisent pas la souche par le pisse-vin, tandis qu'ils croient la ruiner en lui laissant un sarment terminal à plusieurs yeux.

J'ai fait, à cet égard, beaucoup d'expériences comparatives; j'ai examiné bien des fois les effets des pisse-vin laissés par les vignerons, et la souche m'a toujours paru plus déformée et plus épuisée par le pisse-vin que par la branche à fruit conduite, ébourgeonnée, pincée et rognée comme elle doit l'être. En un mot, le pisse-vin est lui-même un produit parasite, engendré par une mauvaise taille, par une taille réduite à outrance, et la branche à fruit est un bois normal produit par une taille intelligente et régulière.

Un fait qui se présente partout où les vignes basses sont à côté des vignes hautes ou en espalier, et que je n'ai jamais pu m'expliquer à l'honneur de l'intelligence humaine, c'est que le propriétaire et le vigneron taillent leur vigne basse à crochets courts, à un ou deux yeux, de peur d'épuiser la souche et de la faire périr; et ils n'hésitent pas à tailler leur vigne haute et même leur espalier, qui souvent n'est pas plus haut que la souche en picpoule, à longs sarments de huit, dix et quinze yeux; laissant d'un à cinq ou même six de ces sarments, c'est-à-dire de dix à quatre-vingt-dix yeux sur une même souche, au lieu de deux ou de quatre. Les propriétaires et les vignerons reconnaissent et proclament que les espaliers et les hautains vivent plus longtemps et donnent plus de bois et de fruits que les vignes à coursons, à peu de bras et à un ou deux yeux, dans le même terrain et à la même distance; et loin de conclure, quand ils voient souffrir et maigrir ces dernières, qu'il faudrait allonger leur taille, ils concluent, au contraire, qu'il faut la raccourcir : pourtant la vérité est que la taille allongée convenablement fortifie la vigne, et que, trop restreinte, elle l'étiole et abrége son existence.

Cette obstination tient cependant à un fait que je vais seulement indiquer ici, me proposant d'y revenir aux considérations générales.

Quand il n'y a qu'un œil sur un sarment, toute la séve ascendante, destinée aux vingt yeux de ce sarment, se porte sur lui et le fait pousser comme quatre; c'est-à-dire qu'au lieu d'avoir 7 millimètres de diamètre, son bourgeon développé en aura 10, et qu'au lieu d'avoir 1 mètre de longueur il en aura 3. Le vigneron, frappé de ce phénomène, est persuadé qu'il a fortifié le cep, l'arbrisseau tout entier, tandis qu'il n'a fortifié qu'un bourgeon et non l'arbrisseau, qu'il a au contraire mutilé et étiolé pour l'année suivante; car ce bourgeon unique, au lieu de représenter vingt bourgeons, aura pris la force et le développement de quatre bourgeons seulement. Un œil n'a jamais refait une tige tout entière en une pousse. La superficie d'assimilation, l'étendue de travail atmosphérique de la tige, aura donc perdu, pour l'arbrisseau, une valeur de seize bourgeons. Si le vigneron avait laissé deux yeux, le cep n'en aurait perdu que douze, et s'il en avait laissé cinq, les sarments poussés eussent été suffisamment beaux, et l'arbrisseau n'aurait rien perdu de son travail général et de sa croissance. Mais le vigneron ne s'arrête point à ces considérations, il ne voit que le fait: s'il ne laisse qu'un œil, il y a un beau sarment, voilà tout ce qu'il considère. Bientôt ce sarment devient chaque année plus petit par l'affaiblissement général de la plante, et si le vigneron pouvait couper l'œil en deux ou le supprimer, il le ferait; car il reste convaincu que plus on taille court, plus on fortifie la vigne. C'est une illusion. En taillant court, on fortifie un ou deux sarments de l'année, et l'on affaiblit le cep. Si l'on a besoin d'un long jet pour former une treille ou un cordon, il ne faut laisser qu'un œil, il est vrai, comme on doit le faire pour obtenir une branche mère d'espalier, une branche quelconque de charpente; mais si l'on ravalait tous les ans un arbre fruitier quelconque, et même tout autre arbre, sur un courson à un œil et même à deux yeux, on n'aurait bientôt ni bois, ni fleurs, ni fruits, et l'arbre périrait en peu d'années.

Il faut donc bien se garder de mutiler la vigne outre mesure, d'une part; mais aussi, d'autre part, il ne faut pas laisser prendre à sa tige plus de développement que ne le comportent la distance des ceps, la richesse du terrain et la force nécessaire et proportionnée à la production de ses sarments et de ses fruits annuels.

Dans les Hautes-Pyrénées, les vignes hautes à poteaux, les vignes en espaliers et les vignes basses sont déchaussées, rechaussées et tenues avec soin. Les vignes hautes, en arbres, sont cultivées à plat, avec céréales et plantes sarclées. L'on ébourgeonne le pied et la tige des vignes hautes jusqu'au collet; on ne pratique aucune autre opération d'épamprage.

A Castelnau-Rivière-Basse, à Madiran et sur les coteaux environnants, le vignoble produit d'excellents vins rouges, particulièrement fournis par le bouchy (pineau), le mansenc et le tannat. Anciennement dominaient les deux premiers cépages; aujourd'hui c'est le tannat qui domine, parce qu'il donne plus de couleur: aussi le vin est-il moins délicat. La couleur et l'alcool brut sont partout, aujourd'hui, les deux éléments destructeurs des bons vins: l'industriel, fabricant de vin, n'achète plus que l'alcool et la couleur.

Les vignes hautes et en espaliers dominent encore dans

les vignobles de Madiran ; mais la plupart des plantations nouvelles s'y font, bien à tort, en vignes basses et en folle blanche, dont le vin blanc ne ressemble en rien au vin rouge justement renommé du pays.

A Peyriguère, Castelvieilh et Cabanac, au contraire, les vignes basses dominent; elles sont plantées à bouture, à un mètre dans le rang, les rangs étant à deux mètres, sans défonçage préalable; elles sont chaussées et déchaussées, et ne donnent que des vins blancs assez estimés, vins que, pour mon compte, j'ai trouvés fort bons. On appelle les cépages blancs qui les fournissent picpoule, plant de dame, plant de Grèce, pour les vignes basses; le rufiac est réservé pour les vignes hautes; mais j'ai cru reconnaître le pineau blanc, et non l'enrageat ni la folle blanche, dans le picpoule de ces pays. Il y a dans les Hautes- et Basses-Pyrénées et dans les Landes certainement une confusion de noms, car les vins blancs de ce pays n'ont rien de commun avec le vin de folle blanche dite *picpoule;* et je ne crois pas que les terres jaunes silico-calcaires, à cailloux roulés, qui sont la base des vignobles, et qui sont les mêmes que ceux d'une grande partie des Basses-Pyrénées, des Landes, du Gers et même du Lot-et-Garonne, soient de nature à transformer en bons vins les jus de folle blanche : ce serait, en tout cas, un phénomène digne d'une étude approfondie.

Les vins blancs de Peyriguère et des environs sont généreux, droits et francs, d'un bouquet et d'un goût analogues aux vins de Chablis, quoique moins fins et plus spiritueux; ils moussent pendant un ou deux ans; néanmoins ils se conservent bien et supportent bien les transports.

Les moyennes récoltes n'atteignent pas 30 hectolitres par hectare; elles s'élevaient, sur les arbres, les hautains et les espaliers, à plus de 50 hectolitres avant l'oïdium. On commence, du reste, à pratiquer les soufrages : c'est M. le marquis de Franclieu, et après lui MM. le comte de Castelmore, président du comice agricole de Tarbes; Nabonne, maire de Madiran; Hamon, maire de Lascazères; Lamotte, juge de paix de Maubourguet, et Paillet de Peyriguère, qui ont donné l'exemple et l'impulsion.

DÉPARTEMENT DES BASSES-PYRÉNÉES.

Sur une superficie totale de 749,491 hectares, le département des Basses-Pyrénées cultivait en 1852 environ 25,000 hectares de vignes; il en cultive aujourd'hui tout près de 28,000 hectares, sous des formes bien diverses, dont le rendement moyen est de 25 hectolitres par hectare, et le prix moyen de chaque hectolitre, entre 12 et 25 francs, est de 18 francs, ce qui porte le rendement brut de chaque hectare à 450 francs et le produit brut total des 28,000 hectares à 12,600,000 francs. Ce total correspondant au budget de 12,600 familles ou de 50,400 habitants, c'est le neuvième de la population entretenu par la culture de la vingt-septième partie du territoire, et le tiers du revenu total agricole, qui est de 38 millions, réalisé par la vigne.

Le sol du département des Basses-Pyrénées est principalement formé, au sud, de l'étage inférieur des terrains crétacés; mais ses principaux vignobles de Jurançon et du Vicbille, les premiers au midi de Pau, et presque en contact avec le territoire de la capitale, les seconds au nord, sont assis sur des terrains tertiaires à terres rouges et jaunes et à cailloux roulés, terrains riches et profonds, analogues aux meilleurs terrains des vignobles des Hautes-Pyrénées. Bien que ces terrains, en bons sites, occupent des superficies triples propres à l'assiette des vignobles, il est regrettable que l'on compte à peine 28,000 hectares de vignes dans le département.

Le climat en est excellent pour la vigne, pour tous les végétaux et pour la santé humaine. Il gèle très-peu à Pau et dans ses environs, et il grêle encore plus rarement.

La plus grande partie des vignes de Jurançon et du Vicbilhe sont semblables aux vignes hautes de Madiran, c'est-à-dire élevées à 1^{m},80 sur poteaux de 3 mètres, avec croisillons simples ou doubles, et avec lianes reliant entre eux les croisillons (voir les figures 131, 132 et 133); deux ceps montent à chaque poteau, taillés à deux crochets, à deux yeux chacun et à deux branches à fruits de quinze à vingt yeux chacune. L'imitation des arbres par les grands échalas à double croix est encore poussée plus loin à Jurançon qu'à Madiran; car j'ai vu emprunter des branches à des fagots de bois sec pour les attacher au sommet des poteaux et simuler, avec une naïveté d'enfant, l'effet des branches vivantes laissées aux arbres à vignes afin d'entretenir leur vitalité (fig. 133). Les rangs de poteaux sont à 3 mètres et les poteaux à 2 mètres dans le rang, ce qui peut donner environ 1,600 poteaux par hectare et 3,200 ceps.

En général, 1,000 pieds de vignes hautes produisent 10 hectolitres en vin rouge comme en vin blanc et coûtent, à la tâche, 60 francs de façon pour tailler, lier les croix, les lianes et les ceps, et bêcher à la main deux fois. L'ébourgeonnage jusqu'au collet de la tige et l'effeuillage, les deux seules opérations de l'épamprage qui se pratiquent, sont payés à part, ainsi que la vendange, qui s'opère en deux et trois fois. On égrappait autrefois le raisin pour vin rouge seulement; on égrappe aujourd'hui pour le blanc comme pour le rouge, à cause de l'odeur de soufre que la rafle communique au vin lorsqu'elle est pressurée avec les grains. Outre les vignes hautes, on cultive également dans les

Fig. 142.

Basses-Pyrénées la vigne en espalier, en lignes à 1m,50, les ceps étant à 1 mètre dans le rang. Ces vignes, plantées en tranchées ouvertes de 50 centimètres de section et en boutures avec terreau, sont montées à 60 centimètres de terre, sur une tige soutenue le long d'un échalas pour chaque souche, et dressées sur un ou deux bras. Les échalas sont reliés entre eux par des perchettes ou lattes transversales, sur deux rangs, l'un à 60 centimètres et l'autre à 1 mètre ou à 1m,20 de terre. Chaque bras est pourvu d'un crochet de remplacement et d'une longue branche à fruit (50 à 80 centimètres), repliée en trajectoire oblique en bas, de 15 à 25 degrés au-dessous de la ligne horizontale, et fortement attachée à l'une des deux ou aux deux lattes transversales, à peu près comme l'indique la figure 142 dans les croquis des ceps *l, u, v, s*.

Cette arqûre ou abaissement des branches à fruit est très-constamment et très-régulièrement appliquée dans les vignes en espaliers et même en hautains des Basses-Pyrénées. Dans l'Ariége, dans les Hautes- et Basses-Pyrénées et dans d'autres pays, où la branche à fruit est attachée à des lattes, les vignerons serrent fortement la branche à son origine et en divers points, croyant arrêter ainsi la dépense de la séve ascendante; ils se trompent, car la séve ascendante passe exclusivement par le bois dur. Mais l'arqûre en trajectoire atteint bien mieux ce but, puisque la séve monte au maximum dans la ligne verticale; elle monte moins à 45 degrés, elle circule plus lentement encore en ligne horizontale, et elle se ralentit de plus en plus à mesure que le sarment s'incline davantage au-dessous de l'horizontale. Toutefois la ligne horizontale, comme dans les croquis des ceps marqués *p* et *r*, est la position la plus favorable à la branche à fruit pour la production régulière de tous ses yeux; d'ailleurs c'est l'arqûre qui agit le plus en comprimant les cellules du bois intrados et en dilatant les cellules extrados, c'est-à-dire en gênant la circulation en proportion de la petitesse du rayon de la courbure : or la courbure peut être aussi énergique dans toutes les directions données à la branche à fruit.

La vigne conduite en espaliers est plus productive que celle conduite en hautains; elle donne également à peu près un litre de vin par cep, et elle comporte environ 6,000 ceps à l'hectare. Elle serait encore plus riche et sa production serait plus régulière si ses pampres verts étaient pincés et rognés, ce qui ne se fait point.

Les échalas des espaliers sont plus faibles que ceux des vignes hautes, et, bien que les traverses ne s'élèvent pas à plus de $1^{m},20$, les échalas ont toujours $2^{m},30$ à $2^{m},50$ de haut; c'est là une bonne disposition, qui permet de favoriser la pousse des sarments de charpente, en les attachant à l'échalas vertical, et de prolonger la durée de l'échalas quand son pied est pourri.

Aux environs d'Orthez on pratique un troisième mode de culture des vignes : il consiste en souches disposées de 1 mètre à 1^{m},50 en lignes et à 1 mètre dans le rang et dressées sur un ou deux bras, à 25 ou à 30 centimètres de terre; le bras porte un courson et un archet, arçon ou branche à fruit (fig. 143), fortement replié en petit cercle et attaché à un long échalas de 2^{m},30 dont chaque souche

Fig. 143. Fig. 144.

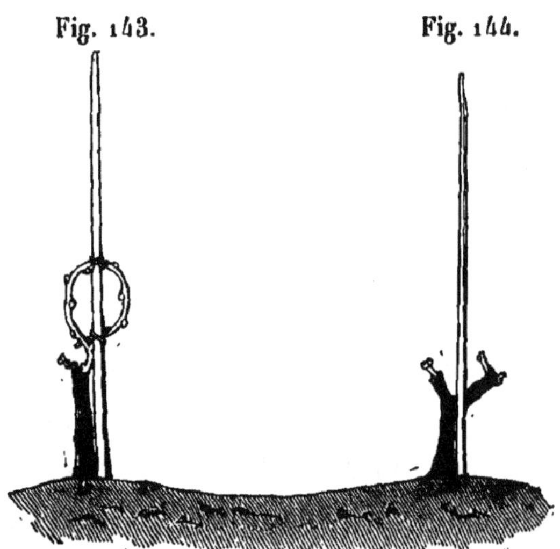

Vigne en archet. Vigne à courson.

est munie; souvent le bras n'a qu'un courson et point d'archet (fig. 144). Ces vignes en archet présentent l'aspect que j'ai essayé de rendre dans la figure 145.

Fig. 145.

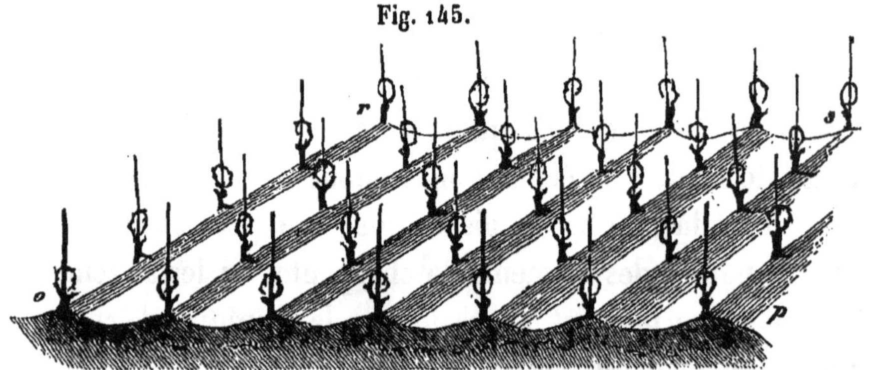

Vignes en archet.

Enfin on observe encore, en approchant des Landes, des vignes en picpoule, c'est-à-dire en souches basses à un, deux ou trois bras, et à crochets à un ou deux yeux, sans échalas ni archet (fig. 146).

Fig. 146.

Vignes à courson, sans échalas, dites en picpoule.

Ces deux derniers modes de culture sont évidemment une extension de la viticulture des Chalosses, vignobles voisins situés dans le département des Landes.

Toutes les vignes dans les Basses-Pyrénées sont chaussées fin mai, déchaussées et décavaillonnées en mars, soit à la main soit à la charrue; ces trois opérations constituent toute leur culture, avec le décavaillonnage.

Les vins rouges de Jurançon sont très-colorés, d'une robe magnifique, très-généreux, d'un bouquet et d'une saveur propres, mais délicieux; ils sont produits par le bouchy, l'arroyat, le camarao, le mansenc et le mourast; depuis quelques années on a joint le tannat à ces cépages. On essaye aujourd'hui l'introduction du pineau, du malbec et du carbenet; le tannat m'a paru être le même que le gamay.

Les vins blancs de Jurançon ressemblent beaucoup aux vins du Rhin; mais ils sont plus généreux et moins liquoreux. Ils sont fournis par le camarao, le courbut blanc et le petit mansenc; on essaye le sauvignon et le sémillon.

Pour les vins rouges, on ne cuve que six à dix jours. On place tous les vins en barriques de 3 hectolitres, et on les conserve en bons celliers frais. Le prix des vins blancs et rouges est généralement de 40 francs l'hectolitre, à la vendange.

Le Vicbille donne des vins plus doux et plus liquoreux que le Jurançonnais, mais ses vins sont moins spiritueux et de moindre qualité. En allant vers Crouseilhes, on trouve néanmoins des vins encore très-corsés et très-estimés.

Depuis plusieurs années on pratique le soufrage avec succès dans les Basses-Pyrénées. MM. Daran, Lapeyrère et Blandin, grands propriétaires de vignes, sont, dans le département, à la tête des expériences et des progrès de la viticulture; c'est à leur obligeance parfaite que j'ai dû le peu d'observations que j'ai pu y faire. Aujourd'hui M. Dejernon, grand propriétaire aussi à Jurançon, s'est signalé par un excellent ouvrage et par des conférences très-appréciées sur la viticulture.

La plupart des vignes sont travaillées à la tâche ou à la journée, ou du moins la plupart de leurs façons se font ainsi, celles d'hiver principalement, époque à laquelle on remonte, au panier et à la caisse, les terres descendues, où l'on en apporte beaucoup de nouvelles, et où l'on pratique les opérations d'assainissement par drainages, fossés et chemins.

On ne fume pas ou on fume rarement; mais, après la vendange, on sème de l'esparcette et des lupins, qu'on enterre au premier labour.

Les prix de la journée d'hiver sont de 1 fr. 25 cent. à 1 fr. 30 cent. et de 1 fr. 40 cent. l'été, avec addition d'un litre de demi-vin, estimé 30 centimes. Certes on ne peut se plaindre que la main-d'œuvre soit chère en ce pays, mais on se plaint beaucoup que la main-d'œuvre y soit difficile à obtenir. Est-il surprenant qu'il en soit ainsi?

M. Lapeyrère, grand propriétaire à Jurançon, m'écrit, à la date du 22 septembre : « Dans mes vignes, le pinçage, « l'épamprage et le rognage ont aussi fait merveille, et si « le beau temps nous revient, je ferai beaucoup de vin; je « pourrai désormais prôner à nos viticulteurs l'excellence « de la nouvelle méthode. »

M. Lapeyrère, qui conduit parfaitement un charmant vignoble en espalières à Jurançon, ainsi que M. Daran, son ami, propriétaire du plus grand et du plus beau vignoble du pays, ne parle point des longs bois dans la *nouvelle méthode*, attendu que l'emploi des longues branches à fruit et leur renouvellement annuel par les sarments des coursons de remplacement constituent, depuis des siècles, la taille locale. En effet, les vignes de Jurançon, en hautains et en espaliers, comportent les branches à fruit inclinées et arquées, ainsi que le courson, à un ou deux yeux, destiné à produire les bois de l'année suivante. Je n'ai donc eu à conseiller, dans ce pays, que les opérations de l'épamprage, qui ne s'y pratiquaient pas.

DÉPARTEMENT DES LANDES.

Sur une superficie totale de 905,000 hectares, le département des Landes compte environ 21,000 hectares de vignes, la quarante-cinquième partie de son sol. Le rendement moyen de chaque hectare est de 30 hectolitres de vin, d'une valeur moyenne de 14 francs l'hectolitre; ce qui porte le rendement brut de l'hectare à 420 francs et le produit total des vignes à 8,820,000 francs, entretenant 8,820 familles moyennes ou 35,280 habitants, un peu moins du huitième de la population par la quarante-cinquième partie du sol. Cette minime fraction cultivée en vignes donne à elle seule presque le quart du revenu total agricole du département; total qui n'est, en effet, que de 34 millions, vignes comprises.

Le sol du département des Landes présente, à sa superficie, trois constitutions bien tranchées relativement aux cultures. Entre l'Adour et le Gave d'Oléron sont les terrains tertiaires jaunes et rouges, à cailloux roulés ou purs, profonds et riches, sur marnes calcaires, formant des coteaux aux flancs et aux sommets desquels sont plantés des vignobles dont les principaux sont désignés sous le nom de *grande* et de *petite Chalosse;* sur le cours de la Midouze, à Roquefort et plus au nord-est, jusqu'au canton de

Gabarret, sont les sables sur roches et marnes calcaires; enfin, au nord et à l'ouest de la Midouze sont les sables purs des landes et les dunes. Ces trois variétés de sol conviennent toutes parfaitement à la vigne. On l'y observe partout venant à merveille, soit en grands vignobles, comme à Mugron, à Roquefort, à Gabarret, soit en vignes isolées, soit en treilles. Toutefois la région des sables purs sur alios des Landes ne possède ni grands vignobles ni grandes vignes, à cause de l'humidité et du niveau général des eaux, qui affleurent le sol dans presque toute son étendue. Si le niveau des eaux y était descendu à $1^{m},50$ audessous du sol, il n'y aurait pas, pour la région des sables purs, de meilleures ni de plus riches cultures que celle de la vigne.

Le climat des Landes est excellent pour la vigne; et si la partie des sables purs sur alios est très-sujette aux gelées de printemps, c'est que l'humidité y entretient une fraîcheur qui n'appartient pas au climat. Cette fraîcheur disparaîtrait avec un assainissement convenable.

Le département des Landes possède un peu plus de vignes que les Hautes- et les Basses-Pyrénées, malgré ses vastes solitudes.

Les vignes du département des Landes, examinées dans l'ensemble de leur aspect et de leur conduite, présentent encore plus de diversité, d'oppositions et d'anarchie que dans les Hautes- et Basses-Pyrénées. On y voit des vignes hautes et des vignes basses; des vignes avec échalas simples, avec échalas et palissades; des vignes en tonnelles, des vignes sans échalas; des vignes à longs bois et à coursons; des vignes à coursons sans longs bois, des vignes à longs bois sans coursons, en un mot tous les modes possibles de viticulture, partout et surtout aux environs de Mont-de-Marsan.

Cette incertitude de direction, jointe à l'ignorance des bienfaits de l'épamprage et à l'inhabileté ou à l'impuissance pour combattre les ravages de l'oïdium, entraîne souvent ici le découragement des propriétaires et des vignerons, l'abandon des vignes et la disparition des récoltes.

Ce découragement et cet abandon, déterminés par la violence et la persévérance de l'oïdium, ont fait disparaître une grande partie des vignes de Capbreton, de Soustons, de Vieux-Boucau et de Messanges, quatre communes situées entre les dunes qui bordent les rivages du golfe de Gascogne. Depuis cinq à six siècles les intelligents et courageux habitants de ces communes n'ont pas craint de planter la vigne dans les sables mouvants des dunes, là où aucune végétation spontanée ne se montre : ils ont choisi, à cet effet, les versants *est* de ces dunes, versants opposés à l'action directe des vents de mer, et ils y ont établi des enclos au moyen de haies ou paillassonnages en bruyères de $1^m,50$ de hauteur, fortement soutenus par des piquets à $1^m,50$ et reliés par des perches transversales en haut et en bas. En divisant ces enclos par des haies semblables en petits compartiments de 10 mètres du sud au nord et de 20 mètres de l'est à l'ouest, ils ont parfaitement réussi à fixer des vignes, à en obtenir une bonne végétation et à leur faire produire des fruits et des vins excellents, jusqu'à ce que l'oïdium, qu'ils regardent comme un fléau de Dieu que rien ne peut vaincre, soit venu paralyser leurs efforts.

Au lieu de 150 à 200 hectares de vignes qu'on pouvait compter, il y a huit ou dix ans, sur les dunes, à peine en compterait-on 30 hectares aujourd'hui; et pourtant ce vignoble des sables avait été conçu, fondé et conduit sur les principes les plus solides et avec les ressources les plus ingénieuses de la viticulture.

J'essaye de donner une idée des vignes de Capbreton, de leur situation et de leur aspect par la figure d'ensemble 148. On y voit deux collines de sable ou dunes, sur le versant *est* desquelles sont placés les enclos *ee*, *e'e'*, divisés chacun en quatre compartiments par les haies de bruyères, renforcées au besoin de paille de seigle. Chaque compartiment contient environ 15 lignes ou réges de vignes, à 66 centimètres d'intervalle, les sarments sortant du sable à la distance de 20 à 25 centimètres les uns des autres.

Chaque année, la petite souche qui a porté les sarments est enterrée sous les able, la moitié des réges par du sable apporté, au panier, de l'extérieur de la vigne jusqu'à une épaisseur de 12 centimètres, et l'autre moitié, par le recouchage de la souche dans un fossé pratiqué le long de la rége; on ajoute un peu de fumier, on remplit avec le sable

Fig. 147.

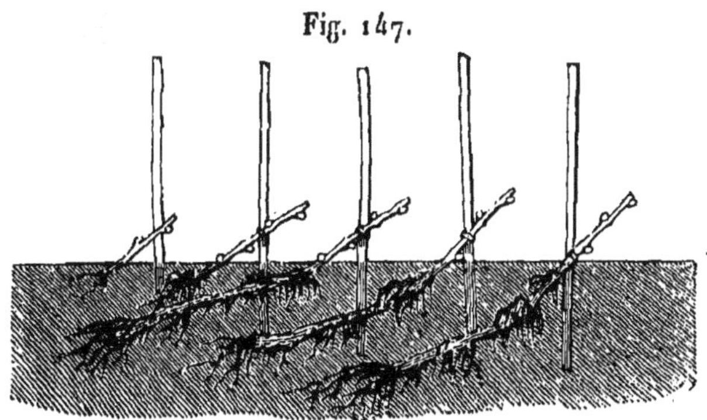

Recouchage.

extrait. On ne laisse à la souche qu'un seul sarment terminal (fig. 147). On foule le sable aux pieds, pour terminer

Fig. 148.

Vue idéale des vignes de Capbreton sur coupe verticale des sables.

l'opération. On laisse deux sarments à la souche, que l'on recouvre de sable rapporté (fig. 149).

Fig. 149.

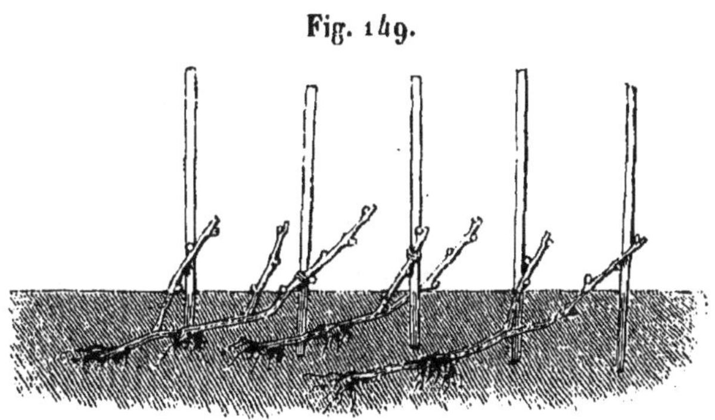

Enterrage.

Les réges ainsi disposées, on taille les sarments laissés, à quatre ou cinq yeux, en mars.

Les vignes sont échalassées en avril. Les échalas sont des sapineaux de 3 à 4 centimètres de diamètre et de 1^{m},30 à 1^{m},60 de long; ils sont placés en lignes, à 40 centimètres les uns des autres.

Les bourgeons sont tous pincés à une feuille au-dessus de la deuxième grappe, excepté un ou deux bourgeons, les plus bas, destinés à la taille de l'année suivante. On ébourgeonne au mois de mai, on rogne et on attache en juin; on abat les rebrous ou sous-bourgeons et l'on rattache en juillet, en inclinant les pampres sur les ceps d'un échalas vers l'autre, pour ombrer la souche; enfin on effeuille aux approches de la maturité. Les cultures se font à plat; elles consistent en deux ou trois binages en mars, en mai et en juin.

On vendange en septembre, on foule le raisin avec les pieds nus dans des baquets, et on le met, sans être égrappé, dans des tonneaux ouverts par le haut et servant de cuve;

on laisse au marc le temps de s'élever, six à huit jours, et on tire alors le vin dit *des sables*, qui est très-remarquable par ses qualités de couleur, de corps, de spiritueux et de bouquet. Les vins de Capbreton ont le bouquet et la saveur des vins de Bordeaux et la générosité du bourgogne. On fait aussi à Capbreton des vins blancs excellents.

Les cépages qui donnent ces vins sont : le capbreton, le cruchinet, le bordelais (carbenet), le picpoule noir, le clavery, la tite de capre (mamelle de chèvre), le bordelais blanc (sémillon) et le chasselas. Ce dernier raisin acquiert dans les sables une qualité extraordinaire, et il se vend à Bayonne comme raisin de table.

Le rendement moyen des vignes des sables était de 30 hectolitres avant l'oïdium; les produits se sont souvent élevés jusqu'à 60 hectolitres à l'hectare. Depuis l'oïdium, on récolte à peine; on abandonne, on arrache les vignes. Les vignerons refusent d'employer le soufre; mais, cette année, M. l'abbé Puyol, curé de Capbreton, homme aussi remarquable par son esprit et sa science que par son cœur et sa charité, se propose de louer les vignes de ses paroissiens pour avoir le droit de les traiter par le soufre.

Il gèle bien rarement à Capbreton, mais il y grêle souvent. Autrefois les vignes étaient plus avant dans les terres, et y étaient fréquemment atteintes par les gelées de printemps, qu'elles ne craignent plus depuis qu'elles sont sur le bord de la mer : pourtant, par une rare exception, elles ont été gelées en 1861.

La figure 151 donne la distance et la taille d'une vigne provignée.

La figure 150 indique trois souches avec leurs sarments, après la vendange.

Les sables des grandes landes, sur alios, conviennent mieux encore à la vigne que les sables des dunes; et la

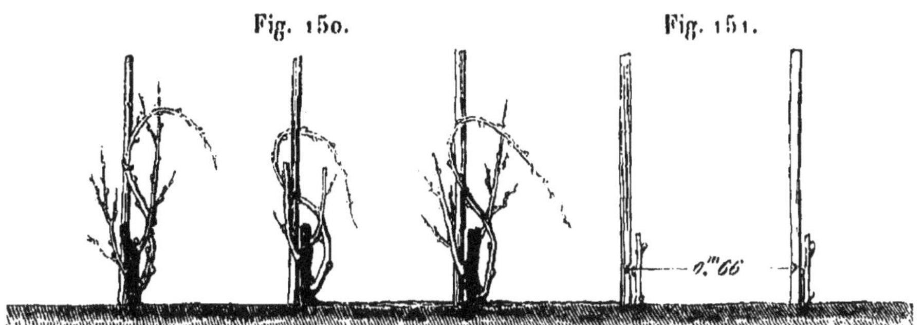

Vignes de Capbreton.

vigne y prospérerait, si les landes étaient asséchées à une profondeur suffisante. Les essais que fait faire l'Empereur à cet égard, dans son domaine de Solférino, sont de la plus haute importance; 3 hectares de vignes, plantées et conduites sous diverses conditions et avec des cépages différents, y végètent déjà bien, quoique le niveau des eaux soit trop peu descendu pour leur assurer une longue durée; mais cet obstacle pourrait facilement disparaître, et le problème le plus intéressant pour la colonisation de ce pays désert serait résolu dans peu d'années.

Si des grandes landes nous passons aux Chalosses, pays compris entre Saint-Sever, Dax et Orthez, nous abordons une contrée où les vignes et la population sont dans une proportion déjà remarquable, quoique susceptible d'être doublée et triplée par l'excellence des terrains et du climat; nous y trouvons la vigne cultivée sous deux modes principaux et d'un aspect bien différent.

Dans une de leurs moitiés, les vignes des Chalosses sont garnies d'échalas simples, hauts et grêles (fig. 145), ce qui les fait ressembler à des champs de pois ramés, d'autant mieux qu'en mars on y voit des navettes, des esparcettes et des lupins, destinés à être enterrés comme engrais au premier labour de printemps; dans l'autre moitié, les vignes n'ont point d'échalas et sont cultivées en souches basses à deux, trois ou quatre bras (fig. 146). Ces dernières sont toutes à coursons, comme l'indiquent les croquis; tandis que, dans les vignes échalassées, tantôt les ceps sont à un crochet et à un archet (fig. 143), tantôt ils sont à crochet et sans archet (fig. 144).

Les vignes basses sans échalas qu'on voit dans les Chalosses sont les mêmes que celles du canton de Gabarret et du Bas-Armagnac : elles sont presque toutes plantées en folle blanche et jaune, appelée picpoule

Les autres cépages, tous cultivés avec échalas, sont, en blanc, le clavery (très-fin), le guillemot (très-grossier), le doux, le miot ou mansenc (excellent), le croquant roux (très-bon); en noir, le clavery noir, le tannat, le mostrous, le durac.

La distance des ceps est généralement de 1 mètre dans le rang et de 1^{m},30 à 1^{m},50 entre les lignes. Les cultures consistent dans le déchaussage, le décavaillonnage et le rechaussage en grands billons.

On ne pratique l'épamprage dans aucune de ses opérations; on ne pince pas, on n'ébourgeonne pas, on ne rogne pas.

On met rarement du fumier dans les vignes, et l'on n'y porte d'autres terres que celles qu'on relève parfois de leur pied et qu'on remonte à leur tête; pourtant ce pays est des plus riches en minières de terre végétale.

Dans les Chalosses, comme dans les Hautes- et Basses-Pyrénées, des bois sont entretenus, sous le nom d'échalassières, pour fournir les vignes d'échalas. J'ai ouï dire qu'une maladie attaquait les échalassières et menaçait les vignobles du manque absolu d'échalas. On explique la transformation énorme qui a lieu aujourd'hui des vignes échalassées en vignes non échalassées : 1° par l'appréhension de manquer d'échalas; 2° par l'adoption de la folle blanche ou picpoule, qui n'en a pas besoin, et que l'on plante énormément, parce qu'elle craint moins l'oïdium que tout autre cépage.

L'oïdium fait de grands ravages dans les Chalosses, et les soufrages n'y sont pas encore pratiqués généralement; mais ils s'y généraliseront bientôt, parce que la Société d'agriculture de Mont-de-Marsan s'occupe avec énergie de cette importante question. M. Domenger, M. Dive et M. Perris surtout, par leurs actes, leurs discours et leurs écrits, sont à la tête de la viticulture et en font connaître toutes les difficultés et tous les progrès. Ils recommandent les bons procédés de soufrage et excluent, après les avoir expérimentées, toutes les propositions de mauvaises nouveautés. M. Perris range le remède Lannabras parmi ces dernières, et réunit ainsi son témoignage à beaucoup d'autres que j'ai recueillis dans les Hautes- et Basses-Pyrénées.

Les vins de Chalosses, rouges et blancs, sont légers et de médiocre qualité; les rouges ne cuvent pourtant que huit à dix jours et sont assez colorés. Ils seraient excellents s'ils étaient faits avec des cots rouges et verts, avec le breton ou carbenet-sauvignon, mêlés pour deux tiers avec le mozac blanc et le plant quillard dit *jurançon*, tous cépages qui conviennent merveilleusement au terrain et au climat des Chalosses.

La récolte moyenne, depuis l'oïdium, n'atteint pas, pour

les cépages rouges et les blancs, 30 hectolitres. Les bonnes vignes en picpoule donnent ou peuvent donner de 50 à 60 hectolitres, les mauvaises de 30 à 40 hectolitres à l'hectare.

Les vins de vignes à échalas valent 20 à 25 pour 100 de plus que les autres.

M. Domenger, grand propriétaire de vignes à Mugron, et si charitable qu'on l'appelle *donne à manger*, m'a assuré, et je suis convaincu qu'il a raison, que les vignes plantées sur défonçage de 50 centimètres fait à la main donnaient aisément une récolte double de celle des vignes plantées sur labour à 30 centimètres; c'est cette dernière méthode qui est la plus généralement suivie dans le département.

Les vignes se font à la journée, à la tâche et à moitié, lorsqu'elles font partie d'une métairie. Le prix des journées est le même que celui des Basses-Pyrénées; le prix des façons à la main, taille, déchaussage, décavaillonnage, rechaussage, varie de 60 à 80 francs par hectare. Aux environs d'Orx et de Saint-Martin-de-Seignaux, on marne les vignes, au moment de les planter, à raison de 200 à 500 mètres cubes par hectare : plus on marne les vignes, plus les vignes rapportent; et, bien que dans ces parages, les terres soient très-productives, les vignes rapportent, disent les colons, trois ou quatre fois plus que les terres. J'ai vu dans cette région, à la métairie de Soustons, une vigne de cot rouge en espalier, dressée sur échalas reliés par deux traverses, qui rapportait, en moyenne, 60 hectolitres à l'hectare d'un vin très-coloré et très-bon.

M. Domenger avait créé une vigne à branches à fruit et à branches à bois dont les résultats, en fruits et en bois vigoureux, faisaient son admiration au mois de mars dernier.

M. Domenger m'écrit que l'oïdium ayant dévoré ses vignes, il éprouve le regret de ne pouvoir me donner sur sa nouvelle méthode, pour cette année, aucun chiffre comparatif.

M. l'ingénieur Hérole m'écrit que les vignes taillées par nous près des marais d'Orx, dont il est administrateur, ont donné beaucoup plus de fruits que les vignes taillées selon la coutume du pays, mais qu'il croit que la pousse de leurs bois a été moins vigoureuse : cette dernière circonstance est tellement opposée à ce qui s'est passé à cet égard dans les Hautes-Pyrénées, dans l'Ariége, dans la Haute-Garonne, dans l'Aude, enfin dans onze départements sur douze, que j'ai lieu de penser que les diverses opérations de l'épamprage n'ont pas été pratiquées en temps opportun, ou même n'ont pas été pratiquées complétement.

A Solférino, dans les essais viticoles des domaines de l'Empereur, les tailles d'épreuve ont donné de bons produits, les ceps étaient bien garnis, et le bois qui devait servir à la taille de l'année suivante était très-satisfaisant.

DÉPARTEMENT DU GERS.

Le département du Gers compte aujourd'hui près de 100,000 hectares de vignes sur un territoire dont l'étendue totale est de 626,400 hectares : la vigne en occupe ainsi à peu près le sixième.

La production moyenne de chaque hectare est de 25 hectolitres, valant en moyenne 15 francs l'hectolitre, soit de 375 fr. ; et pour les 100,000 hect., de 37,500,000 fr. bruts, représentant le budget de 37,500 familles ou de 150,000 individus, formant plus des deux cinquièmes de la population du Gers, qui est de 328,000 habitants, et donnant plus du tiers de son revenu total agricole, qui est, avec le produit de la vigne, de 88 millions de francs.

Le sol du Gers appartient entièrement aux terrains tertiaires. Sa surface est en grande partie formée de terres jaunes silico-argileuses, avec ou sans cailloux roulés, avec ou sans gravier ; terres froides et tenant l'eau ; propres aux prairies, même en coteau si elles sont irriguées ; profondes, riches et fécondes, si elles sont travaillées et défoncées convenablement. Depuis Aire, Plaisance, Mirande, Lombez et Gimont, jusqu'à Auch et dans son arrondissement, où les roches et les terres rouges calcaires apparaissent, le sol est semblable à celui des Basses-Pyrénées et de la Haute-Garonne ; plus au nord et à l'ouest, le sol arable devient silico-calcaire et calcaire; enfin, à son extrême ouest et nord-ouest, dans sa région limitrophe des Landes, son sol est sablo-siliceux. Le sol du Gers convient à la vigne dans toutes ses parties, et elle y végète avec une grande vigueur : son climat ne lui est pas moins favorable, sauf les orages et les grêles, qui y sont fréquents et terribles. Le Gers, comme la Haute-Garonne et les Landes, fait partie de la zone où la grêle est plus redoutable que la gelée.

Dans l'arrondissement de Mirande, les modes de culture de la vigne sont diversifiés et mélangés au point d'offrir souvent, dans un même lieu, tous les modes usités dans les Landes, les Basses- et Hautes-Pyrénées : ainsi, en entrant dans le département par Aire et en suivant par Riscle, Plaisance, Marciac, jusqu'à Miélan, on retrouve rarement des vignes sur arbres, mais partout des vignes hautes, des vignes en espaliers, des vignes avec des échalas et des vignes sans échalas; partout dominent les vignes basses sans échalas. A Lombez, à l'Ile-en-Jourdain, à Gimont, la vigne est généralement cultivée comme dans la Haute-Garonne; toutefois, de Rabastens à Miélan, de Miélan à Mirande et de Mirande à Auch, la plus grande partie des vignes sont munies de petits échalas de 80 centimètres à 1^{m},20 de haut, chaque souche ayant un crochet ou un archet replié et attaché à l'échalas, comme dans les Chalosses (fig. 145 et 143), ou bien ayant un crochet *aa'* et une branche à fruit *b b'* (fig. 152). Cette branche à fruit est couchée horizontalement et attachée à une branche à fruit du cep suivant, le plus souvent à un sarment qui la prolonge et la rattache à l'autre cep. On appelle les vignes ainsi disposées vignes basses tendues : en effet, les branches à fruit sont tendues les unes par les autres, soit directement, soit par un sarment intermédiaire, de façon à former une ligne horizontale, continue et rigide, soutenue de mètre en mètre par le cep

Fig. 152.

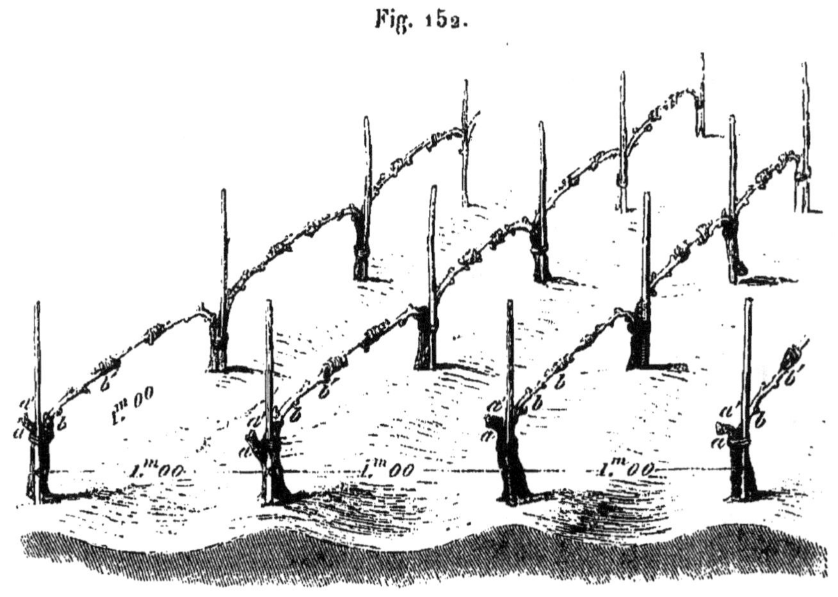

Vignes basses tendues, de Miélan à Mirande.

et par l'échalas correspondant; parfois le cep a deux branches à fruit et pas de crochet. Dans le canton de Mirande, les vignes à petits échalas, à archets ou tendues m'ont paru dominer; mais on voit encore quelques vignes en hautains et beaucoup de vignes basses sans échalas, dites en picpoule.

Toutes les vignes sont en lignes, distantes d'environ 1m,30; les ceps sont à 80 centimètres et à 1 mètre dans le rang. On y voit partout quelque pisse-vin. Les jeunes vignes, jusqu'à quatre ou cinq ans, sont soutenues par des carassons pour maintenir l'alignement. Généralement les vignes en picpoule sont à deux ou trois bras, comme dans la figure 146; mais, en approchant d'Auch, les tiges sont, dans certaines vignes très-soignées, à quatre et cinq bras, disposés comme dans l'Hérault (fig. 94) : chaque bras ne porte qu'un courson à un ou deux yeux.

A partir d'Auch, au nord et à l'ouest, la disposition la plus générale et la plus caractéristique des vignes du Gers consiste dans les lignes à $1^{m},50$, les ceps à 1 mètre dans la ligne, sur souche basse, dressée à un seul, à deux, trois et rarement à quatre bras en éventail, taillés chacun à un courson, à un et deux yeux au plus, quand il y a plusieurs bras, et à deux coursons, l'un à deux yeux, l'autre à quatre, cinq ou six yeux (Bas-Armagnac), quand il n'y a qu'un bras. La figure 153 donne la disposition la plus ordinaire des vignes

Fig. 153.

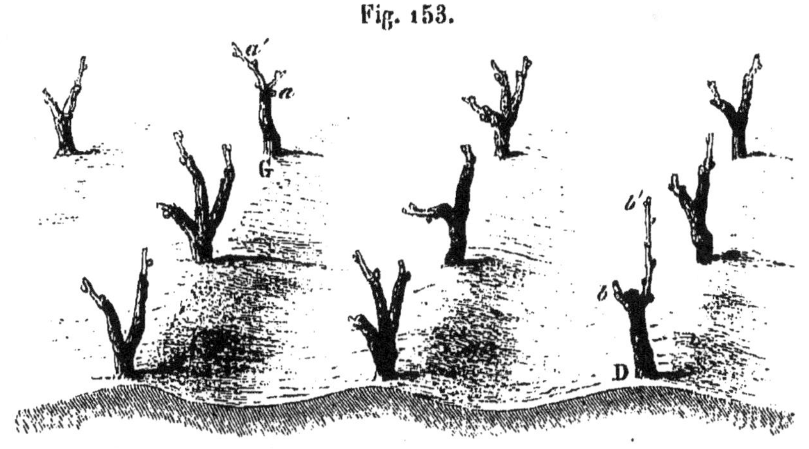

Cultures générales du Gers.

du Gers; les souches G et D indiquent la taille du Bas-Armagnac en *a a'*, *b* et *b'*.

Toutes les vignes sont chaussées et déchaussées, à la charrue le plus souvent, décavaillonnées à la main toujours : ce sont là toutes les cultures de l'année.

Dans le Gers, on défonce bien rarement le sol à 50 ou 60 centimètres pour planter la vigne ; la préparation la plus vulgaire et la plus pratiquée consiste dans un simple labour de toute la surface à 20 ou 30 centimètres de profondeur: quelques viticulteurs passent deux ou trois fois la charrue dans la même raie, de façon à descendre à 35, 40 et 45 centimètres; d'autres ouvrent des fossés, de 50 centimètres de section, à la place des lignes à planter; ils disposent les sarments, recourbés en bas, de mètre en mètre, dans ce fossé que l'on remplit, et dont on tasse la terre ensuite; enfin on plante parfois en trous de 40 centimètres cubes.

Généralement les plantations se font sur labour plus ou moins profond, au pal et à simple bouture, en glissant dans le trou, avec le sarment, de la charrée ou cendre lessivée, de la bonne terre ou du terreau; ensuite on tasse et l'on arrose. En général, on réussit très-bien les plantations. On tend aujourd'hui à rapprocher les ceps dans la ligne à 80 ou 70 centimètres au lieu de 1 mètre. On compte six à sept mille ceps à l'hectare. Les vignes sont maintenues par de petits tuteurs pendant trois ou quatre ans; leurs tiges sont toutes formées en éventail, très-peu régulièrement d'ailleurs.

On ne pratique aucune opération de l'épamprage, si ce n'est la moins essentielle, l'effeuillage, qui n'a lieu qu'un peu avant la vendange, pour donner de l'air et du soleil; cette opération n'influe en rien sur la végétation, généralement très-vigoureuse dans le Gers : aussi l'absence d'ébourgeonnage déforme-t-elle les souches en laissant vivre et prospérer une foule de gourmands qui affaiblissent et ruinent souvent les bras et les sarments de charpente, font couler les fleurs, et enfin empêchent le raisin formé de grossir.

On terre un peu les vignes, mais on les fume bien rarement; on engraisse souvent par des lupins, gesses, navettes, etc. semés à l'automne et enterrés en vert au printemps, comme engrais végétal.

Dans toutes ces conditions de culture, de taille et d'entretien, il n'est pas étonnant que, malgré l'excellence du sol et du climat, la moyenne des récoltes du Gers ne dépasse guère 25 hectolitres par hectare, même dans les vignes en picpoule (folle blanche). Sans doute les vignes jeunes, en terrain exceptionnel ou entretenues exceptionnellement, donnent le double et le triple; mais la moyenne générale est très-faible relativement à ce qu'elle pourrait être. On estime souvent la production par l'eau-de-vie obtenue; on dit qu'en moyenne un hectare donne une pièce d'eau-de-vie : or il faut six pièces de vin pour produire une pièce d'eau-de-vie de 4 hectolitres; d'où il suit que la moyenne production des vignes, à vin de chaudière même, ne serait que de 14 hectolitres. Mais il y a là exagération en moins; d'après mes renseignements détaillés, la moyenne générale dépasse 25 hectolitres.

Les eaux-de-vie du Gers sont les meilleures eaux-de-vie de France, après celles des deux Charentes bien entendu. Ces eaux-de-vie, connues sous le nom d'armagnac, quoique n'ayant ni le parfum ni la saveur délicieuse du cognac, n'en sont pas moins d'un mérite réel et bien universellement reconnu. Comme les eaux-de-vie de Cognac, les eaux-de-vie d'Armagnac sont produites par la folle blanche et ses variétés : celles qui proviennent des sables siliceux sont les plus délicates et les plus estimées; celles qui proviennent des argiles se placent ensuite; enfin, les moins bonnes sortent des terrains calcaires. Ce fait est d'autant plus digne d'être remarqué dans le Gers, que les eaux-de-vie de Cognac, qui leur sont supérieures, sont produites dans le calcaire pur : ce serait donc le climat qui, dans cette circonstance, déterminerait la principale différence et l'emporterait sur l'influence du sol. En effet, plus les vins sont alcooliques, moins les eaux-de-vie qu'on en extrait sont délicates.

Dans le Gers, le cépage et le climat étant les mêmes, les qualités des eaux-de-vie sont d'autant plus estimées qu'elles sont produites par des terrains plus siliceux. J'ai déjà bien des fois remarqué que certains cépages donnent des raisins et des vins bien meilleurs dans les terrains de silice pure que dans les terrains de calcaire pur. Les chasselas de Fontainebleau et de Thomery seront toujours supérieurs aux chasselas de Paris; les gamays des terrains granitiques du Beaujolais seront toujours plus fins que ceux des calcaires de la Bourgogne; les raisins de Capbreton, les fruits de l'île de Ré, sont d'une saveur exquise. N'est-ce point une disposition inverse qu'on peut signaler pour les pineaux de la Bourgogne et les plants verts-dorés de la Champagne?

Pour ce qui est du climat, il m'a toujours paru que la zone moyenne et tempérée de la France avait une influence extraordinaire pour donner aux fruits sucrés leur perfection et leur finesse d'arome et de saveur; que la zone méridionale extrême en augmentait la richesse en sucre, en parfum et en ligneux, tandis que la zone la plus septentrionale en abaissait l'arome, la saveur et la richesse saccharine.

Les eaux-de-vie du Gers, vendues 100 francs l'hectolitre en moyenne (elles valent bien moins depuis l'invasion des alcools du nord) ne constituent que 400 francs de revenu brut par hectare de vigne, et donnent ainsi une valeur de 51 francs au plus par hectolitre du vin qui les produit, frais de distillation, manutention et autres déduits : près de 90,000 hectares de vignes sont consacrés à cette production peu élevée.

Il est très-vrai que la vigne, dans le Gers, coûte peu de culture et d'entretien. M. de la Verny estime ainsi cette dépense :

Taille	15 francs.
Deux façons	30
Décavaillonnage	9
Effeuillage	6
Remplaçage	3
Terrage	25
Impôt	5
Vendange	15
Location du logement du vin	7
Frais généraux	10
Total par hectare	125

Le produit brut étant de 25 hectolitres à 15 francs, soit de 375 francs, il reste en produit net 250 francs, qui, à 5 p. o/o, portent le capital de la vigne à 5,000 francs l'hectare.

Ce n'est pas là, sans doute, une mauvaise culture, car jamais aucune terre du Gers ne fournirait seulement le tiers d'une moyenne production pareille, toutes cultures et assolements compensés pendant quarante ans, durée moyenne de l'assolement rémunérateur des vignes; mais une opération n'est pas bonne quand on peut lui faire donner des résultats doubles et triples sans plus de difficultés et sans dépenses proportionnelles plus grandes.

J'expliquerai ma pensée par un fait qui n'est ni extraordinaire ni rare dans le Gers. M. Brun possède dans son joli domaine de Nasque, commune de Duran, près d'Auch (nord-nord-ouest), 20 ou 30 hectares de vignes qui lui donnent un vin rouge excellent, parce que ses vignes sont complantées de deux tiers de cot à queue rouge (pied de perdrix) et d'un tiers de jurançon (plant quillard, plant dressé), et parce que M. Brun fait son vin, dans la même proportion, avec fruits de ces deux cépages; soit un tiers de jurançon et deux tiers de cot rouge, dont il laisse cuver le mélange huit jours seulement. En outre, M. Brun tient ses vins en fûts bon goût et bien propres, les ouillant et les soutirant à propos. M. Brun produit ainsi un vin qui lui sera toujours payé 30 à 40 francs l'hectolitre (70 à 92 francs la bordelaise), et il ne le donne pas pour ces prix; il voulait cette année plus de 100 francs de la bordelaise. Je dois déclarer qu'il est dans le juste et dans le vrai, quant aux vins que j'ai goûtés chez lui à pleins tonneaux de 25 hectolitres. La récolte moyenne de M. Brun est de 25 hectolitres à l'hectare, et ses façons à la charrue et à la main ne sont guère plus chères, ni plus nombreuses, ni autres que celles de M. de la Verny, à la Plaigne près Condom, ou de M. d'Abbadie de Barreau, dans le Bas-Armagnac, ou de M. de la Roque, dans le canton de Jegun. J'admettrai pourtant qu'à cause de la folle blanche, qui n'exige pas toujours les soufrages, tandis que le cot rouge est souvent très-attaqué par l'oïdium, et à cause de quelques autres petits soins, M. Brun dépense le double, soit 250 francs par hectare; son produit brut étant de 1,000 francs (25 hectolitres × 40), il lui reste net 750 francs par hectare, qui font ressortir le capital de l'hectare de vigne à vin de boisson à 15,000 fr., c'est-à-dire à une valeur triple du capital de la vigne à eau-de-vie. On peut donc créer ainsi, pour ainsi dire sans augmentation de peine ni de frais extraordinaires, une richesse énorme pour le propriétaire et pour tout le pays.

Le terrain de M. Brun est le terrain de tout le Gers, tout le Gers peut cultiver le cot rouge et le jurançon; le breton ou negret et le mozac blanc y viennent également bien, sont également très-productifs, et donneraient aussi des vins rouges alimentaires parfaits. Mazères et Labéron donnent des vins rouges d'excellente qualité; non pas à cause du terrain, non pas en raison du climat, qui sont les mêmes dans la plus grande partie des environs, mais à cause de leurs cépages et à cause des soins donnés à la cuvaison et aux vins. Le Gers peut donc, en faisant un choix de cépages, choix qui lui est indiqué par les bons vins déjà produits sur son territoire, tripler sa richesse viticole; il peut la sextupler, les bons cépages étant adoptés : 1° en donnant au sol une bonne préparation par les défonçages ; 2° en renonçant au chaussage, au déchaussage, au décavaillonnage de la vigne, et en remplaçant cette culture malsaine par quatre binages à plat, l'un en mars, l'autre en mai, le troisième fin juin et le quatrième fin août ; 3° en plantant séparément le cot rouge et le jurançon, et en conduisant le cot rouge à la taille longue et à crochet de remplacement et le jurançon à la taille courte sur quatre ou cinq bras en gobelet, comme dans l'Hérault, à trois ou quatre yeux au courson ; 4° en pinçant la branche à fruit du cot rouge et les deux ou trois yeux supérieurs des coursons de jurançon; en ébourgeonnant avec soin l'un et l'autre au mois de mai, et en rognant au mois de juillet les sarments non pincés; 5° en ne cuvant que six à huit jours ; 6° en tirant les cuves dans de petits fûts neufs d'expédition de 225 litres; 7° en remplissant bien ces fûts et les conservant en celliers, chais ou caves, à température invariable de 10 ou 12 degrés.

Cette transformation partielle et graduelle des vignobles du Gers est nécessaire et serait d'autant plus importante, que les esprits du nord et de l'Amérique (l'alcool de betteraves, de pommes de terre et de grain) détruiront en peu de temps la réputation des eaux-de-vie d'Armagnac et de Cognac.

De ces excès du mal sortiront de grands biens, et le premier entre tous sera la vulgarisation de l'usage habituel, et comme boisson alimentaire, des vins sincères et naturels. Il importe donc que les hommes distingués et animés de l'amour de leur pays, et certes le Gers est, sous ce rapport, un des pays de France les mieux partagés, prévoient et préparent cette grande conversion, tant pour déjouer les manœuvres frauduleuses, en laissant les coupables se suicider, que pour éviter la ruine des vrais et loyaux viticulteurs, et surtout pour apporter à la France et au monde entier leur contingent de l'aliment liquide le plus puissant pour augmenter la force, stimuler l'intelligence, échauffer le cœur et exciter le besoin d'association.

Les cépages blancs du Gers sont : la folle blanche ou picpoule, cépage à eau-de-vie le plus cultivé de tous ; le jurançon (quillard, plant dressé), la clairette, la blanquette, le chauché gris, le mozac blanc, le plant de Grèce, etc.

Les cépages rouges sont les cots rouges et verts, le bouchalès, le negret, la mérille, la chalosse noire, le picpoule noir, le houillardon, le guillan et le bouret noir. M. Saintex, grand propriétaire près Condom, essaye les plants de Bourgogne et ceux de l'Hérault : le bouchy, le tannat, le pierc des Hautes-Pyrénées, etc. ; il essaye aussi les plants de la Gironde : ce sont là des épreuves et des études dignes du plus grand intérêt. La ferme-école de Bazin, créée par M. Dufour, institue également des expériences importantes de viticulture, sous la direction de MM. de Laffitte et Rozec.

MM. d'Abbadie de Barreau, président de la Société d'agriculture du Gers, M. de la Roque, vice-président, M. l'abbé

Dupuy, son actif et habile secrétaire, appuyés d'un grand nombre d'autres propriétaires dévoués au progrès de l'agriculture en général, réussiront certainement à donner à la viticulture du Gers le rang qu'elle doit occuper dans son agriculture.

La prépondérance de la vigne, dans l'agriculture du Gers, sur toutes les autres cultures est constatée depuis bien longtemps. M. le comte de la Roque me disait qu'autrefois, lorsque son père lui donna le château de la Roque et le domaine de six cents hectares qui l'entoure, la vigne n'était plantée que sur les plus mauvaises terres, et qu'alors même c'étaient les vignes qui rapportaient le plus : dans la proportion de cinq contre un.

Les vignes font souvent partie de métairies à moitié, plus un dixième prélevé au profit du propriétaire; elles sont plantées et conduites, à moitié frais par le propriétaire et le colon, jusqu'à la mise en rapport; après quoi le colon fait tous les frais et partage les fruits, moins le dixième.

Le prix de la journée, dans le Gers, varie de 1 fr. 25 cent. à 1 fr. 50 cent.; mais des avantages accordés aux fesandiers, tels que maïs récolté à moitié, boissons et autres fournitures, viennent compenser la modicité du salaire quotidien. La plus grande partie des vignes se fait à façon et à la journée.

M. Jules Seillan, propriétaire et viticulteur très-distingué à Mirande, m'a fourni des renseignements et des notes qui m'ont été fort utiles.

DÉPARTEMENT DE TARN-ET-GARONNE.

Le département de Tarn-et-Garonne cultive 38,000 hectares de vignes, sur un territoire de 372,000 hectares, un peu moins de la neuvième partie de la superficie totale de son sol. La moyenne production de chaque hectare de vigne est d'environ 15 hectolitres, dont la valeur moyenne est de 20 francs l'hectolitre. Le produit brut total des 38,000 hectares est donc de 11,400,000 francs, juste le quart de la production totale agricole, vignes comprises.

Cette somme de 11,400,000 francs représente le budget normal de 11,400 familles moyennes de quatre membres, ou de 45,000 individus, un peu moins du cinquième de la population totale, qui est de 238,000 habitants.

La viticulture a donc une grande importance dans l'agriculture de Tarn-et-Garonne, relativement à sa richesse et relativement à sa population, et d'ailleurs aucune autre culture n'atteint son rendement moyen par hectare.

Si l'on prend les 98,000 hectares de froment pur cultivés dans le département, on reconnaît, en estimant le grain à 17 francs l'hectolitre (valeur en 1863), que chaque hectare peut rendre, en moyenne, paille et grain, jusqu'à 220 francs; mais on sait que le froment ne peut revenir dans la même terre qu'à des périodes de deux ans, trois ans et plus : on doit donc faire entrer dans l'appréciation les 29,000 hectares d'autres céréales, plus les 100,000 hectares de prairies artificielles, de cultures sarclées, de cultures diverses et de jachères, qui alternent forcément avec les cultures des céréales et constituent les 227,000 hectares de terres labourables : le revenu brut moyen, par hectare, de toutes les terres labourables, ainsi calculé, n'est plus que de 140 francs, tandis que celui de la vigne est de 300 francs.

Veut-on comparer la vigne de Tarn-et-Garonne à la prairie elle-même, tant pour le produit brut que pour le produit net? Le rendement de la vigne ressort avec grand avantage dans les deux cas. Ainsi le Tarn-et-Garonne possède 18,753 hectares de prairies naturelles fauchables; lesquels, donnant 548,000 quintaux métriques de foin à 6 francs le quintal, produisent 3,288,000 francs, ou 175 francs par hectare. Il est vrai qu'il ne faut déduire de cette somme que 42 francs de frais par hectare, tandis que des 300 francs de l'hectare de vigne il faut déduire de 75 à 150 francs.

Mais, j'ai hâte de le dire, la vigne, dans tout le département de Tarn-et-Garonne, n'a pas produit jusqu'ici le tiers du rendement moyen auquel elle peut atteindre, et auquel elle atteindra avant dix années, sous l'énergique impulsion de son active et puissante Société d'agriculture, sous celle de sa Société d'horticulture et d'acclimatation, non moins que par l'initiative et l'entrain du Comice agricole de Castelsarrazin.

Je n'avance rien ici qui ne soit établi et prouvé depuis trente ans par M. Laforgue, depuis quatorze ans par

M. Carrère-Dupin, depuis cinq ans par M. d'Ayral et depuis trois ou quatre ans par M. Léonce Bergis, chacun dans leurs vignobles respectifs, sur des espaces de plusieurs hectares. Ces résultats sont obtenus par des procédés, les mêmes en principe, mais fort différents dans la forme et dans les détails de leur application.

Je n'entends pas dire ici que la lutte soit terminée, que le progrès soit établi partout; tant s'en faut, qu'au contraire les vaillants viticulteurs dont je viens de parler, soutenus et imités par un très-petit nombre de propriétaires éclairés, commencent à peine à faire brèche aux murailles derrière lesquelles la tradition immobilisée, la routine obstinée, se maintiennent et se défendent vigoureusement.

Mais je dois, avant d'aborder l'examen de leurs méthodes et des avantages qu'ils en obtiennent, exposer les coutumes qui, sur un sol et sous un climat des plus heureux et des plus favorables à la vigne, trouvent le secret de réduire ses rendements moyens à 15 hectolitres à l'hectare et de produire des vins à 20 francs.

Le sol du Tarn-et-Garonne se compose, entre Montauban, Castelsarrazin et Moissac, d'alluvions récentes où les terrains argilo-siliceux (boulbène) dominent, dont le fond est souvent constitué par un alios ferrugineux imperméable en certains lieux, et en d'autres lieux par des glaises ou marnes argileuses, rarement par des stratifications crayeuses; la terre arable est parfois mélangée à des graviers ou à des galets abondants qui lui forment, en quelques endroits, une espèce de lit très-perméable. En dehors de ces alluvions, la plus grande partie du département est constituée par les formations à meulières, par les sables et par les terres rouges très-fertiles de cette formation. Au nord et à l'est de Montauban, à Bruniquel, Penne et Montricoux, commencent les calcaires jurassiques à gryphées arquées et les trois étages de l'oolithe qui s'étendent par Villefranche, Gourdon, Souillac, Montignac et Excideuil, jusqu'à Nontron. Toute cette dernière partie est des plus propres aux pineaux de la Bourgogne, à la mondeuse de la Savoie, à la sérine et au vionnier des côtes du Rhône; tandis que les alluvions et les formations meulières sont propres, parmi les espèces rouges, aux carbenets, aux cots de toutes variétés, aux merlots, malbecs, bouchets, bouissalès, negrets, à la syra de l'Hermitage, et parmi les espèces blanches, aux sémillons et sauvignons, aux mozacs et aux jurançons.

Comme il ne faut jamais cultiver que trois variétés au plus pour produire les meilleurs vins, on peut dire que le Tarn-et-Garonne peut créer des analogues à toutes les variétés des crus renommés sur ses différentes natures de sol.

Quant à son climat, il serait impossible d'en trouver en France un meilleur pour la vigne; à l'abri des ardeurs torrides qui donnent les bons vins de liqueur des Pyrénées-Orientales, de l'Hérault, et les gros vins de couleur et d'esprit de l'Aude, le Tarn-et-Garonne a néanmoins plus de chaleur que la Gironde et la Dordogne, un peu plus aussi que la Drôme, où prospère la syra.

Le climat de Montauban pourrait avec quelques soins et quelques précautions, car il y gèle fréquemment au printemps, et surtout il y grêle beaucoup, faire réussir, sous son action puissante et modérée à la fois, tous nos cépages réunis du nord et du midi, de l'est et de l'ouest : aussi est-il privilégié pour l'installation d'un vignoble-école. C'est ce que la Société d'agriculture de Tarn-et-Garonne a fort bien compris et ce qu'elle se hâte d'exécuter en ce moment.

Mais à côté de ce précieux avantage se trouve aussi un quadruple danger, par l'admission très-séduisante de tous les cépages possibles dans les vignes à vin, leur rivalité destructive sous le sol, leur discordance dans la conduite, dans l'expansion; dans la maturité sur le sol, et leur promiscuité dans la cuve. Ce n'est pas seulement un danger pour les vignes de Tarn-et-Garonne, c'est déjà un fait accompli.

Voici la liste bien complète, j'en suis sûr, des cépages qu'on rencontre dans les vignes; elle résume seulement les espèces cultivées dans les quatorze hectares que possède M. Brun, comme l'indique M. Brun lui-même, membre de la commission administrative de la vigne-école, à l'obligeance duquel je dois ce renseignement. Cette note représente la composition de tous les vignobles de Monbeton, de la Villedieu et de Lacour-Saint-Pierre.

Soixante espèces dans un vignoble pour en tirer une seule espèce de vin rouge, une seule espèce de vin blanc! c'est à n'y pas croire. C'est absolument comme si l'on plantait soixante espèces de pruniers ou de cerisiers pour en réunir tous les fruits et les transformer en pruneaux, en conserves, en confitures : jamais la consommation ni le commerce n'admettraient un pareil produit.

Cépages cultivés chez M. Victor Brun dans un vignoble de 14 hectares situé dans la commune de Monbeton, près de la Villedieu (Tarn-et-Garonne).

PROPORTION de chaque espèce sur 100 souches.	CÉPAGES.	PRODUCTION ÉTABLIE sur les récoltes de 1862 et 1863.
	CÉPAGES PRINCIPAUX.	
16	Bordelais : grosse mérille (Filhol)................	Très-bonne.
12	Perpignan : mourastel. (Cte Odart, Filhol)..........	*Idem.*
8	Bouyssoulis : bouchalès (Filhol), bouissalès (Cte Odart).	Médiocre.
8	Languedoc : synonymie (?)...................	Mauvaise.
5	Mourelet : negret (Filhol)..................	Bonne.
2	Agudet noir (Cte Odart)....................	*Idem.*
4	Picpoule : picpouille grise (Filhol)..............	*Idem.*
2	Ondenc noir........................	*Idem.*
2	Milhau : ulliade (Cte Odart), morterille noire (Filhol).	*Idem.*
6	Mozac blanc et rouge (Cte Odart, Filhol)..........	Très-bonne.
7	Blanquette (Filhol).....................	*Idem.*
3	Fer (Cte Odart)......................	Médiocre.
	CÉPAGES SECONDAIRES.	
1	Maroquin..........................	Moyenne.
1	Auxerrois de Cahors.....................	Médiocre.
1	Aramon...........................	Mauvaise.
1	Paillous noir........................	Bonne.
1	Milgranet..........................	*Idem.*
1	Couloumbat.........................	Médiocre.
1	Chalosse..........................	Bonne.
2	Ondenc blanc........................	*Idem.*
1	Clairette blanche et rose..................	*Idem.*
2	Muscadelle.........................	Moyenne.
1	Sémillon..........................	Bonne.
1	Œil de crapaud.......................	Médiocre.
1	Poupo-saoumo........................	Bonne.
1	Bouillenc ou bouillant blanc................	Médiocre.
1	Verdanel..........................	Mauvaise.
92	A reporter.	

PROPORTION de chaque espèce sur 100 souches.	CÉPAGES.	PROPORTION ÉTABLIE sur les récoltes de 1862 et 1863.
	CÉPAGES RARES.	
92	Report.	
"	Savouret	Médiocre.
"	Malvoisie	Moyenne.
"	Coti-court	Bonne.
"	Mozac noir	*Idem.*
"	Mozac gros	Mauvaise.
"	Grèce	Médiocre.
"	Peillons blanc	Mauvaise.
"	Isernenc	Médiocre.
"	Plant de Béraou	Bonne.
"	Kadarkas blanc	Moyenne.
"	Salçot ou Donsteing	*Idem.*
"	Teinturier	Médiocre.
"	Muscat de Frontignan	*Idem.*
"	Muscat rouge	*Idem.*
"	Isabelle	Bonne.
8	Bouillant noir	Très-bonne.
"	Blanquette noire	*Idem.*
"	Fumat	Moyenne.
"	Hongrie	Nulle.
"	Corinthe	Médiocre.
"	Milhau blanc	Mauvaise.
"	Fer blanc	*Idem.*
"	Dix à douze espèces indéterminées	"
100	Total.	

Quelques-unes de ces cinquante à soixante espèces figurent dans le vignoble pour un centième, pour un millième peut-être : mais un millième de muscat, dans les vins de Bourgogne ou de Champagne, suffirait à les perdre de goût; mais un millième de grenache ou de sérine, dans les vins fins du Médoc, suffirait à en changer le bouquet. A ces nombreuses espèces, dis-je, il faut encore ajouter le jurançon et la folle, à Moissac; et les chasselas verts, dorés et rouges de Montauban, destinés à la table il est vrai, mais dont les grappes, bien souvent, vont se joindre aux autres raisins dans la cuve.

Avec les douze cépages principaux indiqués par M. Brun, et dans la proportion où il les indique, il serait impossible de produire un vin de consommation directe présentant toujours les mêmes qualités, le même bouquet, le même goût, la même action physiologique, puisque les réussites ou les défaillances relatives de chaque espèce, suivant les années, changeraient sans cesse, comme je l'ai déjà dit, tous les éléments ou toutes les proportions dans le vin.

J'ajouterai sans hésiter que le Tarn-et-Garonne a tort d'associer les cépages de la Haute-Garonne et du Bordelais aux cépages de l'Aude et de l'Hérault, mélange qui ne peut donner de bons vins de consommation directe. Si les viticulteurs du Tarn-et-Garonne veulent faire de bons vins, qu'ils prennent exclusivement le negret et le bouchalès de la Haute-Garonne; qu'ils prennent les carbenets, le malbec, le merlot et le verdot de la Gironde, ou bien les bouchets, les noirs de Pressac et le merlot de Saint-Émilion. Ils savent, par expérience, que les negrets, les bouchalès, les noirs de Pressac, les mozacs, réussissent parfaitement dans leur sol et sous leur climat. S'ils ont confiance dans les mourastels, dans les picpoules, dans l'ulliade, dans leur languedoc, dans l'aramon, qu'ils les cultivent et qu'ils en fassent des vins à part, comme on fait le muscat et le roussillon. Mais c'est renoncer à toute espèce de vin à caractère et à juste réputation, que de planter dans les mêmes vignes et de réunir dans la même cuve des espèces qui ne se sont jamais rencontrées ensemble dans les crus estimés. Du reste, les faits sont là pour appuyer ce que je dis ici. Le Tarn-et-Garonne produit de bons vins, de très-bons vins; mais, en les buvant, on les trouve beaucoup trop chauds pour une large consommation courante, et souvent trop faibles et trop peu caractérisés pour en faire des vins de coupage.

Voilà donc une des causes du médiocre classement des vins de Tarn-et-Garonne, la multiplicité des espèces et surtout l'alliance des cépages du Languedoc à ceux de la Gascogne, et c'est aussi, je puis le dire, une des causes de la médiocrité de la production, car, dans les cépages indiqués, les deux tiers environ ne donnent presque rien à la taille courte, et un tiers environ se conduirait mal à la taille longue; or tous sont conduits à la taille très-courte : les uns demanderaient à être soutenus et palissés, les autres peuvent produire abondamment sans supports; enfin, il y en a, à grandes racines et à grandes tiges gourmandes, qui dévorent et écrasent les plus petits et les plus délicats. Dans toute viticulture régulière et productive, il faut que les espèces soient séparées.

Voici maintenant la conduite la plus commune adoptée pour la plantation et pour la culture des vignes.

L'habitude du défoncement préalable, à deux ou trois empans (quarante-six à soixante-neuf centimètres), défoncement nécessaire surtout dans les boulbènes, terres froides et plastiques, est prise déjà depuis longtemps; mais le plus grand nombre, à Moissac surtout, plante encore à fossés de soixante-dix centimètres de largeur sur cinquante-cinq de profondeur, souvent avec fagots de bruyères au fond des fossés.

On plante à boutures et à plants enracinés; la bouture est plus employée. Le plant enraciné se plante à la pioche, mais la bouture est fichée au pal ou au pied-de-biche, le plus souvent de toute la profondeur du défoncement et avec un peu de vieux bois au pied, à un empan et demi de profondeur en plaine et à trois empans en coteau. On coule du limon dans le trou et parfois on arrose, ce qui tasse très-bien la terre. On laisse hors de terre deux yeux au plant enraciné et trois à la bouture. On plante de novembre en avril.

J'ai vu à la Villedieu un mode singulier de plantation. La terre étant préparée, les boutures sont plantées en lignes, à plat, à vingt-cinq ou trente centimètres et plus au-dessous du niveau général du sol; puis on relève un billon qui les chausse, en outre, à vingt-cinq ou trente centimètres au-dessus du sol, jusqu'à ne laisser qu'un ou deux yeux dépassant le sommet du billon (fig. 154). Je ne vois

Fig. 154.

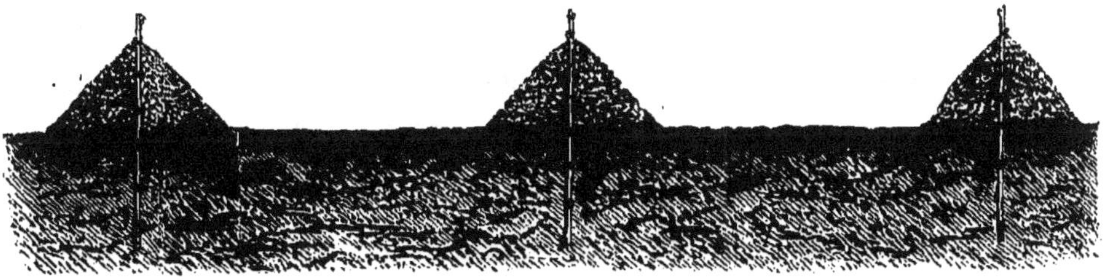

rien qui justifie cette pratique; tout, au contraire, semble la condamner. A quoi peuvent servir les racines qui prendront dans le billon? je l'ignore. Que deviendra cette longue tige quand le billon sera abattu? Je ne vois là que des obstacles à une bonne et franche culture et des retards dans la récolte.

On obtient ainsi des raisins, à quatre ans par le plant enraciné, à cinq ans seulement avec la bouture. A la cinquième ou sixième année, la récolte paye le travail; à la huitième ou neuvième commence la pleine récolte.

Si l'on plantait les boutures à plat, à vingt ou vingt-cinq centimètres de profondeur, l'épiderme de l'entre-nœud le plus bas étant préalablement enlevé, avec un seul œil dehors recouvert, le travail serait payé par la récolte à la troisième année, et la pleine récolte commencerait à la quatrième. C'est une avance de trois ou quatre ans sur les produits.

Les distances les plus générales des ceps sont à un mètre cinquante centimètres au carré, en vignes pleines. Cette distance serait très-bonne et très-productive dans le sol et sous le climat de Tarn-et-Garonne, si les têtes des ceps étaient dressées avec une ampleur qui répondît à cet espace; mais pour des souches dressées sur deux ou trois bras, ne portant chacun qu'un seul courson, taillé à deux yeux et souvent à un seul œil, c'est-à-dire pour une végétation de trois à six ou huit yeux par souche, il est évidemment trop grand; il ne peut être occupé que par des pampres follement développés et par des racines éphémères; puisqu'on ne leur laisse pas de tige solide étendue, les racines ne peuvent se constituer solidement ni d'une façon durable. $1^{m},50$ cubes de terre dans une caisse suffiraient à la vie d'un oranger de première grandeur pendant cent cinquante ans; que peut faire de cet espace un petit arbrisseau tenu à l'état nain et rabougri?

Ce n'est pas l'espace que je blâme ici : je le trouve, au contraire, très-convenable pour le sol et pour le climat; mais je demande qu'on y laisse à la vigne une tige correspondante à l'espace, et qu'on lui donne ainsi la possibilité d'y être plus féconde. Il ne faut pas qu'on croie qu'avec six yeux de végétation on développera et l'on entretiendra les racines d'un grand arbre; on aura juste les racines d'un arbre à six yeux, c'est-à-dire des racines aussi pauvres et aussi impuissantes que la tige, et qui se paralyseront tous les ans par la disparition de la tige qu'elles auront refaite dans le cours de la végétation. Que les viticulteurs méditent bien cette vérité : qu'ils annulent tous les ans, par la réduction des bras et par le rapprochement de la taille, la plus grande partie des forces vives nouvelles créées par la végétation précédente dans les racines comme dans les tiges : dans les tiges immédiatement, et dans les racines après leurs premiers efforts à lancer de longs bourgeons gourmands, qui ne peuvent leur rien ajouter, puisque la dépense est juste celle de l'année précédente, si elle n'est pas moindre. La racine ne peut donc que s'user, se remplacer, mais non s'étendre au delà des limites imposées à la tige.

On voit des vignes à labourer à $2^m,50$ entre leurs lignes, leurs ceps étant à un mètre dans le rang.

Il existe aussi dans le Tarn-et-Garonne des jouelles, ou vignes à cultures intercalaires, qu'on appelle vignettes. J'en ai vu à la Bastide-du-Temple et surtout à Moissac, où beaucoup sont palissées avec des échalas et des roseaux. La plupart sont taillées à plusieurs coursons et à très-longs bois ; elles donnent proportionnellement trois ou quatre fois plus que les vignes pleines. Il en existe aussi sans échalas, sans palissage ni long bois, qui ne donnent pas plus, dans ce cas, que les vignes ordinaires, si elles ne donnent moins. Les vins qu'elles produisent sont, d'ailleurs, inférieurs à ceux des vignes pleines; ils sont consommés sur place.

Les souches des vignes pleines sont dressées à quinze ou trente centimètres au-dessus du sol, le plus souvent à quinze, sur deux, trois, quatre bras et plus, surtout les souches de clairettes ou de chasselas destinées à produire les raisins de table; mais, pour la production du vin, la majorité des souches n'a que deux et trois bras, en éventail dans les vignes cultivées à la charrue, et en gobelet dans les vignes façonnées à la main, où l'on observe plus souvent que dans les autres ces gobelets à quatre ou cinq bras. La vigne est dressée aussitôt qu'elle présente les dispositions convenables dans ses sarments; souvent, surtout quand elle est haut montée, elle reçoit un tuteur pour la soutenir pendant les premières années.

Cette pratique est excellente et devrait toujours être suivie; il y aurait même avantage à adopter l'échalas, ne fût-ce qu'un petit échalas de 1^{m},20 à chaque souche. La fertilité en serait augmentée bien au delà de la dépense, qui ne serait que de 160 francs par hectare, à 40 francs le mille, puisque le Tarn-et-Garonne n'a que quatre mille souches environ à l'hectare. Les viticulteurs de Montauban peuvent, d'ailleurs, se rendre compte mieux que personne de l'importance des échalas : leurs belles et bonnes cultures de chasselas leur fournissent la comparaison toute faite. Les chasselas, à Montauban, sont tantôt palissés, tantôt échalassés et tantôt à souches sans soutien. Eh bien! je suis convaincu que les récoltes les plus abondantes et les meilleures appartiennent aux palissages et aux échalas, pour un grand tiers de valeur en sus.

Quelle serait la dépense annuelle pour une fourniture première d'échalas, même à 50 francs le mille et par conséquent de 200 francs? Ce serait le dixième au plus, car l'échalas de chêne ou de châtaignier dure de douze à quinze ans. Ce serait donc 20 francs par an, 40 francs avec les relevages, liages, rognages, fichages et défichages, c'est-à-dire la valeur de deux hectolitres au plus par hectare; et l'augmentation de la production serait d'au moins quinze hectolitres.

Une bonne pratique aussi est celle de donner les bras à la vigne aussitôt qu'un, deux, trois, quatre bons sarments se présentent pour les former; il importerait même d'arriver à cinq et à six bras, puis d'ajouter plus tard deux coursons sur chaque bras; mais on devrait s'astreindre à enlever exactement les bourgeons inutiles. On pourrait encore, en ne laissant qu'un courson à chaque bras, allonger sa taille à trois ou quatre nœuds : dans ce dernier cas, il serait indispensable de pincer dès la fin d'avril ou dès les premiers jours de mai, aussitôt qu'on aperçoit trois ou quatre petites feuilles au-dessus des boutons à grappes, tous les bourgeons de chaque courson, excepté un ou deux, les plus bas, qu'on doit laisser, comme tire-sève, sans pincement, c'est-à-dire sans supprimer son petit sommet; ces bourgeons seront, comme en Lorraine, les sarments de taille donnant les coursons de l'année suivante.

Telle serait la meilleure conduite de la vigne dans le Tarn-et-Garonne, pour ne pas trop changer les principales habitudes du pays.

On ébourgeonne peu ou avec négligence, ou trop tard, dans tout le département. On effeuille et l'on *ébroute* parfois à la fin d'août ou en septembre; mais c'est surtout pour donner les pampres au bétail que cette pratique a lieu en quelques vignobles, par exemple, à Moissac.

On ne provigne, en général, que pour remplacer, soit par le sarment couché, soit en abaissant une souche dans une fosse. De cette souche on tire un ou deux sarments pour remplacer un ou deux ceps, tandis qu'un autre sarment est ramené à la place de la souche mère. Ce sont là de mauvaises pratiques : il faut remplacer, comme M. Laforgue, par un plant enraciné, planté dans un bon trou, bien fumé et bien terré, à la place du cep manquant.

On fume peu dans le Tarn-et-Garonne; mais lorsqu'on fume, c'est au collet de la vigne, sous le décavaillonnage. La meilleure fumure est celle qui est enfouie, dans un sillon profond, entre les deux rangs. D'ailleurs la vigne, dans ce département, aurait peu besoin d'être fumée si elle était taillée plus généreusement, et surtout si elle était terrée à deux cent cinquante mètres cubes de terres, par hectare, apportées tous les dix ou douze ans; mais on pratique peu les terrages ici, et pourtant on sait que cette opération est le seul entretien et le seul salut des meilleurs vignobles. Sur le plateau principal de Castelsarrazin, qui repose sur des strates crayeuses, si l'on extrayait et si l'on répandait ces craies sur le sol, on obtiendrait des résultats merveilleux, non-seulement pour la vigne, mais pour toutes les autres cultures.

Quant aux cultures, soit à la charrue, soit à la main, elles consistent en un déchaussage d'un empan au moins (un décavaillonnage, fait en avril et en mai, complète et exagère encore cette opération désastreuse) et en un rechaussage d'un empan et plus, aussi refait à la fin de mai, à la main ou à la charrue, et complété à la houe ou au râteau à la main. La règle est de donner deux façons à la charrue et deux façons complémentaires à la main ; mais il s'en faut que la règle soit toujours et partout observée. Par exemple, à Moissac, on ne donne plus qu'une façon, faute d'ouvriers ; partout, après ces cultures, on ne fait plus rien aux vignes. On laisse le plus souvent les herbes croître et mêler leur ombre et leur humidité malsaines aux pampres, qui ne sont ni pincés ni rognés.

La plupart des vignes sont cultivées à la journée ou à façon. Les propriétaires qui ont des bordiers, et dont les vignes sont cultivées à la charrue, leur imposent généralement les labours à donner à leurs vignes. Le prix de la journée est presque partout, en moyenne, de 1 franc et nourri, et de 2 francs sans la nourriture. On donne de la piquette aux bordiers, mais les vignerons n'ont aucune participation aux fruits ni à leurs produits. Il n'est donc pas étonnant que l'émigration ait lieu sur une assez grande échelle. A Moissac, on attribuait cette émigration aux travaux publics en France et en Espagne et à la cherté des vivres ; il fallait ajouter : et à l'absence de tout intérêt du vigneron aux produits de son travail.

On foule la vendange à la comporte ou bien au cuvier, mais non à la cuve, ce qui est une très-bonne pratique. On n'égrappe pas et l'on met plus ou moins de temps à remplir les cuves. On cuve en cuve ouverte ; malheureusement l'immense majorité fait cuver pendant deux, trois et quatre semaines. Il n'y a que les viticulteurs progressifs, tels que MM. Garrisson, d'Ayral et quelques autres, qui ne laissent cuver que pendant six à dix jours, et qui s'en trouvent fort bien.

Généralement on tire en vieux vaisseaux et l'on ne presse

qu'exceptionnellement. Le vin étant tiré, on fait le demi-vin en versant sur le marc non pressé cinq pièces d'eau pour vingt pièces de vin tiré. Ensuite, ce demi-vin tiré, on remet cinq pièces d'eau pour faire la piquette première; puis on fait de la même façon une piquette seconde. Ces boissons de demi-vin et de piquettes sont d'un usage salutaire aux travailleurs des champs; elles valent infiniment mieux que l'eau : quand les vins ont cuvé deux et quatre semaines, c'est le meilleur parti qu'on puisse tirer des marcs, attendu que, dans le cas de macération prolongée, les vins de presse ne pourraient que gâter les vins de goutte; mais, après la cuvaison normale de quatre à huit jours, les marcs doivent être pressés et les jus de la presse mélangés à ceux de la cuve, parce qu'ils contiennent des substances essentielles à la bonne qualité et à la solidité de ces derniers.

En résumé, mélange de trop nombreuses espèces dans les vignes; application exclusive de la taille à coursons à toutes ces espèces; coursons trop peu nombreux sur chaque souche; trop peu d'yeux sur chaque courson; négligence dans l'ébourgeonnage; absence de pinçage et de rognage; cultures trop peu nombreuses, trop profondes et trop mouvementées, données à la vigne; mélange de trop d'espèces de raisins à la cuve; cuvaison trop prolongée : telles sont les causes principales de la dépression de la récolte et de l'absence de cachet spécial aux vins de Tarn-et-Garonne. Que ces causes disparaissent, le Tarn-et-Garonne produira de très-bons vins et en quantités doubles et triples de ceux qu'il produit aujourd'hui.

Après l'exposé des coutumes les plus générales, j'analyserai les exceptions.

M. Laforgue possède à Bressols un enclos de treize hectares de vignes, au milieu d'une grande plaine plantée de mêmes cépages, ayant le même sol que les sols voisins, appartenant à divers et asservis à la coutume générale. Ces vignes, extérieures et étrangères à M. Laforgue, rapportent dix, douze et quinze hectolitres, au plus, à l'hectare.

Depuis trente ans M. Laforgue fait rendre à ses vignes quarante à cinquante hectolitres, en moyenne; et pourtant il ne s'éloigne en rien des principes généraux de la tradition locale. Il a au moins une douzaine de cépages différents dans ses vignes; il chausse et il déchausse profondément; il n'ébourgeonne pas; il ne pince pas; il ne rogne pas; il ne fume pas; il taille indistinctement toutes ces espèces différentes à souche basse et à courson à deux yeux; il n'a point d'échalas; il laisse l'herbe dans ses vignes après sa seconde culture, sans sarcler ni biner. En un mot, il n'est pas possible de suivre plus exactement la tradition locale.

Comment donc M. Laforgue obtient-il une récolte triple de celle de ses voisins?

Selon moi, M. Laforgue n'obtient ce résultat que par deux pratiques essentielles et très-distinctes de celles de tous les autres viticulteurs: 1° il donne le double et souvent le triple d'yeux de végétation, et, par conséquent, le double et le triple de coursons à chacune de ses couches; 2° il élimine courageusement toutes les souches qui demeurent stériles sous la taille courte, et il les remplace immédiatement par d'autres qu'il sait être fertiles sous ce régime.

En entrant dans le beau clos de M. Laforgue avec MM. les membres de la Société d'agriculture qui me faisaient l'honneur de m'y conduire, j'ai été frappé tout d'abord du grand nombre de coursons qui hérissaient chaque souche, six, huit et jusqu'à dix (j'ai relevé chez M. Laforgue une souche représentée dans la figure 155). Mais ce qui me frappa ensuite, c'est que les souches, coiffées de nombreux bras, n'offraient sur leur tronc et sur leurs bras, parfaitement lisses et sains à la surface, l'apparence d'aucun chicot, d'aucune plaie qui indiquât la trace habituelle des gourmands, dont les cicatrices sont apparentes dans tous les pays à taille courte, là où l'on ébourgeonne avec négligence ou bien où l'on n'ébourgeonne pas du tout, par conséquent dans le Tarn-et-Garonne.

Aussi, trop pressé de faire de la prescience, je dis à mes introducteurs : « Voyez, Messieurs, combien les souches sont « propres et saines lorsqu'on ébourgeonne de bonne heure « et avec soin ; Monsieur Laforgue, veuillez recevoir, à cet « égard, mes sincères félicitations. »

« Pardon ! me répondit M. Laforgue, je n'ébourgeonne « jamais ! je n'ai pas besoin d'ébourgeonner ; je laisse assez « d'yeux sur la tête de mes souches pour utiliser toute leur « séve ascendante, et cette séve n'est point obligée de crever « la vieille peau de leur pied pour s'y créer des issues arti- « ficielles. »

J'étais battu et ravi ; c'était simple et vrai comme l'Évangile. Bien employer, par une taille généreuse, les forces vives accumulées dans ses souches par la végétation précédente, ne pas rester en deçà, ne pas aller au delà d'une bonne application de ces forces : voilà donc le principal secret de M. Laforgue. J'ai tort de dire le secret, car M. Laforgue, homme de cœur et d'esprit, non-seulement dit ses pratiques à tous ceux qui peuvent en profiter, mais encore il les traduit en vigoureux préceptes, il les exprime et les publie en vers patois charmants. Il en a fait un petit poëme dont voici le titre dans toute sa naïveté :

LOU GUIDÉ

DEL

BIGNEROU,

OU

PICHOU TRATTAT EN BERSÉS PATOUÉSÉS

SUR LA CULTURO DE LA BIGNO,

coumpousat

per LAFORGO-RAFINO,

Bendut al proufit des paourès de Montalba.

Rien n'est plus joli, plus spirituel, rien n'est meilleur que ce petit traité de la culture de la vigne, qui se vend 6 sous, au profit des pauvres, à Montauban. Il n'y a que la vigne et ses purs jus fermentés pour donner des inspirations comme celles-là.

Le second moyen, qui complète le premier pour augmenter la récolte, c'est d'arracher toute souche, tout cépage demeurant stérile sous la conduite et sous la taille qu'il a adoptée. M. Laforgue arrache le cep condamné et le remplace par un plant enraciné, mis dans un grand trou, bien fumé et bien terré. Quelquefois il greffe le sujet; mais il n'est point partisan du remplacement par provignage, et il a bien raison.

Ce second procédé est excellent et devrait toujours être suivi. Il ne faut, dans une vigne, que des tailles courtes ou des tailles longues; la conduite dans une vigne doit être la même pour tous les ceps : donc il faut exclure les ceps à taille courte des vignes à taille longue, et réciproquement.

Mais faut-il en conclure que les tailles longues doivent être proscrites parce qu'elles diminuent, parce qu'elles perdent la qualité du vin? Il n'y a plus que ceux qui sont étrangers à la viticulture et à la vinification qui soutiennent cette thèse. Pour en finir avec eux, je répéterai à satiété, et dans chaque département s'il le faut, que tous les vins des Côtes-Rôties sont récoltés sur les tailles longues; que tous les vins du Médoc sont récoltés sur les tailles longues; que tous les vins de Jurançon sont récoltés sur les tailles longues; que tous les vins de la Gaude (Alpes-Maritimes) les plus colorés, les plus généreux, les plus solides, sont récoltés sur les tailles longues; que deux tiers des vins de Saint-Emilion sont produits sur les tailles longues; que la moitié des vins du Rhin, que les meilleurs vins de la Lorraine, de l'Alsace, de la Franche-Comté, sont produits sur les longues tailles, et les plus mauvais sur les courtes. Je ne veux pas dire qu'on ne produit que de mauvais vins sur les courtes tailles : la Bourgogne et la Champagne réclameraient à juste titre; mais il est temps que ceux qui font profession de dire que les longues tailles donnent de moins bons vins que les courtes étudient mieux la question, avant d'oser arrêter le progrès par des lieux communs qui n'ont aucune valeur.

J'insiste sur ce point, que M. Laforgue n'a triplé ses produits qu'en triplant les yeux de ses souches et en remplaçant ses souches stériles par des souches fertiles, comme on augmente le lait d'une étable en augmentant le volume et le nombre des vaches à lait et en remplaçant les mauvaises laitières par de bonnes. La preuve que c'est là la double cause du succès de M. Laforgue, c'est que toutes ses autres pratiques sont les pratiques traditionnelles et locales, dont j'ai cru pouvoir faire la critique, et que je persiste à blâmer. Que M. Laforgue rabatte toutes ses souches à deux ou à trois coursons, à deux yeux ou à un œil, et ses récoltes tomberont à 15 hectolitres, bien qu'il continue toutes ses autres pratiques.

Mais sa taille généreuse, et parfaitement adaptée à la vigueur de ses souches, n'est pas seulement l'effet de cette vigueur et de cette fécondité ; elle en est la cause première. Aussi n'est-il pas besoin d'autant de fumures que dans les vignes à tailles restreintes, puisque M. Laforgue ne met pas du tout de fumier, excepté dans les remplacements. Cela se conçoit de reste, car les racines de ses vignes sont précisément plus étendues et plus puissantes, pour chercher leur nourriture, à mesure que leur tige est plus étendue et plus puissante pour puiser dans l'air les éléments ligneux qui forment les racines. Un coup d'œil sur les vignes voisines suffit à la démonstration de cette vérité. Elles ont même terrain, même culture, même conduite, mais elles ont moitié moins d'yeux et moitié moins de racines; elles sont débiles et stériles en proportion des yeux qu'on leur a ôtés de trop.

M. Laforgue nous a fait voir aussi un joli morceau de vignes dont les ceps se trouvaient à $1^m,10$ au carré, au lieu de $1^m,50$. Il en a obtenu 16 hectolitres, ce qui dépasse 100 hectolitres à l'hectare. Il attribue ce fait en grande partie, et avec raison, au rapprochement des ceps. $1^m,50$ sera toujours trop grand pour être entièrement utilisé par un petit arbrisseau; mais, quand on adopte une forme qui double l'étendue de la tige, un seul cep, dans un espace de $1^m,50$ au carré, donne plus que plusieurs ceps à tige plus petite qui occuperaient le même espace.

Dans la région du nord-est je signalerai des faits qui le prouvent surabondamment. Dans la Moselle, où les ceps sont à 50 centimètres au carré, et dont la moyenne récolte est de 50 hectolitres à l'hectare, il y a trois communes dont les ceps sont à 1^{m},30 au carré, et qui donnent, en moyenne, 100 hectolitres à l'hectare, les terrains étant égaux en qualité; mais chaque cep de ces communes porte cinquante-six yeux fructifères, tandis que chaque cep, à 50 centimètres, ne porte que sept yeux. De fait, il y a sept souches à sept yeux chacune dans 1^{m},30 carré, ce qui fait quarante-neuf yeux pour les sept souches. Le cep isolé porte donc seulement sept yeux de plus, à lui tout seul, et donne le double de raisin. Ce cep vit plus longtemps et il est plus vigoureux, parce qu'il a la tige et par conséquent les racines d'un arbre puissant; tous ses yeux sont néanmoins près du sol, au bout de bras disposés comme le seraient les rayons d'une roue dont le moyeu serait planté en terre, les rayons seuls restant à la surface.

Nous avons visité à Bonnefond, au domaine de Mme veuve Renaud, une étendue de 25 hectares de vignes qui déjà sont conduites dans une voie progressive par son fermier, M. Pierre Salles, lequel plante moins profondément (à 28 centimètres) et récolte, à la troisième année, de quoi payer le travail. Il forme sa souche promptement; il a trois bras à la troisième année, et sa taille, à coursons, est beaucoup plus généreuse que la taille généralement adoptée: aussi produit-il une moyenne récolte à peu près double de celle des vignes environnantes.

M. d'Ayral fils, dans son magnifique vignoble de la Bastide-du-Temple, vignoble de 60 hectares d'un seul tenant, travaille énergiquement à transformer et à conduire, à la taille large et généreuse, les vignes dont son vénérable père lui a transmis la direction, après les avoir créées et dirigées lui-même avec autant de succès que pouvaient en faire espérer les pratiques traditionnelles et locales. Mais la méthode de M. d'Ayral fils est tout à fait différente de celle de son père et de celle de M. Laforgue. C'est aux longs bois, terminant les deux bras de ses souches, avec coursons et cots de retour intermédiaires, qu'il demande la force, la fécondité et la durée de ses vignes. Il obtiendra infailliblement ces trois conditions de la prospérité viticole, puisqu'il a pour modèles et pour garants les palus de la Gironde, le Médoc et Saint-Émilion, dont il suit les méthodes, qu'il connaissait depuis longtemps. Environ 10 hectares sont déjà transformés par lui de l'ancienne méthode à la nouvelle. Des carassons de 50 centimètres hors de terre portent un fil de fer tendu sur leur tête, comme dans le Médoc, et les souches, divisées en deux bras près de terre, sont palissées comme l'indique la figure 156. La figure 157 rend assez bien le moyen aspect des souches anciennes : six yeux, et souvent trois, sur trois bras, au lieu des vingt-quatre yeux de la figure 156 et des seize yeux de la figure 155. M. d'Ayral devait augmenter sa récolte en proportion de l'extension donnée à sa taille, c'est ce qui est arrivé : il a récolté jusqu'à trente barriques

Fig. 155.

Fig. 156.

dans 50 ares, établis selon la figure 156; 136 hectolitres à l'hectare. Une telle récolte n'a rien de surprenant dans ce système. Toutefois elle n'est point normale; et quand M. d'Ayral se sera débarrassé complétement de l'oïdium, et qu'il aura généralisé ses transformations en les régularisant, il peut compter sur une moyenne récolte de 60 hectolitres à l'hectare; surtout s'il joint à son excellente taille la pratique sérieuse des ébourgeonnages, pinçages et rognages. Mais les bras font ici défaut aux progrès de ses travaux comme aux travaux les plus ordinaires de tout le monde.

Fig. 157.

Je laisse, à cette occasion, parler le comité de direction de la vigne-école de Montauban, dans son rapport sur les vignobles de MM. Laforgue, Carrère-Dupin et d'Ayral.

« L'embarras pour M. d'Ayral, il nous a semblé le com-« prendre, est le manque d'ouvriers. Il subit plus que nous « tous encore, en raison de l'importance de ses vignes, l'in-« fluence de la crise qui se fait partout sentir, soit réelle-« ment dépopulation des campagnes ou émigration vers les « villes, ou, mieux encore peut-être, augmentation du tra-« vail et de la production agricoles, qui exigent plus de main-« d'œuvre qu'autrefois, malgré l'emploi des machines et la « simplification des cultures; *le mal existe : y porter remède « est le plus grand problème du moment.*

« M. d'Ayral, ne pouvant faire cultiver tout son vignoble, « a dû avoir recours à des ouvriers partiaires auxquels il « abandonne, pour salaire de leur travail, une partie des « produits : c'est l'association. Ce système, bien appliqué, ne « pourra donner que d'heureux résultats. Il faut que l'ouvrier « des champs cesse d'être une véritable machine; il faut « qu'un lien le retienne à la terre qu'il cultive, et ce lien

« ne peut être que l'intérêt. Sera-ce le prix d'une journée, « le gage d'une année, qui l'attachera à un travail pénible, « à la réussite duquel il ne doit rien gagner? Quoi d'éton- « nant alors qu'il ne fasse que le moins possible, avec dé- « goût et murmure ? Quoi d'étonnant aussi que pour « quelques centimes de plus, à prix égal même, il préfère « l'occupation de l'atelier ou de la fabrique, et l'habitation « de la ville, où il trouvera des satisfactions que les champs « ne paraissent pas lui offrir ? Retenir les travailleurs de la « terre par l'espérance d'une rémunération proportionnée à « leur rude labeur, à leurs soins, à leur intelligence; les cap- « tiver par une certaine idée de propriété, quelque partielle « qu'elle soit, sera donc la première et principale mesure à « prendre dans une situation aussi critique. Avoir pour eux « les égards d'un bon père de famille, leur prêcher d'exemple « avec cette autorité, cette supériorité que donnent l'expé- « rience, les faits accomplis, les connaissances acquises, une « intelligence cultivée, et non la différence de position, de « fortune, de naissance : voilà le second moyen. M. d'Ayral « est à même de s'assurer de la sagesse de ces principes, et « nous l'en félicitons. A sa place, nous dirions à l'ouvrier : « Tu es habile, laborieux et veux prospérer; écoute-moi : « voici 3 hectares de vignes, ils produisent, bon an mal an, « de 60 à 70 hectolitres de vin; mais nous pouvons, si tu « le veux, doubler et tripler ce produit. Je fournirai tout « ce qu'il faudra pour y arriver : fumier, terreau, chiffons, « fil de fer, échalas, etc.; à toi, sous ma direction et à mes « ordres, tout le travail d'installation et de culture, pour « lequel tu retireras le tiers des produits; mais tu m'obéiras « exclusivement, car je sais mieux que toi quels sont les be- « soins de ma vigne. Le jour où tu cesseras d'avoir confiance

« en moi, en refusant d'accomplir ma volonté, notre contrat « sera rompu. »

A ce langage de M. Dubreuilh, que j'ai moi-même toujours tenu partout, j'ajouterais une seule condition; mais elle est essentielle : « J'assurerai ton logement, ton vêtement, ton entretien, ta nourriture, ainsi que ceux de ta femme et de tes petits enfants; en un mot, j'assurerai ta stricte existence, en famille, par un salaire journalier ou annuel, que j'estime d'avance à un sixième des produits que je retiens; quant à l'autre sixième, tu l'auras chaque année : ce sera ton profit, ton aisance, ton épargne, ta fortune. »

Cette condition du salaire fixe qui assure l'existence de l'ouvrier et de la famille rurale, bon an ou mal an, est essentielle, car, avant d'espérer, il faut être assuré de vivre; et le vigneron ne pourrait vivre, si une année, trois années, six et neuf années de mauvaises récoltes, ou de récoltes nulles, venaient le priver de son tiers ou lui offrir un tiers insuffisant. Ces circonstances, ces malheureuses séries, se sont présentées bien souvent et se présenteront encore; il faut donc les prévoir. Dans beaucoup de pays, dans la Lorraine par exemple, les vignerons-métayers ont dû renoncer au métayage, sous les coups répétés des gelées, des pluies et des grêles, pendant plusieurs années. Dès que les vignes ne rapportent plus, les vignerons ne veulent plus du métayage; dès qu'elles rapportent beaucoup, ils le demandent. Les avances aux vignerons, ainsi qu'à tous les métayers, lorsqu'elles sont pour leur consommation indispensable et non plus pour accroître les produits, sont pour eux des forces anéanties, qu'ils ne peuvent plus réparer, pour peu que les temps calamiteux se prolongent.

La vraie solution de l'association du travail et de la propriété rurale n'a de bases équitables, solides et à l'abri de toute éventualité, que, d'abord et avant tout, dans la certitude pour l'ouvrier de vivre par le salaire, et ensuite dans l'espérance et le moyen d'augmenter son aisance ou d'assurer son avenir par une part, proportionnelle à leur abondance et à leur valeur, dans les fruits de son travail. La forme et le taux de ces deux principes de la rémunération du travail de l'homme des champs peuvent varier; mais ils doivent ressortir nettement de tous bons contrats, verbaux ou écrits, de l'association du travail et de la propriété agricole. Le salaire n'est que le logement, la nourriture et l'entretien de la bête de somme : il est donc dû à l'homme comme aux bêtes; la participation aux fruits de son travail est le seul prix équitable des facultés spéciales à l'homme, appliquées à la production du sol.

M. d'Ayral ne se contente pas d'améliorer, d'année en année, une portion notable de son vaste vignoble; il améliore également ses vins par le choix des meilleurs cépages, qu'il emprunte surtout au Bordelais et à la Haute-Garonne, et les substitue, par remplacements successifs, aux cépages de l'extrême midi. Il essaye aussi les qualités des divers cépages, dont il fait des cuvaisons et des vins séparés. C'est ainsi qu'il a pu me faire goûter des vins très-remarquables et très-fins de negret, de milgranet et de bouillenc noir. Ses celliers sont vastes et bien disposés; il est à regretter qu'il n'en ait pas encore établi à température fraîche et constante, comme celle des bonnes caves souterraines.

Le beau vignoble de MM. d'Ayral a été créé dans 60 hectares de terres nues, achetées 6,000 francs le tout, et plantées, il y a cinquante ans, par M. d'Ayral père, que j'ai eu l'honneur de voir au milieu de ses vignes, dans sa maison et à Castelsarrazin, vif, alerte, spirituel, et d'une bienveillance charmante, à l'âge de quatre-vingt-deux ans. M. d'Ayral boit toujours le vin de son cru et le boit encore sec. M. d'Ayral père, en donnant une grande valeur à des terrains presque abandonnés, en les transformant en vignes plantées avec une rare intelligence dans leur distribution, dans leurs alignements, dans leur assainissement et dans leurs abords assurés par de larges et nombreuses allées, a rendu un véritable service au pays; et M. d'Ayral fils ajoutera à ce service celui de donner l'exemple des améliorations dans la culture des vignes, dans leur conduite et leur composition et dans la confection des bons vins.

M. d'Ayral s'est étonné que le sémillon et le guillan musqué, qui donnent de si bons vins blancs à Bergerac, ne lui en donnassent que de médiocres à la Bastide-du-Temple. A cet égard, je n'ai qu'à poser une question à M. d'Ayral : A-t-il vendangé ses raisins pourris du 1er au 15 novembre? Eh bien! je ne crois pas qu'il ait fait en ce point ce qu'on fait à Bergerac, ce que fait M. le marquis de Lure-Saluce à Château-Iquem. Le cépage et son degré de maturité ne font pas toute la question des bons vins; mais ils en font les trois quarts.

Nous avons visité aussi, à la Villedieu, le domaine de M. Lamothe, qui, lui aussi, a créé un vignoble vaste et riche dans des terres sans valeur et ne produisant absolument rien. Les vignes y sont conduites selon la tradition du pays : c'est dire assez que le rendement moyen en est d'environ 15 à 20 hectolitres seulement; mais c'est principalement sur la confection et la conservation des vins de consommation directe et de commerce que M. Lamothe porte ses soins. Dans ses celliers très-beaux et très-bien tenus, j'ai remarqué huit cuves cerclées en madriers chantournés et boulonnés. Ce mode de cerclage, que j'avais déjà observé chez M. Gustave Garrisson, à son domaine de Beausoleil, et que j'ai vu depuis chez M. Amadieu, à Verteillac, est fort singulier et donne un aspect étrange aux cuves. Quoique très-ancien et avantageusement remplacé aujourd'hui par des cercles en lames de bois et surtout en fer, je le mentionne et j'en donne l'idée dans la figure 158, parce qu'il peut être utilisé comme expédient.

Fig. 158.

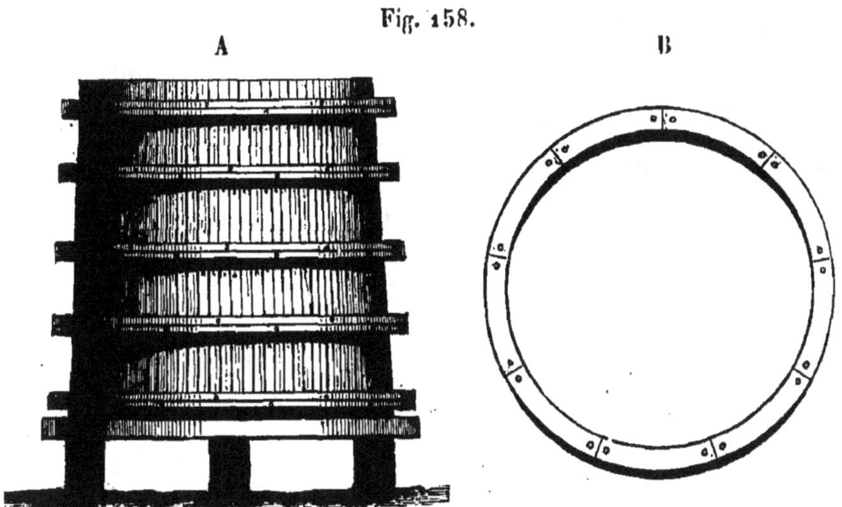

La figure 158 présente l'élévation de la cuve A, armaturée de ses cercles en doubles madriers superposés, à joints contrariés. B représente le cercle isolé et boulonné. Ces deux croquis sont à 2 centimètres pour mètre.

Le viticulteur qui produit le plus par hectare dans le département de Tarn-et-Garonne est M. Carrère-Dupin, président du tribunal civil de Castelsarrazin. C'est à la taille généreuse, à deux astes et à quatre ou cinq coursons (fig. 159) que M. Carrère-Dupin doit principalement rapporter sa production de 100 hectolitres à l'hectare; un peu à ses fumures, un peu peut-être à la forte tension qu'il fait subir aux astes, mais pas du tout à ses cultures profondes.

Fig. 159.

Avec sa taille et ses palissages des astes parfaitement entendus, avec ses fumures intensives et ses labours profonds, M. Carrère-Dupin ne pratique aucune des opérations de l'épamprage, ni ébourgeonnage, ni pinçage, ni liage, ni rognage. Sans doute par ses puissantes récoltes il a lieu d'être satisfait et de ne pas chercher le mieux, qui est en effet, comme on le dit, souvent l'ennemi du bien; mais il appartiendrait à un homme aussi intelligent que M. Carrère-Dupin et à sa position élevée de magistrat de faire quelque chose pour la science, c'est-à-dire pour le progrès commun. Il serait donc bien à lui d'ébourgeonner, de pincer, de palisser et de rogner seulement trois ou quatre des lignes de sa belle vigne, et de comparer la production de ces lignes avec celle d'autant de lignes voisines laissées à sa méthode; la comparaison devrait se faire en pesant, à la vendange, les raisins des unes et des autres à la balance et leur jus au glucomètre.

M. Léonce Bergis, secrétaire perpétuel de la Société d'horticulture et d'acclimatation de Montauban, possède dans la vallée de Tempé, à quelques kilomètres de la ville, une belle et grande propriété où il fait faire les applications les plus importantes des nouvelles pratiques de l'horticulture et de l'arboriculture, pour son propre agrément sans doute, mais bien plus encore pour être utile à tous, en étudiant et faisant étudier les meilleurs procédés.

Sur la propriété de M. L. Bergis, une vigne avait été traitée, me disait-on, selon les conseils que j'avais donnés. Son étendue était de quatre hectares, et depuis plusieurs années elle ne donnait que dix à douze barriques dans toute son étendue, c'est-à-dire deux ou trois barriques à l'hectare, ou sept hectolitres environ. M. Bergis avait fait mettre chaque souche de cette vigne à double aste et à double cot de retour; et dès la première année elle avait donné soixante-douze barriques, soit dix-huit barriques, ou quarante hectolitres, au lieu de sept, à l'hectare. La pousse des bois était plus vigoureuse que lorsqu'elle était taillée à crochets ou coursons, et tout faisait présumer qu'elle se comporterait encore mieux et qu'elle produirait encore plus les années suivantes. Voilà ce que me disaient les personnes bienveillantes. Voici ce que me disaient les incrédules et les opposants : «Ce qu'on vous dit est vrai, mais on omet de vous faire savoir que, les années précédentes, la vigne était dévorée par l'oïdium et que, cette année, le soufrage a mieux réussi : d'où la fertilité. On omet encore de vous dire que la vigne a été largement fumée l'année précédente. Mais ce qu'on ne vous dit pas surtout, c'est que le vin récolté a été très-petit, aigre et faible, et qu'il s'est vendu 10 francs de moins par barrique.» Tout cela était vrai ou pouvait être vrai à la fois.

Les soufrages avaient eu lieu avec succès cette année, parce qu'on avait épampré et pincé avec soin; car la vigne avait été soufrée sans succès antérieurement. En effet, les épamprages font réussir des soufrages qui ne réussiraient pas sans eux. La fumure avait eu lieu l'année précédente, mais sans aucune amélioration; la vigne avait vingt ans, et à cet âge, quand la vigne est stérilisée par la taille restreinte, la fumure augmente encore sa stérilité. Enfin le vin était vert, c'est ce qui arrive presque toujours la première année qu'on donne les longs bois, et ce qui n'arrive plus ensuite, parce qu'alors des racines correspondantes à l'extension de la taille sont formées.

Mais ce qui ressortait encore de plus vrai, c'est le décompte fait par M. Bergis lui-même. La bonification sur les récoltes précédentes a été de trente-cinq hectolitres à l'hectare, qui, vendus 20 francs, ont produit 700 francs, lesquels ont couvert les frais de fumier, de soufrage et d'épamprage, et donné un bon bénéfice. Il est hors de doute que le revenu des vignes, qui était le plus médiocre de la propriété de Tempé, se trouve aujourd'hui porté au-dessus du rendement des grandes luzernes, la plus productive des cultures de ce pays.

Je puis assurer à M. Bergis qu'il récoltera plus et de meilleur vin désormais; mais il faut introduire quelques modifications dans la taille et dans la conduite qu'il se proposait de suivre.

En effet voici, dans la figure 160, les dispositions les plus généralement prises. La souche *a b* portait quatre bras, *d*, *e*, *f*, *c*. Les deux bras *c* et *d* étaient surmontés de chacun un courson *c h*, *d g*, et les deux bras *e*, *f*, portaient chacun une aste *f i j k*, *e l m n*; et au-dessus,

Fig. 160.

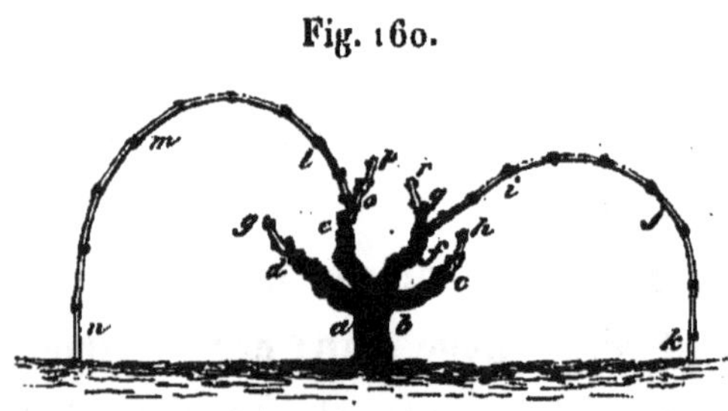

chacun un courson *op*, *qr*. Les deux astes devaient être supprimées aux deux bras *e*, *f*, pour être portées, l'année suivante, par les bras *d* et *c*.

Ce transport d'un bras sur l'autre, alternant chaque année, est destiné à ne pas fatiguer le bras par une aste donnée tous les ans. Il y a là une erreur des plus graves. Une branche ne fatigue pas un arbre, elle le nourrit et le fortifie. M. Bergis comprendra cela mieux que personne; mais ce qu'il y a de plus sérieux encore, c'est que cette branche *n m l e* crée au bras *e* des racines qui lui sont propres et proportionnées à sa branche. En sorte que quand on lui refuse, l'année suivante, une branche correspondante à celle qu'on lui a ôtée, pour ne lui laisser qu'un courson *o p*, on annule l'effet de toutes les forces vives qui sont acquises au bras *e*; et, en portant cette branche au bras *d*, on lui donne un travail pour lequel il n'a point assez de racines formées, tandis qu'il y en a de trop au bras *e*. Aussi, la première année qu'on donne un long bois à un bras, la végétation paraît-elle faible et les raisins ont-ils peine à mûrir, ce qui n'arrive pas l'année suivante si c'est le même bras qui porte toujours la branche, à moins d'une abondance de fruits disproportionnée.

Lorsque la vigne a pris un certain âge (dix à quinze ans), on pourrait presque dire que les bras de sa tige sont autant de végétaux séparés, ayant chacun leurs vaisseaux séveux et leurs racines. En coupant les trois bras *e*, *f*, *c*, on ne fortifiera point *d*. Il faut donc, à mesure qu'on étend la végétation d'un bras, la lui laisser; et son extension ne nuira point aux autres bras, pas plus que sa suppression ne leur servirait. Qui croirait jamais fortifier une des quatre branches maîtresses d'un cerisier de quinze ans en coupant les trois autres branches?

Cette branche pourra grandir plus tard et plus à son aise, ayant plus d'espace et en refaisant l'arbre tout entier, racines et tiges; mais, l'année de l'amputation et les suivantes, on ne les verra végéter que comme à l'ordinaire et même beaucoup moins bien.

D'un autre côté, jamais les branches *e l m n*, *f i j k*, ne doivent être prises au-dessous des coursons *o p*, *q r*. C'étaient au contraire *o p*, *q r*, qui devaient être les longs bois, et les astes *e l m n*, *f i j k*, les coursons : 1° parce que les sarments les plus hauts sont toujours les plus fructifères; 2° parce que le courson au-dessous de la branche à fruit, qui doit être supprimée, tient toujours le cep rabattu aussi bas que possible.

Enfin, si M. Bergis veut donner à sa vigne la plus belle conduite possible, la plus grande vigueur, la plus grande fécondité et la plus grande durée, voici comment il devrait, selon moi, disposer toutes ses souches à la taille prochaine. Sur chaque bras et sur chaque courson à deux sarments de l'année précédente, *e*, *e'*, *e''*, *e'''*, seront taillés, savoir : le sarment le plus bas, en courson à deux yeux *a*, *b*, *c*, *d*, et le plus haut, en astes de cinq à six yeux *f g h*, *f' g' h'*, *f'' g'' h''*, *f''' g''' h'''*. Les coursons *a*, *b*, *c*, *d*, donneront chacun deux sarments, sur lesquels on appliquera la même taille, après avoir coupé les anciennes branches à fruit en *e*, *e'*, *e''*, *e'''* (fig. 161).

Fig. 161.

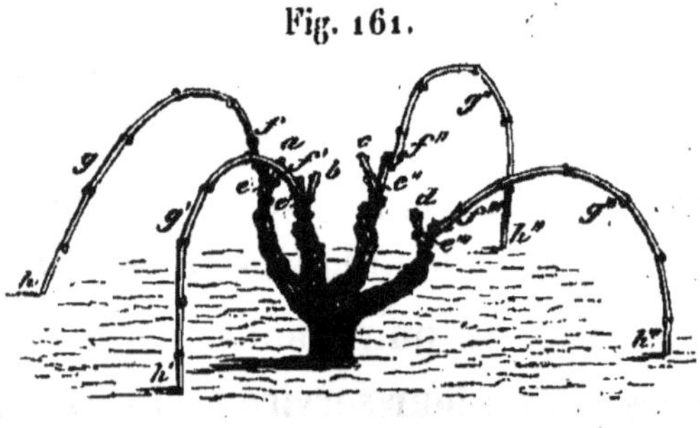

Tous les bourgeons de ses branches à fruit étant bien pincés, en mai, et repincés en juin; tous les bourgeons des coursons à bois étant bien rognés en juillet, à 1 mètre de la souche, relevés et liés ensemble avec un lien de paille, et mieux encore liés autour d'un petit échalas de 1^{m},20, M. Bergis, avec des fumures modérées (3 litres par pied), tous les trois ans, aura la vigne la plus féconde et la plus vigoureuse qui se puisse voir.

Le terrain de Tempé est excellent pour la vigne : j'y ai vu des souches de chasselas très-vieilles et très-grosses renouvelées par de longs sarments poussés au pied de chaque cep, recepé comme l'indique la figure 162. On peut voir, par cette figure, que tout le diamètre du tronc *i* ne profite point au rejeton *r*; quant à la vigueur des sarments *r o*, *r s*, elle ne procède point de toute la souche, mais seulement d'une faible partie, puisqu'on obtient des jets aussi vigoureux sur une bouture de trois ans; mais on voit par là que la vigne peut durer ici des siècles et pousser encore vigoureusement avec ses vieilles racines.

Fig. 162.

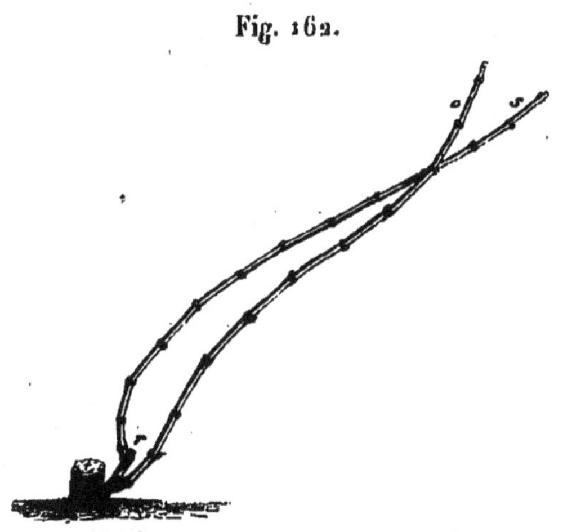

Je donne, dans les figures 163 et 164, les deux formes sous lesquelles j'ai vu conduire les souches de chasselas dorés et roses : chacun sait combien les chasselas de Montauban sont renommés et méritent l'estime qu'on leur accorde : leurs cultures sont donc très-soignées; toutefois il me semble que la crainte de permettre aux ceps de s'étendre en cordons horizontaux ou verticaux, en palmettes ou en treilles, domine encore trop ici et diminue de beaucoup l'abondance et la beauté des grappes, ainsi que la vigueur des ceps.

Ma première visite a été au vignoble de M. Garrisson,

Fig. 163.

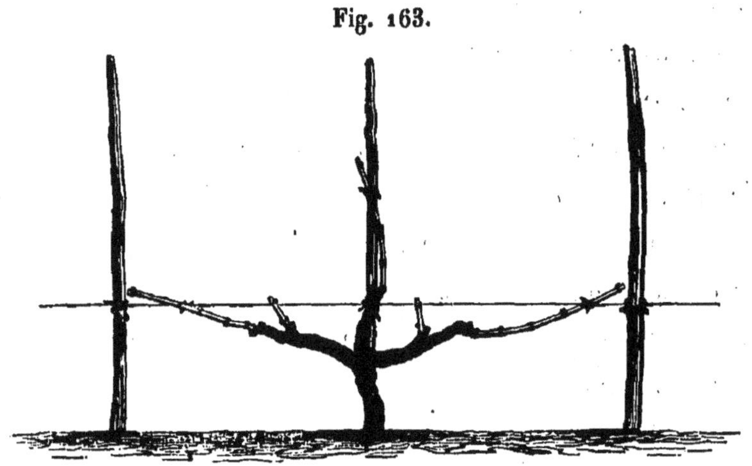

président de la Société d'agriculture, à son domaine de Beausoleil. J'ai vu là de belles caves, de beaux celliers, et goûté, au tonneau, des meilleurs vins du pays; j'y ai vu les premières vignes parfaitement tenues selon la tradition locale, et c'est de M. Gustave Garrisson que j'ai reçu les premiers renseignements sur la viticulture et la vinification du département.

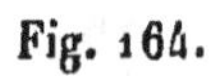

Fig. 164.

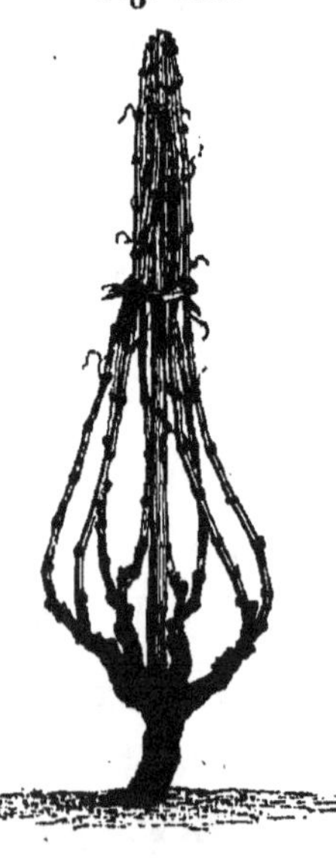

La viticulture et la vinification de Tarn-et-Garonne offrent les plus grandes similitudes avec celles de la Haute-Garonne, du Lot et des autres départements voisins, c'est-à-dire qu'elles n'ont pas de cachet original; mais elles ont cela d'intéressant que, comme celles de la Dordogne, elles peuvent réaliser les plus grands progrès et passer rapidement d'une production faible en quantité et ordinaire en qualité à une production supérieure dans les deux cas. C'est le but que s'est proposé d'atteindre la Société d'agriculture en créant sa vigne-école : aussi ai-je visité cette création avec le plus vif intérêt, recueillant avec soin ce que m'en disaient MM. Cartaud, Debiat, de Gironde, Brun, Beymier et Dubreuilh, qui ont bien voulu m'en faire les honneurs.

Déjà une grande partie du terrain est plantée : tout le reste est défoncé, drainé, nivelé et entouré de fossés et de haies; la maison du vigneron est construite, les allées sont dressées, les carrés formés et leur destination arrêtée.

La vigne-école compte environ trois hectares de superficie, et cette étendue suffira parfaitement à résoudre toutes les questions importantes à la viticulture du pays. Une synonymie générale, une synonymie départementale, des carreaux de raisins de table du pays, un carreau de pineaux de Bourgogne, un carreau de Champagne, un de Médoc, un de l'Hermitage, un de Savoie, un de Beaujolais, deux du pays; des carreaux à tailles longues et à tailles courtes : tels seront les sujets d'étude de la vigne-école. Chaque carreau contient quatre ou cinq ares de superficie, étendue suffisante pour y obtenir une barrique de vin; chaque vin sera fait à part, conservé et étudié. C'est là le sujet d'étude le plus important; il devra démontrer nettement si le cépage domine le sol et le climat au point de reproduire, à peu près, les caractères distinctifs, sinon les qualités du Médoc, du Beaujolais, de la Bourgogne, de l'Hermitage, etc. Le sol et le climat restant les mêmes, les ceps seuls différant, la question sera nettement tranchée; la solution d'un tel problème est digne des encouragements du Gouvernement.

M. Miret, président de la Société d'horticulture et d'acclimatation, accompagné des membres du bureau et d'autres membres de la Société, m'a fait l'honneur de m'inviter à visiter le jardin de celle-ci. Ce jardin est dessiné avec beaucoup de goût, et, quoique nous fussions en hiver, il offrait, à l'extérieur comme dans ses serres, un ensemble très-agréable; mais il est trop petit pour l'arboriculture, la viticulture, la pisciculture et la sériciculture, dont il offre de très-intéressants spécimens, outre son horticulture. J'y ai trouvé de beaux et vigoureux ceps de vigne, que je taillai à la méthode lorraine et alsacienne.

J'avais déjà visité, en 1862, le canton de Castelsarrazin; mais sur les instances de M. Taupiac, président du Comice, et des principaux propriétaires, je dus le visiter une seconde fois. Cette nouvelle visite n'avait point, je dois le dire, l'étude ni l'enseignement pour principal objet: c'était une fête splendide qui m'y était offerte en commémoration de mon premier passage. Je n'insisterai donc point spécialement sur ce point; je dirai seulement qu'au banquet le surtout portait à son centre un luxuriant cep de vigne, à branche à bois et à branche à fruit, avec ses raisins et ses feuilles artificielles imitant parfaitement la nature, véritable chef-d'œuvre sorti des mains des dames de Castelsarrazin: c'était là un hommage rendu au progrès viticole réalisé; voilà pourquoi je me permets de citer le fait.

L'étude du Tarn-et-Garonne fut terminée par une grande conférence départementale à l'hôtel de ville de Montauban.

J'insiste sur le conseil de cultiver, de préférence à tous autres cépages, dans le Tarn-et-Garonne, les cots rouges et verts, les carbenets, les syras et même les petits gamays du Beaujolais dans les terres argilo-siliceuses, les pineaux et la mondeuse dans les terres calcaires, en espèces rouges; en espèces blanches, dans les premières terres, les sémillons et sauvignons blancs, ainsi que les mozacs joints à la clairette; dans les secondes, les pineaux, les morillons blancs et les maillès, qui y feraient d'excellents vins et produiraient beaucoup.

Tous ces progrès seront tentés et se réaliseront, j'en suis convaincu, surtout dans le canton de Castelsarrazin, où l'esprit d'initiative est porté au plus haut degré et dirigé avec un zèle extrême et un rare dévouement par M. Taupiac, président du Comice agricole, à qui je dois mes meilleurs renseignements sur la viticulture locale.

DÉPARTEMENT DE LOT-ET-GARONNE.

Sur une superficie totale de 530,711 hectares, le département de Lot-et-Garonne ne cultive que 66,000 hectares de vignes environ, dont le rendement moyen est de 30 hectolitres à l'hectare. Le prix moyen de l'hectolitre est, pour tout le département, d'au moins 25 francs; ce qui porte le rendement brut de chaque hectare à 750 francs et le produit total des 66,000 hectares à plus de 49 millions de francs, pourvoyant au budget annuel de 49,000 familles ou de 196,000 habitants, plus de la moitié de la population, qui est de 366,000 individus, sur la huitième partie du territoire. Ces 49 millions représentent la moitié du revenu total agricole, qui s'élève à 97 millions, le produit de la vigne compris.

Le département de Lot-et-Garonne est assis tout entier sur les terrains tertiaires, recouverts, dans une bande très-étroite, par des alluvions récentes sur les bords de la Garonne. Généralement le sol cultivable y est fort riche et convient à tous les genres de culture. La vigne y prospère à peu près partout; c'est ce qui explique son développement sur 66,000 hectares. Toutefois cette grande étendue de vignes offre très-peu de crus et de vins distingués. Après les vins blancs de Clairac et de Buzet en première ligne, ceux de Pujols et de Soumensac en seconde ligne, vins liquoreux faits à la façon du sauterne et connus sous le nom de *vins pourris;* après les vins rouges de Buzet, de Castelmoron, de la Chapelle, etc. remarqués pour leur couleur foncée, leur corps et leur spiritueux, qui les fait ressembler aux gros vins de Roussillon, on ne trouve plus que des vins très-ordinaires en rouge et en blanc, qui se consomment dans le pays ou sont absorbés dans les mélanges du commerce.

Le département de Lot-et-Garonne n'offre aucun mode de viticulture original et qui lui soit propre. Ainsi, dans l'arrondissement de Villeneuve-sur-Lot, la culture dominante se rapporte beaucoup à celle du Lot : les vignes y sont dressées sur couches basses, en lignes, à quatre ou cinq bras en gobelet; trois cinquièmes de ces vignes sont à 2 mètres entre les lignes et les ceps à 1 mètre dans le rang, pour être labourées à la charrue; un cinquième est en vignes pleines, à $1^{m},30$ au carré, à cultiver à la main; et un cinquième est en jouelles.

Des terrains éminemment propres à la vigne sont occupés par des céréales ou des plantes fourragères; des pruniers sont partout mélangés aux vignes; et l'aspect des vignes et des autres cultures semble indiquer que les populations sont encore en plein travail de recherche, et qu'elles manquent d'un plan d'agriculture et de viticulture bien arrêté. La seule culture du prunier paraît être entendue et suivie avec prédilection. J'essaye de donner, par la figure 165, l'aspect qui m'a semblé le plus général des vignes et des pruniers réunis, dans le centre du département.

On se livre au chaussage et au déchaussage exagéré de la vigne. La taille à courson à un ou deux yeux francs, adoptée de préférence, est en disproportion évidente avec la vigueur de la végétation, la richesse du sol et la puissance du climat; cette taille n'est pas non plus en rapport avec la vigueur du cépage dominant, qui est le cot rouge ou vert et

Fig. 165.

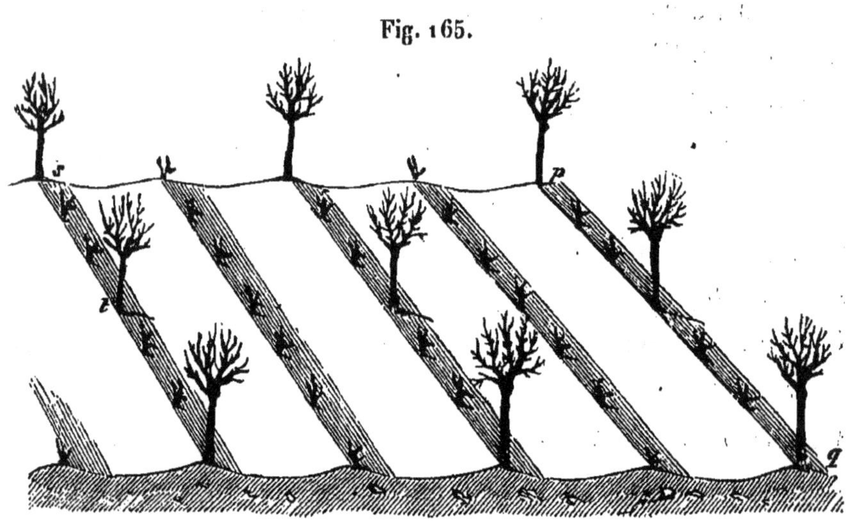

Vignes d'Agen, complantées de pruniers.

le plant de mérot, dit de Luzech. Les autres cépages noirs sont la mérille, le maouro, le negra teinturier, le mozac et le picpoule noir. Les cépages blancs sont le mozac, le plant de dame, le jurançon, le sibadi-malvoisie, le sémillon, le sauvignon, le muscat et le chasselas.

Les récoltes moyennes sont de 30 hectolitres à l'hectare; le prix moyen du vin varie de 65 à 75 francs la barrique. Les vignes sont faites surtout à la journée; le prix de la journée est de 1 fr. 50 cent. l'hiver, et il s'élève jusqu'à 2 fr. 50 cent. l'été.

Excepté l'effeuillage avant la vendange, aucune opération de l'épamprage n'est pratiquée; on ne fume pas les vignes, mais on y pratique des terrages. M. Delbrel, président du Comice de Villeneuve-sur-Lot, et M. Duteis, secrétaire, portent le plus vif intérêt à la viticulture, et, sous leur active et intelligente impulsion, la viticulture enrichira bientôt, je l'espère, de toutes ses ressources l'agriculture de l'arrondissement.

Dans l'arrondissement de Nérac, le mode de culture se rapporte entièrement aux cultures du Gers, et le sol en est absolument le même. Quelques propriétaires, viticulteurs distingués, à la tête desquels viennent se placer MM. de Grammont père et fils, M. Selsis et M. Ducomette, y ont fait progresser la viticulture d'une façon remarquable, en sortant courageusement de la routine; c'est ainsi que M. de Grammont père, en faisant opérer des pincements et les épamprages sur les vignes de son magnifique domaine de Grammont, en a porté le rendement moyen à 25 barriques à l'hectare (55 hectolitres). Le plant dominant est le plant de dame; l'aramon et l'œil de Tours font aussi partie du vignoble. M. de Grammont fils a planté 50 ares de chasselas à deux branches à fruit et à crochets, avec grands échalas et fil de fer à 1^{m},80 entre les lignes et 1 mètre entre les ceps, le fil de fer à 60 centimètres de terre; il applique à cette culture le pinçage, l'ébourgeonnage et le rognage : aussi sa récolte lui a-t-elle donné environ 2,000 francs de produit pour une surface de 50 ares. J'ai indiqué cette plantation au centième (fig. 166). M. d'Imbert, président de la Société d'agriculture d'Agen, a obtenu des résultats encore plus remarquables.

M. Selsis, dans sa propriété de Vianne, où il a 20 hectares de vignes, récolte en moyenne 460 bordelaises de vin, soit 50 hectolitres par hectare; son maximum de récolte a été de 22 bordelaises dans 37 ares, soit 136 hectolitres à l'hectare. M. Selsis laisse une taille plus longue aux coursons; il ébourgeonne, pince et rogne selon les principes; il terre ses vignes et il les fume en semant dans les réges du trèfle incarnat et de la vesce. Il a vendu, en 1859, pour 27,000 francs de vin; en 1860, pour 26,000

Fig. 166.

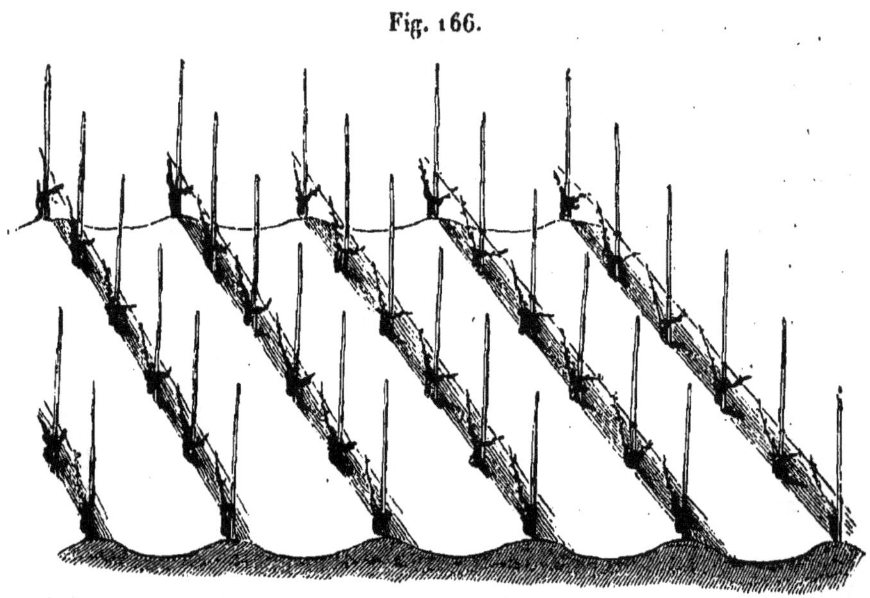

Chasselas en treille.

francs; en 1861, il en a vendu pour 39,000 francs. La métairie de M. Selsis, avant d'être plantée en vignes, rendait 3,000 francs de revenu net; elle rend aujourd'hui plus de 20,000 francs. Le temps m'a fait défaut, à mon grand regret, pour aller visiter les vignes de M. Ducomette, à Buzet.

Sauf les grandes exceptions que je viens de signaler, les vignes sont plantées à Nérac comme dans le Gers, en lignes à 1^{m},80 et les ceps à 1 mètre dans la ligne, dressés fort irrégulièrement et en éventail, taillés à courson, à un ou deux yeux, sans épamprage. Les vignes sont déchaussées, décavaillonnées et rechaussées. Le plant dominant est le picpoule (folle blanche, enrageat); on y joint les cots, la mérille, le herranel et le sans-pareil, très en vogue aujourd'hui pour sa précocité et sa fécondité. La moyenne récolte de l'arrondissement est de 6 à 8 barriques à l'hectare (14 à 20 hectolitres).

Avec les cots et les carbenets (breton ou negret), en rouge, et avec le jurançon et le mozac, en blanc, on ferait de délicieux vins dans l'arrondissement de Nérac; et les récoltes, comme l'a prouvé M. Selsis, pourraient y atteindre facilement un rendement de 20 barriques à l'hectare, lesquelles ne se vendraient jamais moins de 60 francs la barrique; comme les frais de culture et d'entretien ne s'élèvent pas à 200 francs par hectare dans ce pays, il est facile de voir et de comprendre combien de ressources pourraient apporter 4 hectares de vigne dans chaque métairie de 20 à 30 hectares, n'occupant que du cinquième au huitième du terrain et rapportant le double du surplus, sans compter les bras nourris par le travail de la vigne et tenus à la disposition de l'agriculture.

J'ai goûté à Nérac des vins ordinaires du pays, composés de moitié de raisins rouges et de moitié de raisins blancs; ils sont droits, agréables, généreux, et de bonne consommation ordinaire.

Si les cultures du Lot dominent dans l'arrondissement de Villeneuve, si celles du Gers dominent dans celui de Nérac, les cultures des graves, des palus et des côtes de l'est de la Gironde se sont étendues aussi dans l'arrondissement de Marmande : on y retrouve en effet, et cela dès Port-Sainte-Marie, tous les modes de culture que j'ai pu y noter, en passant rapidement, comme appartenant à la Gironde, où je les ai étudiés.

La Société d'agriculture d'Agen, composée d'hommes éminents dans toutes les branches de l'agriculture, et qui compte dans son sein de grands et habiles viticulteurs, s'est mise à la tête des questions viticoles; grâce à l'impulsion de son honorable président, M. d'Imbert, et à l'infatigable activité de son savant secrétaire, M. Magen, ces questions ne peuvent manquer d'être bientôt résolues dans l'intérêt le mieux entendu du département. Deux fois la Société s'est réunie sous la vice-présidence de M. Amblars et m'a fait l'honneur de me donner, par la bouche de ses membres les plus spéciaux, tous les renseignements que je pouvais désirer sur la viticulture locale. Je résumerai ces renseignements en peu de mots.

Les cépages cultivés dans le Lot-et-Garonne sont : en noir, d'abord le gros et le petit bouchalès. Le gros bouchalès est excellent; il offre de gros grains noirs, ronds et serrés; il supporte la plie (branche à fruit). Le pied rouge, ou côte rouge, compte trois espèces : le petit, de grande qualité mais peu fertile; le grand pied rouge, plus fertile, et la côte verte, aussi fertile, mais donnant plus de couleur. Viennent ensuite la mérille, le plant de dame noir (enrageat noir); le sans-pareil, extrêmement fertile; le mourastel, le picpoule noir, le teton de chèvre. Les cépages blancs sont : la folle blanche (plant de dame, enrageat, picpoule blanc), le sibadi-malvoisie, le jurançon (plant quillard), le sauvignon, le sémillon, le chauché gris, l'œil de Tours, le chasselas et le muscat.

Tous les viticulteurs sont convaincus de l'importance du défonçage général du sol avant la plantation de la vigne : c'est donc par économie qu'on plante en fossés, de 40 à 50 centimètres d'ouverture sur 30 centimètres de profondeur; on remplit en mettant au fond la terre du dessus du sol. On préfère pour bouture la crossette avec un peu de vieux bois; on la plante au moment de la taille, ou bien on la stratifie pour la planter plus tard; souvent, on lui plonge le pied dans l'eau quelques jours avant de la planter; parfois on enlève l'épiderme de la partie qui doit être mise en terre. On plante à $1^{m},80$ entre les lignes et à 1 mètre dans la ligne.

On soutient la jeune vigne avec des carassons ou échalas pendant trois ou quatre ans; le jurançon seul n'est point ainsi soutenu; on dresse le cep sur deux, trois ou quatre bras, à mesure que sa végétation offre des conditions favorables. On taille sur un seul courson à deux ou trois yeux, selon la force. Quand la végétation est très-vigoureuse, on laisse un pisse-vin ou branche à fruit, à huit ou dix yeux; cette branche à fruit s'appelle *plie*, quand elle est assez longue pour être attachée à l'échalas ou à la souche.

On ébourgeonne avec soin, ou du moins on y est persuadé de l'importance de l'ébourgeonnage; mais, dit-on, les femmes auxquelles on confie cette opération ne la comprennent pas et la font très-mal. Du reste, on ne pince pas, on ne rogne pas et l'on n'effeuille pas.

Plusieurs membres expriment le regret que ces opérations n'aient pas lieu, parce que, dans tout le midi, le rognage surtout donnerait au moins 500 grammes d'excellent fourrage vert par cep, soit 2,500 kilogrammes par hectare, ou 100 rations d'une tête de gros bétail, dans un moment où tous les fourrages frais manquent, et c'est là un minimum; d'ailleurs, les pampres verts se fanent et se conservent pour l'hiver avec avantage et aussi bien que le foin.

Les rendements maximum sont de 40 hectolitres à l'hectare; le minimum est de 10 hectolitres; la moyenne est de 25 hectolitres; le prix du vin est de 60 à 80 francs la barrique.

Il est rare qu'on fume la vigne dans le département, si ce n'est par occasion, lorsqu'elle est en jouelles; mais on terre beaucoup.

On estime ici les dépenses de culture et d'entretien à 150 francs par hectare, échalas de soutenement, allées et faux frais compris. M. Jules Bonhomme, excellent viticulteur, qui vient de planter et qui cultive des vignes pour son compte, comprend les terrages dans ce prix. Plusieurs membres énoncent 100 francs comme le vrai chiffre; mais 150 francs sont maintenus comme plus exacts.

Les vignes se font le plus ordinairement à la journée, dont le prix varie de 1 fr. 50 cent. à 2 fr. 50 cent. Le métayer est tenu de labourer les vignes du propriétaire; il a lui-même une vigne à moitié, qu'il néglige et qui est, dit-on, la première perdue, faute de direction.

Il y a peu de maladie; il y en a eu davantage; le soufrage est à peine pratiqué.

M. Mourot du Chicot, accompagné de plusieurs membres de la Société, m'a conduit à son domaine du Chicot, où nous avons vu de belles vignes plantées par lui et conduites à peu près selon la méthode que j'ai conseillée, à une branche à bois à deux yeux et à une longue branche à fruit à huit, dix et quinze yeux.

Plusieurs autres propriétaires, M. Jules Bonhomme, à Sainte-Colombe, et M. d'Imbert, le président de la Société, appliquent la méthode de la taille à branche à bois et à branche à fruit avec palissage et épamprage réguliers.

En résumé, dans tous ses arrondissements, le département de Lot-et-Garonne comprend l'importance du rôle de la viticulture : il étudie et recherche les meilleures conditions de son extension et de sa conduite ; il sait que son sol fertile et son heureux climat sont des plus favorables à la vigne. Il est assuré, par des faits existants, de pouvoir produire de bons vins de consommation directe ; il est dirigé par d'excellents agriculteurs : l'augmentation de sa richesse par l'extension de sa viticulture est donc assurée.

Le président de la Société d'agriculture d'Agen, M. d'Imbert, M. Selsis et M. Jules Bonhomme viennent de me donner, par trois lettres, l'assurance que, cette année comme les années précédentes, la taille à branche à bois et à branche à fruit leur a donné des résultats bien supérieurs aux tailles habituelles du pays, en quantité et en qualité de raisins, ainsi qu'en vigueur de végétation des bois de remplacement.

DÉPARTEMENT DE LA GIRONDE.

La Gironde est depuis longtemps le premier département viticole de France, moins encore pour l'étendue de ses vignobles (150,000 hectares environ) que pour la variété et la perfection de ses cultures, pour la bonne confection de ses vins, pour leur caractère et leurs qualités remarquables, pour les bas prix de leurs qualités inférieures et la valeur énorme de leurs qualités supérieures, enfin par le vaste commerce de ses vins à l'intérieur et à l'extérieur de la France.

Je crois être au-dessous de la vérité en portant la moyenne production des palus, des côtes, de l'Entre-deux-Mers du Bordelais, des graves et du Médoc, du Bazadais, du Libournais, du Blayais, de Lesparre et de la Réole à deux tonneaux et demi par hectare (10 barriques bordelaises, 22 hectolitres et demi): en estimant deux sixièmes de la production totale à 50 francs la barrique, deux sixièmes à 100 francs, un sixième à 200 francs et un sixième à 400 francs, cette estimation conduit à un résultat brut de plus de 225 millions; si l'on porte à 500 francs par hectare la moyenne dépense par an, le produit net sera de 150 millions de francs pour les 150,000 hectares de vignes du département.

Si on ajoute à ces valeurs, tirées directement de la vigne, les valeurs produites par l'immense commerce de vin que

Bordeaux a su créer, on concevra que la viticulture, la vinification et le commerce des vins de la Gironde sont portés à la plus haute perfection pratique, et qu'on ne peut agiter, devant ce grand et riche département, les questions qui se rattachent à l'industrie viticole qu'avec la plus grande réserve et la plus légitime défiance de soi-même.

En effet, les propriétaires et les vignerons de la Gironde savent parfaitement tirer de leurs palus et de leurs terres fortes 20 barriques à l'hectare en moyenne, 30 barriques et 10 aux extrêmes. Qui pourrait réaliser plus et mieux en bons vins de consommation directe?

Si dans les grands crus des graves et du Haut-Médoc la moyenne production est réduite de 6 à 12 barriques, le vin y est, en compensation, d'une telle qualité, et la consommation en offre un tel prix, que les produits des grands crus sont de deux à quatre fois plus rémunérateurs que ceux des palus et des fortes terres. Qui serait donc assez téméraire pour compromettre cette richesse acquise et certaine en conseillant des procédés différents de ceux qui la créent aujourd'hui? Quel serait l'objet de ces conseils? L'abondance? Mais l'abondance fait baisser les prix. L'économie de la main-d'œuvre? Mais la population est le facteur le plus important de la richesse locale; c'est elle qui produit et qui affirme cette richesse. Sans dépense de main-d'œuvre, il n'y a pas de population.

Au surplus, les 225 millions de francs du produit total brut de la vigne représentent le budget normal de 225,000 familles rurales ou d'un million d'habitants, tandis que le département n'en possède, en totalité, que 589,000: la vigne nourrirait donc une population double de celle qui existe dans la Gironde sur la sixième partie de son territoire total, qui est de 975,000 hectares; et ce sixième, en vignes, produit quatre fois plus que les cinq autres sixièmes de sa superficie.

J'avais déjà visité, en 1847, les vignes et les chais de la Gironde, j'en avais vu les vendanges et les procédés de vinification; et j'avais rapporté, de cette visite, des enseignements tels qu'ils m'ont conduit pour la plus grande part aux points de vue que j'ai réalisés en pratique, et que l'expérience, jusqu'à présent, semble démontrer comme approchant le plus possible de la perfection. C'est donc en disciple reconnaissant et non en professeur infatué de lui-même que j'ai revu la Gironde; et je suis heureux de pouvoir en parler aujourd'hui en véritable Girondin, puisque, en m'admettant au nombre de ses membres honoraires, la Société d'agriculture de la Gironde m'a fait l'honneur de m'accorder chez elle un droit de bourgeoisie dont je suis fier.

Mais ici commence pour moi le plus grave embarras. Tout a été dit sur la viticulture et la vinification de la Gironde : l'*Ampélographie française*, entre autres publications de mérite, ne donne-t-elle pas, en soixante pages, le résumé le plus clair et le plus complet de la viticulture et de la vinification bordelaise? Que pourrais-je donc en dire d'aussi bien et d'aussi complet en quelques lignes?

Force m'est donc d'exposer simplement les observations spéciales que j'ai pu faire, celles qui m'ont été présentées, et les pensées qu'elles m'ont suggérées, sans prétendre à l'originalité et bien moins encore à la perfection,

Le sol de la Gironde, calcaire et silico-calcaire dans ses côtes et dans ses alluvions ou palus, est argilo-siliceux dans ses terres fortes. Il est sablo-siliceux et mêlé de graviers et de cailloux roulés dans les graves et le Médoc, et silico-sableux pur dans les landes.

Dans les régions des graves, du Médoc et des landes, le sol cultivable repose le plus souvent sur un banc solide, tantôt composé de graviers et de cailloux, tantôt de sable pur, agglutinés fortement entre eux par un ciment dont la nature végétale ou minérale n'est pas encore bien déterminée, mais qui établit une cohésion très-énergique entre les matériaux qu'il soude et en forme un banc solide et continu appelé banc d'alios.

L'alios est-il perméable à l'eau? Il l'est, quoique lentement, je le crois avec M. l'ingénieur des mines Lechâtelier. Doit-il être brisé et même enlevé pour favoriser la végétation de la vigne? Avec M. de la Vergne et un grand nombre de viticulteurs, je ne le pense pas. Il suffit que l'abaissement du niveau des eaux et leur facile écoulement soient assurés, tant au-dessus qu'au-dessous de l'alios, pour que, loin d'être nuisible à la végétation de la vigne et surtout à sa fructification, il lui soit au contraire favorable. J'ai vu l'alios formant, à 30, 35 et 40 centimètres, le sous-sol des vignes au domaine de Pape-Clément, chez M. Clerc, le sous-sol des vignes de M. Lechâtelier, à Salles, à l'extrémité des landes du département, et le sous-sol des vignes de la Teste, de Gujan, de Mestras et du Teich; j'ai vu aussi cet alios formant le sous-sol d'une partie des vignes de Cantemerle, et, selon M. de la Vergne, ces vignes sont très-fertiles et leurs racines ne pénètrent point l'alios; elles s'étalent et courent dessus, en sorte qu'on peut arracher un cep comme on ferait d'un chou ou d'une salade. La vigne se met bien plus tôt à fruit sur l'alios que dans un sol plus profond; et cela revient à l'observation de tous les pays vignobles à bancs de rocher placés à 35 ou 40 centimètres sous le sol, d'un côté, et à terres végétales sans fond, d'un autre côté : la fructification est plus abondante et meilleure sur le banc de roche. Pour en finir avec l'alios, M. Richier m'a dit que l'alios apporté sur terre s'effritait et fusait, et qu'il constituait ainsi un fort bon amendement; il en doit être ainsi, car plusieurs agrégations schisteuses et granitiques, dans le Beaujolais, subissent la même transformation à l'air et sont très-appréciées des vignerons comme moyen de fertiliser la vigne.

Je ne quitterai point l'examen du sol de la Gironde, quant à sa nature, sans soulever à cet égard une question qui intéressera peut-être le département. Je crois, à tort ou à raison, que la présence du sable des landes et des éléments fusés ou non fusés de l'alios (apparents encore ou mélangés aux autres parties du sol par la culture, l'air, l'eau et le temps) est une des principales causes, sinon la principale, des qualités des vins des graves et du Haut-Médoc; de telle sorte que, si ce que je pense était la vérité, non-seulement les sables des landes fourniraient de précieux amendements aux vignes existant actuellement, mais les landes elles-mêmes deviendraient encore la terre promise des excellents vins de Bordeaux.

Je ne dis pas cela sans raison; je n'avance pas cette proposition au hasard : j'ai vu partout les sables siliceux donner des vins meilleurs que les terrains silico-argileux, ceux-ci donner des vins meilleurs que les terrains argileux purs, les cépages étant les mêmes dans les trois terrains. J'ai vu certains cépages, tels que le gamay, le chasselas (et je crois qu'il en est de même des carbenets et des malbecs), donner des fruits bien meilleurs dans les sables siliceux que dans le calcaire pur ou mélangé à l'argile. S'il en était ainsi, je le répète, toute la surface des landes deviendrait un excellent vignoble, et la Gironde est assez riche pour tenter d'ajouter ce beau joyau à son écrin (un tiers de sa superficie totale est en landes).

Il lui faudrait, pour cela, descendre partout le niveau général des eaux de ses landes, y diviser le sol et y faire ces belles croupes que les propriétaires et les vignerons médocains savent si bien établir là où il n'y en a pas. Déjà les preuves que la vigne prospère dans les landes surabondent; elle n'y souffre que par les eaux qui sont à la surface; et si elle y gèle, c'est encore par la seule raison de l'humidité superficielle générale. Une création d'un grand vignoble en pleines landes serait digne de l'intelligence et du patriotisme des Bordelais. Leur belle fortune foncière, industrielle et commerciale leur rend facile un effort qui aurait pour résultat d'augmenter de moitié leur richesse et leur population.

Si le sol des palus, des terres fortes et de certaines côtes de la Gironde est d'une grande fertilité, il faut reconnaître que celui des graves et des landes est très-maigre et très-léger, et que le dernier surtout ne peut nourrir longtemps et sans engrais que les pins et la vigne. Sans la vigne, le Haut-Médoc et les graves seraient comme les landes ou comme les terrains les plus pauvres de la France; et leurs vignobles, exigeants et coûteux, seraient peu rémunérateurs, si la nature du sol qui les porte ne contenait le principe des vins les plus délicats et les plus hygiéniques du monde.

Le climat de la Gironde est un des plus favorables à la végétation de la vigne; il est plus doux et plus régulier dans sa température que celui d'aucun des autres départements de la même région. Les gelées de printemps et les orages à grêle y sont moins fréquents et moins destructeurs;

l'éloignement des Pyrénées, le voisinage de l'Océan et la vaste pénétration de la Gironde ne sont pas étrangers à l'excellente constitution climatérique du département.

Les préparations du sol pour planter la vigne, l'assainissement par les fossés et les drainages, les dispositions de la surface en réges et mamelons bombés et réglés partout, les défonçages complets et par fossés successifs, de 50 à 60 centimètres de profondeur, y sont compris et exécutés mieux qu'en aucun autre pays. L'intelligence active, les peines et la dépense n'y sont point épargnées; et c'est dans les graves et le Médoc que se trouvent les modèles de préparation et de disposition du sol.

J'ai vu en action au domaine de la Grange, à M. le comte N. Duchâtel, deux ateliers de défonçage et de plantation simultanés : deux dégazonneurs ouvrent la tranchée; ils sont suivis de deux piocheurs au bident (instrument que je représente figure 167, et dont le fer pèse jusqu'à 6 kilogrammes), lesquels sont suivis d'un pelverseur qui déblaye; puis viennent encore deux piocheurs au bident, puis un dernier pelverseur. Tous ces hommes travaillent avec fureur, et ouvrent ainsi un fossé qui descend, d'un seul trait, à 50 centimètres. Une bouture droite, de 70 centimètres, est mise verticalement d'un côté du fossé et jusqu'au fond; 3 ou 4 litres de fumier d'étable sont placés sur son pied à la hauteur de 12 à 15 centimètres, et le fossé suivant remplit la jauge ouverte; la bonne terre au fond et le fond dessus. Les boutures sont à $1^{m},10$ dans

Fig. 167.

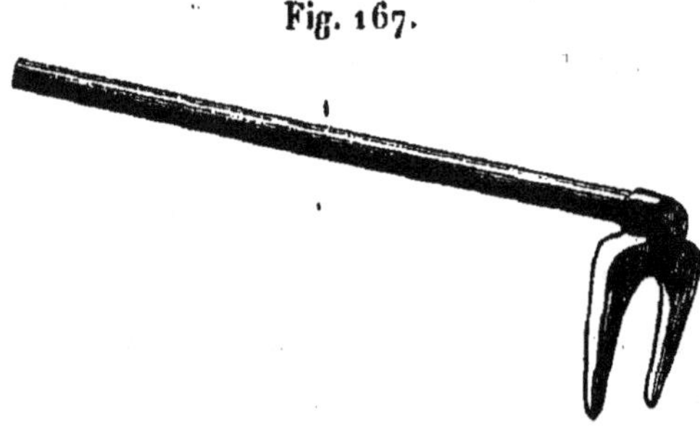

le rang, et les rangs à 1 mètre. Toute la vigne est ainsi minée, plantée et pelversée : ce travail est magnifique et des plus nécessaires, quoiqu'il coûte cher (fig. 168).

Fig. 168.

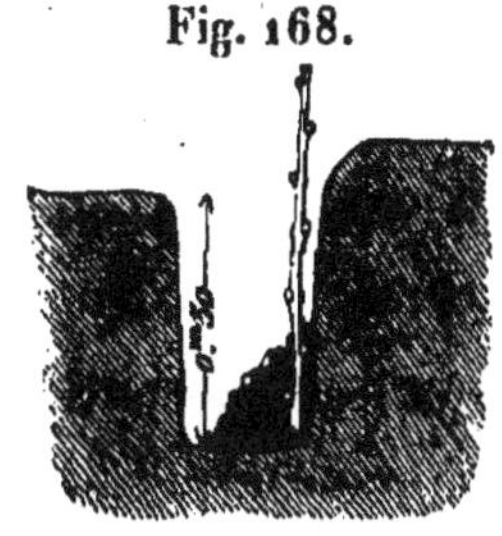

Défonçage et plantation en bouture à la Grange.

J'ai vu au château de Ludon, chez M. Richier, défoncer à simple et à double charrue, relever les terres de chemins et de fossés bien tracés, et se servir des relevages et des déblais pour créer, en les portant au centre des carrés, des mamelons à pentes et à croupes parfaites. Le sous-sol est drainé, et les fossés à ciel ouvert coupent les chemins, maintenus dans leur continuité par des ponceaux en poterie, très-solides et très-économiques. Là j'ai vu pratiquer la plantation à la mare ou pioche (fig. 169); la place des boutures est préalablement piquetée avec soin, à 1 mètre les lignes et $1^{m},10$ les ceps dans la ligne; puis, à la place de chaque piquet, on fait un trou de 25 centimètres; on couche au fond la bouture, en la relevant et la coudant, comme l'indique la figure 170; on met dessus du terreau et de la bonne terre, on remplit, on foule et souvent on arrose. La plantation faite dans l'une et l'autre méthode, on enfonce les carassons bien alignés, le long desquels on redresse et on attache chaque bouture, qui est taillée à deux yeux. Les croupes et les mamelons

Fig. 169.

Mare ou pioche du Médoc.

Fig. 170.

Bouture à Ludon.

artificiels sont plutôt destinés à l'écoulement des eaux qu'à l'insolation; car ils sont souvent bombés au milieu et par conséquent inclinés dans toutes les directions. Dans les graves, à Saint-Émilion et aux environs, on dispose le sol en réges ou planches surélevées de 33 centimètres et bombées, de 2^m,33 et de 4^m,66 de largeur, cultivées à la main.

J'ai vu défoncer à trois paires de bœufs à Sauterne, et planter à la barre ensuite, à 35 centimètres de profondeur, avec terre légère et terreau coulés dans le trou; la plantation à la barre, après labour et défonçage, est la plus usitée dans la Gironde.

Il y a toujours 9,000 ceps par hectare en Médoc; il n'y en a que 8,000 dans les graves et même 7,500 à Sauterne; tandis qu'il n'y en a que 5 à 6,000 dans le Tarn-et-Garonne, autant dans le Gers, la Haute-Garonne, le Lot-et-Garonne, 7,000 dans les Chalosses des Landes, 30,000 dans les sables de Capbreton et des dunes suivantes; 11 à 12,000 dans les sables de la Teste, de Gujan et de Mestras; par contre, dans les terres fortes et les palus de la Gironde, on ne compte que 4,000, 3,500 et 2,500 ceps à l'hectare, suivant le mode de culture adopté. La loi de la bonne production de la vigne basse, palissée près de terre, est en effet que les ceps soient d'autant plus rapprochés que le sol est plus maigre. Le département de la Gironde a parfaitement proportionné la distance de ses ceps à la fertilité de son sol. Si les réges du Médoc étaient à 1^m,50 ou à 2 mètres de distance, il y aurait un tiers ou moitié moins de récolte, voilà tout. Plus au nord, ce n'est pas le plus ou moins de fertilité du sol qui a commandé la distance des ceps, c'est le climat, qui n'est point assez chaud pour qu'on n'y puisse pas restreindre la végétation de la vigne : c'est ainsi

Fig. 171.

Rége normale du Haut-Médoc.

qu'en Bourgogne on a pu faire tenir 25,000 ceps et plus à l'hectare; en Champagne, 30 à 36,000; dans Seine-et-Oise, en Lorraine, 40,000 et jusqu'à 50,000. Cette dernière densité des vignes, même en climat froid, est trop considérable et n'est point nécessaire au maximum de production; la distance du Médoc, un mètre entre les lignes, pour bien aérer et bien insoler, peut et doit être admise dans les terrains les plus maigres et sous les climats les plus froids, au grand avantage de la production et des cultures économiques, puisqu'elle permet de labourer, de palisser, de terrer, fumer, nettoyer, et de surveiller rapidement. Cette distance devrait être celle des landes, en réges et en mamelons élevés et bombés; et comme le nombre des ceps compense en tous pays la faiblesse de végétation et de fructification, c'est dans la ligne qu'il faut serrer les plants ou les éloigner. Ainsi les ceps peuvent être admis en lignes depuis 2 mètres d'éloignement jusqu'à 33 centimètres seulement, c'est-à-dire varier depuis 5,000 jusqu'à 30,000 ceps par hectare, sans plus de frais de palissage et de culture dans un cas que dans l'autre. Les distances du Haut-Médoc sont un point de départ et un modèle pour tous les pays; son palissage s'approche également de la perfection; son seul défaut, à mes yeux, c'est d'avoir en moins ce que les graves et les côtes ont en trop : il lui faudrait le double ou le triple de hauteur dans ses carassons de souche. Le Haut-Médoc n'a rien qui puisse conduire et attacher des pousses verticales (voir les figures 171 et 172), et les graves et les côtes n'ont rien qui puisse conduire et

Fig. 172.

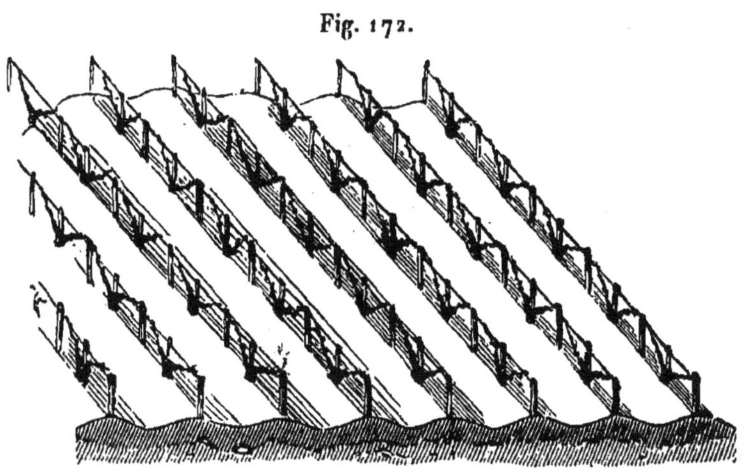

Culture normale du Haut-Médoc.

attacher les pousses horizontales (voir les figures 173, 174 et 175).

Or la direction verticale, en arboriculture et en viticulture, donne le maximum de bois et le minimum de fruits, et la direction horizontale donne le maximum de fruits et le minimum de bois. Le Médoc est donc privé, par son palissage, d'un grand moyen de faire du bois, et les graves, d'un grand moyen de faire du fruit. Il est vrai que graves et Médoc s'accordent à ne mener leur taille sèche ni horizontalement ni verticalement; ils la mènent l'un et l'autre à 45 degrés, en V autant que possible, comme on peut le voir par la figure 171, aux souches de quatre ans, huit ans, seize ans, et dans les figures 172 et 173. Mais ce juste milieu

Fig. 173.

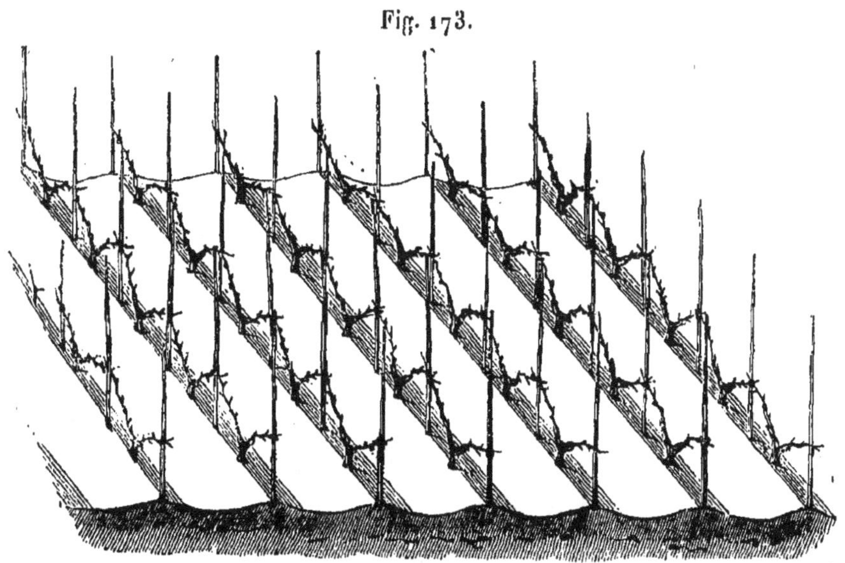

Culture des graves.

n'atteint pas le but. Sans doute la direction de la taille sèche est importante, et elle serait plus lignifère verticalement attachée et plus fructifère horizontalement; mais, outre que la situation à 45 degrés ne donne le mieux ni pour le fruit ni pour le bois, le plus important et le plus négligé, c'est la direction des pampres verts : ainsi le même pampre qui, attaché verticalement, aura monté de 6 mètres en une saison ne s'allongera que de 2 mètres s'il est attaché horizontalement; ce même pampre, qui, attaché horizontalement, aura permis à deux grappes de nouer et de grossir énormément à son origine, les fera couler ou les empêchera de grossir par son emportement ligneux, s'il est vertical.

Je suis bien convaincu que le Haut-Médoc, qui a su appliquer un palissage si près de la perfection à ses vignes bien distribuées et bien alignées, n'aurait pas manqué de donner 1^{m},20 de haut à son échalas de souche et peut-être 1^{m},30, mais non 2 et 3 mètres, comme dans les graves, tout en conservant son petit carasson intermédiaire, si son énorme charrue à double bête de trait et à joug, passant au-dessus des lignes de vignes, ne lui avait rendu cette disposition impossible. Mais cette gigantesque et horrible charrue, traînée par deux bœufs gros comme des éléphants, a fait son temps; elle sera bientôt remplacée par la houe à un seul bœuf ou à un seul cheval de M. Portal de Moux, ou par des charrues bineuses, analogues à celle proposée en 1852 par M. Goëthals à la Société d'agriculture de Bordeaux (qui lui a décerné pour cette invention une médaille d'argent grand module) et à celle de M. Scawinski, de Giscours, faite récemment au même point de vue de cultiver toute une rége médocaine d'un seul trait. L'obstacle ainsi enlevé, l'échalas de souche ne tardera pas à prendre la hauteur voulue.

Sauterne utilise admirablement ses grands échalas pour développer verticalement des bois, comme on peut le voir plus loin aux deux rangs *c' c'* de la figure 175. Ces deux rangs, non taillés et avec tous leurs sarments d'automne, ont été reproduits au 100e; ils ont été dessinés par moi, sur place, à Château-Iquem. Les trois premiers rangs de la figure sont taillés.

A la troisième année, outre les carassons plantés au pied de chaque souche à 1^{m},10 ou à 1 mètre de distance, on en plante un autre intermédiaire à 50 ou 55 centimètres, et l'on attache des lattes en petits sapineaux au sommet de tous les carassons, avec de bonnes et fortes ligatures d'osier; de manière à former une palissade continue, à environ 50 centimètres au-dessus du sol de la vigne déchaussée.

J'ai assisté à la plantation de ces carassons et à la pose de cette latte au domaine de Pape-Clément. C'est une merveille de voir avec quelle adresse, avec quelle solidité et avec quelle rapidité un atelier de femmes attache les lattes au sommet des carassons. L'habitude et la pratique renversent tous les calculs et tous les raisonnements qu'on aurait pu faire à l'avance sur le temps et la dépense nécessaires. Si ce travail était entrepris par des ouvrières qui ne le connussent pas, et par conséquent n'y fussent pas exercées, dix femmes ne feraient pas en un jour et feraient mal ce qu'une seule femme fait et fait bien dans le même temps. Il est donc vrai qu'en agriculture comme en tout il faut d'abord prendre les meilleures dispositions possibles, les appliquer et les expérimenter, même chèrement, et bientôt, si les dispositions sont jugées bonnes et utiles, elles s'installeront, avec le plus de rapidité et d'économie désirables, par la pratique et l'habitude.

La figure 171 donne, au 33e, la disposition la plus générale des échalas et des lattes du Haut-Médoc : ce genre de palissade se rencontre et s'installe souvent dans les graves; on substitue beaucoup le fil de fer aux sapineaux.

La figure 172 donne la même disposition, en lignes, au 100e. La figure 173 offre l'échalassage des graves à labourer, au 100e aussi; les lignes sont à 1^{m},33 et peuvent être cultivées à la charrue à un cheval. Dans les deux figures, les vignes sont en billons de chaussage. La figure 174 indique les réges bombées des graves, cultivées à plat, à la main, sans chaussage, déchaussage ni décavaillonnage.

La figure 178 présente l'échalassage le plus général des

vignes de palus et des terres fortes. La figure 179 indique un autre mode d'échalassage et de palissage, très-usité dans les

Fig. 174.

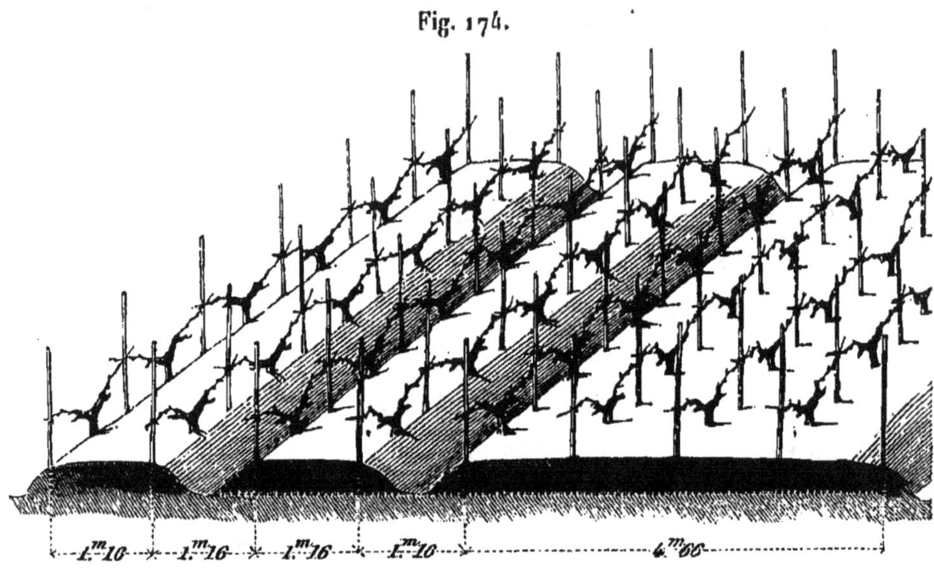

Culture des graves en réges à 2 et 4 rangs.

palus : *a'*, *a''*, sont de fortes lattes en sapineaux ; enfin, la figure 180 donne un mode de palissage de palus installé par

Fig. 175.

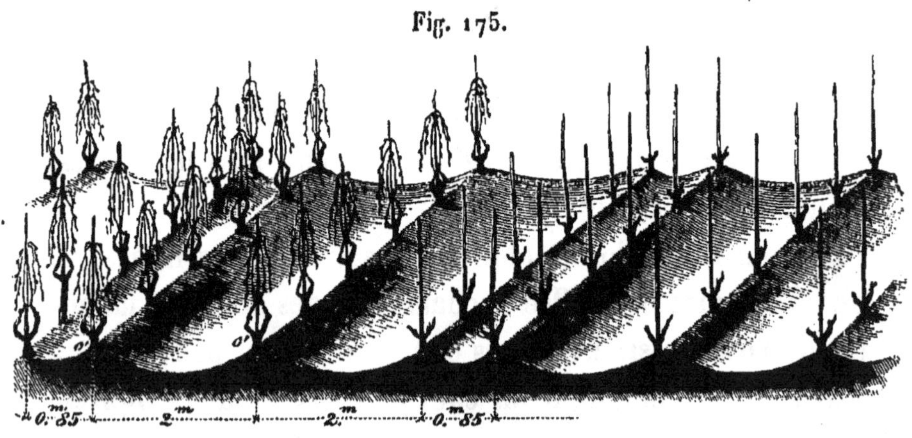

Culture de la vigne à Sauterne, au centième.

M. Richier à Ludon ; *b'*, *b''* et *b'''* sont trois forts fils de fer tendus sur poteaux. Toutes ces figures sont au 33e.

Les lignes d'échalas, dans les palus, sont généralement à 1m,50 les unes des autres; elles sont à 2 mètres à Ludon et dans quelques autres vignes à terres fortes.

La figure 175 représente l'échalassage de Sauterne, en lignes doubles à 85 centimètres, séparées par une rége de 2 mètres d'une ligne simple, suivie d'une rége de 2 mètres, puis d'une double ligne, etc.; les grandes réges sont labourées à la charrue, les petites sont faites à la main. Les figures 176 et 177 donnent l'idée de la taille et de l'échalassage des côtes. Ces trois figures sont au 100e. Les échalas des côtes et des environs de Libourne, au lieu d'avoir 2m,30 à 3 mètres de haut, n'ont généralement que 1m,20.

Fig. 176. Fig. 177.

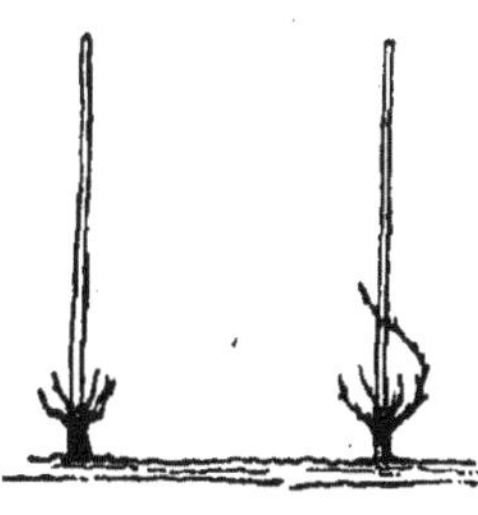

Vignes de côtes
à courson et à astes.

Les cultures sont généralement constituées par un déchaussage en mars et un rechaussage en mai; le déchaussage est suivi d'une culture à la main, qui consiste à enlever la bande de terre qui reste dans l'intervalle et le long des souches et à rejeter cette terre sur le billon moyen formé par la charrue. Le chaussage est souvent aussi suivi d'un binage ou d'un complément de rechaussage, également à la main. Cette double opération a été évidemment imposée par l'emploi de la charrue et continuée par la routine et la pression des bouviers. Le chaussage et le déchaussage ne sont point nécessaires à la vigne, en Médoc et dans la Gironde, pas plus qu'ailleurs, puisque les graves, cultivées à la main sur réges bombées, ne sont ni chaussées ni déchaussées, et que dans beaucoup de palus on cultive à plat, sans que la vigne s'en trouve plus mal. Non-seulement ces grands déplacements de terre sur les racines de la vigne ne sont pas utiles, mais tout porte à croire qu'ils sont nuisibles. J'en ai déjà dit les raisons; les chevelus de la vigne ne s'accommodent pas de ces brusques changements de température et d'humidité. Autant la propreté du sol, entretenue par des binages fréquents et superficiels, est profitable à la vigne, autant le dépouillement d'une partie de ses racines et la surcharge d'une autre partie, opérés deux fois, en sens inverse, au milieu de sa plus grande séve, doivent troubler ses fonctions normales, surtout quand la vigne est sur alios peu profond et qu'elle ne peut avoir de racines plongeantes. J'ai vu en Champagne des vignes très-étendues, sur un sol maigre et peu profond, prendre le jaune tout à coup après un labour donné en plein soleil, ou par les froids d'avril et de mai, et languir ainsi pendant plusieurs années. S'il n'arrive pas de tels malheurs dans la Gironde, c'est sans doute parce que la température y est très-douce au printemps, et parce qu'on n'y remue plus la terre pendant les plus grandes chaleurs. Quoi qu'il en soit, partout où les cultures à plat ont été substituées au chaussage et au déchaussage, la vigueur et la fertilité de la vigne ont augmenté. Je crois qu'il ne serait pas sans intérêt que les grands propriétaires fissent quelques essais comparatifs à cet égard, en employant la houe de M. Portal de Moux, ou quelque instrument bineur analogue qui permette de cultiver les réges à plat d'un seul coup, à 10 ou 12 centimètres de profondeur seulement. Une seule bête de trait peut biner ainsi un hectare dans une demi-journée; on peut donc donner cinq ou six binages par saison aux vignobles, et cela avec une grande promptitude et une grande économie.

Les diverses tailles de la Gironde et les modes de conduite des ceps sont variés et généralement dirigés avec la même supériorité que les préparations du sol, les plantations, les espacements, les palissages et les échalassages des vignes.

En jetant les yeux sur la figure 171, où j'ai essayé de représenter plusieurs souches à différents âges, on y voit que la taille du Médoc est très-belle et très-simple. A trois ans on forme la souche sur deux bras *a*, *a'*. Ces deux bras sont terminés chacun par un sarment de l'année, sur lequel on laisse deux, trois ou quatre yeux, suivant la force de la souche, yeux les plus rapprochés du bras; et dont on rase les yeux situés plus haut, le prolongement du sarment n'étant destiné qu'à donner le moyen de l'attacher à la latte. Avec le temps les bras s'allongent; et, pour les raccourcir, on nourrit un sarment poussé en *b*, *b'*, en le taillant à courson pendant un an ou deux et à un œil ou deux; à la deuxième année on coupe les bras au-dessus de *b* et de *b'*, et ce sont les coursons qui continuent désormais les bras rabattus. Quand la souche est trop vieille et trop haute, le vigneron se propose un ravalement plus radical; il est rare que vers le pied d'une vieille souche il ne sorte pas, une année ou l'autre, un bourgeon. Le vigneron le conserve, et, au printemps suivant, il le taille à un œil pour en faire jaillir un beau sarment; l'année d'ensuite il taille ce beau sarment à deux yeux, *d* et *d'* (souche de 40 et de 60 ans), et coupe la vieille souche au-dessus, suivant la ligne *o o'* et la ligne *p p'*. On peut voir aussi, par la figure, que plus la souche prend de force et d'âge, plus l'aste qui termine les bras peut être allongée et chargée d'yeux. J'ai copié ces souches exactement sur place.

La taille des graves ne diffère pas beaucoup, en principe, de celle du Médoc. La souche est aussi formée sur deux bras en V, seulement à une hauteur de 20 à 25 centimètres de terre. Chaque bras se termine par un sarment dont on conserve les yeux inférieurs et dont on détruit les supérieurs avec la serpette (cela s'appelle éborgner les yeux); puis on attache le prolongement du sarment à un échalas : on peut se faire une idée de cette taille par la figure 173, au 100e.

Fig. 178.

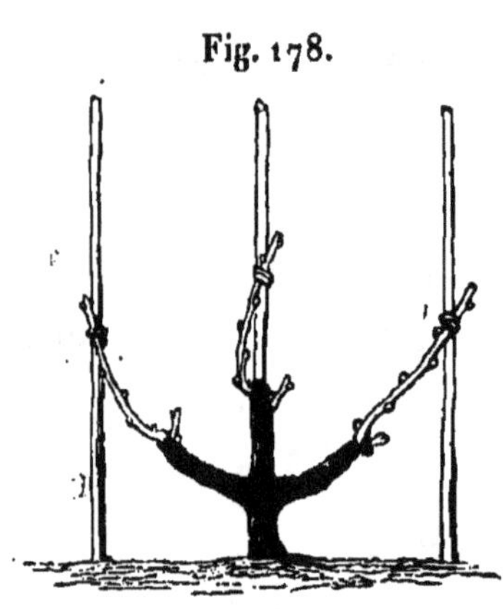

Vigne de palus ordinaire.

Souvent dans les graves, et surtout dans les terres fortes, chaque souche est dressée sur trois bras ; mais alors chaque souche a trois échalas ; la figure 178, au 33e, donne l'aspect de cette taille et de cette conduite; l'aspect général des vignes taillées, échalassées et attachées, du Médoc et des graves, est donné par les figures 172, 173 et 174, au 100e.

La souche, à Sauterne, est dressée sur trois bras en gobelet, et taillée rigoureusement à courson, sans aste ni sarment prolongé et éborgné ; elle est formée à 20 ou 30 centimètres de terre, liée à l'échalas au-dessous des bras, et on ne lie plus à l'échalas au-dessus que les pousses ou pampres verts ; mais on les y attache à mesure qu'ils montent, et cela jusqu'à trois hauteurs. Les pampres retombent ensuite, par-dessus le dernier lien, à 1m,50 ou 2 mètres de hauteur. La figure 175 donne une idée de cette conduite par quatre rangs taillés et quatre rangs non taillés (au 100e).

La taille des côtes se fait aussi à trois ou quatre bras, en gobelet, dressé à 15 ou 20 centimètres de terre; tantôt chaque bras n'ayant qu'un courson à deux yeux chacun, tantôt un des bras se terminant par une aste recourbée et attachée à l'échalas central. On voit la première disposition dans la figure 176, et la deuxième dans la figure 177; dans les deux cas, chaque souche n'a qu'un échalas.

Les vignes des palus, beaucoup plus fortes en végétation ligneuse et fructifère que toutes les autres, sont taillées quelquefois à un ou plusieurs crochets et à un long bois par chaque bras; le plus souvent elles sont dressées et taillées comme l'indique la figure 178. Parfois aussi elles sont palissées comme la souche de la figure 179. J'ai vu cette disposition à Villenave-d'Ornon, dans les magnifiques palus de M. Allandy; et, dans ce même domaine, plusieurs lignes étaient expérimentées suivant le type R R' de la même figure (au 33e).

Dans ses palus de Ludon, M. Richier a fait dresser une vigne de plusieurs hectares comme l'indique la figure 180 (au 33e). Les lignes de poteaux sont à 2 mètres les unes des autres, reliées par trois cours de gros fils de fer tendus. *b'''* est à 60 centimètres de terre, *b''* à 50 centimètres plus haut, et *b'* à 50 centimètres au-dessus du deuxième fil de fer. Les souches *o'* et *p'* sont dressées à deux grands bras sur le premier fil de fer, leurs pampres devant être attachés sur le deuxième fil, et les souches *o* et *p* sont dressées sur le deuxième fil de fer, leurs pampres devant être attachés au troisième. Les bras sont, comme on peut le voir, taillés à courson, à deux ou trois yeux, et prolongés par une broche terminale. Aussitôt que ces broches atteindront les bras de la souche voisine, les bras seront rabattus sur un des plus vigoureux coursons rapprochés du tronc. Cette disposition est très-bonne, et elle serait certainement la plus fructifère de toutes celles adoptées dans les palus, après la méthode Cazenave : 1° parce que la conduite horizontale des bras et de la broche est la meilleure pour la production des fruits et la moins favorable au développement exagéré des bois, défaut habituel et des plus graves des palus; 2° parce que les crochets, disposés le long des bras horizontaux, présentent un moyen simple et facile de raccourcir et de renouveler les bras quand on le juge convenable, c'est-à-dire quand la fertilité diminue parce que la vigne ne court plus; on lui fait alors recommencer sa course.

Le système S S', de la figure 179, offre des dispositions

Fig. 179.

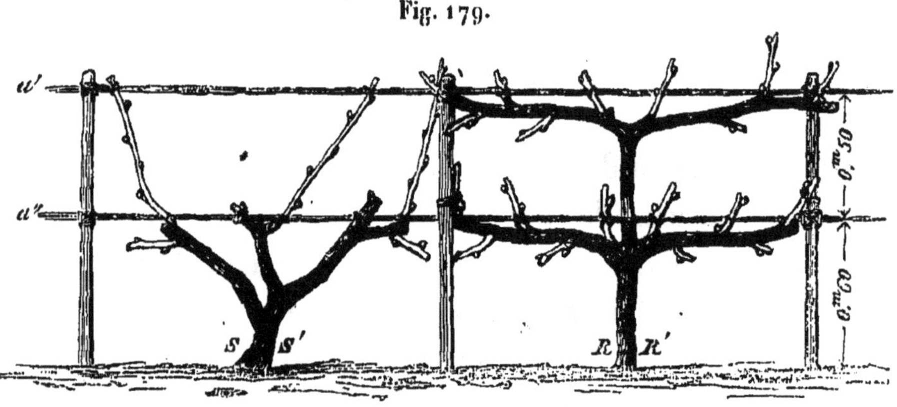

Vignes de palus.

toutes contraires, produisant trop de bois et peu de fruits relativement, et présentant peu de ressources de renouvellement de la souche. Quant au système de la souche R R', à deux étages sur un même tronc, il est très-difficile à équilibrer et à entretenir; toutefois, il vaut encore mieux que le système S S'. Mais la disposition préférable à toutes les autres, pour les palus, pour le Médoc et pour toutes les vignes palissées, est, au lieu du système bilatéral des souches *o' p* (fig. 180), le système unilatéral des souches *o* et *p'*: en effet, il arrive très-souvent que la séve ne se porte pas également dans les deux bras; que l'un des deux bras est languissant et stérile, tandis que l'autre a un surcroît de vigueur. Une seule tige à la vigne, un seul cours de séve,

Fig. 180.

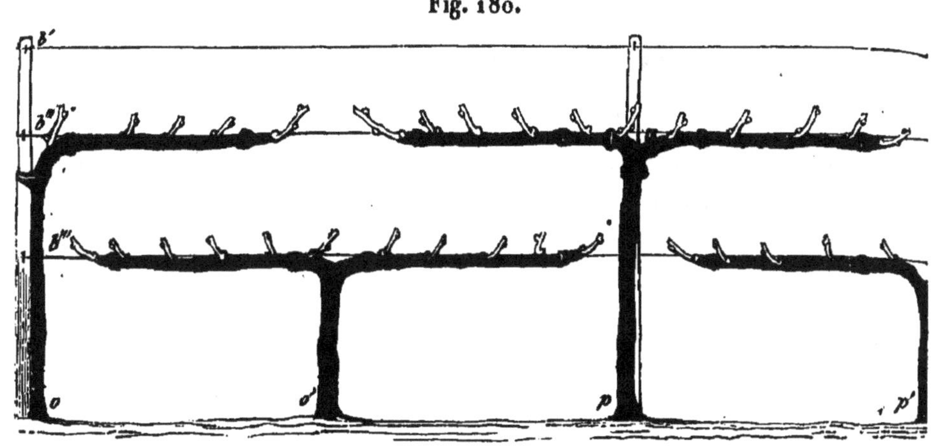

Autre vigne de palus à cordons et sur fil de fer.

donneront toujours la végétation la meilleure et la plus facile à diriger.

Une vigne à deux bras égaux est très-difficile à bien entretenir, et les vignerons du Médoc, quelque habiles qu'ils soient, éprouvent de grandes difficultés et de fréquents insuccès dans la solution de ce problème.

Mais si le système bilatéral est encore bon et pratique quand la vigne a toute son arborescence, c'est-à-dire quand elle est montée en treilles, il est loin d'être facile quand la vigne est tenue basse et courte, et par conséquent toujours disposée à s'emporter dans un sens ou dans un autre; il arrive alors que les bois sont étiolés, et par conséquent infertiles, par le raccourcissement incessant de la plante, ou bien qu'ils s'emportent en gourmands et ne permettent pas aux fruits de se former. C'est pour éviter ce double inconvénient que j'ai proposé de former de vigoureux sarments élevés verticalement, et partant d'un crochet à deux ou trois yeux, que j'appelle branche à bois, et de faire tous les ans porter les fruits à l'un de ces sarments, que j'appelle branche à fruits, abaissé horizontalement et unilatéral. De cette façon j'obtiens les conditions le plus favorables à la production du bois et à celle du fruit.

Cette taille, que j'ai appliquée avec succès depuis bien des années, et qui se pratique aujourd'hui avec les mêmes résultats avantageux en quelques points de la plupart des vignobles de France, est exactement fondée sur les mêmes principes que celle de la Gironde; seulement elle est unilatérale. On s'en fera facilement une idée en supprimant par la pensée les trois bras gauches *a*, *a*, *a*, des trois premières souches de la figure 171, et en abaissant horizontalement, également par la pensée, les astes des bras droits *a'*, *a'*, *a'*; le crochet *b*, de la 3e souche, est la branche à bois, et l'aste *c' c'* est la branche à fruit. Il suffirait que l'échalas *d'* fût double de hauteur pour faire monter verticalement plus haut les pampres sortis du crochet *b*, et de les y attacher, pour avoir d'excellents bois de ce côté, et beaucoup de bons fruits sur l'aste attachée horizontalement au carasson suivant.

A Gujan, Mestras, la Teste, on dresse la vigne en lignes basses, sur trois ou quatre bras en gobelet, à 80 et 90 centimètres au carré, sur des réges ou planches à quatre rangs surélevées de 30 à 40 centimètres au-dessus du sol. Chaque bras est taillé à un courson, à deux yeux francs; quelques vignes ont des échalas de 1 mètre à $1^m,10$; d'autres n'en ont pas (fig. 181, au 100e).

Généralement on ne laisse pas d'aste ni aucune branche à fruit; mais j'ai vu cette année, à la Teste même, un fait digne d'être rapporté, parce qu'il donne un enseignement de première importance.

Un propriétaire, bon vigneron sans doute, avait laissé dans sa vigne (fig. 181), à un assez grand nombre de souches,

Fig. 181.

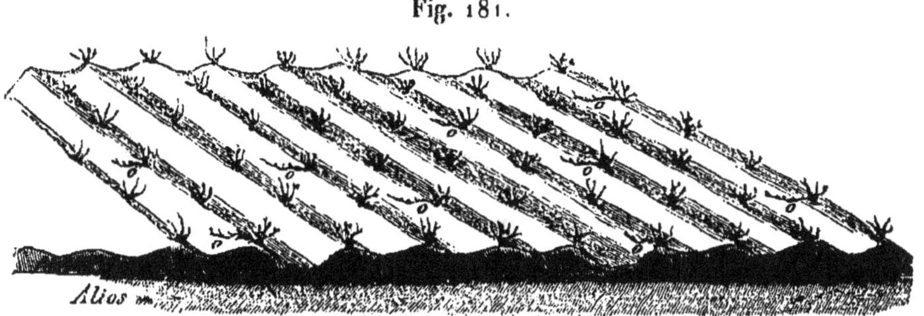

Vigne des palus de la Teste.

un très-long bois *oooo*, de 1 mètre au moins, outre les trois ou quatre crochets normaux des bras; il avait éborgné tous les yeux de ce long bois, excepté les trois derniers, les plus éloignés de la souche. Or c'était le 14 avril que je faisais cette visite, et tous les bourgeons étaient assez développés pour montrer leurs boutons à fruit : il n'y avait pas ou il y avait à peine quelques boutons à fruit sur les bourgeons des crochets, et pas un des bourgeons des longs bois n'était sans montrer chacun deux boutons à fruit, bien plus gros et plus forts que les rares boutons des crochets. M. Castelnau, secrétaire de la mairie de la Teste, a constaté ce fait avec moi.

Ceci confirme des observations faites par la plupart des vignerons, et qui m'ont frappé dans tout le cours de ma pratique viticole, savoir qu'alors que les yeux près de la souche n'étaient pas fructifères, ou ne portaient que de maigres fruits, les bourgeons supérieurs des sarments étaient toujours féconds et portaient des fruits de plus en plux beaux à mesure qu'on approchait plus de l'extrémité des branches.

De cette constatation résulte une conséquence pratique nécessaire, celle de laisser à la souche un long bois à dix yeux plutôt que cinq coursons à deux yeux, car les deux premiers yeux de tous les sarments d'une souche peuvent être infertiles, et dans ce cas il n'y aurait pas de fruits sur la souche; tandis que six à huit yeux, sur les dix du long bois, pourraient être fertiles. Cette différence de fécondité des yeux, rapprochés ou éloignés de la souche, est plus fréquente dans le nord que dans le midi, plus fréquente dans les cépages fins que dans les cépages grossiers.

Enfin, j'ai vu à la Teste une treille, dont je donne le croquis au 100e (fig. 182), qui ne mesure pas moins de

Fig. 182.

Treille de la Teste.

70 centimètres de circonférence au milieu de son tronc, et ce sur 3 mètres de hauteur. Deux autres treilles, un peu plus loin, offrent chacune 50 centimètres de circonférence. Je cite ces faits pour montrer que le sol et le climat des landes n'ont rien qui ne soit très-favorable à la végétation et à la longévité de la vigne.

On donne en général, dans toute la Gironde, quatre cultures aux vignes; on fume avec le fumier d'étable autour des souches, et cette fumure n'altère en aucune façon les qualités des plus grands crus du Médoc. Il est regrettable qu'on place le fumier au pied des souches, parce qu'il y fait pousser les mauvaises herbes, parce qu'il y appelle un chevelu que les déchaussages devront détruire, ou tout au moins tourmenter; enfin parce qu'il est, je l'ai vu de mes yeux chez M. Richier, retourné et dispersé par le déchaussage et le décavaillonnage : pourtant le décavaillonnage était peu profond, c'était presque une simple culture sur place avec une ratissoire. C'est dans un sillon profond et dans le milieu des réges qu'il conviendrait d'enfouir et de recouvrir le fumier, de façon à faire descendre le chevelu plutôt que de le solliciter à remonter; le fumier doit être assez enfoncé et assez recouvert pour qu'il ne soit pas dévoré par les plantes parasites.

On ébourgeonne le plus souvent avant la floraison, et l'on rogne de même, surtout en vue de laisser passer les charrues dans le mois de juin. On rogne une seconde fois à la fin d'août, pour faire grossir et mûrir les raisins et pour préparer les vendanges; on effeuille largement.

Toutefois, généralement on ne pince pas et l'on ne pratique pas très-méthodiquement, ni dans des vues toujours physiologiques, les quatre opérations de l'épamprage; le rognage surtout, entre la séve de juin et la séve d'août, dont l'effet est de fortifier les bois de charpente et de préparer la fertilité de la taille sèche de l'année suivante, est fait un peu à l'aventure. Les pinçages et les rognages ont pourtant une telle influence sur la fécondité des bois, qu'un gourmand, qui est toujours stérile s'il a poussé librement, devient fécond dès la première année de sa taille, s'il a été pincé et rogné de façon à faire sortir deux générations de contre-bourgeons dans la même saison.

L'étude des cépages est poussée aussi loin que possible dans la Gironde. M. Boucherot, dans son magnifique domaine de Carbonieux, cultive depuis longtemps tous les principaux cépages des vignobles français et étrangers et les tient à la disposition de tous ceux qui, comme lui, veulent en faire une étude sérieuse. M. Boucherot ne se contente pas d'entretenir une collection synonymique; il essaye dans son vaste vignoble, et sur une grande échelle, toutes les méthodes de culture de la Gironde, et il en compare les résultats, faisant profiter tout le monde de ses observations. Je m'estime heureux d'avoir été admis à visiter le domaine de Carbonieux et d'avoir pu recevoir les enseignements de son digne et savant propriétaire.

Les cépages du Médoc sont, avant tous et le premier, le *carbenet-sauvignon;* il est appelé sauvignon parce qu'il ressemble tellement au sauvignon blanc par la feuille et par le bois, qu'il faudrait presque attendre la coloration du raisin pour les distinguer. C'est le cépage le plus fertile, le meilleur, le moins gélif de tous les fins noirs de la Gironde. Il débourre le dernier et mûrit le premier; il est très-régulier dans sa pousse. La *carmenère* est très-hâtive à végéter. J'ai vu à Ludon une vigne de carmenère dont les pousses avaient déjà un décimètre de long et, tout à côté, une vigne de carbenet-sauvignon qui ne donnait pas encore signe de végétation. La carmenère est peu fertile; elle donne 6 barriques à l'hectare, là où le carbenet-sauvignon en donnerait 12. Le franc-carbenet, le verdot, le merlot et le malbec, avec le cruchinet, complètent à peu près l'ensemble des cépages du Médoc. Le malbec est une sorte de cot. Les cépages des graves, pour vins noirs, sont les mêmes que ceux du Médoc; seulement les carbenets y sont désignés sous le nom de vidures, grosse, petite, sauvignonne. Les cépages blancs de Sauterne, Carbonieux, Barsac, etc. sont principalement le sémillon, le sauvignon et la muscadelle. Enfin, les cépages de Saint-Émilion et des côtes environnantes sont aussi les mêmes que ceux du Médoc; mais le carbenet y porte le nom de bouchet, et le malbec, celui de noir de Pressac. Le merlot, le malbec et le verdot dominent dans les palus; à la Teste et à Gujan, on signale le pineau, le cot vert et le béquin blanc comme plants dominants, avec un peu de malbec et de cruchinet.

Les vendanges, dans toute la Gironde, sont faites avec le plus grand soin; je les ai suivies avec un vif intérêt en 1854. Dans le Médoc et les graves, on égrappe toujours; l'égrappage est moins général à Saint-Émilion. On foule généralement avant de mettre à la cuve, et on ne laisse pas fermenter plus de huit jours. Quatre et cinq jours sont jugés suffisants pour les vins les plus fins du Médoc; dans les palus, on cuve de huit à quinze jours. On tire en barriques neuves ou fraîches vides, bon goût, de 228 litres, sans jamais s'occuper de la clarification des vins à la cuve; on remplit avec soin et l'on conserve en chais à température fraîche et fixe. Nulle part on ne fait mieux les vins rouges, et par des moyens plus simples et plus naturels, que dans la Gironde; on les traite exactement de même dans la Haute-Bourgogne et aussi dans le Beaujolais, sauf quelques détails, tels que l'égrappage et le foulage; mais le point capital, c'est la cuvaison, qui ne dure que juste le temps de la grosse fermentation : quatre à huit jours, suivant la température de l'année. Un autre point important, c'est qu'on met simplement en cuve ouverte; c'est encore qu'on tire et qu'on met en tonneau sans prétendre donner au vin le temps de s'éclaircir à la cuve; c'est qu'on tire en petits fûts neufs ou frais vides; c'est enfin qu'on conserve en lieu frais, se contentant de remplir au fur et à mesure que le vide se produit.

En présence d'une méthode si naïve, pratiquée dans tous les pays à bons et à excellents vins, d'une réputation qui n'est mise en doute par personne, n'est-ce pas une honte de voir dans tous les pays à vins douteux, à vins de chaudière, là où on ne sait pas faire les vins, des œnophiles conseiller des pratiques extraordinaires, et surtout des cuvaisons indéfinies d'un mois, deux mois, de tout l'hiver? N'est-il pas malheureux que les bons propriétaires de ces pays se croient obligés de suivre des errements qui rendent leurs vins détestables, qui les font piquer, tourner, faute d'être édifiés sur ce qu'il y a de mieux à faire?

Les vins blancs de la Gironde, quoique moins importants par leur quantité que les vins rouges, n'en sont pas moins bien faits et pas moins estimés pour cela; il suffit de citer les sauternes, et le roi des vins de ce pays, le château-iquem, pour enlever toute espèce de doute sur la haute valeur des vins blancs de la Gironde et sur leur bonne confection. Eh bien! tout le secret pour faire de bons vins blancs, c'est de vendanger très-tard, d'attendre, pour ainsi dire, que le raisin soit arrivé au delà de sa maturité par une espèce de fermentation de sa pellicule, qu'on appelle à tort pourriture (c'est une fermentation comme celle des poires, des cormes, des alises, des nèfles, qui blettissent), de pressurer, de mettre les jus en tonneau et de laisser fermenter naturellement et doucement. Seulement, pour arriver à ces vendanges tardives, qui peuvent donner un vin analogue à celui de Château-Iquem, il faut consentir à voir diminuer le produit de quatre tonneaux à un; mais alors, au lieu de valoir 1,000 francs, on voit le tonneau atteindre 6 et 12,000 francs de valeur : là encore il n'y a ni science occulte ni moyen compliqué, pas plus que pour faire du château-margaux à 6,000 francs le tonneau.

La production moyenne du Haut-Médoc, des graves et des vignes à vins fins peut être estimée à trois ou quatre barriques au journal, neuf à douze barriques à l'hectare, deux à trois tonneaux; en la fixant à deux tonneaux et demi, on reste au-dessous de la vérité : la production des terres fortes et des palus est de vingt barriques ou cinq tonneaux à l'hectare. Les prix maximum des vins fins sont de 6,000 francs le tonneau, et le prix minimum des vins communs est de 200 francs le tonneau.

Presque toutes les façons des vignes sont exécutées, dans la Gironde, à prix fait et à la journée. Les propriétaires pour la plupart ont leurs bouveries, leurs bouviers et leur mobilier de culture; le prix fait s'applique ordinairement à 3 hectares et varie de 150 à 200 francs, pour lier et relier carassons et lattes, remplacer, décavaillonner et déterrer, reterrer après le chaussage, en un mot faire les façons courantes, autres que les labours à la charrue. Le reste se fait à la journée. A Sauterne, et surtout à Château-Iquem, on paye 1 fr. 25 cent. aux hommes et 70 cent. aux femmes par journée; mais hommes et femmes sont logés : chaque homme a un jardin, un champ pour pommes de terre, chènevière, etc. 15 ares par homme environ, et d'autres petits avantages, tels que médecin et médicaments payés.

On se plaint généralement que la main-d'œuvre fait défaut dans la Gironde : aussi dispose-t-on la plupart des vignes qui se faisaient à bras, même les palus, pour être labourés à la charrue. La cherté et même l'absence de main-d'œuvre à tous prix! telle est la clameur que je n'ai cessé d'entendre depuis l'Hérault jusqu'à la Gironde, c'est-à-dire dans tous les départements dont la vigne est le produit principal.

Je ne terminerai pas ce sommaire sans parler de l'oïdium, dont les effets, énergiquement combattus presque dès son origine dans la Gironde par les hommes les plus intelligents et les plus intéressés à défendre la vigne, semblent devenir de moins en moins redoutables, sous les efforts réunis de deux partis pourtant opposés d'opinions. Les uns pensent qu'il faut soufrer la vigne préventivement à toute apparition du terrible champignon; les autres pensent qu'il ne faut lancer le soufre que contre l'ennemi présent et déclaré. Je n'ai point assez d'expérience par moi-même pour trancher la question, parce que je n'ai pas eu beaucoup d'oïdium à combattre corps à corps, quoique je l'aie vu sous ses formes les plus diverses et les plus hideuses; mais je penche vers l'opinion émise et soutenue à cet égard par M. le comte de la Vergne, savoir qu'il ne faut soufrer que quand l'oïdium révèle sa présence par des attaques partielles et prémonitoires, parce que M. de la Vergne donne, à l'appui de sa doctrine, la meilleure raison de toutes, c'est celle du succès permanent et complet : personne n'a su mieux que lui défendre son vignoble contre l'oïdium, guérir la maladie et l'expulser radicalement de Cantemerle et de Moranges, qui comptent ensemble plus de 100 hectares; et cela si radicalement, qu'il a pu porter le défi d'y trouver une seule grappe détruite par le fléau. J'ai visité le domaine de Cantemerle, j'en ai entendu les vignerons, et j'ai acquis, par d'unanimes affirmations, la certitude que Cantemerle était, chaque année, parfaitement préservé. Toutefois, parmi les partisans et les praticiens du soufrage préventif, j'ai trouvé aussi une grande logique, et, je dois le dire, de très-beaux succès.

La Société d'agriculture de la Gironde, sous la présidence de son habile et savant président, M. Gout-Desmartres, à bien voulu traiter en ma présence les questions les plus importantes de la viticulture du département et ajouter, à ce que j'avais vu et appris, les plus précieux enseignements.

Si je n'avais pas compris jusqu'à ce jour l'importance du rôle de la vigne dans la puissance et dans la prospérité de la France, je l'aurais appris assurément par la Société d'agriculture de la Gironde, qui est à même de comparer et qui compare les divers rendements des céréales, des prairies et des bois; je l'aurais appris de M. Boucherot, qui cultive avec le même soin et la même affection les bois, les prairies, les céréales, les légumes, les fruits et la vigne, et chez lequel j'ai vu les étables à vaches, les bouveries et les écuries les plus salubres, les plus commodes, les plus élégamment économiques, et les mieux occupées; je l'aurais appris de M. Richier, prime d'honneur de la Gironde, qui transforme ses marais en prairies, cultive de belles et bonnes terres, et exploite de beaux vignobles, qu'il se hâte d'agrandir, sans y épargner la peine ni la dépense. Il n'y a qu'une voix dans la Gironde: la production de la vigne dépasse du triple la plus riche production de la terre, en bois, en céréales, en racines et en prairies:

sans la vigne, le Haut-Médoc et les graves, qui produisent en moyenne 2 à 3,000 francs bruts et 1 à 2,000 francs nets à l'hectare, ne pourraient donner que de misérables récoltes à 2 ou 300 francs bruts et à 25 ou 50 francs nets; sans la vigne les fortes terres et les palus eux-mêmes, qui donnent de 1,000 à 1,500 francs bruts en moyenne et de 600 à 1,000 francs nets, ne donneraient que des récoltes moyennes de 600 francs bruts et de 200 francs nets.

ARRONDISSEMENT DE LIBOURNE.

Ayant été appelé à faire une étude spéciale de l'arrondissement de Libourne, j'ai trouvé dans cet arrondissement de tels enseignements, de tels points de comparaison des cultures diverses, que j'ai cru devoir lui consacrer un chapitre particulier.

Sur 129,000 hectares de superficie totale, l'arrondissement de Libourne compte 36,000 hectares de vignes, qui (compensation faite entre les productions moyennes de leurs groupes principaux : les palus, l'Entre-deux-Mers, le Haut-Fronsadais, Sainte-Foy et le groupe de Saint-Émilion, comprenant huit ou dix communes) donnent, en moyenne, plus de trois tonneaux à l'hectare, c'est-à-dire plus de vingt-sept hectolitres, dont les prix moyens, également compensés, dépassent 32 francs l'hectolitre, ou 72 francs la barrique bordelaise de deux cent vingt-cinq litres.

Les prix maximum, qui répondent aux premières cuvées de Saint-Émilion, sont de 1,600 francs le tonneau,

400 francs la barrique. Les prix minimum des vins de palus ne descendent guère au-dessous de 200 francs le tonneau et de 50 francs la barrique ; mais les palus donnent jusqu'à 80 à 100 hectolitres par hectare, et le minimum des vignes les plus fines ne descend pas au-dessous de 6 hectolitres.

Le produit brut des vignobles du seul arrondissement de Libourne dépasse donc 30 millions de francs par an : ce qui répond au bon budget annuel de 30,000 familles moyennes, de quatre personnes, soit de 120,000 habitants.

Mais il reste à l'arrondissement, outre ses vignes, 93,000 autres hectares de terres en céréales, racines, légumes, fourrages, prés, bois, etc. qui lui donnent environ 15 autres millions de francs bruts, répondant à tous les besoins de 15,000 autres familles ou de 60,000 habitants. L'arrondissement de Libourne produit donc de quoi pourvoir à l'existence de 180,000 habitants, par les 106,000 habitants dont est constituée toute sa population, sur 129,000 hectares, qui forment tout son territoire : d'où cette conséquence absolue, que quatre-vingt-deux centièmes d'individu par hectare y donnent un peu plus de 348 francs, l'un dans l'autre.

A ce taux général de population et de production, la France posséderait plus de 44 millions d'habitants agriculteurs, pouvant produire, sur ses 54 millions d'hectares superficiels, plus de 15 milliards, au lieu de 9, production actuelle, et pouvant entretenir, au besoin, une population de plus de 60 millions d'individus.

L'arrondissement de Libourne est donc une des plus riches circonscriptions de France.

En recherchant les valeurs relatives des produits de la vigne et des autres produits agricoles dans chaque circonscription territoriale, j'ai constaté que la richesse totale tirée du sol était toujours proportionnelle au chiffre de la population et jamais à l'étendue de la circonscription. Au contraire, à population égale, l'étendue augmentant, la richesse diminue, du moins à partir d'une densité maximum de population dont nous sommes loin d'approcher.

En effet, la densité de la population de l'arrondissement de Libourne, qui, si elle était générale, rendrait la France si peuplée et si riche, est encore de beaucoup insuffisante pour tirer du sol tout ce qu'il pourrait produire. La culture manque de bras ici; la vigne en manque plus encore que toutes les autres cultures, du moins dans les propriétés un peu étendues, exploitées à façon, à forfait ou à la journée.

Partout où le propriétaire ne cultive pas par lui-même ou ne fait pas cultiver, sous ses yeux, à la tâche ou à la journée, les vignes sont tenues par un vigneron ou *bordier* logé, ayant un petit jardin de 5 à 6 ares, sur lequel il doit un jambon[1]; ayant une portion des fruits qui sont

[1] Cette redevance d'un jambon en nature a une haute valeur économique; elle a surtout pour objet de forcer le bordier à nourrir un porc, qui sera la base la plus solide de l'alimentation de sa famille.

« Le porc joue ici, me dit M. Marcon, et j'ajoute dans tous les pays vignobles, un rôle immense à l'égard de la famille vigneronne. Le cochon, la chèvre et l'âne, voilà les aides les plus énergiques et les plus économiques de la famille exploitant la vigne et deux ou même un seul hectare de terre. »

M. Marcon ajoutait : « Si deux industries agricoles étaient fondées ici sur la production animale, la vacherie et la porcherie, la grande vacherie serait infiniment moins lucrative que la grande porcherie. » C'est un fait que j'ai constaté dans tous les pays essentiellement vignobles.

sur arbres dans les vignes, les sarments, les sécailles ou pelures d'échalas et les échalas hors de service; recevant 30 ou 40 francs par journal, 90 à 120 francs par hectare, pour la taille, les épamprages, les relevages, les liages, les fichages et défichages d'échalas, leurs réparations, et pour trois cultures à la main. A la vendange, le bordier reçoit 80 centimes à 1 franc par jour et il est nourri; sa femme est également nourrie et reçoit 40 centimes. Le vigneron a les piquettes des marcs pressurés, 5 centimes par pointes de provins, et 1 fr. 75 cent. l'été, 1 fr. 50 cent. l'hiver, pour ses journées à part. Il peut gagner ainsi 100 à 120 francs par hiver. Une famille de bordier ou de vigneron composée de deux personnes adultes, outre la femme, peut tenir 3 hectares à 3 hectares et demi de vignes.

Tous ces avantages réunis n'arrivent pas même à donner à la famille un entretien et une alimentation répondant à leur dur et constant labeur. Sans la piquette ils ne pourraient supporter ces privations et ces fatigues.

Les vignerons n'ont d'ailleurs aucun intérêt au produit, si ce n'est, chose absurde, aux souches arrachées et coupées, aux sarments de la taille et aux débris des échalas : triple et misérable profit pour le vigneron. Les vignerons tiennent beaucoup à produire des sarments, qui leur appartiennent, et très-peu à fournir des raisins, qui sont tous pour le maître.

Un propriétaire se plaignait que ses vignes produisaient toujours beaucoup de bois et jamais beaucoup de fruit sous ce régime : « Gardez pour vous le bois, lui répondis-je, et donnez un dixième des fruits à vos vignerons : vous verrez bientôt le résultat complétement renversé. »

Il est, en vérité, grand temps d'offrir à l'ouvrier rural

des conditions de travail et d'existence meilleures; conditions qui lui fassent trouver avantage à se fixer, à se marier, à avoir et à garder une nombreuse famille autour de lui : cela n'est possible que par la participation aux fruits, en sus du strict nécessaire, assuré par un prix modéré de tâche et de journée, par l'octroi du logement, des piquettes, en un mot par la plupart des conditions actuellement en usage.

Que les propriétaires y prennent garde, nos classes ouvrières glissent rapidement sur les pentes américaines et australiennes, où le prix du moindre journalier est de 5 et 6 francs par jour et de 10 et 15 francs pour l'ouvrier qui a quelque capacité. Déjà, dans les vignobles de quelques départements, ces exigences tendent à se manifester : elles sont légitimées par l'exclusion de l'ouvrier rural de toute participation matérielle aux produits de son travail; elles sont trop souvent causées par l'indifférence, l'ignorance, la routine et l'égoïsme du propriétaire, bien plus que par les mauvaises inclinations de l'ouvrier.

J'engage surtout le propriétaire à faire faire toute son agriculture, sa viticulture, son arboriculture et son horticulture par lui-même, comprises à sa manière, et à se rendre capable de tout diriger et de commander à tous. Le propriétaire doit être en état de soutenir et de guider les familles ouvrières, qui sont mineures par rapport à lui, sur sa propriété. S'il ne veut pas, s'il ne sait pas, ou s'il ne peut pas le faire, qu'il ne soit pas propriétaire, ou bien qu'il prenne des métayers ou des fermiers.

« D'après la loi scandinave, dit M. Eugène Tisserand « dans les excellentes études économiques qu'il vient de « publier sur le Danemark, les seigneurs ne pouvaient dis- « poser, à proprement parler, que d'une certaine étendue

« de leurs terres;.... quant au reste de leurs domaines, « ils étaient tenus de les louer aux paysans, à perpétuité ou « pour leur vie et celle de leurs femmes ; ils ne pouvaient ni « les aliéner, ni les réunir à leurs fermes pour agrandir « celles-ci, ni les exploiter pour leur propre compte : la « même loi assurait aux serfs du domaine la jouissance de « la maison et du jardin nécessaires à leur existence. »

Ce que la loi écrite imposait aux grands propriétaires en Danemark, la loi naturelle, c'est-à-dire la conscience et la sagesse, doit le leur imposer partout : la terre est faite pour porter et multiplier les hommes avant tout, et le rôle le plus noble, le plus intelligent et le plus lucratif du propriétaire est non-seulement de faire naître et de fixer le plus d'hommes possible sur sa terre, mais encore de les instruire et de les diriger dans les moyens d'assurer la plus grande et la meilleure production du sol.

L'ouvrier de la terre, le vigneron surtout, abandonné à lui-même, se considère comme un artiste et comme un maître, qui ne supporte aucune observation dans son art et n'accepte aucun conseil. « Si je vous écoutais, disait un vigneron de Saint-Émilion à son propriétaire, qui simplement lui demandait de prendre les meilleures pratiques du pays; si je vous écoutais, je serais un apprenti et non un maître vigneron ; je perdrais ma réputation, et d'ailleurs je suis trop âgé pour aller à l'école ; je me casserais la tête, je ne vous comprendrais pas, je ferais mal et vous diriez encore que je le fais exprès. Je préfère vous quitter et je vous quitte. » Et en effet, sous mes yeux, deux vignerons, ayant femmes et enfants, bien logés, bien traités, quittaient cet excellent propriétaire, aussi capable qu'humain, parce qu'il leur demandait de changer un peu leur pratique. Il est vrai qu'en réclamant un petit effort d'attention et d'intelligence à ces hommes, le maître ne pouvait leur offrir l'attrait d'une augmentation de produits, puisque le vigneron du pays n'est point admis à y participer.

Cette attitude des vignerons vis-à-vis des propriétaires a pour principal appui, je dois le reconnaître, le manque d'hommes, ce qui assure au vigneron dix places pour une : mais le lien puissant de l'intérêt aux fruits, préparé de longue main et pour de longues années; l'espoir de jouir, dans l'avenir, du fruit d'un travail bien commencé et bien suivi, arrêteraient toute désertion.

Le vigneron peut entrer et sortir ici sans rien trouver devant lui, sans rien laisser derrière lui. C'est un Arabe campé; il vient faire ce qu'il a l'habitude de faire. Vous lui demandez de pratiquer autrement, sans tenir compte de la peine qu'il va prendre pour refaire sa tête et sa main à votre profit : il refuse. Vous insistez en lui expliquant la quotité du gain qui doit en résulter pour vous : il s'en va. Il vous comprend très-bien, mais il se cabre contre une injustice qu'il sent plus qu'il ne se l'explique; il la sent parce qu'elle est réelle : il s'est loué à vous tel qu'il était, comme journalier ou tâcheron, et vous lui demandez une association morale, intellectuelle et manuelle, en vue d'une nouvelle opération lucrative; sa conscience lui dit qu'il ne doit pas s'associer sans un intérêt, si petit qu'il soit, et que cet intérêt légitime est dans la proportionnalité du produit.

Ce sentiment est naturel et profond dans le plus vaillant et le plus honnête cœur d'ouvrier comme dans celui de l'ouvrier le plus vulgaire; il y a plus, il est dans la conscience de tout maître, bon ou mauvais, qui s'adresse à son ouvrier pour en tirer un résultat autre que celui de la pratique routinière; il sent qu'il contracte une obligation proportionnée au résultat à intervenir; il le sent si bien, qu'il devient cauteleux, et honteusement politique souvent, auprès de son ouvrier; il le flatte, il le leurre de vaines promesses, il le prend par les sentiments, par la vanité, pour en obtenir ce qu'il désire sans bourse délier. J'ai connu très-longtemps un riche propriétaire qui était un modèle du genre : il ne savait ni faire ni commander, mais il savait trouver l'ouvrier capable de faire; il le séduisait et l'épuisait jusqu'au désespoir, jusqu'à la mort. Sans se livrer à de pareils calculs, et faute de lumière et de direction, le meilleur propriétaire s'est surpris, cent fois dans sa vie, à circonvenir son ouvrier, à lui faire illusion par de vagues promesses, inspirées par l'instinct de son obligation; mais si l'obligation n'a pas sa solution équitable, et cette solution est bien rare, les rapports du maître à l'ouvrier sont tendus par la méfiance et par la haine.

La part proportionnelle équitablement allouée à l'ouvrier ne doit pas, autant que possible, être en argent par quotité récoltée; elle doit être en nature: car le fruit cache un attrait, une espérance, par l'inconnu de sa qualité et de sa valeur éventuelle. La part de l'ouvrier doit être dans le produit brut qu'il voit, et non dans le produit net, qu'il ne comprend pas, et qui le plus souvent réside dans la gestion du maître. Le dixième dans le produit brut, en sus de sa stricte existence, voilà le salut du père de famille; voilà le profit du propriétaire. 2 francs, 5 francs par hectolitre, sont des valeurs définies, que le mauvais propriétaire sera toujours tenté de diminuer et que le bon sera toujours tenté de donner, même sans récolte équivalente, s'il voit son vigneron mécontent; et le vigneron se fera mécontent et misérable pour obtenir cette rétribution, avec ou sans récolte. Le fruit seul est dû; le fruit seul doit être donné pour l'espérance de l'ouvrier, pour la tranquillité du maître, pour la moralité de tous deux. Laissons aux villes l'argent et ses inspirations maladives et mortelles; donnons dans les campagnes les fruits, la santé, la vie. Je comprends aujourd'hui ces législateurs de l'antiquité qui proscrivaient l'or et l'argent : on oublie que c'est une représentation de fruits, et les fruits sont délaissés pour courir après leur contre-marque.

Le climat très-doux et déjà chaud de l'arrondissement de Libourne est excellent pour la vigne; la gelée et la grêle y font rarement beaucoup de mal. Son sol, composé d'alluvions sablo-argileuses dans les palus, le long de la Dordogne et de l'Isle; de calcaires grossiers surmontés de terres argilo-calcaires, aux coteaux de Saint-Émilion et du Fronsadais; de formations meulières, dans sa plus grande étendue, et d'alluvions anciennes autour de Saint-Genès, est partout des plus favorables à la végétation de la vigne et à la bonté de ses fruits.

Toutefois, les affleurements du calcaire grossier, en blocs et en massifs sans fissures, sont en quelques places, et notamment aux environs de Saint-Émilion, tellement dépouillés de terre végétale, qu'on est obligé de détruire la roche et de l'enlever à 50 ou 60 centimètres, ou bien d'y creuser des rigoles de 50 centimètres de largeur et de profondeur, pour y rapporter des terres et y planter la vigne. Ces travaux sont très-dispendieux; ils ne sont exécutés, il est vrai, que sur de très-petites surfaces et là où les vins sont d'assez bonne qualité pour être vendus à un prix relativement très-élevé.

L'arrondissement de Libourne offre des types très-variés de taille et de conduite de la vigne. Les deux principaux modes, celui des palus et celui de Saint-Émilion, sont parfaitement décrits dans l'*Ampélographie française*. J'ai pu vérifier sur place leur complète exactitude. Il y a, en outre, le type des vignes blanches en souches, depuis deux bras jusqu'à quatre, six et plus, taillés en gobelet, à coursons à un ou deux yeux, sans échalas : les unes sont cultivées à la charrue, les autres à bras, à plat, en billons ou en planches, nommées *reuilles* dans le pays.

Les vignes rouges sont toutes échalassées; quelques-unes pourtant, tout à fait exceptionnellement, ne le sont pas. La plupart des ceps sont à astes (longs bois) et à coursons : mais quelques cépages sont toujours taillés à coursons, par exemple le noir de Pressac (cot rouge); d'autres sont toujours taillés à astes, par exemple le bouchet (carbenet-sauvignon). Les souches sont à un, deux, trois, rarement à quatre bras; à autant de coursons et d'astes qu'il y a de bras, parfois à coursons sans astes, souvent à astes sans coursons.

Enfin, le type le plus nouveau et le plus extraordinaire que j'aie eu à observer dans l'arrondissement de Libourne est la conduite de la vigne en cordons, portant sur un seul et même cordon six à huit astes, à six ou huit yeux, avec coursons, à deux ou trois yeux au bas de chaque aste; six ou huit ceps, à branche à bois et à branche à fruit, sont plantés et cultivés le long d'un tronc commun.

Je commencerai l'étude des vignes de l'arrondissement de Libourne par la description de ce type original et intéressant, non-seulement par sa vigueur et sa fécondité, mais encore parce qu'il apporte de précieuses lumières dans la théorie et dans la pratique de la viticulture. Son inventeur est M. Cazenave, de la Réole (Gironde); son premier adepte est M. Marcon, de la Mothe-Montravel. Tous deux en ont fait de grandes et belles applications et en ont amené la pratique, depuis sept ans, à la précision et à la perfection.

C'est d'abord à la Mothe-Montravel (Dordogne), entre Sainte-Foy et Castillon (Gironde), que M. Marcon, grand propriétaire, agriculteur et viticulteur habile, me fit voir ses belles vignes en cordons à astes et à coursons; mais il m'en montra le lendemain à Saint-Émilion, dans une autre de ses propriétés; et enfin, le quatrième jour de mes études, je vis ces cordons appliqués sur une vaste échelle dans les palus de Nozégan, commune de Fronsac, chez M. Piganot, banquier à Bordeaux et propriétaire d'une immense étendue de vignes de palus dans le Fronsadais, 75 hectares je crois, que M. Cazenave est chargé de transformer, d'après son système, par séries annuelles de 5 hectares.

Là, je fus assez heureux pour rencontrer M. Cazenave à l'œuvre, dressant des cordons de première année et quittant sa besogne pour me faire voir, successivement, des hectares de deux ans de dressement, de trois, de quatre et de cinq ans; j'avais déjà vu cette série chez M. Marcon. M. Marcon avait taillé des treilles devant moi; mais ici tous trois, M. Cazenave, M. Marcon, les deux maîtres, et moi, en présence de propriétaires viticulteurs des plus considérables et des plus distingués de Libourne, je pris une leçon complète, et je pus tailler moi-même plusieurs ceps sur les principes établis.

Je vais essayer, à mon tour, d'exposer et de faire comprendre le système.

La vigne étant bien plantée, dans un terrain bien préparé, soit à boutures, soit en barbeaux (plants enracinés de deux ans), en rangs à 2 mètres de distance, les ceps à 2 ou 3 mètres dans le rang; à la fin de la deuxième année de végétation, ou au plus tard à la fin de la troisième, la vigne doit offrir, sur chaque cep, deux sarments à choisir, de 3 ou 4 mètres de longueur. Un seul est employé; mais on en ménage deux, si on le peut, jusqu'à ce que l'un des deux soit mis en cordon et bien attaché. Lorsque l'opéra-

Fig. 183.

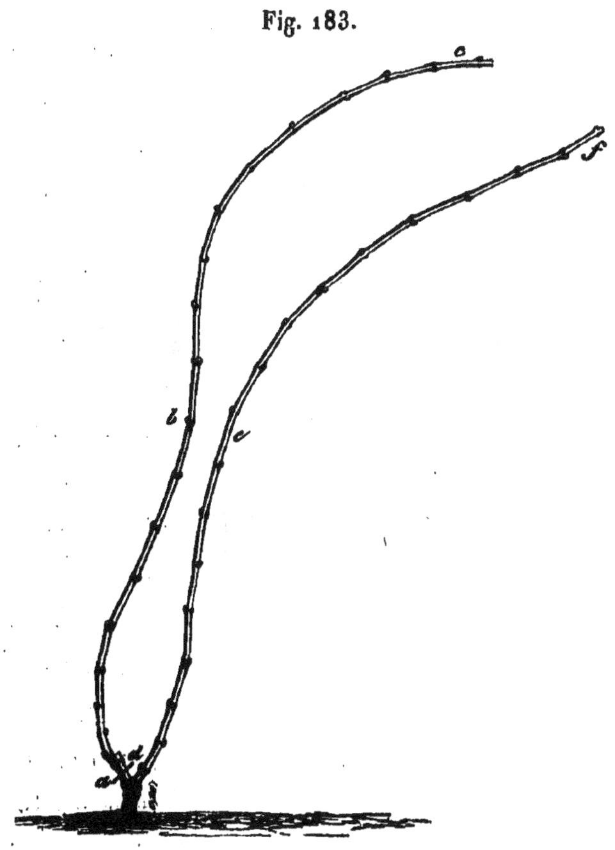

tion est faite sans accident, le second sarment est rasé contre la souche.

La figure 183 donne le jeune cep tel qu'il se présente

au moment d'être mis en cordon, nettoyé de tous les sarments inutiles (réduction au 33e).

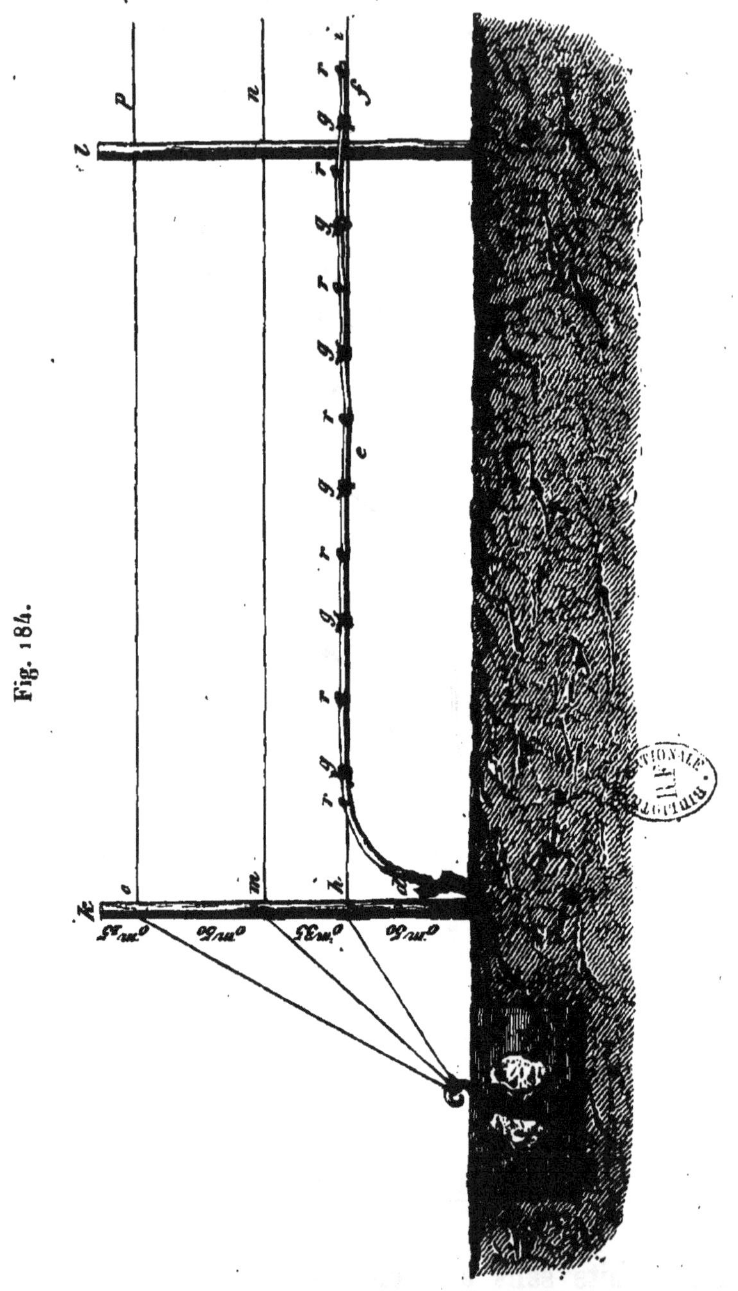

Fig. 184.

La figure 184 le montre définitivement palissé pour toute la saison de la végétation; le sarment *a b c* de la figure 183 a été supprimé en *a d*, et le sarment *d e f* a pris la position indiquée dans la figure 184, position où il est fixé par des ligatures en osier *gggggg* le long d'un fil de fer (n° 15) *h i* fortement tendu, à 50 centimètres de terre, sur des pieux de 2 mètres (1^m,50 hors de terre). Ces pieux *k l*, à 3 mètres les uns des autres dans la ligne, portent deux autres cours de fil de fer tendus, le plus bas, *m n*, à 35 centimètres au-dessus du premier, et le plus haut, *o p*, à 50 centimètres au-dessus du second, ou à 1^m,35 de terre.

Tous les yeux au-dessous du sarment *d e f* sont rasés; tous les yeux au-dessus, *r r r r r r*, sont conservés : chacun de ces yeux donnera, dès l'année même, deux belles grappes le long d'un beau bourgeon qui s'élèvera au-dessus des fils *m n* et *o p*, auxquels il s'accrochera solidement de lui-même par ses vrilles. Au mois de juillet, les bourgeons seront rognés au ciseau, à 15 ou 20 centimètres au-dessus de *o p* et constitueront des sarments qui serviront de branche à fruit l'année suivante.

La figure 185 montre le résultat de la végétation du cordon de la figure 184; les sarments *s s s s s* (fig. 185), sortis des yeux *r r r r r r* du cordon *d e f*, ont porté chacun deux ou trois belles grappes, dont on voit les queues *q q q q*, et qui, débarrassés de leurs brindilles et de leurs vrilles, vont fournir chacun une branche à fruit, réduite à six ou huit yeux, et prendre, à la taille de mars, les positions indiquées dans la figure 186.

Au lieu de sept yeux ou de six seulement, comme l'indiquent les figures 184 et 185, pour laisser plus de netteté aux explications, il y en a le plus souvent quinze ou seize, qui engendrent autant de sarments et autant de fois deux grappes; mais, pour la deuxième végétation, on retranche les sarments intermédiaires au ras du cordon, et l'on ne

Fig. 185.

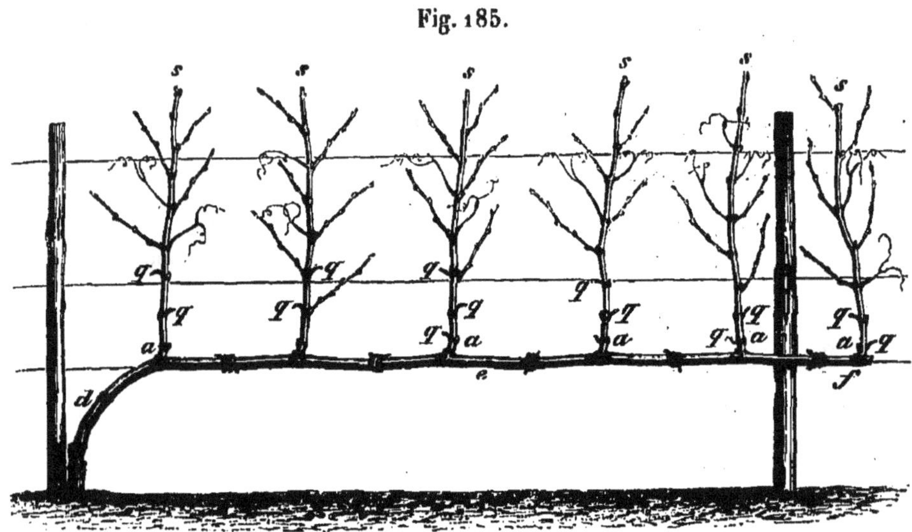

laisse que les sarments *a s*, *a s*, *a s*, de la figure 185, à 30 ou 35 centimètres les uns des autres.

Fig. 186.

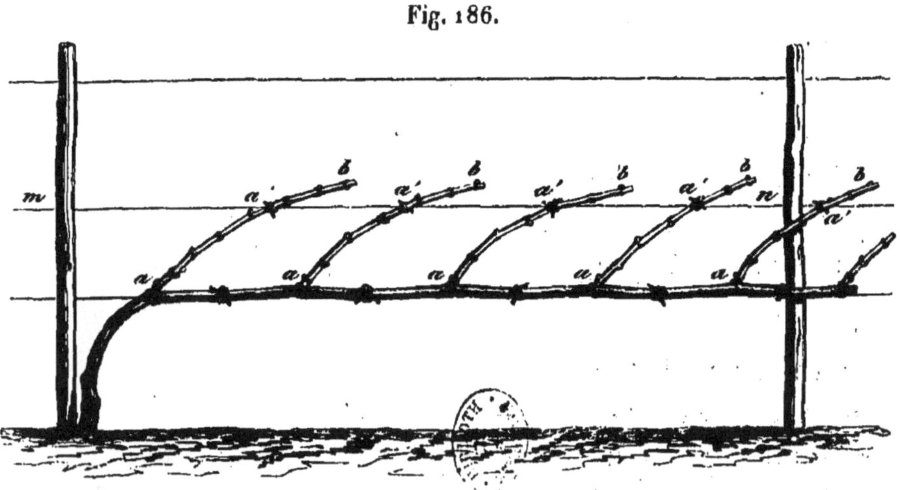

La figure 186 représente la taille et les dispositions pour la deuxième année : les six à huit branches à fruit *a b*, à six ou huit yeux chacune, sont inclinées et attachées en *a'* au fil de fer *m n*.

On comprend de suite que, dans cette seconde taille, quarante à cinquante yeux, au lieu de dix à seize yeux de la première taille, sont accordés à la végétation de la vigne; c'est-à-dire que le travail de la vigne va être plus que triplé dans sa seconde végétation de dressement.

Une pareille tâche imposée à une jeune vigne paraîtrait encore aujourd'hui, aux yeux de l'immense majorité des vignerons et des viticulteurs de France, une monstruosité, une impossibilité, une cause d'épuisement et de mort dans un très-bref délai. C'est là une des erreurs les plus graves et qui nuisent le plus aux progrès et aux succès de la viticulture.

Laisser à un arbrisseau, à un arbre quelconque, petit ou grand, la liberté de déployer l'arborescence et les forces vitales dont la nature a pourvu son espèce, ce n'est point lui imposer un travail, ce n'est pas l'épuiser; c'est lui permettre de développer son organisation et de vivre avec une force qui s'accroît proportionnellement à ce développement.

Qui s'aviserait jamais de croire qu'il fortifiera un chêne, un noyer, un pommier, un cerisier, un groseillier même, en ne lui laissant, pour végéter chaque année, que deux, quatre ou même huit bourgeons? Qui ne sait, parmi les jardiniers, quels soins et quelles peines il faut pour tenir un cerisier, un prunier, un pommier, à l'état nain? Qui ne sait combien, dans cette situation réduite, les arbres fruitiers vivent peu et donnent peu de fruits? combien ils sont féconds, au contraire, et combien ils vivent longtemps à mesure qu'on les laisse s'étendre et s'approcher davantage de leur arborescence naturelle?

Eh bien! la vigne est destinée par la nature à prendre une expansion plus grande que celle d'aucun autre végétal; il suffit donc d'ouvrir les yeux et de comparer la longévité, la fécondité et la vigueur des vignes sur les arbres, sur les haies, en treilles, en treillons, avec celles des vignes en petites souches basses à coursons, pour être bien convaincu que moins on laisse d'expansion végétale à la vigne, plus on l'affaiblit, plus on la stérilise, plus on abrége son existence.

C'est là, pour moi, une vérité démontrée par tous les faits de la viticulture. Aussi n'ai-je point été surpris le moins du monde lorsque j'ai vu le dressement de la figure 184 donner la végétation de la figure 185, et la taille de la figure 186 donner la végétation de la figure 187, plus 100 hectolitres de vin à l'hectare, sur dix-sept cents ceps.

Fig. 187.

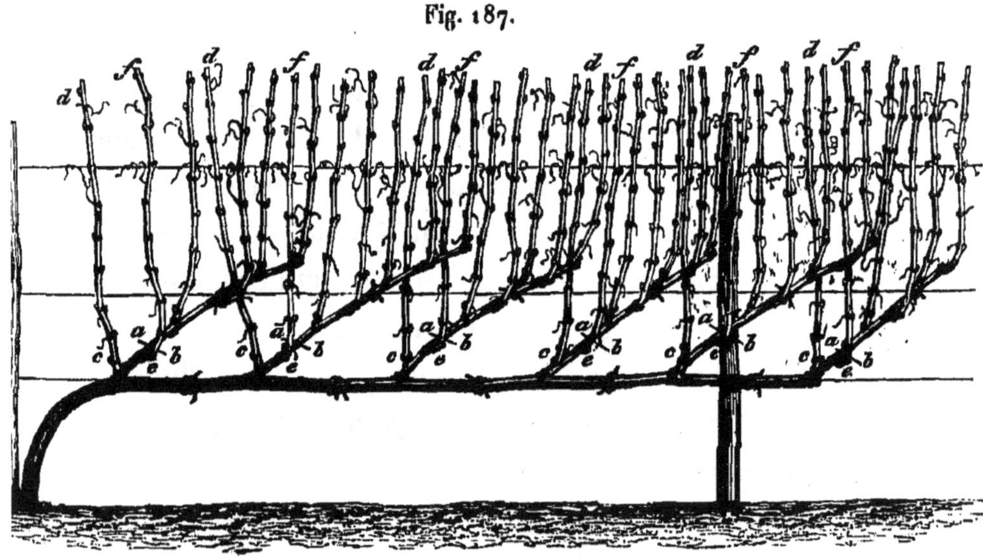

La figure 187, représentant la deuxième végétation de dressement, la quatrième ou cinquième de naissance, n'est que la reproduction, affaiblie pour la clarté du dessin, de huit à dix mille souches pareilles du même âge, présentant l'uniformité qui prouve le développement normal et naturel. A la Mothe-Montravel, à Saint-Émilion, dans les palus du Fronsadais, le résultat est le même.

De la figure 187 sera tirée la taille de troisième année de dressement (fig. 188), et cette taille restera toujours la même pour les années suivantes; car les ceps, à branche à bois et à branche à fruit, seront désormais définitivement établis sur le cordon.

Une section en *a b*, *ab*, *a b*, *a b*, *a b*, *ab* (fig. 187), jettera bas, au mois de mars, toutes les branches à fruit; mais la partie insérée au cordon qui porte les sarments *cd* et *ef* sera conservée : *cd* donnera le courson ou branche à bois, à

Fig. 188.

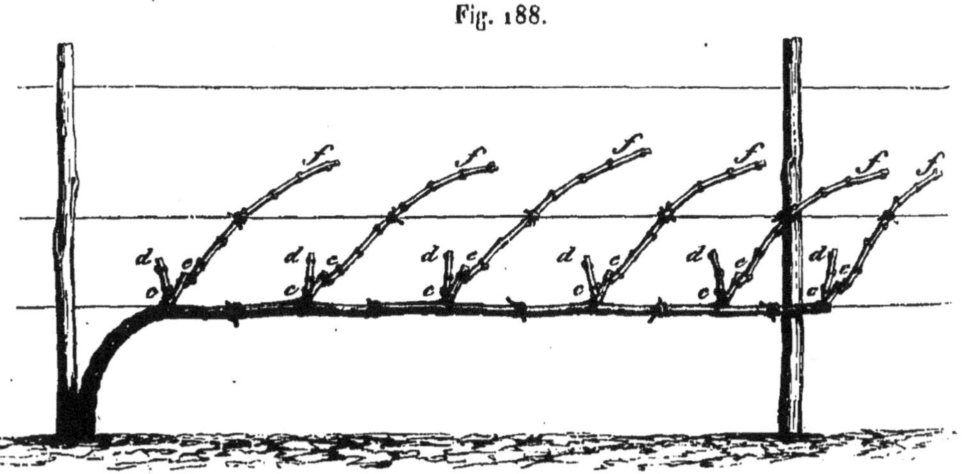

deux ou trois yeux (fig. 188), et *ef* donnera l'aste ou branche à fruit, à six ou huit yeux (même figure).

Je suis obligé de renoncer à donner le croquis de la végétation engendrée par la taille de la figure 188, tant elle est luxuriante, surchargée de bois, et impossible, pour moi, à dessiner intelligiblement. On pourra s'en faire une idée par la figure 187, en joignant, par la pensée, à sa végétation de la branche à fruit la végétation des coursons *c d*, *c d*, *c d*, végétation plus vigoureuse que l'année précédente, sur l'aste comme sur le courson.

Pourtant, à cette troisième année, ce n'est pas quarante ou cinquante yeux qui ont été laissés, mais soixante à soixante-dix yeux; et, malgré cette augmentation de charge, la production du bois et la production du fruit ont encore augmenté dans une proportion notable. Elle augmente chaque année ensuite : car d'année en année, jusqu'à la septième, on est de plus en plus embarrassé de la quantité de bois produite; quant à la récolte, elle s'élève à 125 et à 150 hectolitres à l'hectare. M. Cazenave assure cinquante barriques comme moyenne.

Tout cela est naturel, normal, et dans le développement physiologique de la vigne : plus un arbre grandit, plus il porte d'yeux; plus il pousse de bois, plus il porte de fruits, jusqu'à ce qu'il ait acquis sa limite d'arborescence, relative au sol et au climat. Là il demeure stationnaire, à l'état adulte, produisant régulièrement les mêmes bois et les mêmes fruits pendant longtemps, pendant des siècles, si le terrain est favorable.

MM. Cazenave et Marcon s'accordent à dire que, la première année du dressement, les raisins sont parfois *échaudés*, c'est-à-dire qu'ils restent verts ou rouges, sans pouvoir atteindre leur parfaite maturité. Ils attribuent ce fait à la longueur extrême du premier sarment constituant le cordon. Ils m'ont fait voir aussi que les bourgeons de cette première végétation étaient relativement grêles; mais, dès la seconde année, les bourgeons prennent une vigueur qui surprend, et les raisins mûrissent parfaitement en même temps que tous les autres. Les années suivantes, ce progrès se maintient incontestablement. Les raisins des extrémités des astes mûrissent aussi tôt que les raisins rapprochés du cordon, et les degrés glucométriques de leurs moûts sont absolument les mêmes que ceux des moûts des vignes voisines.

J'ai observé moi-même souvent la défaillance des longs bois de première année et leur insuffisance à mûrir leurs fruits; mais cette dépression, causée par la disproportion des racines, qui se forment par et pour la tige, disparaît complétement l'année suivante, alors que l'extension de la tige a créé ses racines proportionnelles.

Je donnerais à ce genre de conduite de la vigne le nom de cordons à longs bois et à coursons; ou plutôt, pour conserver la couleur locale de ses premières applications, je dirais *cordons à cots et à astes*, en opposition avec les cordons à astes seules, appliqués dans l'Isère, la Savoie, le Belley, etc., et avec les cordons à coursons, qui s'appliquent non-seulement aux treilles des jardins et des serres de temps immémorial, mais encore dans les vignes de plusieurs pays, surtout dans les palus de la Gironde. J'en ai vu à Villenave-d'Ornon, chez M. Allandy; chez M. Richier, au château de Ludon; à Saint-Émilion même, chez M. Leperche; enfin M. de Jorias, dans les palus de Moulon, a, depuis plus de trente ans, des vignes en cordons, à court bois, à double bras, dont la production moyenne est de 50 hectolitres à l'hectare en merlot, malbec, noir de Pressac, béquignot, c'est-à-dire en cépages plutôt fins que grossiers.

Mais il est facile d'établir la différence qui existe entre les cordons à coursons et les cordons à astes. 1° Jamais le cordon à cot ne comportera autant d'yeux que le cordon à cot et à aste; par conséquent, il ne pourra donner à la vigne le moyen de satisfaire à tous ses besoins d'expansion, dans certaines terres vigoureuses. 2° En cordons comme en ceps, il y a des espèces de raisins qui ne donnent point volontiers leurs fruits dans les yeux près de la souche, et qui les donnent abondamment dans les yeux plus éloignés : le cordon à aste, dans ces cas, sera donc seul fertile, quand le cordon à cot ne le sera pas; *le cordon à cot et à aste* sera toujours fertile.

Le cas de stérilité des cordons à cots, là où les cordons à astes seraient très-fertiles, se présente fréquemment. J'ai vu chez M. Allandy, à Villenave-d'Ornon, des cordons chargés de cots, sans qu'on pût les rendre fertiles et les empêcher de couler, tant la vigne avait besoin d'expansion ligneuse. J'ai vu bien d'autres cas pareils où les cordons à astes donnent immédiatement de magnifiques récoltes. Le département de l'Isère tout entier a recours aux cordons à astes, tant pour ses lisses basses que pour ses treilles hautes, là où la vigne ne donnerait rien sur les cordons à coursons.

C'est même, si je ne me trompe, la stérilité ou la coulure des cordons à coursons qui a conduit M. Cazenave à installer le cordon à aste, et c'est la même expérience qui a poussé M. Marcon à adopter les mêmes pratiques que M. Cazenave.

La vigne, dans certaines conditions de sol et de climat qui lui sont des plus favorables, refuse absolument ses fruits si elle n'est pas chargée d'un certain nombre d'yeux, qui modèrent et utilisent normalement la puissante pression de sa séve ascendante; le cordon à aste de l'Isère, de la Savoie, de l'Ain, etc. etc., et le cordon à cot et à aste de la Gironde sont les systèmes les plus rationnels et les plus efficaces pour faire produire le plus de bois et le plus de fruits à toutes les vignes, mais surtout aux vignes qui peuvent se développer avec vigueur. Toute l'attention et tout le talent du viticulteur, dans leur application, consisteront à proportionner le nombre d'yeux à l'expansion ligneuse, jusqu'à ce que celle-ci ne présente plus aucune fougue capable d'emporter le raisin. C'est précisément là ce qu'ont cherché à faire MM. Cazenave et Marcon, et c'est ce qu'ils ont obtenu dans la perfection.

La longueur des cordons est portée à 3 mètres dans les cultures de M. Marcon et dans celles que dirige M. Cazenave. Je représente, dans la figure 189, une série de trois

Fig. 189.

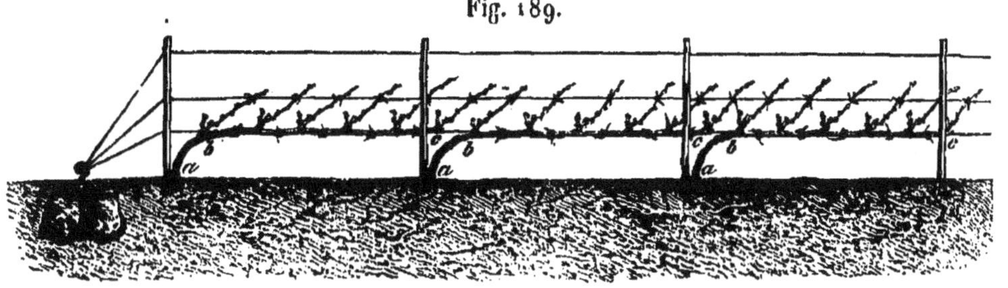

cordons (au 100ᵉ) *abc, abc, abc*, constituant trois ceps dénudés de *a* en *b* et portant chacun six cots et six astes; mais ces cordons peuvent se prolonger à 6 et à 9 mètres et porter vingt et trente cots et autant d'astes, de même qu'ils pourraient être restreints à 2 mètres.

Il est évident que le sol et le climat influent singulièrement sur l'expansion à laquelle peut atteindre tout arbre. Ainsi l'arborescence complète d'un chêne, dans un terrain riche en épaisseur et en humidité, sera gigantesque; et, sur une roche aride, le chêne, libre et complet, n'étendra pas sa tige ni son feuillage au delà de 1 ou 2 mètres. La vigne, quoique plus puissante que le chêne à puiser sa séve dans les terrains les plus arides, n'en subira pas moins les mêmes restrictions proportionnelles. Le viticulteur doit donc compter avec le sol et le climat; mais, en quelque lieu que ce soit, la taille la plus généreuse, soit par le nombre de coursons, soit par les astes, sera toujours plus favorable et plus rémunératrice que la taille la plus restreinte, toutes conditions égales d'ailleurs.

On peut considérer le cordon à cot et à aste comme un corps de pompe destiné à monter l'eau nécessaire aux ceps qui sont plantés dessus, et les ceps comme associés entre eux pour tirer l'eau de la terre. Or un seul cep pourra-t-il tirer l'eau d'aussi loin et d'aussi bas que dix ceps réunis? A cette question je réponds hardiment non. Un cep seul est un arbre nain, à tige et à racines naines. Dix ceps associés ont les racines d'un grand arbre, et ils en ont la puissance par l'ensemble de leurs tiges, qui représentent dix pompiers: ainsi associés, ils n'ont besoin, de même qu'un grand arbre, ni de fumier ni de culture; réduit au dixième, il leur faut apporter, par les engrais et les cultures, toutes leurs ressources à leurs pieds.

J'ai peut-être insisté beaucoup sur le système de MM. Cazenave et Marcon : c'est que ce système, dans ses points principaux, contient toutes les bases de la grande viticulture, et ces faits seront autant de points de repère et de comparaison pour apprécier les différents vignobles dont j'ai à rendre compte.

La culture des vignes, dans les palus de l'arrondissement de Libourne, offre beaucoup de variétés de taille et de conduite; pourtant la plantation, l'alignement et la distance des ceps sont à peu près partout les mêmes : partout les vignes sont divisées en planches de 2 mètres de largeur, séparées par des allées de 2 mètres, d'une largeur égale, et de 15 à 20 centimètres de profondeur, en contre-bas des planches, que l'on appelle ici *reuilles*. Les ceps sont plantés sur les bords des reuilles, sur deux rangs, à 2 mètres l'un de l'autre, et chaque cep est, également, à 2 mètres dans le rang. Tous les ceps sont dressés à 50 ou 60 centimètres de terre, sur une seule tige surmontée de trois bras, qui portent chacun une aste de 60 à 70 centimètres de longueur et précédée souvent, chacune, d'un cot de retour à deux ou trois yeux; souvent le cot de retour manque à un ou deux bras, parfois à tous. Cependant le cot de retour, à chaque bras, est de règle.

Deux des bras sont étendus horizontalement dans le sens du rang, et chacune de leurs astes est liée horizontalement aussi à un échalas variant de $2^{m},33$ à $2^{m},70$ de longueur. Un troisième échalas soutient la souche dans le milieu, et souvent le troisième bras avec aste, qui y est rattachée en courbe relevée verticalement. Souvent aussi le troisième bras est rendu horizontal, et son aste est ramenée en arc et liée à l'échalas central, le bras et l'aste étant en dedans de la reuille, perpendiculairement au plan de l'alignement général, qui est toujours parfait. J'essaye de donner dans la figure 190 (au 100e) une idée de la vue d'ensemble des vignes de palus : *a b*, *a' b'*, reuille ou planche; *c d*, *c' d'*, allée.

Tous les sept à huit ans, on lève le gazon des allées pour terrer les reuilles.

Afin d'éviter toute confusion, je donne dans la figure 191, au 33e, la disposition de chacun des ceps vu du dedans de la reuille : *a*, *a*, *a*, sont les trois bras; *c*, *c*, *c*, sont les trois cots de retour; *d e f*, *d e f*, *d e f*, sont les trois astes, éborgnées à leurs extrémités.

C'est chez M. Piollat, dans le palus de Coudot, où il a fait planter 7 hectares de vignes, âgées de cinq à dix ans

Fig. 190.

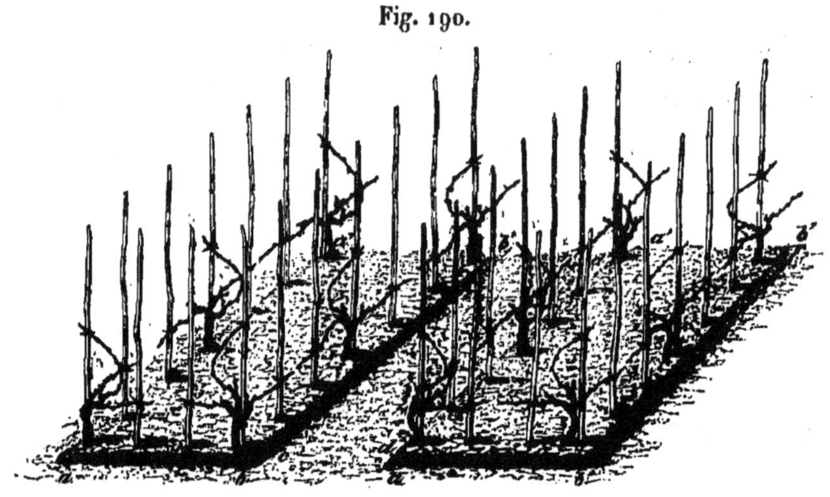

quand je les ai visitées, que j'ai vu les cultures de palus les

Fig. 191.

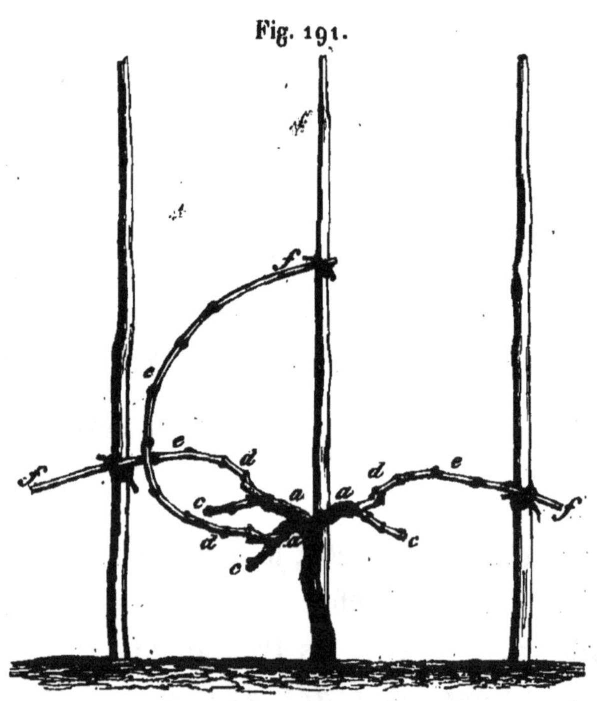

plus régulières, les mieux soignées, et tenues à un degré de fertilité moyenne des plus élevés. M. Piollat récolte, en moyenne, 63 tonneaux, 9 tonneaux par hectare, ou 81 hectolitres.

Ces vins, composés de malbec, de grappu, de merlot, de béquignot très-peu, ainsi que de petit colon et de mansenc, sont vendus, en moyenne, 250 francs le tonneau; ce qui constitue un rendement brut de 2,250 francs par hectare, dont les frais de culture sont : 120 francs pour les bordiers, 50 francs d'entretien d'échalas, 170 francs pour les vendanges et les vins, 40 francs de soufrage; somme à valoir, 20 francs : en tout, 400 francs; reste donc, en produit net, 1,850 francs.

Or, à côté de ses vignes, M. Piollat a des prairies de première qualité qui valent 2,000 francs le journal, ou 6,000 francs l'hectare, et qui sont louées 270 francs l'hectare. C'est à ses prairies qu'il a emprunté le sol pour faire son vignoble, qui lui a coûté 3,000 francs par hectare, ce qui porte à 9,000 francs son capital vigne, dont il retire ainsi plus de 20 p. 0/0, au lieu de 4 1/2 que lui donnent ses prairies.

M. Piollat a introduit le gamay dans une petite portion de ses plantations; le gamay produit, à la vérité, 50 barriques, plus de 100 hectolitres, par hectare, mais il ne supporte pas l'aste, et il faut lui laisser beaucoup de coursons.

On donne généralement trois cultures à bras aux vignes de palus; on relève et on lie les pampres à plusieurs reprises; on ébourgeonne et on rogne avant la fleur et quelquefois on rogne encore et on effeuille avant la vendange. M. Piollat a planté, sur un défonçage à 60 centimètres, en plants barbeaux, coudés au fond du défonçage, c'est l'usage :

aussi le cep n'est-il formé, à trois bras, à trois astes et à trois cots de retour qu'à cinq ans.

On cylindre le raisin sur la cuve; on ne dérâpe ni on ne foule; la cuve reste ouverte et la cuvaison dure de six à douze jours. Les vins sont fermes, corsés, colorés, et se gardent indéfiniment, en s'améliorant par le temps et les voyages, jusqu'à prendre une très-grande qualité.

Sur les coteaux de Fronsac, les vignes m'ont semblé pousser avec vigueur; et pourtant elles sont, pour la plus grande partie, surmontées d'une seule aste, de sept à neuf yeux, avec un cot de retour au-dessous : j'y ai pris trois croquis de souches qui m'ont paru donner une idée assez exacte de l'aspect et des effets de cette conduite locale, dans les vignes déjà âgées; ces croquis ont tous été relevés chez M. Princetot, à Canon, dont les vins jouissent d'une ancienne et bonne réputation.

Dans ces trois souches, tout le monde retrouvera la branche à bois ou cot de retour, et la branche à fruit ou aste, que j'ai adoptée et que je recommande; mais il est évident, par les loupes goîtreuses des souches et par leur volume, en disproportion avec le cot et l'aste qui les surmontent, que cette taille est insuffisante pour la vigueur du sol et du terrain. Il n'est pas une de ces souches qui n'eût pu pourvoir à deux ou trois astes, à autant de cots de retour, et être constituée comme la figure 191.

On voit, dans les figures 193 et 194, que les astes *a b* ne sont point encore attachées. En effet, c'est un usage de tailler d'abord et de venir plus tard, par un temps doux ou de séve, plier et attacher l'aste, qui souvent pourrait casser par un temps sec et froid.

J'ai figuré par une ligne ponctuée, dans les figures 193

et 194, la position et l'inclinaison de la figure 192, qui seront données plus tard à l'aste. Les praticiens trouvent ici plus

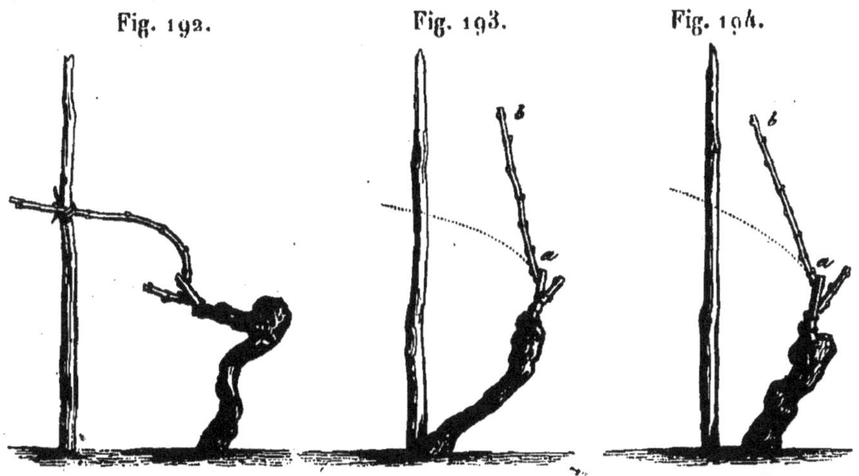

Fig. 192. Fig. 193. Fig. 194.

avantageuse l'élévation au-dessus de l'horizontale que l'inclinaison au-dessous : ils ont raison; surtout quand la séve a besoin d'être sollicitée pour monter à travers une souche obstruée par de nombreuses tailles.

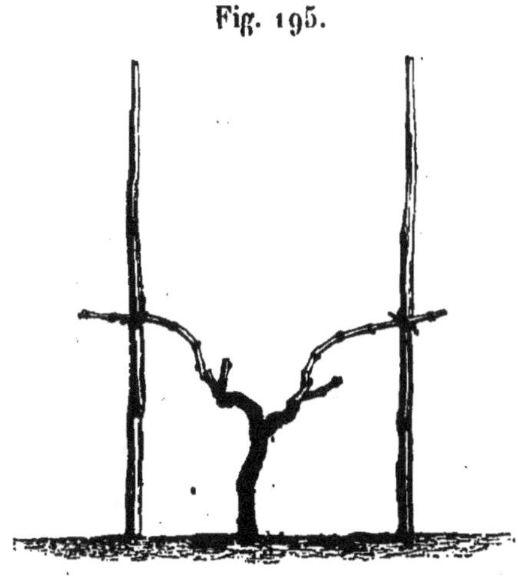

Fig. 195.

Dans les jeunes vignes, la règle du Fronsadais est d'avoir deux astes et deux cots de retour par souche. Je donne dans la figure 195 un cep type pris chez M. Larchevêque.

La plantation, la taille et la conduite des vignes du Fronsadais, de Castillon, de Saint-Magne, de Saint-Laurent, de Saint-Hippolyte, de Saint-Christophe-de-Pomerol et de Saint-Émilion sont, à peu de chose près, les mêmes. Les cépages dominants y sont le *bouchet*, le plus fin de tous, le *merlot* et le *noir de Pressac*, donnant les meilleurs vins de l'arrondissement, dont les prototypes sont sans contredit les vins de Saint-Émilion : aussi c'est à ce cru que je devais une étude particulière dans sa viticulture et dans sa vinification.

« Les vins de Saint-Émilion, dit M. Victor Rendu, ont du « corps, une belle couleur, une séve agréable, de la généro- « sité et un bouquet tout particulier, qu'on trouve surtout « dans les meilleurs quartiers de ce vignoble distingué. Ils « doivent être mis en bouteille de quatre à six ans : après six « mois de bouteille ils gagnent singulièrement en finesse; « ils sont dans toute leur perfection de dix à vingt ans. »

Ce qui revient à dire qu'ils ont toutes les qualités des bons médocs, plus la générosité, qui les classe très-haut dans mon estime. Selon moi, les vins de Saint-Émilion ne sont pas appréciés à toute leur valeur; cependant les gourmets leur rendent déjà justice, car le tonneau de 900 litres, qui se vendait 3 à 400 francs il y a dix ans, est acheté aujourd'hui 8, 12 et 1,600 francs, suivant l'année et la réussite, dans les meilleures contrées : il sera vendu mieux encore, s'il est vrai que les prix doivent répondre aux qualités.

A Saint-Émilion, on plante la vigne sur un défonçage de 40 à 50 centimètres. Ce travail préparatoire est parfois très-difficile; la dépense peut s'élever de 2 à 3,000 francs par hectare, lorsqu'il s'agit d'enlever des bancs de roche et de remplacer les pierres par des terres.

Deux espèces de roches existent ici : l'une plene et sans fissures, sur laquelle la vigne meurt promptement; l'autre à fissures nombreuses, où la vigne réussit très-bien et dure fort longtemps.

On plante partout en lignes, distantes de 1^{m},33, les ceps à la même distance, ou à 1^{m},16 dans la ligne; les plants préférés sont les barbeaux, chevelus de deux ans, plantés droits et peu profondément; les boutures sont disposées plus profondément, à 40 ou 50 centimètres : elles sont coudées au fond de la fosse si elles sont plantées à la pioche, mais elles restent droites si c'est à la cheville ou au pied-de-biche qu'elles sont mises en terre, toujours jusqu'au fond du sol défoncé et sans que le sol soit tassé autour. Généralement trois yeux sont laissés hors de terre.

En plantant les barbeaux on met du fumier au pied, et ces fumiers ne sont que des boues de Bordeaux, au prix de 200 francs la pile de cinq cents pieds cubes, pour fumer huit cents pieds de vigne. La bouture n'est pas fumée, si ce n'est en terre froide.

Tantôt le sol de la vigne est à plat, tantôt il est en planches plus ou moins bombées, de 2^{m},66 de largeur, portant au milieu de l'ados les deux rangs de vignes, à 1^{m},33 l'un de l'autre (fig. 196).

La pousse de la première année varie beaucoup; elle

Fig. 196.

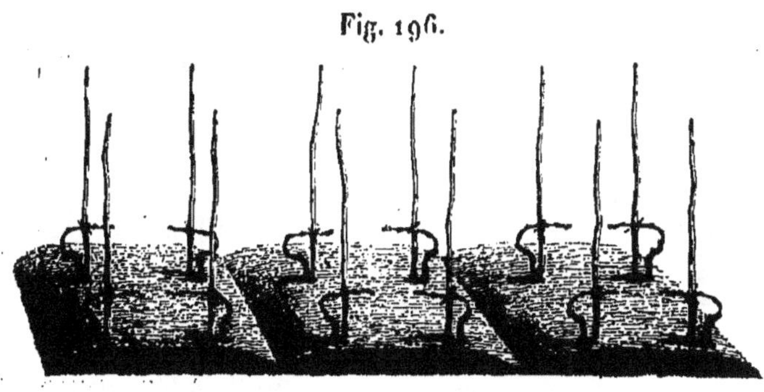

atteint pour les barbeaux, et dans les terrains frais, jusqu'à un mètre de hauteur; j'en ai vu de cette force au domaine de Mondot, appartenant à M. Troplong, président du Sénat. La taille, pour la deuxième végétation, s'opère sur un seul brin à trois yeux (fig. 197), attaché avec un vime (osier) à l'échalas; généralement ce n'est qu'à la quatrième ou cinquième année que la tête est dressée, à 25 ou 30 centimètres de terre, à deux ou trois bras et à coursons pour le noir de Pressac (cot rouge), et à une, deux et trois astes, avec ou sans cot de retour, pour le bouchet et pour le merlot, suivant les traditions, les idées ou les caprices des bordiers ou vignerons, ou même des propriétaires de chaque vigne, bien plus que suivant les aptitudes du sol.

Fig. 197.

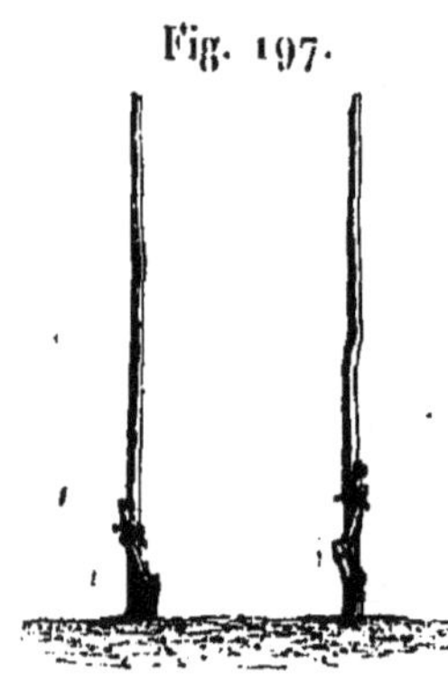

Voici, par exemple, dans la figure 198, les diverses têtes de souche que j'ai relevées sur les noirs de Pressac : *A B C* sont trois souches de noir de Pressac, à un, à deux et à trois bras, chacun à un courson à trois yeux : de ces trois souches, toutes choses égales d'ailleurs, *C* sera toujours la plus vigoureuse en bois, la plus féconde en fruits et la plus durable, et *A* la moins vigoureuse, la moins féconde et la moins durable. Si l'on retranchait *a* et *b* de *C* en *a' b'*, on rendrait la souche moins vigoureuse, moins féconde et moins durable; exactement de même que si, sur un cerisier, un prunier, un poirier, un groseillier, tous à trois maîtresses branches, on en sciait deux, toute la vitalité, toute la fructification et la durée probable seraient diminuées dans la

Fig. 198.

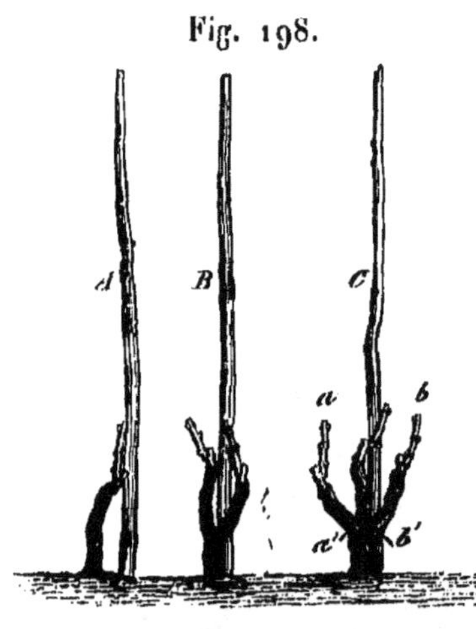

proportion du retranchement opéré; à moins que les arbres ou la vigne ne soient si serrés dans leurs souches, qu'il n'y ait plus ni air ni soleil suffisants pour l'étendue de leur tige; mais, dans 1m,30 au carré, trois et cinq bras, à la souche, sont à peine suffisants pour occuper le sol correspondant par de bonnes racines, et l'atmosphère par une bonne tige.

Le raisin venu sur *C* sera-t-il meilleur en retranchant *a* et *b*? Pas plus que les cerises, les groseilles, les prunes, les pommes et les poires ne seraient meilleures en retranchant les deux tiers des tiges de leurs arbres respectifs. Si donc on a des souches comme *C* au lieu de souches comme *A*, à distance égale, on aura des récoltes triples, sans altérer la qualité des produits.

Voici la série complète des diverses tailles à astes de tout l'arrondissement de Libourne, toutes pratiquées dans le canton de Saint-Émilion.

Dans la figure 199, la souche *A* représente l'application la plus simple et la plus fréquente d'une seule aste, sans cot de retour. Cette aste *a b c* est le plus généralement à cinq ou à sept yeux. Elle est courbée, en cou de cygne, par-dessus la taille *t*, et son extrémité libre *c* est toujours relevée et attachée un peu au-dessus de la ligne horizontale.

Fig. 199.

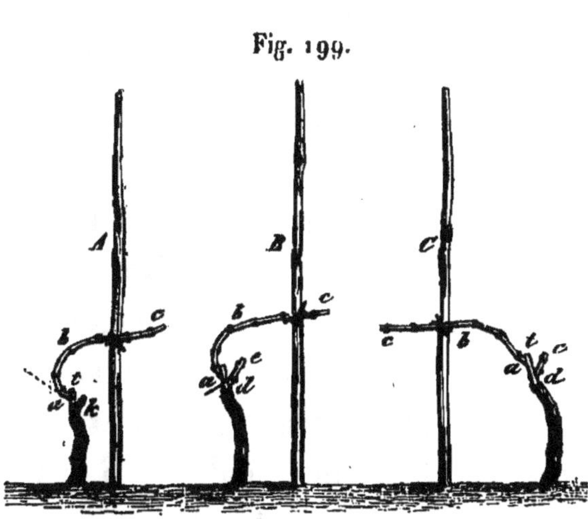

La souche *B* offre la même disposition de l'aste, mais,

de plus, elle a un cot de retour à deux yeux *d e*, au bas de l'aste; cette disposition est meilleure que la première, en ce qu'elle donne d'abord plus de richesse à la végétation, ensuite parce qu'elle permet de reprendre, l'année suivante, le cot de retour sur le sarment sorti de l'œil *d* et l'aste sur le sarment sorti de l'œil *e*, en abattant l'ancienne aste en *a*; ce qui fait que la tête de la souche s'élève très-peu chaque année. Toutefois, il y a là une espèce de pléonasme.

En effet, la courbure pratiquée entre *a* et *b* sur les astes des souches *A* et *B* est destinée à entraver la séve ascendante, et à la contraindre à se porter plus énergiquement aux yeux placés entre *a* et *b*, pour fournir des sarments plus propres au renouvellement de l'aste de l'année suivante; mais, dans la conduite de la souche *B*, le courson *d e* ayant précisément cette destination, la courbure de l'aste, là où il y a un cot de retour, fait double emploi; elle est inutile, elle est même nuisible, en forçant la séve à se répartir inégalement dans les yeux fructifères de l'aste : c'est pourquoi les meilleurs viticulteurs adoptent l'aste droite *c b a*, en dehors de la taille *t*, et le courson de retour *d e* de la souche *C*, figure 199.

Dans la conduite de la souche *A*, c'est presque toujours le deuxième ou le troisième œil, près de *b*, que le vigneron est forcé de prendre pour l'aste de l'année suivante, de telle sorte qu'en dix ou douze ans la souche est montée de 1 mètre à 1^{m},20, presque en haut de l'échalas; il faut alors la rabattre sur un tiret *k*, par une mutilation totale, tandis que dans l'emploi du cot de retour, des conduites *B* et *C*, la tête de la souche ne monte pas de 20 centimètres en vingt ans, si la taille est bien faite.

Quoi qu'il en soit, les souches analogues à la figure 199 n'auront jamais que la vigueur, la fécondité et la durée d'un arbre réduit à une seule branche, alors que les tailles des figures 200, 201 et 202 auront ces facultés doubles; elles

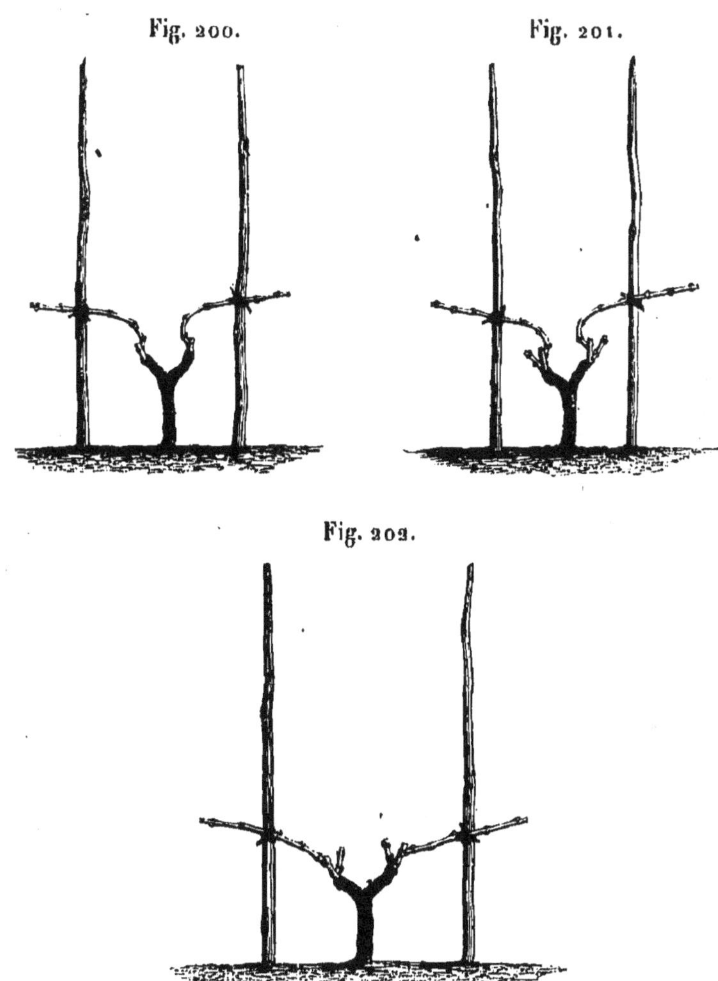

Fig. 200. Fig. 201. Fig. 202.

seront triples dans les souches de la figure 203. C'est ce que j'ai constaté et ce que chacun peut constater à Saint-Émilion, à Castillon, à Fronsac, et partout où j'ai pu et où l'on pourra comparer les diverses tailles et leurs divers produits, en bois et en fruits, dans le même terrain et avec le même espace, de quatre pieds carrés de sol et d'atmosphère.

Pourquoi donc les dispositions de la figure 196 et l'adoption de la conduite *A*, de la figure 199, sont-elles des plus fréquentes et presque exclusives dans d'excellents crus, par exemple, au domaine de Mondot, à M. Troplong, où la

Fig. 203.

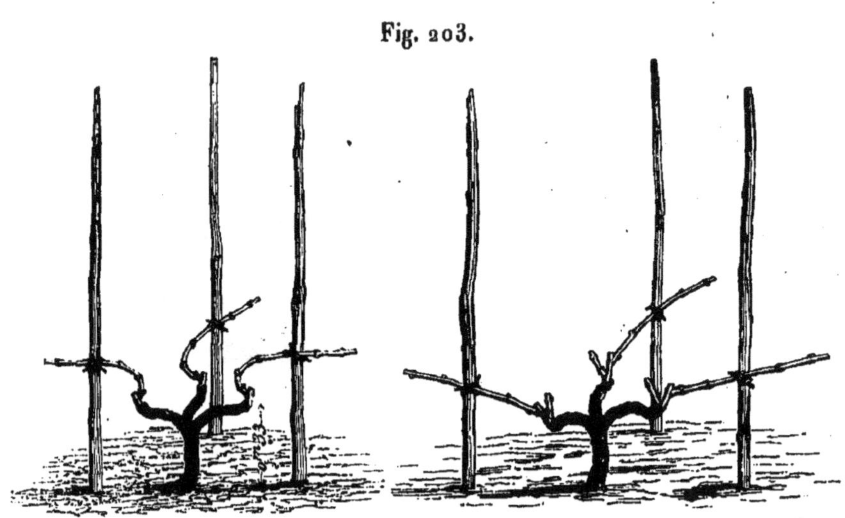

récolte moyenne est de 9 hectolitres à l'hectare; tandis qu'il y a beaucoup plus de ceps comme la figure 200 au vignoble de la Rosée, à M. Magne, où la récolte moyenne est de près de 18 hectolitres; tandis qu'au vignoble de M. Cantenac presque tous les ceps sont conduits selon la figure 202 et la figure 203, et que la récolte moyenne est d'environ 27 hectolitres?

La réponse à cette question est difficile et bien délicate.

Ce n'est pas la crainte d'affaiblir la qualité, puisque M. Cantenac vend ses vins aussi cher, plus cher, je crois, que MM. Magne et Troplong, et que les vins de M. Cantenac ont obtenu la médaille à l'Exposition de Londres. Ces trois produits sont de qualité supérieure, et pourtant, dans le même espace, leur quantité varie d'un à trois.

Ce n'est pas le terrain, puisque le plus fertile est sans

contredit celui de M. Troplong, et le moins bien partagé, celui de M. Cantenac. C'est positivement et uniquement, dans l'espèce, la souche triple, la souche double et la souche simple, qui donnent trois, deux et un de produit.

Mais, devant des faits aussi évidents, pourquoi n'adopte-t-on pas la souche double et la souche triple au lieu de la souche simple?

Pour la souche à double aste, il faut le double d'échalas à sécailler, à aiguiser, à déficher et à ficher; il faut le double et le triple de temps pour la taille; il faut le double et le triple de temps pour le liage, pour les épamprages, pour les relevages et les attachages; et le vigneron n'a aucun intérêt à prendre cette double et cette triple peine. Chez tout propriétaire éloigné, bienveillant et confiant, la vigne passera du triple au double et du double au simple. Tout propriétaire présent qui exigera que sa vigne passe du simple au double et du double au triple verra ses vignerons le quitter. C'est ce qui est arrivé à M. Marcon, qui possède un des bons lots de vignes de Saint-Émilion. Il demandait seulement à ses vignerons de tailler ses vignes comme M. Cantenac fait tailler les siennes : ses vignerons sont partis.

Le raisonnement, autant que l'équité, conduit à la nécessité d'octroyer librement au vigneron un intérêt au produit, le dixième au moins de la récolte; la vigne passera ainsi de 9 à 18 ou à 27 hectolitres à l'hectare, dont le dixième étant 2 hectolitres 70 litres, il restera au propriétaire un bénéfice de 6 à 15 hectolitres 30 litres pour son octroi.

Vainement il donnera beaucoup d'argent; vainement il accordera des terres à faire du maïs; vainement il fournira un bon logement, un petit jardin, des fruits, des piquettes, les sarments, les sécailles; s'il ne cache pas dans le fruit le prix de la vigilance, de l'activité, de l'intelligence, il n'aura qu'un travail mécanique, qu'il ne pourra ni augmenter, ni changer, ni animer. Il ne fixera jamais l'ouvrier rural sans l'attrait rural, sans l'espoir direct dans le produit de son travail.

Imitant ici la modération de M. Marcon, qui connaît toutes les ressources de la fécondité de la vigne à la Mothe-Montravel, qui sait les utiliser, et qui pourtant ne veut, à Saint-Émilion, que le mieux de Saint-Émilion même, je me garderais bien de conseiller de sortir des coutumes traditionnelles, surtout en ce qui concerne la taille d'hiver, dans un pays où les vins sont excellents et où ils obtiennent un bon prix, qui ne peut qu'augmenter; d'ailleurs, la taille à l'aste avec cot de retour est ma taille de prédilection. Tous les vignerons de Castillon et de Saint-Magne pratiquent surtout la taille à double aste et à double cot de retour avec beaucoup de soin et d'intelligence; on voit dans leurs vignes beaucoup de ceps à trois et à quatre astes et à autant de cots de retour : aussi récoltent-ils facilement en vins moins fins, il est vrai, qu'à Saint-Émilion, mais encore fort bons, de 50 à 60 hectolitres à l'hectare. Voici (fig. 204) le croquis d'une souche normale de Castillon, relevée avec M. Marcon dans le clos de M. Gymen, maire de la commune.

Il est à remarquer que les souches à deux ou à trois astes et à coursons de retour non-seulement s'élèvent lentement, mais encore ne présentent pas d'énormes nodosités goîtreuses, comme la plupart des souches à une seule aste, parce que la séve ascendante, trouvant mieux son issue et son emploi naturels dans la tête de la vigne, jette moins de gourmands par le pied et n'y forme pas d'engorgements. La figure 204, par exemple, grandit et grossit normalement; elle n'a point les difformités des figures 192, 193 et 194, et encore moins celles de la figure 205, dont on voit les ana-

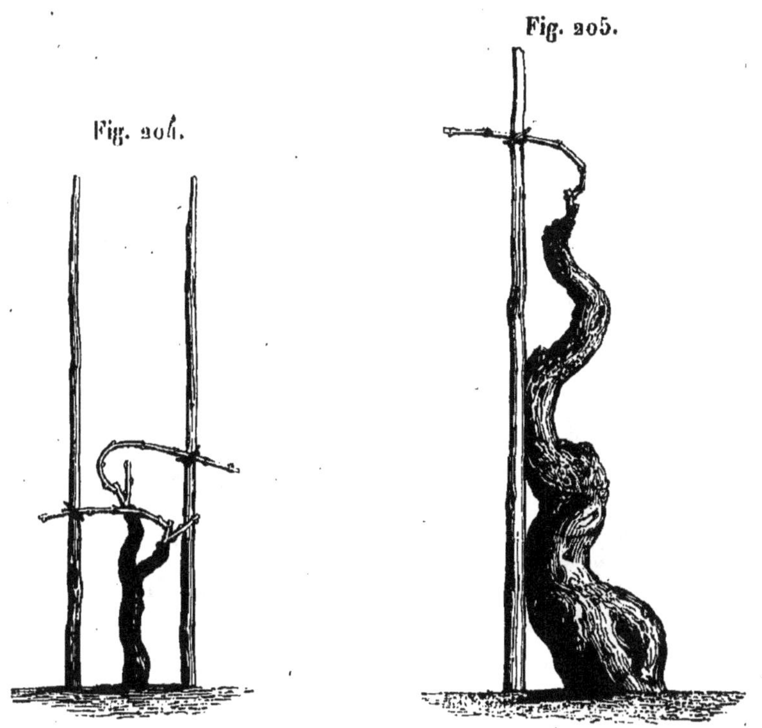

Fig. 204.

Fig. 205.

logues en grande quantité aux environs de Saint-Émilion, où l'on ne rabat la souche sur un tiret que quand l'aste est montée trop haut sur la souche.

C'est vraiment une chose pénible à voir que ces troncs énormes et boursouflés, par l'excès de séve plus que par l'âge, surmontés d'une misérable petite aste. On comprend, à ce seul aspect, quelles tortures la trop courte taille a infligées à la vigne, et l'on se demande comment elle peut encore vivre sous une pareille difformité. Chacun de ces ceps aurait pu pourtant engendrer une belle treille de 10 mètres d'envergure, vivant cent cinquante ans et donnant 25 kilogrammes de raisin par an; car la vigne pousse vigoureusement dans tout l'arrondissement de Libourne, et même à Saint-Émilion; partout où la roche sans fissure n'est pas à fleur de terre, on y obtient des sarments de 2m,60 à 3m,30 de longueur dès la troisième année; et les vignerons mettent un grand soin à les développer en les attachant jusqu'à trois fois le long du grand échalas (qui n'a pas moins de 2m,33 de longueur), et en leur faisant décrire des arcades, fort jolies et fort régulières, de l'un à l'autre échalas : ce qui fait dire qu'à Saint-Émilion on taille pour avoir du bois et non du fruit. J'essaye de donner une idée du développement des sarments et de leur arrangement par la figure 206, au 33e, et par la figure 207, au 100e.

Fig. 206.

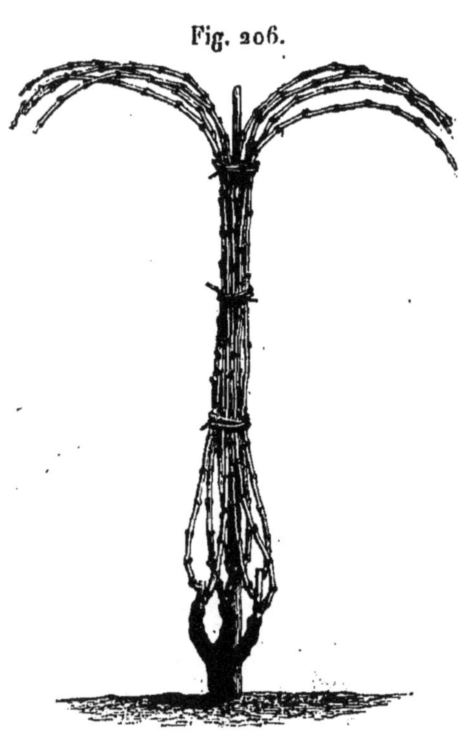

Fig. 207.

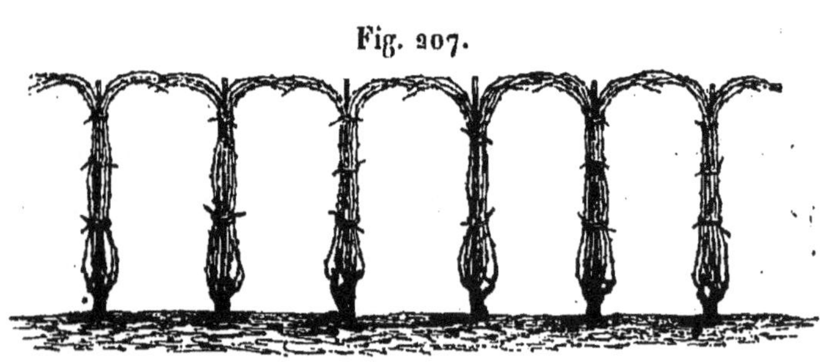

Il est facile de voir que, pour une pareille végétation, la taille sèche à un, deux ou trois bras, et à un courson à deux ou trois yeux sur chaque bras, ainsi que la taille à une seule aste, est trop restreinte. Je ne comprends pas pourquoi le noir de Pressac, qui donne beaucoup à la taille longue, est tenu obstinément à la taille courte. Quant au bouchet (carbenet-sauvignon), le plus fin cépage de la Gironde, il est reconnu par les vignerons que, quand on le fait passer de la taille longue à la taille courte, il ne donne pas de raisins et meurt bientôt.

On ébourgeonne avec soin, à Saint-Émilion et aux environs, tous les gourmands qui poussent sur le vieux bois; on relève et on attache à la fin de mai ou au commencement de juin; on ne rogne pas et on effeuille aux approches de la vendange. La vigne pousse beaucoup de bois et peu de raisin jusqu'à dix à douze ans; à cet âge, elle se modère et elle a atteint toute sa fécondité, qu'elle conserve pendant quinze à vingt-cinq ans.

Trois cultures sont données, l'une en mars, l'autre en mai, et la troisième en août, à la veraison. Les vignes sont entretenues par le provignage, pratiqué de la manière suivante : on abat une bonne souche au fond d'une fosse, où l'on étale les deux sarments conservés, en en relevant les pointes au dehors, à la place des ceps qu'on veut remplacer; on recouvre le tout d'un peu de terre, puis de boue de Bordeaux ou de fumier, puis on remplit de terre. A l'automne, on ôte les échalas, on en refait les pointes et, en les changeant de bout, on les remet en place et en lignes après la taille.

La taille s'effectue souvent avant Noël; c'est là une pratique qui abaisse notablement le chiffre de la moyenne production. Beaucoup d'hivers font couler les fruits dans les yeux, surtout quand il n'en reste plus que quelques-uns sur la souche. Les montées et les rentrées de séve, selon les variations de température, tourmentent d'autant plus les yeux qu'ils sont réduits à un plus petit nombre. Je suis convaincu que les tendances à tailler avant l'hiver ne sont inspirées que par le besoin des vignerons; ils veulent avoir des sarments, qui leur appartiennent, pour se chauffer l'hiver, et avancer leur ouvrage sans s'embarrasser de la production, qui ne les regarde pas. Le vigneron, qui veut se chauffer, insinue l'idée comme bonne et progressive. Le propriétaire s'empare de l'idée et s'en fait honneur à la première réunion de la Société d'agriculture. On traite la question magistralement; chacun se propose d'essayer; on insère l'idée aux Bulletins; on en saisit la Société impériale et centrale d'agriculture; et cette idée prend rang dans la science, alors qu'elle était partie de l'âtre du vigneron, où elle aurait dû rester.

La coutume de donner les bois de la vigne au vigneron, ainsi que les échalas cassés avec leurs retailles, coûte, à la longue, au propriétaire la moitié de sa récolte.

Dans le métayage, où le vigneron a la moitié ou un tiers des fruits, cet abandon se conçoit : son intérêt est plus dans le fruit que dans le bois; et, d'ailleurs, il est chargé des remplacements et du provignage. Mais placer la conscience du pauvre bordier entre une grappe à conserver à son riche maître et une bonne vieille souche ou un échalas douteux, excellent pour chauffer sa femme, ses enfants et lui-même, ce serait risquer beaucoup, même aux époques de scrupule; aujourd'hui, ce n'est plus un risque, c'est une certitude de destruction; la sottise est d'autant plus lourde, qu'une souche de moins crée au pauvre vigneron un travail de plus, celui du provignage ou du remplacement, besogne payée à part.

Dans quelques domaines où la maladie existe, car l'oïdium sévit parfois cruellement et se manifeste toujours plus ou moins dans l'arrondissement, on applique les soufrages avec succès là où les souches sont peu montées et à pampres modérés dans leur végétation; tandis que partout où les souches sont très-élevées et où les pampres ne peuvent plus être attachés verticalement avec soin, la maladie détruit presque toute la récolte; elle atteint surtout le bouchet, le meilleur et le plus fin cépage de la contrée.

La vendange, quand il y a des raisins malades, se fait en deux fois: on ramasse d'abord les mauvais raisins; les bons sont recueillis ensuite séparément.

On n'égrappe pas à Saint-Émilion; beaucoup de propriétaires font fouler avant de mettre en cuve. On met la vendange en cuve de chêne, ouverte, et la cuvaison ne dure pas plus de quatre à huit jours, suivant l'année; elle n'est, d'ailleurs, troublée par aucune opération de foulage ni d'arrosage pour les meilleurs vins. Les vins sont tirés en barriques neuves d'expédition; on laisse la fermentation s'achever dans la futaille; on remplit tous les huit jours; on soutire en mars et en septembre. Telles sont les coutumes de vinification les plus générales et les meilleures. Ces coutumes subissent des variantes : au domaine de Mondot, par exemple, on met en cuve sans foulage, puis on met une couche de paille sur le raisin et une couche d'argile sur la paille; la cuvaison dure de neuf à dix jours. M. Cantenac égrappe ses raisins, fait fouler avec soin, et ne laisse cuver que trois ou quatre jours; il tire avant que le marc soit descendu. Chez M. de Canolle, on écoule au bout de quarante-huit heures. On a généralement grand soin de répartir les vins de cuve et de presse, par portions égales, dans toutes les futailles, de façon que les qualités y soient identiques.

En somme, n'employer que les bons raisins; égrapper ou ne pas égrapper; fouler ou ne pas fouler avant de mettre en cuve, voilà qui est également bien, si l'on cuve peu. Emplir la cuve aux cinq sixièmes, la laisser ouverte, ne pas fouler à la cuve, ne pas arroser, laisser cuver de trois à six jours, tirer en futailles neuves; répartir également tous les jus d'une même cuvée dans les vaisseaux qui doivent les contenir: voilà qui est parfait; c'est là la meilleure façon de faire tous les vins rouges : aussi fait-on très-bien les vins rouges à Saint-Émilion, comme on les fait bien dans le Médoc, comme on les fait bien dans la Côte-d'Or et dans le Beaujolais. Toutes les autres pratiques ne peuvent que diminuer la qualité des vins rouges et les gâter. Toutefois le bon cépage et le bon cru sont, avant tout, le corps et l'âme des bons vins.

Outre les vins rouges ordinaires des palus et les vins fins de Saint-Émilion, Pomerol, Puisseguin, Saint-Laurent, et de plusieurs autres crus distingués, l'arrondissement de Libourne produit beaucoup de vins blancs, dont quelques-uns sont fort agréables. Sainte-Foy et les communes environnantes, l'Entre-deux-Mers, les plateaux des environs de Lussac, cultivent beaucoup de vignes blanches, composées, les plus fines, de muscadelle et de blanc sémillon, à Sainte-Foy, par exemple; d'autres, les moins délicates, de folle blanche et de jurançon; mais la folle blanche domine. Les vignes blanches sont toutes taillées à coursons, sur souches à trois et quatre bras; elles sont plantées généralement à 1^m,33 entre les lignes, et à 1 mètre entre les ceps, dans la ligne. Les vignes blanches n'ont pas d'échalas; on en voit même, je l'ai dit, de rouges sans échalas, taillées aussi à bras et à coursons. Ces vignes rouges, à coursons, ont pour cépages, outre ceux qui composent les vignes à vins fins, le grappu ou grenache, le gros et le petit fert, le gros et le petit picpoule, le périgord, pica ou grand noir, la folle noire ou gamay; le malbec se joint au merlot et au bouchet dans les vignes fines de Pomerol et de Puisseguin.

Les vignes blanches sont façonnées, les unes à la main, les autres à la charrue. Dans les deux cas, on déchausse et on forme le billon entre deux rangs, billon qu'on achève en décavaillonnant à la main et en hersant; puis on rechausse par un seul trait de charrue, avec repassage à la main également. Les vignes blanches coûtent très-peu de façon à l'hectare quand elles sont faites à la charrue: les frais s'élèvent à 60 francs au plus.

Dans l'arrondissement de Libourne, comme dans toute la Gironde, la vigne est l'objet de recherches et d'applications progressives de temps immémorial; et les viticulteurs d'aujourd'hui continuent l'œuvre de tous côtés. C'est ainsi que M. le comte de Rochefort dresse de magnifiques palis en fil de fer galvanisé, à trois rangs sur gros pieux injectés au sulfate de cuivre, à 4 mètres les uns des autres, soutenant les trois fils de fer jusqu'à $1^{m},45$ de hauteur, et avec de petits échalas intermédiaires aux gros pieux, à 1 mètre de distance, s'élevant à 90 centimètres, au deuxième fil de fer. Cette installation très-soignée promet d'importantes études sur la conduite de la vigne. C'est ainsi que M. Grangent, à Puisseguin, établit la viticulture type que j'ai recommandée; c'est ainsi que M. Leperche, dans un grand et beau clos de vignes enclavé dans Saint-Émilion même, conduit la vigne en cordons à la Thomery; c'est ainsi que M. Marcon a dû passer de ses cordons à cots, semblables à ceux de M. Leperche, à ses cordons à astes. « Avec mes cordons à cots, « me disait-il, je ne pouvais être que marchand de bois; avec « mes cordons à astes, je suis marchand de vin. » Selon moi, pourtant, les cordons à la Thomery donnent beaucoup et très-bien; mais les cordons à astes doivent donner beaucoup plus, surtout dans les terrains frais et vigoureux.

DÉPARTEMENT DE LA DORDOGNE.

Le département de la Dordogne cultive environ 96,000 hectares de vigne sur une superficie de 915,000 hectares, superficie occupée par une population de 490,000 âmes.

Le produit moyen n'est, par hectare de vigne, que de 16 hectolitres; et le prix moyen de l'hectolitre, toute compensation faite, est supérieur à 20 francs. Le rendement moyen brut d'un hectare de vigne, en Périgord, est donc de 320 francs, qui, multipliés par 95,000 hectares, donnent un total de 30 millions bruts. La dépense moyenne n'est pas moindre de 200 francs; il ne reste, en produit net moyen, que de 100 à 120 francs par hectare, 10 millions environ.

Je l'ai déjà dit et je ne saurais trop le répéter, le produit net du sol n'a qu'une valeur relative à l'individu; la véritable valeur agricole sociale, c'est le produit brut. Tout le monde comprend que quarante mille choux, venus sur 1 hectare de mauvaise prairie défrichée, valant 5 centimes la pièce, donnent une valeur brute de 2,000 francs; c'est-à-dire qu'ils représentent une somme d'aliments qui répondra aux besoins de quarante mille personnes qui achèteront chacune un chou, pour un sou. Voilà la riche production d'un hectare pour la société. Mais celui qui aura fait défricher sa prairie, fumer sa terre, acheter ses plants et planter ses choux; celui qui les aura fait biner, sarcler, écheniller, arracher, transporter au marché, aura peut-être dépensé l'équivalent d'une somme pareille à celle du produit brut. Celui-là n'aura donc aucun produit net, tout en fournissant un produit brut très-riche à la société. Mais, s'il avait laissé sa terre en mauvaise prairie, il y aurait recueilli 10 quintaux de foin, qui, à 8 francs le quintal métrique, lui auraient donné un produit brut de 80 francs : produit misérable pour la société, puisqu'il ne représente que cent rations d'un cheval, mais dont il n'a à déduire que 20 francs de fauchaison, de fanage, de bottelage et de vente ; ce qui lui donnerait un produit net de 60 francs, produit considérable au point de vue individuel.

J'insiste sur cette vérité parce que l'estime des produits agricoles a deux mesures différentes, qui sont trop souvent confondues dans l'appréciation des mérites des propriétaires du sol : l'une, qui est exclusivement celle de la société, ne contrôle que la quantité, la qualité et la valeur des produits fournis, c'est-à-dire du produit brut pour aliments, vêtements, logement, chauffage, éclairage et autres satisfactions ou besoins de la vie, constituant le nécessaire de la nation ; l'autre, qui est exclusivement celle de l'individu producteur, ne pèse et n'apprécie que le produit net, c'est-à-dire ce qui reste de profit au producteur, tous frais défalqués.

Ces deux mesures donnent souvent, et doivent donner le plus souvent, des résultats également satisfaisants pour la société et pour l'individu ; mais souvent aussi elles sont en contradiction : c'est ainsi que l'abondance satisfait l'État et mécontente parfois le producteur ; c'est ainsi que le détenteur d'immenses forêts et de vastes pâturages, marais, étangs, etc., peut en tirer de fort beaux et fort commodes revenus pour lui, tandis que l'espace occupé ne produit que le désert et la misère sociale, au lieu de fournir les riches produits que le travail et l'industrie d'une nombreuse population pourraient y développer. Je n'entends pas dire ici que la société ait à intervenir, ni pour faire l'abondance ni pour peser sur la propriété; je dis qu'elle ne doit estimer, encourager, enseigner que dans sa vraie mesure à elle, et non se substituer aux particuliers pour assurer leur profit, si ce profit n'a rien de commun avec l'accroissement de la richesse publique.

Dans la Dordogne, la richesse publique a-t-elle à gagner par l'étude, par l'enseignement et par les encouragements donnés à sa viticulture et à sa vinification?

Je n'hésite pas à dire que, sur cinquante départements que j'ai déjà parcourus, je n'en ai pas vu un seul, même le Gers et le Lot-et-Garonne, où pourtant la production vinicole peut être facilement doublée, qui offre des conditions d'accroissement de richesse publique aussi considérables, aussi faciles, aussi promptes, que celui de la Dordogne.

Ici, je dois le dire bien haut, tout a été disposé sous le gouvernement de l'Empereur pour que cet accroissement s'accomplît par les nombreux chemins de fer qui coupent le département et le longent dans presque tous les sens et par l'achèvement de ses routes et chemins. Dans cette œuvre de progrès, où il a joué le premier rôle, M. Magne n'a pas seulement compris et satisfait un immense intérêt local, il a compris et servi l'intérêt général; car l'essor donné à la production et à la population d'une province centrale comme le Périgord, qui peut tripler l'une et l'autre, est un service rendu à la France tout entière, surtout quand les chemins de fer qui la traversent la mettent en rapport avec tous les autres départements, qu'ils vont aussi féconder et dont ils faciliteront les échanges.

Sur 96,000 hectares de vignes, la Dordogne ne tire donc que 30 millions de produit brut et environ 10 millions de produit net.

Sur 36,000 hectares de vignes, l'arrondissement de Libourne à lui seul obtient le même produit brut et 15 millions de produit net; sa population spécifique est de quatre-vingt-deux centièmes d'individu par hectare, celle de la Dordogne n'est que de cinquante-trois centièmes.

Si le sol et le climat de la Dordogne sont aussi bons pour la vigne que ceux de l'arrondissement de Libourne, on comprendra déjà que le produit de la vigne peut y être triplé, et que la population pourrait presque s'y doubler.

Mais j'ai déjà constaté que la population fait défaut dans l'arrondissement de Libourne, et que, par ses seuls produits actuels, cet arrondissement pourrait contenir à l'aise 180,000 habitants, sur 129,000 hectares; le département de la Dordogne pourrait donc, au même titre, entretenir trois fois sa population actuelle, sur ses 915,000 hectares.

Quoique le climat et le sol de la Dordogne soient un peu inférieurs au sol et au climat de l'arrondissement de Libourne, quant à la viticulture, un fait parle éloquemment de l'excellence du Périgord comme pays favorable à la vigne : en dépit du produit faiblement rémunérateur des vignobles; en dépit de l'isolement ancien du département de la Dordogne; en l'absence de tout enseignement, de toute émulation, de tout encouragement à la viticulture, on y a planté et entretenu 96,000 hectares de vignes : c'est tout dire.

J'ai parcouru la Dordogne en beaucoup de sens, je pourrais dire aujourd'hui dans tous les sens, si ce n'est, à mon grand regret, du côté d'Excideuil, de Saint-Pantaly et d'Hautefort, où sont de grands et de bons vignobles : j'ai vu les terrains et les vignes de Thiviers à Nontron, de Nontron à Mareuil, de la Roche-Beaucourt, de Verteillac à Ribérac et à Saint-Aulaye, de Saint-Aulaye à Mussidan par Échourgnac, en traversant la Double; j'ai vu la Bachellerie, Montignac, Domme et Sarlat; j'ai vu Saint-Cyprien, le Bugue, Lalinde, la Mothe-Montravel et Bergerac; j'ai vu les sols et les vignes des environs de Périgueux, de Saint-Astier, de Trélissac, de Sorges, de Brantôme; partout j'ai vu la vigne se plaire et se développer avec une vigueur remarquable, et de vastes terrains en plaines et en coteaux où elle se plairait et se développerait tout aussi bien que là où elle est cultivée, à la place de landes, de maigres pâtis, de mauvaises broussailles, de châtaigneraies ou de pauvres cultures en céréales qui, ensemble, n'occupent pas moins de 250,000 hectares dans le département.

Incontestablement le département de la Dordogne est essentiellement vignoble dans toutes ses parties et dans plus du tiers de son étendue, dont la vigne n'occupe aujourd'hui que de la dixième à la neuvième partie; fraction sur laquelle elle produit le tiers du revenu total agricole et nourrit 30,000 familles ou 120,000 âmes, le quart de la population.

Mais une objection, grave en apparence, ne manquera pas d'être faite : comment le sol et le climat de la Dordogne seraient-ils donc si propres à la vigne, puisque la moyenne récolte n'y dépasse pas 16 hectolitres, quand l'arrondissement de Libourne, qui n'atteint pas à la moitié du maximum de production moyenne de l'Hérault, de la Lorraine et de l'Alsace, produit presque autant, dans 36,000 hectares de vignes, que la Dordogne dans 96,000?

C'est précisément parce que le sol et le climat y sont excessivement favorables à la végétation de la vigne que la vigne y produit très-peu; il en est de même dans le Tarn-et-Garonne, dans le Tarn, dans le Gers, dans le Lot-et-Garonne et dans un très-grand nombre d'autres vignobles des mieux doués pour la viticulture.

Les jardiniers arboriculteurs comprendront très-bien cette vérité, qui semblera à tous autres un étrange paradoxe : ils savent tous qu'autrefois, où la taille très-courte était sous toutes les formes appliquée au dressement des poiriers et des pommiers, on ne pouvait obtenir, promptement et sûrement, suffisamment de fruits que des sujets greffés sur cognassier et sur paradis; les sujets sur franc s'emportaient indéfiniment à bois et refusaient obstinément leurs fruits. Eh bien! le cognassier et le paradis représentent le sol médiocre et faible, sur lequel l'arbre nain peut seul se mettre à fruit; le sauvageon, ou pied franc de poirier ou de pommier, représente le terrain vigoureux et riche, qui veut faire pousser de grands arbres, des plein-vent, ayant de belles tiges, avant qu'ils donnent leurs fruits. Les jardiniers savent tous qu'aujourd'hui, après des siècles d'erreur, on met aussi bien à fruits, et même mieux, les sujets sur franc que les sujets sur cognassier, en leur donnant promptement une charpente aussi étendue que leur vigoureuse végétation l'exige.

C'est précisément là ce qui se passe pour la vigne plantée dans des sols qui lui conviennent le plus : elle refuse obstinément de donner ses fruits sous les mutilations d'une taille trop courte; pendant dix et douze ans, elle lance des jets de plusieurs mètres par le petit nombre d'yeux qu'on lui laisse, elle crève la peau de ses pieds et de son tronc pour en faire jaillir des gourmands stériles, et ce n'est que quand elle succombe sous l'épuisement du sol, et sous les obstacles que les tailles et retailles ont créés à l'ascension de sa séve, qu'elle consent à donner des fruits pendant quelques années.

C'est ce qui arrive dans une grande partie de la Dordogne, où la taille annuelle de la vigne, aussi restreinte que possible, à deux, quatre ou six yeux par souche, est tout à fait en disproportion avec la puissance de la végétation que l'on peut constater à peu près partout. Elle se couvre de pampres démesurés pendant les premières années et ne produit presque rien; puis cette vigueur tombe et elle produit deux, quatre ou huit grappes par cep, jusqu'à quinze ou vingt ans, époque où il faut la provigner pour entretenir cette faible production.

Du jour où sur leurs souches, à 1 mètre ou à 1^{m},30 de distance au carré, les vignerons de la Dordogne laisseront, à chaque taille annuelle, de douze à vingt-quatre yeux, soit en coursons multipliés, soit en longs bois, soit en coursons et en longs bois; en un mot, du jour où, cessant de croire qu'ils tuent leur vigne en lui laissant une vraie tige et de vrais rameaux, ils lui accorderont une taille libérale, sous quelque forme que ce soit, la vigne rendra autant en Dordogne qu'en Lorraine, qu'en Alsace et qu'en aucun autre vignoble connu par sa fertilité, c'est-à-dire de 40 à 60 hectolitres à l'hectare, en moyenne.

La preuve de cette vérité est déjà faite, dans presque toutes les parties de la Dordogne elle-même, par des cultures spéciales, plus généreuses et mieux entendues que les autres.

La moyenne récolte de 16 hectolitres s'entend des récoltes des vignes rouges, pleines, plantées à 1 mètre ou à 1^{m},30 au carré, faites à la main et entretenues éternellement par provignage, selon les coutumes les plus anciennes.

Dans ces vignes, une grande quantité de ceps, le quart à peu près, ne présente qu'une tête surmontée d'un courson à un,. à deux le plus souvent, rarement à trois yeux. Une autre portion, au moins la moitié, n'est formée que sur deux bras ou têtes, également à un seul courson à un ou deux yeux; enfin un quart est dressé sur trois têtes, bien rarement sur quatre, portant un seul courson taillé toujours trop court. Dans ces vignes, les souches sont tenues, dans leur premier âge, au niveau et même au-dessous du niveau du sol, comme dans certaines vignes des environs de Sorges, de Niversac, etc., où l'on est obligé de déchausser d'abord pour tailler, jusqu'à ce que la vigne atteigne plus tard une hauteur normale de 30 à 40 centimètres, hauteur qui souvent, par l'âge, s'élève encore de 80 centimètres à 1 mètre.

Je donne dans la figure 208, au 33e, les types moyens

Fig. 208.

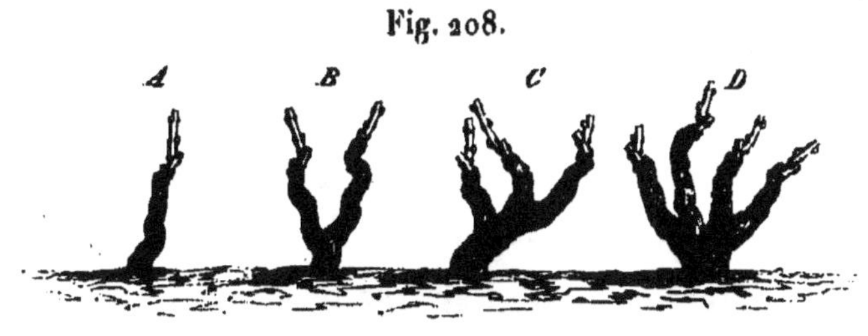

des dressements et tailles de vignes pleines de la Dordogne, et dans la figure 209, au 100e, le rapport des souches à un, deux, trois et quatre coursons, dans l'immense majorité des vignes pleines, dont la moyenne production n'est que de 16 hectolitres.

Mais il existe d'autres cultures qu'on nomme cultures en

Fig. 209.

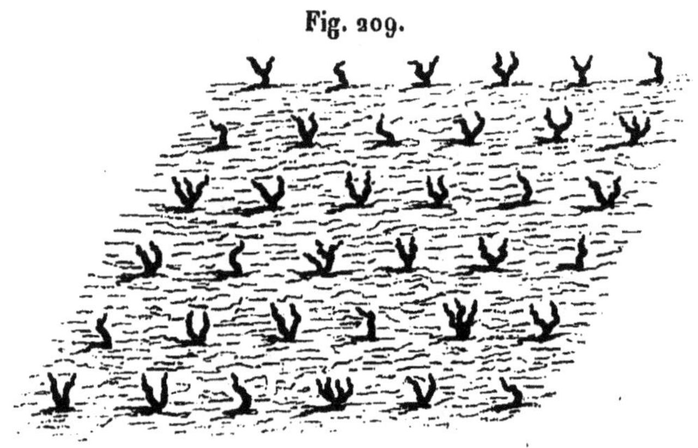

haies ou en zola; ce sont des jouelles plantées parallèlement, à la distance de 3, 4, 6 et 8 mètres, entre lesquelles on cultive, tous les ans, soit des céréales, soit des fourrages, soit des plantes sarclées.

Ces cultures en jouelles existent un peu partout dans le département; elles sont surtout multipliées dans les arrondissements de Nontron et de Ribérac.

Avant d'en avoir vu aucune, j'entendais dire à plusieurs propriétaires importants, très-intéressés à la question et dignes de foi : « Nos jouelles, dans la Dordogne, nous donnent le double et le triple de nos vignes épaisses. »

Or j'avais acquis la certitude, par mes études dans le Var, dans les Bouches-du-Rhône, dans l'Ardèche, que les vignes en jouelles donnaient moins que les vignes pleines, partout où elles étaient taillées et conduites comme ces dernières. Je crus donc pouvoir affirmer, à l'avance, que, si les jouelles donnaient plus, c'est qu'elles étaient conduites et taillées autrement que les vignes pleines : il en est réellement ainsi.

Pour faire apprécier la différence, je donne ici, dans les

Fig. 210.

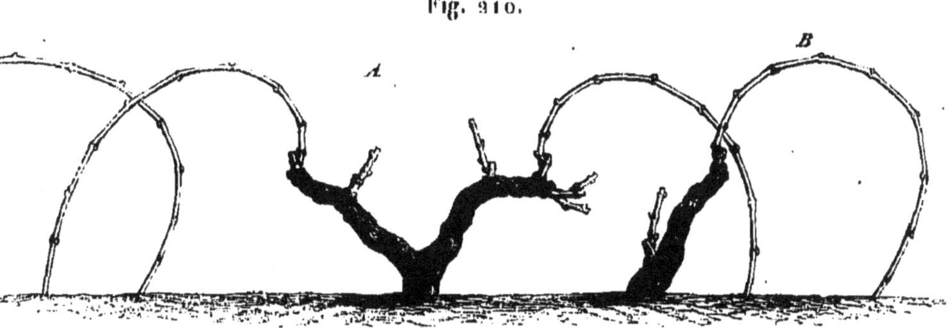

figures 210, 211 et 212 (toutes au 33e), diverses souches dessinées par moi, dans les jouelles différentes que j'ai pu

Fig. 211.

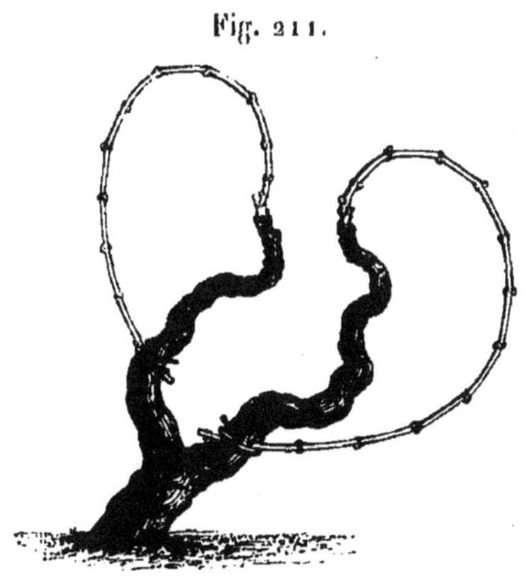

voir, dans les mêmes lieux et dans les mêmes sols que les vignes pleines, le plus souvent juxtaposées.

La figure 210 représente les dispositions les plus fréquentes que j'aie vues dans les lignes de jouelles les moins élevées, avec ou sans échalas, mais sans traverses. La conduite *A*, avec deux astes et coursons intermédiaires, est la meilleure; la conduite *B* est très-fréquemment appliquée aux environs de Verteillac. C'est chez M. Du Cluzeau, ancien député, que j'ai relevé la figure 211 comme type de vieille jouelle, conduite traditionnellement.

J'ai pris la figure 212 dans une ligne de vieilles jouelles

Fig. 212.

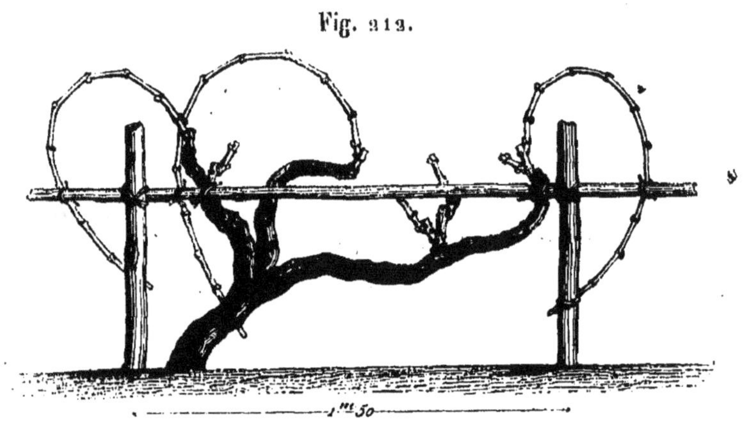

dont toutes les souches pouvaient compter plus de cent ans d'existence, chez M. Amadieu, dans sa belle propriété de Malines, près de Verteillac. Les bourgeons étaient déjà poussés et montraient toutes leurs fleurs. Nous avons compté soixante-treize grappes sur la souche 212. Je n'ai pas reproduit dans les figures les bourgeons poussés, parce que la conduite et la taille des souches auraient été complétement dissimulées par leur développement. M. Amadieu, président du Comice agricole de Verteillac, m'a dit que ces vieilles jouelles étaient d'une fécondité extraordinaire, et qu'il récoltait 10 à 12 hectolitres de vin par quatre cents souches pareilles à celle que je figure ici; ce qui répondrait à 120 hectolitres à l'hectare, si les rangs, au lieu d'être à 4, 6 ou 8 mètres, étaient disposés à 2 mètres, sans cultures intermédiaires, comme sont un grand nombre de vignes cultivées aux animaux de trait.

En comparant les types *A B C D* de la figure 208 aux types des figures 210, 211 et 212, qui sont à la même échelle, il est facile de voir que les tailles sont loin d'être les mêmes; que les souches de la figure 208 ne comptent que de trois à six yeux de végétation, tandis que le type *B* de la figure 210, le plus restreint des ceps en jouelles, en offre douze, et les autres de trente à quarante; on voit aussi qu'on a bien raison d'appeler, dans la Dordogne, les vignes en jouelles *vignes hautes*, pour les distinguer des vignes épaisses ou pleines. Pour faire mieux comprendre le contraste, j'ai reproduit, au 100e, dans la figure 209, l'aspect le plus général des vignes épaisses, et, dans les figures 213 et 214, à la même échelle, l'aspect des vignes en jouelles.

Eh bien! la vérité est que les vignes conduites selon les figures 210, 211, 212, 213 et 214 donnent toujours, dans le

Fig. 213.

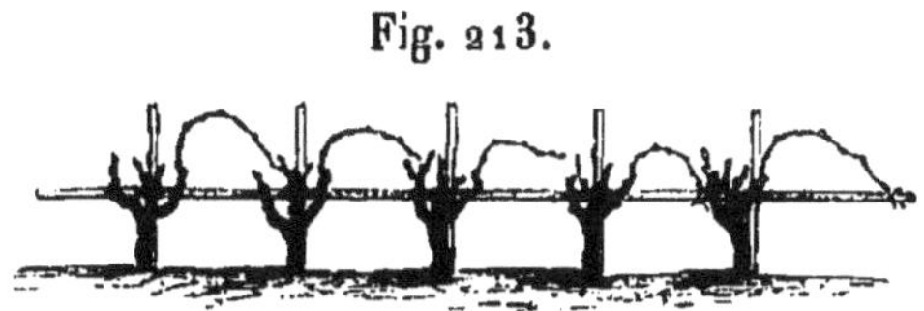

même terrain et sous le même ciel, le double au moins des vignes qui sont conduites selon les types *A B C D* de la

Fig. 214.

figure 208 et selon la figure 209 : ceci est un fait acquis, je n'ai besoin que de le signaler; j'ajoute que les premières ont, outre leur supériorité en quantité de fruits, une vigueur beaucoup plus grande en bois et une longévité incomparable.

Je soutiens en outre, et c'est là l'objet principal de l'exposé que je viens de faire, que la conduite et la taille des jouelles appliquées aux vignes pleines à 1^{m},50 ou 2 mètres entre les lignes, les ceps à 1^{m},30 ou 1^{m},50 dans le rang, sans cultures intercalaires, quadrupleraient la production des fruits, la production des bois et la durée de la vigne, qui vivrait ainsi au moins cent ans fertile, au lieu de vingt-cinq ans.

Je soutiens que les cultures intermédiaires, qui n'ont qu'une valeur minime, sont plus funestes à la vigne que le fumier et les cultures qu'on leur donne ne lui sont favorables. L'observation m'a montré partout que les herbes qui couvrent le sol où la vigne étend ses racines lui causent un préjudice qu'aucun engrais ne peut compenser; que les herbes, qui attirent le froid et l'humide, font couler ses fleurs et altèrent les jus des fruits restants, en les rendant acides et plats.

Au surplus, les vignerons de Nontron et de Ribérac ont déjà reconnu la funeste influence des céréales; ils constateront plus tard le mal, moindre sans doute, mais trop grand encore, fait à la vigne même par les cultures sarclées. Les céréales sont plus nuisibles à leurs vignes hautes, parce qu'elles s'élèvent à leur hauteur et qu'elles les atteignent non-seulement dans leurs racines, mais encore dans leur floraison. Si les vignes des jouelles étaient élevées en treilles comme dans l'Isère, la Savoie, à Madiran, à Jurançon, les céréales ne leur seraient pas plus ni moins hostiles que le gazon ou toute autre verdure basse.

Non-seulement l'expansion qui est donnée à sa végétation

accroît la fécondité de la vigne, sa vigueur et sa durée, mais encore la hauteur qu'on donne à sa tige augmente notablement toutes ses facultés; on dirait qu'au rebours des lois de l'hydraulique, la plupart des végétaux arborescents élèvent d'autant plus facilement l'eau de la terre que leur séve ascendante représente une colonne liquide plus verticale et plus haute. C'est qu'en effet la physique et la chimie sont séparées de la physiologie végétale et animale de toute la distance des lois de la vie à celles de la mort. Le plus grand physicien, s'il voulait appliquer logiquement ses notions à l'arboriculture, serait assuré de tuer tous ses arbres; le plus grand chimiste, s'il prétendait préparer la nourriture des animaux et de ses semblables, ne vaudrait pas la plus médiocre fermière ou le dernier des gargotiers. Savard, le plus savant et le plus habile des physiciens en acoustique, non-seulement n'aurait pas fait un opéra comme Meyerbeer ou Rossini, mais il n'aurait pas atteint à la cheville du pied du plus petit compositeur de romances; jamais Lavoisier ni Priestley n'auraient pu comprendre l'art de Carême ni même les propriétés d'une soupe à l'oignon. Les lois de la nature morte ou inerte sont, encore aujourd'hui, l'antithèse absolue de celles de la nature vivante, comme la mort est l'antithèse de la vie.

Dans la commune de Celles, du canton de Montagrier, arrondissement de Ribérac, canton où la plus grande partie des vignes sont cultivées en jouelles, on voit des vignes conduites en treilles hautes, de toutes dimensions et de toutes formes, mais le plus généralement analogues à la figure 215, au 100e; tantôt sur arbres vifs *A* et *C*, tantôt sur arbres morts *B*, servant de supports à des traverses *ttt, t' t' t'*, simples ou doubles, ou bien sur arbres isolés. Dans toutes ces conditions, où les ceps s'élèvent depuis 2 jusqu'à 6 et 8 mètres, ils acquièrent une force, une fécondité et une durée incroyables.

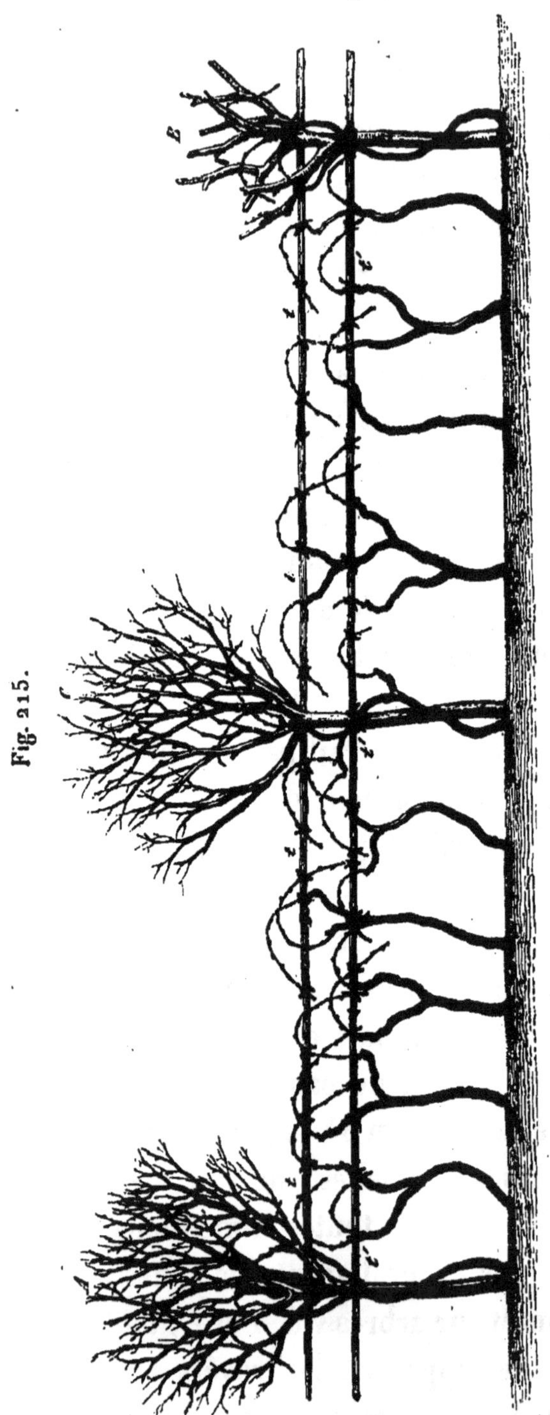

Fig. 215.

Lorsque les ceps sont sur arbres isolés, les pruniers, les cerisiers, sont préférés et préférables; mais on voit la vigne s'élever sur le chêne et même sur le noyer, l'arbre dont l'ombre est fatale à la plupart des végétaux : non-seulement elle s'y élève comme je l'ai vue et ainsi que je la représente (figure 216), mais elle y atteint des diamètres de 15 à 20 centimètres au tronc, des hauteurs de 8 à 12 mètres et un âge qui se perd dans les souvenirs locaux.

La figure 216 représente une des

nombreuses souches de vigne que j'ai vues sur les noyers environnant la commune de Celles, et dont M. Augustin

Fig. 216.

Belisle a eu la bonté, sur ma demande, de m'envoyer plusieurs photographies.

Cette végétation luxuriante, à longues et nombreuses branches à fruit, a lieu souvent dans les vignes mêmes, le pied de la treille au milieu des ceps bas qui ont peine à pousser quelques sarments et à donner quelques fruits.

En signalant ces faits pour bien faire comprendre la vraie physiologie de la vigne, je ne recommande point de les pratiquer; je sais, comme tout le monde, que les vignes hautes coûtent fort cher d'établissement et d'entretien, et que les vins produits sur hautains ne valent jamais ceux qu'on récolte plus près de terre; mais au moins faut-il qu'on sache ce que l'on fait, pour traiter la vigne le mieux possible, tout en lui faisant produire de bon vin.

Une autre objection ne manquera pas d'être faite à mon désir de voir doubler et tripler peut-être bientôt la richesse viticole de la Dordogne : les vins du Périgord, dira-t-on, ne seront jamais bons. Ma réponse sera plus facile et aussi solide, j'espère, sur la question de la qualité que pour celle de la quantité.

D'abord il y a de bons vins, et, je ne crains pas de le dire, de fort bons vins dans le Périgord. Voici ce qu'en dit Jullien, dans sa *Topographie de tous les vignobles connus*, ouvrage aussi sûr et aussi parfait qu'on puisse en espérer de l'expérience, de la science et de la capacité spéciales réunies dans un seul homme.

« La première classe des vins rouges du Périgord est « constituée par les crus de *la Terrasse*, de Pécharment, des « Farcis, de Campréal et de Sainte-Foy, vignes de la rive « droite de la Dordogne, arrondissement de Bergerac.

« Lorsque ces vins ont atteint leur degré de maturité, ils « sont secs, fins, légers et pourvus d'un bouquet agréable « quoique faible. Ils peuvent être rangés dans la troisième « classe des vins de France comme vins demi-fins. »

Or quelle est la troisième classe des vins rouges de France? Épernay, les Riceys, Savigny-sous-Beaune, Auxerre, Fleury-Beaujolais, Chanturgues, Mercurol, Saint-Julien, Saint-Estèphe, Tavel, Cornas, clos de la Nerthe, la Gaude, etc. Cette troisième classe est donc une bien bonne compagnie.

« Domme, Saint-Cyprien, Thonac et Saint-Leay (arron- « dissement de Sarlat) fournissent des vins rouges de l'espèce « des précédents, et qui en diffèrent peu par la qualité. Chan- « celade, Brantôme, Bourdeilles, Saint-Pantaly et Saint-Orse « (arrondissement de Périgueux), Mareuil (arrondissement « de Nontron), forment la deuxième classe.

« Varreins, Villetoureix, Saint-Victor, Brassac, Celles, « Douzillac, Gouts et Verteillac (arrondissement de Ribé- « rac) donnent des vins estimés comme vins d'ordinaire de « deuxième et de troisième qualité, et des vins com- « muns. »

Ce jugement est excellent : il a été, en presque totalité, confirmé par notre appréciation du concours vinicole départemental; seulement, depuis 1816, des améliorations se sont faites, et nous aurions joint à la première classe Saint-Astier, où M. de Rochebrune produit d'excellents vins, Puyferrat, Trélissac, Sorges et plusieurs autres crus que nous avons remarqués.

« Les vins blancs de Monbazillac, de Saint-Nexans et de « Saucé, dit le même auteur, sont renommés pour leurs « qualités et connus dans le commerce sous le nom de *vins « de Bergerac* : ils ont beaucoup de douceur, et ils la con- « servent assez longtemps pour pouvoir être considérés « comme vins de liqueur; ils ont un bon goût, sont très- « spiritueux, et sont pourvus de beaucoup de séve de bou- « quet. »

Il y a donc de bons vins rouges et de bons vins blancs dans le Périgord ; il y a même de bons vins rouges un peu dans toutes ses parties. La Dordogne a, de plus, dans les arrondissements de Nontron et de Ribérac, sur la frontière de la Charente et notamment à la Roche-Beaucourt, à Verteillac, à Ponteyraud et à Saint-Aulaye, des vins à eaux-de-vie de très-grande qualité. Ces vins sont produits sur des terres qui font suite à celles de la fine champagne et qui leur ressemblent, dans certaines parties, au point qu'en arrivant à Verteillac par la commune de Cherval j'en fis la remarque à M. Amadieu, qui gardait le silence à cet égard, attendant sournoisement que je m'aperçusse du fait et que je lui en disse mon opinion.

Puisque j'ai goûté de très-bons vins rouges et de très-bons vins blancs à Bergerac, de bons vins rouges à la Mothe-Montravel, à Domme, à Sarlat, à Trélissac, à Sorges, à Brantôme, à Nontron, à Mareuil, à Verteillac, à Saint-Aulaye, à Mussidan, à Saint-Astier, à Puyferrat et à Périgueux; puisque j'ai goûté de bons vins de Saint-Pantaly, de Saint-Cyprien, de Beaumont, en un mot de tous les points du département, je suis fondé à croire qu'on peut en produire de bons dans tout le département.

La Dordogne a ses bons et ses mauvais cépages, comme tous les autres départements; elle a aussi ses mauvais vins, ses mauvais vaisseaux, ses mauvaises caves, et surtout ses mauvais préparateurs des vins, à côté des bons.

La première condition pour faire le meilleur vin possible, en tout pays, c'est que l'espèce de raisin soit bonne, bonne pour faire du vin; la seconde condition, c'est aussi que cette espèce choisie se marie sans difficulté au sol et mûrisse bien ses fruits sous le climat local.

Ces deux conditions remplies, la quantité et la qualité des vins produits ne dépendent plus que des phénomènes météorologiques et pathologiques des années, sur lesquels nous pouvons peu de chose, et de la récolte, de la confection et de la conservation des vins, sur lesquelles nous pouvons tout.

Le climat de la Dordogne est un des plus heureux de France pour la viticulture. Sous la même latitude que la Gironde, il comporte d'abord l'emploi de tous les cépages de ce modèle des vignobles: les carbenets, le malbec, le merlot, le verdot, en rouges; le sémillon, le sauvignon, la muscadelle, en blancs. Tous ces cépages existent déjà çà et là dans le département. Sous la même latitude que la Drôme, il pourrait cultiver la petite syra et la roussane de l'Hermitage, à plus forte raison la sérine et le vionnier des côtes du Rhône. Tous les pineaux noirs, blancs et gris de la Bourgogne et de la Touraine, les plants dorés et les plants verts de la Champagne, tous les petits gamays du Beaujolais, la mondeuse de la Savoie, y mûriraient à merveille.

Quant au sol de la Dordogne, il est composé des meilleures formations pour la vigne. De Souillac à Solignac, Terrasson, Périgueux, Excideuil, Thiviers et Nontron, s'étend une zone des trois étages oolithiques qui représentent les terrains de la meilleure Bourgogne, où les pineaux réussiraient à merveille et donneraient d'excellents vins; les terres à truffes et les terres à pineaux sont les mêmes. La mondeuse de la Savoie, cépage fertile, à vin généreux, savoureux en même temps que très-bouqueté, et coloré en grenat foncé velouté, prospérerait dans cette zone; tandis que le carbenet-sauvignon du Médoc, ou bouchet de Saint-Émilion, le merlot, le malbec, le noir de Pressac ou cot rouge, fourniraient des vins excellents en rouge, les sémillons et sauvignons, la muscadelle, en fourniraient de meilleurs encore en blanc, dans la partie du département comprise entre les rivières de la Dronne, de l'Isle et la Dordogne, où les faluns et les terres meulières sont à peine interrompus par les formations de grès verts; en même temps l'espace compris entre la Nizonne et la Dronne comporterait les plants dorés, les plants verts et l'épinette de la Champagne, et pourrait produire, concurremment avec les bons vins rouges et blancs que ces raisins donnent en abondance, les excellents vins à fines eaux-de-vie de Cognac, qu'il fournit aujourd'hui sur ses terrains crétacés inférieurs. Quant à la partie granitique au nord de Nontron, elle admettrait parfaitement, et avec grand succès, le petit gamay du Beaujolais.

Le département de la Dordogne possède d'excellents cépages, et partout où ces cépages sont dominants, les vins sont bons.

Ces cépages sont le carbenet (très-rare malheureusement), le fert, le navarre, le pineau (tout à fait exceptionnel); le cot rouge (malbec, noir de Pressac), le verdot, en rouges; le sémillon, le sauvignon, le blanc doux, le muscat fou (muscadelle), en blancs.

Pourquoi faut-il ajouter aux cépages rouges le picpoule trop sucré et le prunella œillade (tous deux du midi); le grappu, le périgord (pouchou), le saint-rabier, le gros et le petit pica, le gros bouchet noir, le saint-pierre, le morillon, l'enrageat ou folle noire, le brunier, le couturier, le balzac (morved de l'extrême midi), le malmûr (pulsart), le bouillant? Pourquoi faut-il ajouter aux blancs la folle blanche (enrageat), si ce n'est pour les vins à eaux-de-vie? le jurançon, le guillan blanc, etc., etc.? Pourquoi plante-t-on la folle plus que tout autre cep aujourd'hui?

Que ces nombreuses espèces aient ou n'aient pas de bonnes qualités, la question principale, pour faire de bons vins, est plus encore dans le choix d'un très-petit nombre de ceps et dans l'élimination de tous les autres que dans telle ou telle qualité spéciale à chaque espèce.

Il est impossible de faire un bon vin, un vin à réputation, un vin de commerce, avec plus de quatre cépages réunis dans un grand vignoble. Trois cépages valent mieux que quatre, deux valent mieux que trois.

D'abord les faits sont là pour établir la vérité de cette assertion. Les vins du Médoc se composent de quatre ceps, le carbenet, le malbec, le merlot et le verdot ; ceux de Saint-Émilion, du bouchet, du noir de Pressac et du merlot, trois cépages, les mêmes que ceux du Médoc sous d'autres noms, moins le verdot. Les vins de Champagne sont produits par le plant doré, le plant vert et par l'épinette blanche; le sauterne, par le sémillon blanc et le sauvignon; l'hermitage, par la syra et la roussane ; les côtes-rôties, par la sérine et le vionnier; les vins de dessert de Monbazillac, par le blanc sémillon et le muscat fou ; tous les fins bourgognes, par le seul pineau noir ; le chablis, par le seul morillon blanc; les vins de Montmélian, par la seule mondeuse ; le vin de Beaujolais, par le seul petit gamay à grains ronds. Je ne connais pas un seul vin, à grande et longue renommée, qui soit produit par plus de quatre espèces de raisins.

Chaque raisin a sa qualité sensuelle et alimentaire spéciale, chacun produit un vin qui lui est propre, et il en est très-peu qui s'associent et s'harmonisent parfaitement à la cuve aussi bien qu'à la vigne. Tous les efforts, dans la viticulture et dans la vinification, doivent tendre à la simplification dans la composition des vignes comme dans la confection des vins. Là est le progrès.

Toutefois certaines associations sont utiles, nécessaires même aux qualités sensuelles, alimentaires, et à la conservation des vins ; l'association des raisins blancs de grande qualité aux raisins rouges, dans une certaine proportion, donnera par exemple de l'éclat, de la vivacité, de la générosité, de la durée, à des vins qui n'auraient point ces qualités au même degré sans cette addition. Certains cépages ont un bouquet, une générosité, qui font défaut à d'autres qui ont plus de moelleux, plus de couleur, plus de corps : c'est pour cela que deux, trois et quatre cépages sont parfois nécessaires pour compléter un bon vin; mais la préférence devra toujours porter à l'unité. Les vins de pineau, les vins de syra, les vins de muscat, les vins de tokay, ont leur cachet invariable parce qu'ils résultent d'un seul cépage.

On parle souvent des embarras du choix des cépages, faute de synonymie parfaitement établie ; on peut les surmonter facilement en prenant simplement les sarments des bons vignobles dont l'on veut se rapprocher. Il suffit de prendre la taille des bons crus du Médoc, des graves, de Sauterne, de Saint-Émilion, du Clos-Vougeot, de Beaune, de Chambertin, de Chablis, de Montmélian, etc., et de planter ses vignes avec ces sarments. Ces envois et ces échanges se font depuis plusieurs années avec une grande facilité et avec un succès complet.

Un grand point aussi pour faire de bons vins dans les pays du nord et du centre, c'est d'attendre avec patience et avec courage une bonne maturité. C'est la récolte qui solde tous les travaux et toutes les peines de l'année. C'est en quinze jours ou trois semaines que se fait la bonne ou la mauvaise qualité du vin. Le moût qui a zéro sucre a une valeur zéro; celui qui marque six vaut six, et celui qui marque douze vaut vingt-quatre, etc.

Bergerac, dans la récolte de ses raisins blancs, offre à cet égard un modèle à suivre. Au magnifique vignoble de Monbazillac, la vendange commence très-tard; on ne se décide à recueillir le muscat fou et le blanc sémillon qu'après le 15 octobre, lorsque l'on aperçoit déjà des grappes dont les grains sont sorbés (rétrécis par le desséchement), moisis et pourris en apparence. Les fruits, recueillis à diverses reprises, sont versés sur une table à trois rebords appelée *balin*, et là ils sont triés; tous les grains mal mûrs en sont retranchés avec des ciseaux, pour être écartés des grains à complète maturité. Les vignes sont parcourues jusqu'à quatre et cinq fois, pour recueillir les raisins à mesure qu'ils arrivent à la maturité voulue; et la vendange se prolonge ainsi jusqu'au 15 novembre, parfois jusqu'à la fin de ce mois. Chaque récolte est soumise au pressoir, sur lequel elle est pressée jusqu'à cinq fois; et, à mesure que les jus s'écoulent, ils sont mis dans une cuve de débourbage ou de levage pendant douze à vingt-quatre heures, suivant l'année et la température.

Pendant ce temps se produit un phénomène singulier, que j'ai eu l'occasion d'étudier à loisir et sur une grande échelle en Champagne, où le débourbage s'opère également. J'avais fait mettre aux cuves de levage ou débourbage des tubes en cristal, indiquant extérieurement le niveau intérieur, afin de mesurer, sur une échelle placée à côté, le nombre d'hectolitres versés dans la cuve; et, à mon grand étonnement, le liquide monté dans le tube reproduisit exactement les phénomènes qui s'accomplissaient dans la grande masse du liquide.

Après un certain nombre d'heures, variable comme le degré de chaleur ambiante, un travail semble s'opérer tout à coup dans le liquide. Une partie de ses impuretés tombe au fond de la cuve et du tube, une autre monte à la surface sous forme d'écume, qui s'épaissit, se condense et bientôt se divise en plaques craquelées, comme la surface des vieilles faïences. A ce moment, le liquide est relativement clair dans toute la hauteur du tube, depuis le dépôt inférieur, nettement séparé, jusqu'à la croûte supérieure, parfaitement distincte. C'est alors qu'on doit tirer le moût clair. Il est levé ou débourbé.

Ce n'est point là la fermentation. Aucune bulle de gaz acide carbonique ne s'est échappée; aucune trace de cet acide n'existe dans le moût. C'est un phénomène vital qui précède ou qui prépare la fermentation.

Au lieu de faire lever le moût en cuve, on le verse souvent dans une barrique où l'on a fait brûler une mèche soufrée. Le vin ainsi traité par un soufrage est, dit-on, et reste plus blanc que par le simple levage.

Quoi qu'il en soit, par ses vendanges tardives, pratiquées comme à Château-Iquem et dans quelques autres vignobles à vins blancs, Bergerac produit des vins de dessert exquis, alors qu'il n'en fournirait que de très-ordinaires sans ses vendanges tardives et ses soins intelligents.

Sans prétendre qu'on doive attendre aussi longtemps pour les vins rouges et pour les vins blancs de consommation courante que pour les vins blancs de liqueur, je dis qu'en général on gagnerait beaucoup, dans la Dordogne, à vendanger douze ou quinze jours plus tard qu'on ne le fait pour les vins ordinaires. J'ai trouvé dans les vins blancs et dans les vins rouges d'un grand nombre de propriétaires une verdeur qui démontrait un empressement beaucoup trop grand à ramasser la récolte avant la parfaite maturité.

On trouve aujourd'hui dans tous les vignobles de la Dordogne des propriétaires qui ne laissent plus cuver leurs vins que de six à dix jours, suivant l'année, et qui décuvent aussitôt que la grosse fermentation est accomplie, comme cela se pratique chez les meilleurs producteurs de vins rouges à Bergerac; mais chez un trop grand nombre encore on attend quinze à vingt jours pour décuver, c'est-à-dire que le vin n'est tiré que quand il est clair et froid. Cette double condition de clarification et de refroidissement doit se parfaire dans le tonneau, où le vin achève sa fermentation sans qu'il soit avancé, affaibli et altéré d'un goût de râpe, par sa macération avec le marc.

Bergerac ajoute à ses vins rouges, ou plutôt dans ses cuves à vins rouges, d'un cinquième à un huitième de moût blanc levé, versé par-dessus le chapeau avant toute fermentation. C'est là une excellente pratique, qui donne une grande vivacité à la fermentation, et au vin rouge plus de couleur, plus d'éclat, plus de générosité. On obtient à peu près les mêmes effets, dans d'autres pays, en mêlant aux raisins rouges un cinquième de raisins blancs, riches en sucre, en les foulant et mettant à la cuve en même temps. Les raisins blancs, de fine race, ont plus de mordant sur la couleur du vin rouge; ils sont plus alcooliques, et leurs propriétés conservatrices sont tout à fait hors de doute. La tradition de la plupart des bons vignobles indique d'ailleurs l'importance de cette addition de raisins blancs dans les cuvées de vins rouges.

Bergerac donne encore un autre bon exemple : il tire ses vins rouges en vaisseaux neufs, tandis que dans la plus grande partie des autres vignobles du département on les tire en vaisseaux vieux. C'est là un bien grand défaut, surtout quand on entonne les vins refroidis et éclaircis, car ils contractent immédiatement les mauvais goûts des fûts et s'altèrent facilement par les levains, acides ou amers, que recèlent leurs tartres rancis, moisis ou acétifiés.

Je jetterai maintenant un coup d'œil sur les diverses conditions de la viticulture dans la Dordogne.

Augmenter le produit de la vigne et réduire relativement sa dépense de chaque année : voilà deux points vers lesquels tous les esprits sont tendus, et vers lesquels tous les efforts convergent avec plus ou moins d'intelligence et de jugement. Les uns ne voient que l'économie de main-d'œuvre, d'échalas et d'engrais, dussent-ils ne pas avoir de fruits; quelques autres se lancent à outrance dans des pratiques dispendieuses, n'ayant en vue que de faire des vignes très-belles, très-fructifères, très-durables, sans se préoccuper de la dépense. Ceux-là sont moins rares qu'on ne le croirait : ce sont les banquiers, les industriels, les négociants, qui gagnent beaucoup d'argent, et le prodiguent à des cultures qu'ils connaissent peu, et qui, dans leur esprit, doivent rendre, un jour, d'autant plus qu'elles auront plus coûté. Les déceptions dans ce genre d'excès sont plus fréquentes et plus fortes dans les entreprises agricoles autres que celles de la vigne; mais j'en ai vu se produire également dans la viticulture.

Toute dépense faite pour la vigne, quand elle n'est pas justifiée par la probabilité d'un produit rémunérateur correspondant, est une faute; de même que toute économie qui supprime la probabilité d'un produit plus élevé que l'économie faite est une sottise. L'augmentation du produit doit toujours s'entendre d'une augmentation de rémunération proportionnelle à une dépense à faire ou à la réduction d'une dépense faite. Ainsi une vigne ayant un échalas à chaque souche peut produire cinquante hectolitres de vin à l'hectare; à 20 francs l'hectolitre, c'est un produit brut de 1,000 francs. L'entretien des échalas, les relevages, les liages et les autres opérations qui sont la conséquence de l'échalassement, coûtassent-elles 100 francs, il resterait en sus 900 francs. La même vigne, sans échalas et sans liage ni relèvement, ne rendra que vingt-cinq hectolitres à l'hectare, ou 500 francs. Celui qui supprime les échalas et réduit sa dépense de 100 francs par an fait, en apparence, une belle et bonne économie. Eh bien ! cette économie est tout simplement une folle dépense; en lui refusant ses échalas, le propriétaire a signé à sa vigne une quittance de 400 francs pour un hectare.

Il y a une quantité d'esprits faussés qui sont convaincus que la négation de l'action, c'est l'économie; tandis que cette négation est la plus grande et la plus réelle prodigalité qu'on puisse observer. La vigne, par-dessus tout, est victime de cette économie paradoxale; une foule de cultivateurs refusent obstinément à leur vigne, qui leur aurait produit 1,000 francs, la main-d'œuvre et les petits soins qu'ils prodiguent à leurs céréales, lesquelles ne leur donneront pas 400 francs. J'ai demandé bien souvent pourquoi l'on se refusait à pratiquer l'ébourgeonnement, le pincement, le rognage, l'échalassement, le relevage et le liage, toutes pratiques dont les bons vignerons connaissaient l'importance. La réponse a été partout et toujours celle-ci : Nous n'avons pas le temps; nos maïs, nos pommes de terre, nos betteraves, nous pressent davantage, et d'ailleurs cela nous coûterait trop cher, nos vignes nous rapportant peu; si nos vignes nous rapportaient comme celles de la Lorraine, nous ferions alors, comme les Lorrains, les dépenses nécessaires. J'ai donc bien raison de dire que l'économie par négation est une conception fausse des esprits les plus étroits, car le cercle vicieux est ici bien facile à comprendre.

Mais si les esprits sont tendus, en bien ou en mal, vers la diminution des dépenses et vers l'augmentation des produits annuels de la vigne, l'attention générale est beaucoup moins portée vers le premier capital d'installation de la vigne, et beaucoup moins éclairée encore à cet égard.

C'est pourtant là le premier pas et le plus important, dans l'économie la mieux entendue et la mieux placée, en viticulture.

Le premier capital d'installation de la vigne représente la rente perpétuelle dont sa production annuelle sera grevée. Il se compose : 1° de la valeur du terrain; 2° du prix des travaux et fournitures auxquels la constitution du sol oblige pour y planter et y amener la vigne à sa période de production rémunératrice; 3° de l'accumulation des intérêts du capital avancé jusqu'à cette période; plus, du prix des façons annuelles jusqu'à cette même période.

Il est facile de comprendre que la vigne plantée dans un hectare de terrain coûtant 600 francs ne sera grevée, à 5 pour 100, que de 30 francs d'intérêts annuels, c'est-à-dire d'un hectolitre et demi de vin par an, si le vin vaut 20 francs l'hectolitre; tandis que la vigne plantée sur un terrain de 4,000 francs sera grevée de dix hectolitres de ce même vin, à prélever sur sa production. Il importe donc de préférer, pour planter la vigne, des terrains d'une faible valeur. Ce choix a encore un autre motif : c'est que la valeur foncière de la vigne bien réussie, dans un terrain de peu de valeur première, s'accroît dans une proportion bien plus grande que la valeur foncière de la vigne plantée dans un terrain d'un prix très-élevé.

S'il importe de bien raisonner l'acquisition ou la valeur du terrain que l'on destine à la vigne, il n'importe pas moins de réfléchir sérieusement à la dépense de sa préparation.

Les travaux préparatoires de la plantation de la vigne

peuvent être très-modestes, ou bien ils peuvent coûter des sommes très-élevées. La vigne peut être plantée et peut réussir à merveille sur un simple labour, ou sur un défrichement superficiel, dans toutes les terres légères, perméables à l'eau et à l'air, à pierres fragmentaires, à graviers, à galets, à cailloux, sur roches calcaires, schisteuses, granitiques; pourvu que ces roches soient fendillées, à failles et à lits perméables, surtout si ces terrains n'ont jamais porté de vignes.

Au contraire, les terrains compactes, imperméables à l'eau et à l'air, imperméables surtout aux racines de la vigne, exigent des défoncements, des dérochements, partiels ou généraux, de quarante à soixante centimètres de profondeur, dont la dépense peut varier de 800 à 1,600 francs par hectare. En prenant 1,200 francs pour base de ce travail préparatoire moyen et 200 francs pour les simples labours et défrichements, nous mettrons à la charge de la production annuelle de la vigne trois hectolitres dans un cas et un demi-hectolitre dans l'autre.

Il est donc encore évident ici qu'il faudra planter de préférence les terres légères, perméables à l'eau et à l'air, graveleuses, à pierres, à galets, à cailloux, sur roches à fissures, et laisser pour les prairies, les céréales, les cultures sarclées, les terres fortes, imperméables. La vigne, d'ailleurs, si elle pousse avec moins de fougue sur les premières, s'y plaît mieux, y dure plus longtemps, y donne de meilleurs fruits et de meilleurs vins; et, avec une conduite intelligente, elle peut donner autant de raisin que dans les terres les meilleures et les plus vigoureuses.

Aucun département, à ma connaissance, plus que celui de la Dordogne, ne présente de vignes et de terrains à vignes dans les conditions les plus économiques que je viens d'indiquer, d'achat et de préparation du sol pour la plantation. La Dordogne possède aussi beaucoup de vignes et de terrains propres à la vigne, qui ont subi et qui doivent subir les frais de défoncement général, et d'autres dont la valeur foncière est fort élevée, surtout aux environs des centres de population; mais je crois que ce pays a beaucoup plus à gagner à étendre sa viticulture dans les terrains délaissés et dans ceux qui n'exigent pas de travaux préparatoires d'un prix trop exagéré.

La plantation préférée aujourd'hui est la plantation sur défoncement général, de quarante à soixante centimètres de profondeur, ou sur simple labour.

Dans le premier cas, la vigne est plantée à boutures enfoncées avec un pied-de-biche (tringle de fer terminée par une fourchette qui saisit et entraîne le pied de la bouture jusqu'à la limite inférieure du défoncement), ou bien à *barbats* (barbeaux, plants enracinés), qui sont plantés à petites fosses ouvertes, dans les deux cas jusqu'au sol ferme, c'est-à-dire, en moyenne, à cinquante centimètres de profondeur; la bouture est *soutillée* ensuite, c'est-à-dire que du sable ou de la terre fine sont coulés dans le trou fait par le pied-de-biche et tassés avec une cheville. Trois yeux sont laissés au-dessus du sol à la bouture, et deux seulement aux barbats; les distances sont d'un mètre au carré, ou d'un mètre trente centimètres entre les lignes, et d'un mètre entre les ceps, dans les vignes à cultiver à la main, et d'un mètre cinquante centimètres, le plus souvent deux mètres, entre les lignes de vignes à labourer.

Dans le cas de plantation sur simple labour, la plantation se fait au pal pour les boutures, et au trou pour les barbats, à la même profondeur que dans les terrains défoncés.

Un troisième mode de plantation consiste à ouvrir des fossés parallèles entre eux, de quarante à cinquante centimètres de profondeur, dans lesquels sont placés les boutures ou les plants enracinés, aux mêmes distances et à la même profondeur que dans le défoncement partiel.

Je m'arrêterai un instant sur ces modes de plantation profonde sous terre et à plusieurs yeux sur le sol, parce que cette double pratique influe sensiblement sur l'époque où la vigne peut donner ses fruits rémunérateurs.

L'expérience semble établir que la bouture plantée à vingt centimètres de profondeur, la terre étant bien tassée autour, un seul œil étant laissé au-dessus du sol, et cet œil étant recouvert de sable, peut être mise à fruit dès la seconde année, mais, à coup sûr, à la troisième; et ce n'est qu'à la quatrième ou à la cinquième année que le mode de plantation le plus général dans la Dordogne commence à donner des fruits. Il peut donc y avoir, de ce fait, deux années à gagner sur l'époque de la production. Or deux années de retard ajoutent, par les intérêts et les frais, environ 1,000 francs au capital de création, c'est-à-dire deux hectolitres et demi de moins, dans la production nette de toute la durée de la vigne.

Une autre pratique qui contribue beaucoup à reculer la bonne production, c'est le retard apporté dans le dressement et dans la formation définitive de la tige et de la tête de la vigne.

On appelle former la tête de la vigne, couronner sa tige de deux, trois, quatre bras ou plus, soit sur terre, soit près de terre, soit à trente, quarante ou soixante centimètres et plus au-dessus du sol. Par exemple, à Bergerac, on forme la tête du cep à trente ou quarante centimètres au-dessus du sol, et ce n'est qu'à la quatrième, la cinquième et même la sixième année, qu'on arrive à cette formation définitive. Je montre, dans la figure 217 *A*, une souche

Fig. 217.

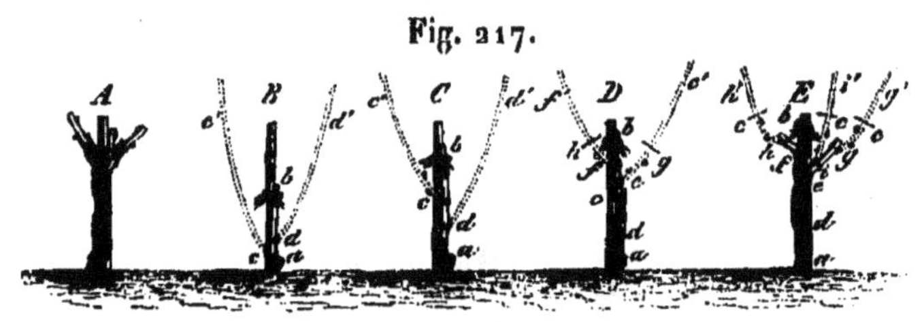

blanche de Monbazillac formée, à sa sixième année; j'indiquerai par quelles phases elle aura dû passer pour arriver à sa formation. La bouture *a* (cep *B*) aura poussé, la première année, un ou plusieurs sarments, dont un seul, *ab*, aura été conservé; la bouture ayant été rabattue en *a*, deux yeux, *cd*, auront été gardés au bas de ce sarment; les yeux au-dessus sont détruits, le sarment rogné en *b* et attaché droit, en ce même point, par un lien de paille à un petit tuteur *B*. La partie *db* du sarment s'appelle un *col droit*; elle est simplement destinée à dresser la souche, en permettant de l'attacher à l'échalas. (On paye à part, 2 francs le mille, la formation et le liage des cols droits.)

Les yeux *c* et *d* auront poussé, dans la saison, chacun un sarment, sarments figurés au pointillé *cc'*, *dd'*; pour la taille de troisième année on supprimera le sarment le plus bas *cc'*; on dressera le sarment *dd'* à la place de *db*; on l'y attachera, et l'on aura ainsi la souche de troisième année *cbda*, qui aura poussé, par ses yeux *c* et *d*, seuls conservés, les sarments *dd'*, *cc'*, dont on retranchera, à la quatrième taille, le sarment *dd'*, et l'on remplacera *cb* par *cc'*; ce qui donnera la souche *adcb*, croquis *D*. Les deux yeux *ef* pousseront les deux sarments *ee'*, *ff'*, qui seront conservés tous deux pour commencer la tête à la cinquième taille, et seront taillés, à cet effet, l'un en *g*, à deux yeux, l'autre en *h*, à un œil, ce qui engendrera la souche *adeb*, croquis *E*, avec un courson, ou bras *eig*, et un autre courson *fh*. Les trois yeux *ig* et *h* engendreront les sarments *ii'*, *gg'*, *hh'*, qui, taillés en *c*, *c*, *c*, donneront les trois bras *gc*, *ic*, *hc*, de la tête de sixième année, croquis *A*.

Ces cinq tailles successives ont pour objet, disent les propriétaires et les vignerons, de fortifier le pied avant de lui donner sa tête. Depuis quand a-t-on formé les racines d'un arbre ou d'un arbrisseau quelconque en lui diminuant ou en lui coupant sa tête? Chacun sait que la tige grossit et se fortifie en proportion des rameaux qui la surmontent et des feuilles que ces rameaux étalent dans l'atmosphère : c'est donc en formant la tête de suite, ou du moins en laissant deux, trois, quatre coursons, aussitôt qu'on le peut, qu'on fortifiera les tiges et les racines, et non en restreignant la végétation à deux ou trois yeux, lorsque l'arbrisseau en présentait trente ou quarante sur ses sarments, avec des racines toutes prêtes à les alimenter. En ne laissant que deux yeux sur soixante, on détruit les forces préparées par la nature; on réduit à deux, au lieu de vingt ou trente, la proportion du ligneux créé pendant la saison, et par conséquent le grossissement de la tige et des racines : si quatre yeux étaient laissés, le développement serait double; il serait triple avec six yeux. Il n'est pas rare de voir les vignes à taille courte, laissées à un courson à deux ou trois yeux, présenter l'aspect disproportionné et monstrueux des croquis *A*; *B*, figure 218, dès la troisième et quatrième taille.

Quelles forces n'a-t-on pas détruites, quels coups mortels n'a-t-on pas portés à la vigne pour l'avoir réduite, à sa quatrième année, au courson *cc'*, croquis *B?* Le courson *dd'* du croquis *A* conserve encore une certaine proportionnalité dans sa troisième année ; mais plus il est fort, plus il tombera vite à l'état de *B* et au-dessous : la vigne s'élance avec la force d'Hercule et les formes apolloniennes ; l'homme, par ses mutilations, la transforme en nain goîtreux, rachitique et sans vigueur.

Fig. 218.

Que les vignes soient hautes, comme à Bergerac, ou basses, comme à Domme et à Sorges, dès que la bouture offre un sarment bien placé et vigoureux, il faut le tailler à la hauteur voulue, en lui laissant deux ou trois yeux francs ; à la deuxième taille, troisième année, il faudrait tailler les deux ou trois sarments sortis, à chacun deux ou trois yeux : ce sont là les deux ou trois premiers bras. L'année suivante on formera quatre, cinq et jusqu'à six bras, portant chacun un seul courson à deux ou trois yeux ; et, chaque année ensuite, on devra laisser deux coursons à deux ou trois yeux sur chaque bras, si la vigne est trop vigoureuse et si c'est la taille à coursons qui convient au cépage que l'on cultive.

Si, au contraire, ce sont les astes qui conviennent le mieux à l'espèce, la première année, ou dès qu'on a obtenu le sarment convenable, ce sarment doit être monté et fixé à la hauteur où doit être la tête, avec deux ou trois yeux au sommet, si c'est à deux ou trois astes que l'on veut conduire ; et, dès l'année suivante, chacun des deux ou trois sarments doit être taillé à deux yeux. Puis, la troisième année de dressement, le plus haut sarment sur chaque courson devra former l'aste, et le plus bas devra être taillé à deux yeux, comme cot de retour pour l'aste et pour le cot de l'année suivante.

En somme, dès que la vigne, jeune plantée, offre des rameaux propres à la forme définitive qu'on veut lui donner, il faut garder les rameaux et les mettre sous cette forme sans délai, pour peu qu'ils aient un demi-centimètre de diamètre. Tout retard apporté dans la constitution normale de la tige est une dégradation du cep et un ajournement de la production rémunératrice, d'au moins deux années ajoutées au retard de la plantation vicieuse : en estimant à 600 francs l'augmentation du capital, ou à un hectolitre et demi l'augmentation de la rente à la charge de la vigne, du fait du retard au dressement, je reste au-dessous de la vérité.

Non-seulement il faut dresser tout de suite la vigne à sa forme, mais il faut tout de suite la dresser richement, c'est-à-dire sur quatre à six bras, à six ou huit coursons, pour les ceps à taille courte, et sur deux bras, à aste et à coursons de retour, pour les ceps à taille longue.

La souche, figure 219, est un type de la première forme,

Fig. 219. Fig. 220.

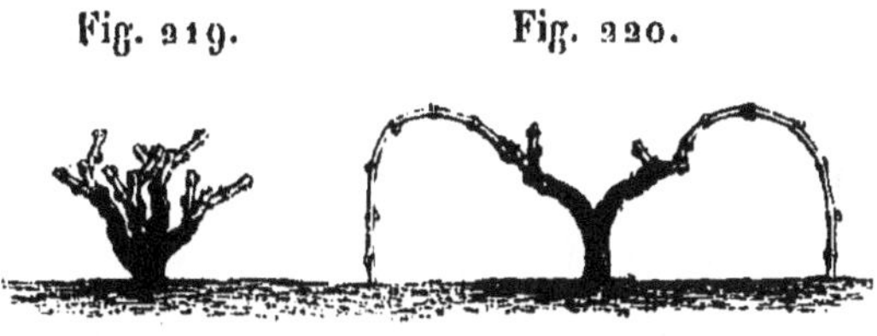

et celle de la figure 220 offre un type de la seconde; jamais des souches ainsi dressées, à la quatrième année, ne prendront les difformités qui appartiendront à la figure 218: la séve ascendante y circulera en toute liberté, sans coupes, recoupes, plaies, chicots, qui annulent les trois quarts des vaisseaux séveux de la souche et obligent l'autre quart à suivre des méandres et à vaincre des obstacles impossibles. La figure 221 donne le croquis d'une souche de vingt ans relevé à Planque, beau vignoble et jolie propriété de M. Gouzot, secrétaire du Comice agricole de Bergerac, à qui a été décernée, cette année, la médaille d'honneur pour l'ensemble

Fig. 221. Fig. 222.

et la qualité de ses vins rouges et blancs; et la figure 222 reproduit un vieux cep rouge pris au magnifique domaine de M. Durand de Corbiac, président du Comice agricole de Bergerac et grande prime d'honneur de la Dordogne.

Pour la taille et la conduite de la vigne, Bergerac possède beaucoup des coutumes et des pratiques de l'arrondissement de Libourne: presque toutes ses vignes blanches sont conduites à deux, trois et quatre bras, à un courson à deux yeux par bras, sans astes et sans échalas; tandis que, dans la majorité des cas, les vignes rouges portent des astes, avec cot de retour dans le Monbazillac (côte sud), sans cot de retour à Pécharment (côte nord); à Bergerac, on taille le cot rouge (noir de Pressac) avec astes et l'on s'en trouve fort bien.

Les arrondissements de Sarlat, de Périgueux, de Nontron et de Ribérac emploient très-peu l'aste, tiennent la taille plus courte et les bras des souches moins nombreux pour les vignes rouges; mais les vignes blanches sont cultivées dans les arrondissements de Nontron et de Ribérac comme à Bergerac.

La hauteur à laquelle doivent être dressées les têtes de souches se règle sur des données générales à peu près certaines : dans les terres très-perméables à l'eau, caillouteuses, graveleuses, légères et sèches, surtout en coteaux, la tête de la souche peut reposer sur le sol même, à moins que les gelées blanches ne soient très à redouter; dans les terres grasses, froides, imperméables à l'eau, dans les argiles et dans les lieux plats ou en bas des pentes, les têtes de souche doivent être élevées de trente à soixante centimètres au-dessus du sol.

Les ébourgeonnages sont généralement pratiqués, dans la Dordogne, moins irrégulièrement à Bergerac qu'ailleurs; à Bergerac on commence le premier ébourgeonnage aussitôt la première pousse, ce qui dure d'avril en juin, et on fait un second ébourgeonnage, qui devrait être en juillet, mais qu'on commence dès que le premier est fini. Dans les autres arrondissements on ne fait qu'un ébourgeonnage, et il se pratique en juin, époque beaucoup trop tardive. A ce moment, les bourgeons parasites ont détourné une grande partie de la séve des bourgeons fructifères ou des bourgeons de charpente: leur suppression ne répare pas le mal accompli; du reste, ce sont les femmes qui font l'ébourgeonnage, et elles considèrent cette opération plutôt comme un moyen de nourrir le bétail que comme une opération indispensable à la bonne conduite de la vigne. Nulle part on ne pince ni on ne rogne les bourgeons conservés à l'ébourgeonnage.

On relève et on attache les pampres aux échalas partout où il y a des échalas, et, selon la règle du pays, il devrait y en avoir à tous les ceps rouges, mais il s'en faut qu'il en soit ainsi; à Bergerac même, où l'on met des tuteurs aux ceps blancs et rouges pour les bien dresser, on les supprime, aux rouges comme aux blancs, à sept ou huit ans. Pourtant on rencontre çà et là bon nombre de vignes plus âgées encore échalassées.

C'est à Saint-Cyprien que j'ai vu la vigne la mieux échalassée et la mieux tenue peut-être du département. Cette vigne offre des rangs parfaits, d'un mètre trente centimètres d'écartement, les ceps à un mètre dans le rang, tous sur tige, ayant leur tête à une hauteur de quinze à vingt centimètres, à deux, trois et quatre bras, portant chacun un courson à deux yeux, chaque courson ayant produit deux longs sarments, attachés le long d'échalas de deux mètres et les dépassant pour former des arceaux avec les ceps voisins, exactement comme dans les vignes les plus soignées de Saint-Émilion. Le cépage est d'ailleurs le noir de Pressac, et il est probable que M. de Carbonier de Marzac, propriétaire et créateur de cette belle vigne, a dû s'inspirer des cultures de Saint-Émilion pour réaliser cette parfaite installation. Cette belle culture, m'a dit M. le comte de Campagne, qui me la faisait remarquer, compense largement les frais et les soins qui lui sont appliqués. Toutes les vignes de Saint-Cyprien, excellent cru, sont bien échalassées; ce qui est très-rare dans l'arrondissement de Sarlat et même dans tout le département. Ce n'est point là une prodigalité, c'est une augmentation assurée de récolte; non pas qu'il faille des échalas de deux mètres, qui ne servent qu'à développer démesurément des pampres d'une longueur nuisible, mais chaque souche de vigne à vin devrait toujours avoir à son service un échalas d'un mètre hors de terre.

Ces échalas coûtent 25 francs le mille en sapin, 36 francs en chêne et 45 en châtaignier; ils durent de huit à quinze ans: c'est donc un entretien annuel d'environ 30 francs par hectare à dix mille ceps, et ces 30 francs assureront toujours dix à vingt hectolitres de plus par hectare.

Quoi qu'il en soit, partout ou presque partout où les échalas font défaut, notamment dans les arrondissements de Sarlat et de Bergerac, on relève les pampres et on les lie ensemble avec des liens de paille, soit par souches isolées, soit en réunissant deux souches en arcades ou trois souches en faisceau. Ce relevage et ce liage ont lieu en juillet, parfois à la fin d'août seulement; mais, comme je l'ai déjà dit, jamais on ne rogne les extrémités au-dessus du lien.

Les cultures consistent, à peu près partout, en un déchaussage en mars et avril, avec billon intermédiaire, continu ou divisé en petites pyramides, avec décavaillonnage à la main dans les vignes à labourer, et en un débillonnage ou rechaussage pratiqué vers la fin de mai, soit tout à la main, soit avec hersage et binage aux animaux de trait. Dans les vignes très-près de terre, on déchausse autour des souches avant la taille. Parfois on ne rechausse qu'après la Toussaint, un binage sur place, en juin, ayant remplacé le rechaussage.

Dans l'arrondissement de Nontron, beaucoup de vignes sont cultivées par planches de quatre ou six rangs, séparées par des fossés de cinquante centimètres de largeur et de profondeur. Dans quelques localités, les vignes restent sur ados; ailleurs, et particulièrement à Monbazillac, elles restent au fond des sillons, le pied dans le froid et l'humidité, tandis que le billon, cultivé sur place, reste entre deux rangs. Pourtant les terres sont là très-argileuses et tenant l'eau; il semblerait donc que les ceps se porteraient mieux s'ils étaient plantés et maintenus au sommet d'un ados permanent.

On pratique aussi la destruction des deux colliers supérieurs des racines des jeunes vignes dans beaucoup de vignobles de la Dordogne, et notamment à Bergerac. C'est là une mauvaise opération; il n'y a aucun arbre dont la vigueur ne fût compromise par l'enlèvement de ses racines supérieures, qui sont les meilleures, et surtout si on lui ôtait un double étage de ses racines.

Dans la plupart des coteaux et des terrains oolithiques, on cultive à plat et superficiellement, et c'est là, de beaucoup, la meilleure culture pour la vigne.

On fume peu dans toute la Dordogne; on devrait terrer davantage; mais généralement la vigne végète parfaitement sans le moindre secours; elle ne demande qu'à ne pas être trop mutilée.

On provigne peu également, si ce n'est pour remplacer un cep manquant; alors on pratique une fosse dans laquelle on abat toute une souche, à deux ou trois sarments, qu'on fait sortir aux places des ceps manquants, ou bien on remplace par des barbats; rarement on emploie la sauterelle ou simple sarment tiré d'une souche, abaissé, couché sous terre et relevé à la place du manquant.

Les vignes se font, dans le département de la Dordogne, ou à la journée, dont le prix moyen est de 1 fr. 50 cent., ou par domestiques, à prix fait, ou par vignerons, par colons et par métayers à moitié fruit. Partout où il y a de la vigne comprise dans une métairie, elle est à moitié fruits.

Dans certaines localités, si le vigneron a planté la vigne, il continue à la cultiver à moitié fruits; mais s'il ne l'a pas plantée, il n'a que le tiers.

A Mareuil et dans les pays environnants, il existe une espèce de bail de vignes à complant, pour vingt-neuf ans.

« Ce bail, dit M. A. Descourades, juge de paix de Mareuil, dans l'excellente enquête agricole qu'il vient de « publier sur son canton, ce bail est assez usité dans nos « contrées.

« Un homme possède un champ inculte, propre à la vigne, « mais presque toujours rocheux, schisteux, siliceux, et où « il y aurait beaucoup à faire. Il trouve de pauvres gens qui « prennent ce terrain pour le mettre en production, généralement par une plantation de vignes.

« La condition est que le colon appropriera le terrain et « plantera la vigne, le tout à ses frais et sans secours, et « qu'il aura exclusivement, pour le dédommager, le revenu « des cinq premières années; lequel revenu, à proprement « parler, n'est appréciable que pour les trois premières années: car, à la quatrième et à la cinquième année, la vigne « absorbe tout. Néanmoins, dans ces deux années, le colon « a un peu de vendange.

« A la sixième année et pour les vingt-trois autres années « suivantes, la vendange se partage.

« La récolte des trois premières années ne consiste qu'en « pommes de terre ou légumes, les céréales étant interdites « pour ne pas étouffer la plantation. Les sarments, pendant « toute la durée du bail, sont au colon; rarement il paye un « impôt.

« Il arrive bien souvent que le maître, lorsque la vigne « est en bonne production, à l'âge par exemple de dix à

« douze ans, suscite des difficultés au colon pour la lui enlever, quoiqu'elle ait coûté bien des sacrifices à ce dernier; « mais toujours ces plaintes sont repoussées, *si elles ne sont « point appuyées sur des motifs sérieux.* »

J'ai cité textuellement, parce que ce court exposé, fait par un magistrat expérimenté, bon et droit entre tous, est un tableau d'après nature, sur lequel on peut faire toutes sortes d'observations et de réflexions utiles, relatives aux défaillances des pauvres colons: d'abord sur le défaut d'enseignement viticole, qui les prive d'au moins dix hectolitres de vin à la seconde année, vingt à la troisième, trente à la quatrième et quarante à la cinquième; ensuite sur leur faiblesse devant le mauvais esprit d'un grand nombre de propriétaires, qui ne recherchent l'ouvrier ou la famille ouvrière que comme des animaux à attirer, à apprivoiser pour leur usage tout personnel, calculant et sachant d'avance qu'ils en auront facilement raison dès qu'ils n'auront plus besoin de leurs labeurs.

Excellent monsieur Descourades! vous croyez que les motifs sérieux sont difficiles à faire naître ou à simuler, surtout aux yeux d'un juge honnête et bon! J'ai connu un homme qui a passé toute sa vie à ce genre d'exploitation, où il a fait une grande fortune. Il me disait un jour: « Quand « vous aurez usé autant d'hommes que moi, vous pourrez « dire que vous connaissez les hommes! » Je connais bien les hommes, et je plains les exploiteurs d'hommes; car le premier et le dernier but de leur mauvaise foi et de leur mauvais cœur est sans doute de se rendre personnellement heureux: eh bien! je n'ai jamais vu d'homme plus malheureux que le type dont je parle; et je vois que tous ses pareils le sont en proportion de leurs méfaits. Autant la fortune légitime, ou bien acquise, agrandit les satisfactions du cœur et de l'esprit de l'homme en société, autant la fortune gagnée au jeu de l'exploitation humaine presse douloureusement sur les chancres du lépreux.

J'ai entendu dire dans le voisinage de Mareuil, dans la *Double*, qu'une grande et terrible exploitation d'hommes y avait eu lieu; que de pauvres gens se sont pendus, d'autres noyés de désespoir. C'était une légende d'hier, digne de remonter au Bas-Empire; les malheureux n'ont point trouvé de protecteur.

Je dois à l'impartialité de dire aussi que, malgré son esprit de justice, son bon vouloir, son désintéressement, son humanité, celui qui possède l'atelier qu'on appelle la propriété rurale est trop souvent méconnu, trompé, ruiné par ceux-là mêmes auxquels il s'efforce de faire tout le bien possible; mais la responsabilité d'un pareil état de choses est proportionnée à la situation hiérarchique; et les moins coupables sont les plus pauvres, qui sont les mineurs, les enfants de la grande famille; mineurs et enfants qui, pour leur bonheur, doivent être tenus en tutelle, mais en tutelle juste et bienveillante, protectrice et enseignante, c'est-à-dire paternelle d'abord et fraternelle ensuite, sous la meilleure loi civile possible et surtout sous la meilleure foi religieuse, la foi chrétienne. La religion, c'est la conscience et l'honnêteté indéfinies et incoercibles; la loi, c'est la conscience et l'honnêteté définies et coercibles. Il ne faut rien moins que la réunion de ces deux grands régulateurs d'association pour assurer la puissance, le bonheur, la paix et la durée des nations.

Ces réflexions sont dans les entrailles mêmes de mon sujet. L'agriculture, à mes yeux, n'a d'autre objet que de peupler la terre d'hommes forts, au physique et au moral, par un travail, matériel et intellectuel, qui leur assure une existence abondante et saine au milieu des conditions hygiéniques les plus parfaites. Or le Périgord m'a semblé, entre tous, chercher les meilleurs moyens de progresser dans cette voie, la seule vraie, la seule ayant un avenir indéfini et sérieux. Voici ce que je retrouve au courant de mes notes:

« Le Périgord est plein de vieux châteaux et de bonnes « gens. Beau sang de femmes, bonnes physionomies d'hommes, « bon sens naturel, mœurs traditionnelles, pas d'orgueil, « pas de forfanterie, désir d'apprendre et de faire le mieux « possible. Un peu de défiance, d'indécision et de lenteur, « mais faute de savoir, faute de but bien déterminé; rapports « des propriétaires aux colons, aux métayers, aux vignerons, « aux ouvriers ruraux, confiants et bons. Vie modeste, éco- « nome et tranquille à peu près dans toutes les classes. On « vit longuement ici. »

Évidemment les propriétaires se sont inquiétés de l'existence de leurs ouvriers, de leurs colons, de leurs métayers, sous toutes les formes de leurs conventions. J'ai déjà indiqué quelques-unes de ces formes; en voici encore une des plus curieuses: elle est en grande pratique à Bergerac.

« Un homme (ici un homme, comme l'homme biblique, « représente sa famille ou une fraction de sa famille) fait « vingt poignerées de vignes (2 hectares 30). Il a un loge- « ment, un jardin de cinq ares environ; il a tous les bois « de ses vignes; il reçoit cinq hectolitres de blé, une barrique « de vin rouge, 20 francs pour les arlots (raisins de rebut « et de grappillage qui lui appartiennent), 75 centimes « par jour l'homme, et la femme 60 centimes. Il est libre de « tout travail, dans les vignes dont il est chargé, du 11 juin

« au 8 septembre; entre ces deux époques les hommes et « les femmes quittent les vignes pour les autres cultures. « Leur travail leur appartient pendant tout ce temps. »

Cette forme est assurément loin de valoir le métayage à mi-fruits ou à tiers-fruits, ou à participation quelconque aux fruits, comme encouragement et attrait à la production, comme association sérieuse et juste, favorable au maître comme à l'ouvrier, surtout si le maître conserve la haute direction et l'autorité sur ses cultures; mais elle prouve, au moins, que les propriétaires veulent assurer à leurs colons le vivre et le couvert, plus un temps de liberté et de profits particuliers. Ceci est bien supérieur déjà au travail journalier ou à la tâche, sans garantie du vivre et du couvert; en ajoutant un dixième des fruits, ce serait bien près de la perfection.

Il me reste à parler maintenant de quelques observations spéciales que j'ai pu faire dans mon parcours de la Dordogne et dans mon séjour à Périgueux.

A la Mothe-Montravel, arrondissement de Bergerac, M. Marcon m'a fait visiter ses vignes âgées de vingt ans, en

Fig. 223.

Fig. 224.

demi-pentes, transformées, en partie seulement, de la méthode ancienne, dont les figures 223 et 224 (à 1 mètre ou $1^m,30$ au carré) donnent une idée assez exacte, dans sa méthode à cordon.

Cette méthode, dont j'ai donné la description et les figures à l'occasion de l'arrondissement de Libourne, se présente ici dans toutes ses phases, appliquée à de vieilles vignes; elle se trouve aussi constituée sur plantations nouvelles et dans toutes les conditions : dans ces deux cas, chaque année ajoute à la vigueur et à la fécondité des ceps. J'ai vu là des cordons depuis deux mètres jusqu'à dix mètres de long; lorsqu'un portant vient à faire défaut, le long du cordon *bc*, M. Marcon a recours à l'entaille *e* (figure 225), pratiquée au-dessus de la couronne du portant défaillant *f*. Cette échancrure, qui force la séve ascendante à s'arrêter dans la couronne, en fait jaillir un bourgeon. C'est là un procédé très-usité en arboriculture, et M. Marcon assure qu'il réussit parfaitement sur la vigne.

Fig. 225.

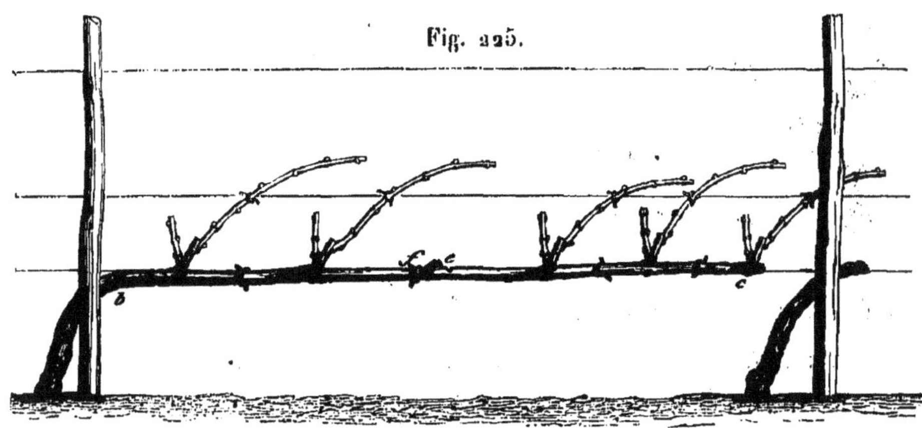

Mais ce qui m'a le plus frappé dans les applications et les études de M. Marcon, c'est le rappel à une vie énergique de vieilles vignes entièrement épuisées, en leur supprimant la taille courte et en les allongeant en cordon.

Plusieurs rangs de ces vignes étaient restés dans leur état primitif, et voici l'aspect qu'elles m'ont offert, figure 226 : le bras *b b'* de la souche *A* ayant été coupé en *b c*, le sarment *d e* ayant été supprimé, et le sarment *f g* conservé pour la végétation, sur d'autres souches pareilles à celles de la figure 226, M. Marcon avait obtenu sur la plupart des ceps le résultat représenté dans la figure 227. Devant la comparaison des souches *A* (fig. 226) et des ceps *B* (fig. 227),

Fig. 226. Fig. 227.

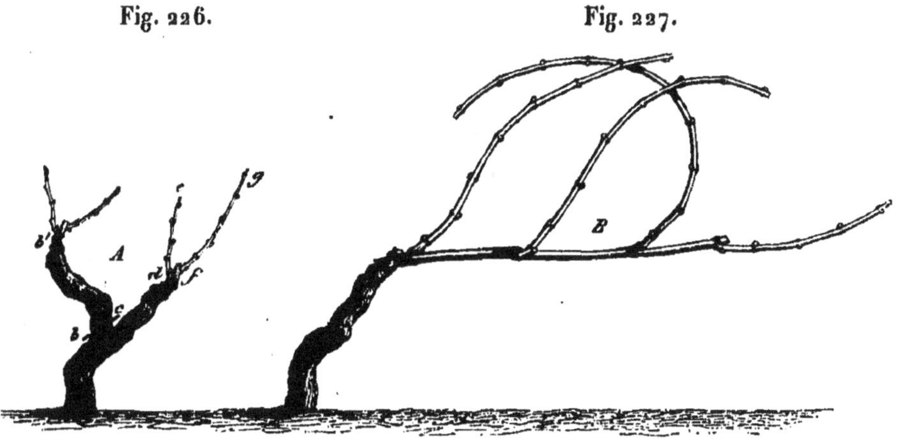

il était impossible de méconnaître que la taille courte, et restreinte à deux coursons, avait tué les souches, et que la taille longue les avait ressuscitées.

Une question se présentera à tous les esprits. La méthode Cazenave sera-t-elle durable dans sa fécondité et dans sa vigueur? Ma réponse sera courte et, j'espère, décisive. Voici, figure 228 (au 100e), un spécimen des vignes en treilles du département de l'Isère; ces vignes ont de cent à cent cinquante ans, et elles sont toujours d'une grande vigueur et d'une grande fécondité. Il est facile de voir, pour tout viticulteur et tout arboriculteur, que ces treilles sont la méthode Cazenave, moins le cot de retour. Ce sont bien les ceps plantés et associés sur un seul cordon.

Fig. 228.

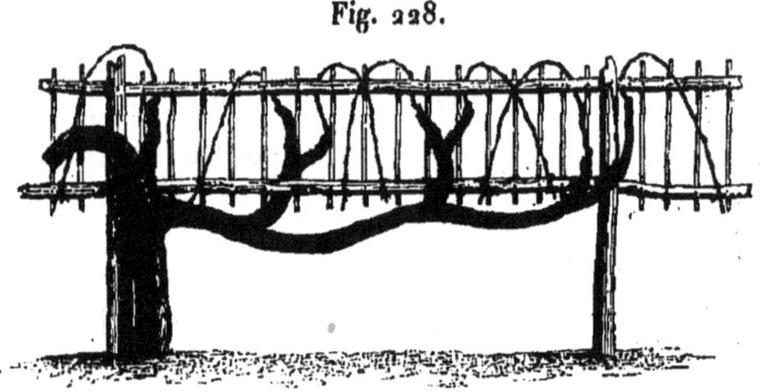

La figure 229 (au 100e), plus jeune, appartient également

Fig. 229.

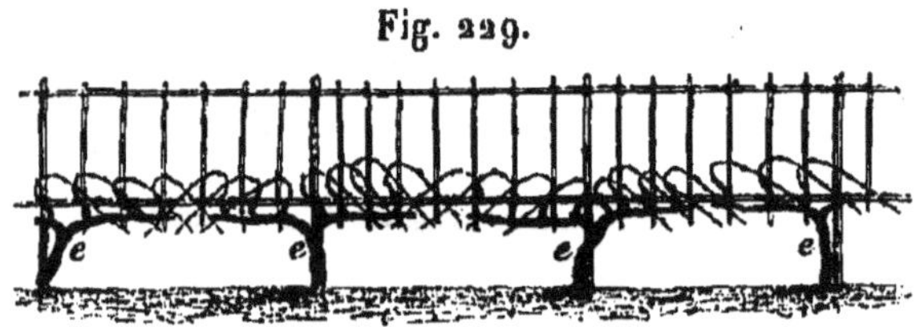

aux cultures de l'Isère. La figure 230 représente aussi deux

Fig. 230.

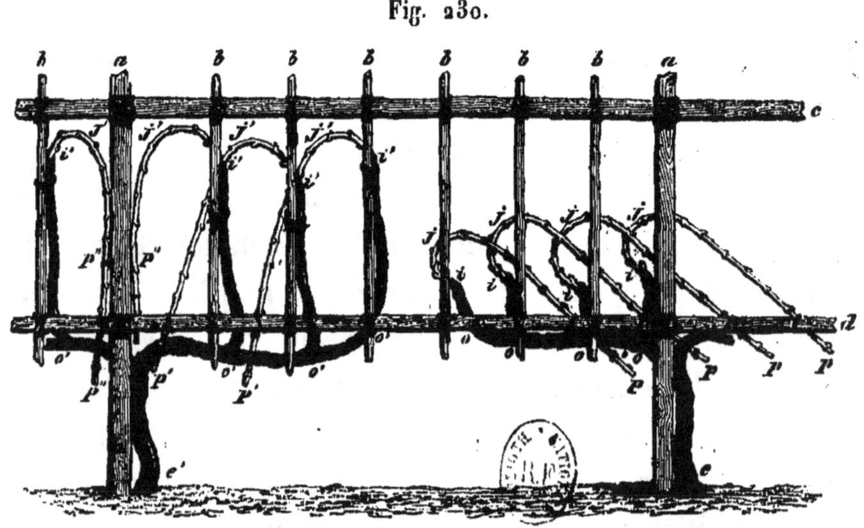

ceps du même pays (au 33e), à l'âge d'environ trente ans;

la figure 231 (au 33e), un autre cep à l'âge de cent vingt ans; et tous ces ceps, en ligne de vignes, sont et demeure-

Fig. 231.

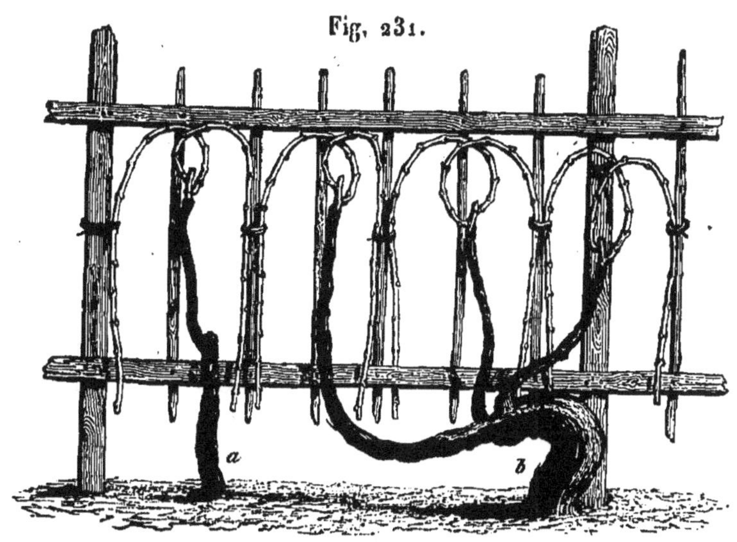

ront longtemps encore d'une fertilité extraordinaire. Enfin la figure 232 (au 33e), relevée à Tullins (Isère), offre le

Fig. 232.

cep, avec aste et cot de retour, associé à neuf autres ceps pareils sur la même treille.

Une autre objection portera sur la qualité des vins. Tout cep et toute treille qui porte *trop* de fruits ne donne pas de bons vins, cela est vrai; mais tout cep et toute treille qui ne portent que la quantité de fruits proportionnée à leur force et à l'étendue de leur arborescence donnent d'aussi bons vins sur les astes que sur les coursons. La preuve absolue de cette vérité est faite ici, à Saint-Émilion, en Médoc, à Jurançon, à Madiran, aux Côtes-Rôties, et partout où l'on recueille d'excellents vins sur les astes.

M. Marcon, qui pratique lui-même et très-habilement, et qui apporte à ses expériences et à ses observations sur la vinification un esprit aussi droit et aussi solide qu'en viticulture, a constaté directement, du reste, l'identité des vins recueillis sur les astes et sur les cots. Appartenant à la Gironde par ses vignes de Saint-Émilion, à la Dordogne par sa propriété de la Mothe-Montravel, l'exemple et les conseils de M. Marcon auront autour de lui une double influence progressive.

M. Magne avait d'ailleurs compris M. Marcon et ses bonnes pratiques en viticulture, car le premier, dans la Dordogne, il a voulu avoir, à son domaine de Michel-Montaigne, des vignes à cordons Cazenave et Marcon; et c'est avec et par M. Marcon, son voisin, que M. Magne en dirige l'installation. J'ai vu en effet, parmi les vignes qui entourent le château de Montaigne, de magnifiques lignes de ceps à longs sarments, tout prêts à être dressés en cordon. Cette végétation luxuriante, aussi bien que la vigueur des vignes blanches et rouges conduites, avec ou sans échalas, à la coutume du pays, m'a fait voir que la viticulture aura le plus grand succès dans le domaine de Michel-Montaigne, et en s'associant, comme il vient de le faire, au mouvement et au progrès viticole de la Dordogne,

M. Magne accroîtra de beaucoup encore les immenses services qu'il a rendus à son département.

J'ai vu à Bergerac, dans le domaine de M. Durand de Corbiac, qui vient, à juste titre, d'être récompensé par la prime d'honneur du grand concours régional, des vignes disposées pour être conduites à la branche à bois et à la branche à fruit, et toutes dressées pour être palissées cette année.

MM. Brunet père et fils ont également des vignes disposées à la taille type, dans leurs beaux vignobles de la côte de Monbazillac; enfin M. Gouzot, secrétaire du Comice agricole de Bergerac, dans sa jolie propriété de Planque, applique les astes avec cot de retour et entre à pleines voiles dans les améliorations viticoles.

Tout près du Bugue, M. le comte de Campagne s'occupe avec beaucoup d'entrain du progrès viticole dans son domaine de Campagne, que j'ai visité avec lui. Déjà il a installé des vignes en lignes, à branches à bois et à branches à fruit, qui lui ont donné des récoltes bien supérieures à celles des vignes taillées à coursons.

J'ai traversé les vignobles de la Bachellerie sans pouvoir m'y arrêter. La Bachellerie est le pays de la plus haute production de vins communs, noirs et plats; pas toujours noirs, me disait M. Daussel, qui a bien voulu me diriger et me patronner à Sarlat, mais toujours plats. Le rendement moyen est estimé de vingt-cinq à trente hectolitres à l'hectare. Autrefois les vins de la Bachellerie étaient convertis en eau-de-vie; mais, depuis dix ans, ils sont vendus comme boisson. C'est là une des mille preuves que la production des bons vins est insuffisante pour la consommation. C'est par la même raison que l'Hérault a pu vendre ses vins de chaudière comme vins de boisson; c'est ainsi que, dans la Charente et le Gers, beaucoup de vins à eau-de-vie, au lieu d'être distillés, passent à la consommation directe.

A Sorges, on vendange dans des barriques jusqu'à ce qu'il y en ait assez pour emplir une cuve; c'est la coutume du pays. Mais cette coutume n'est pas bonne, car il faut généralement attendre trois ou quatre jours pour avoir la pleine cuvée d'une cuve de trente barriques : ce qui suffit pour ralentir et vicier profondément la fermentation.

Nous avons visité les vignes où M. de Mallet, malgré son grand âge et malgré la neige, a bien voulu nous accompagner. Les vignes sont d'abord tenues si basses, qu'on est obligé de déchausser les ceps pour procéder à leur

Fig. 233.

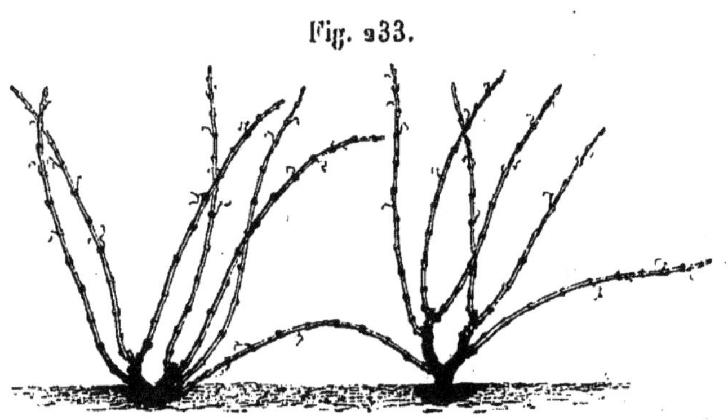

taille. Voici l'aspect qu'elles présentent (fig. 233) : une petite souche à deux cornes, trois rarement, taillées à un ou à deux yeux; ces petites souches montent plus ou moins par la taille et passent par les phases de hauteurs successives des figures 233 et 234. Jamais je n'ai vu taille si courte, si peu de bras aux souches, végétation si maigre, et production de vin si chétive : six barriques à

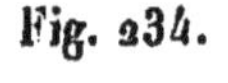

Fig. 234.

l'hectare, telle est la production moyenne; trois barriques pour le propriétaire et trois barriques pour le vigneron; et les terres sont excellentes : c'est à n'y pas croire! J'ai fait remarquer à M. le baron de Mallet que presque toutes les souches de ses vignes, un peu haut montées, portaient sur leurs têtes deux, trois ou quatre chétifs sarments, et qu'elles lançaient de leur pied un ou deux gourmands, gros comme le doigt et longs de trois ou quatre mètres; il fut frappé de ce fait, et comprit parfaitement qu'on tuait les vignes en leur coupant la tête. M. le baron de Mallet est un de ces caractères nobles qui mènent une grande existence dans la confiance absolue de leurs serviteurs, et qui sentent plus le besoin de vivre honorablement et doucement, dans leurs vastes propriétés, que de pressurer la terre et de presser ceux qui la cultivent autour d'eux; ce qui ne les empêche point d'exercer leur intelligence à l'égard des productions de la campagne.

C'est ainsi que M. de Mallet, dans un parc planté avec goût, et où se trouvent de nombreux hectares de vignes avec des massifs d'arbres, cultive la truffe avec succès en mêlant de petits chênes aux vignes. Dans les vieilles vignes qu'on veut détruire à Sorges, on plante des chênes; et, après peu d'années, on récolte beaucoup de truffes sous le pourtour de leur arborescence.

Au domaine de Puyferrat, j'ai trouvé, à côté de vignes très-étendues conduites à bras et à taille courte, quelques lignes d'essai dressées avec succès à la branche à bois et à la branche à fruit. Ce domaine est essentiellement vignoble, et produit d'excellents vins avec les fins cépages que M. Paul Dupont et Mme Bouclier, sa fille, y font conserver avec soin.

A Coulaures, chez M. le docteur Guilbert, sous sa conduite et avec tous ses vignerons réunis, nous avons vu de jeunes plantations de trois et de quatre ans parfaitement réussies et dirigées à branche à bois et à branche à fruit; seulement M. le docteur Guilbert avait pensé que le courson à bois *ab*, croquis *A* (fig. 235), pouvait être sur

Fig. 235.

un bras *b c*, tandis que la branche à fruit *def* serait portée par un autre bras *gh*. Il n'en est rien: *abc* forme un cours de séve; *ghef*, un autre cours de séve, à peu près étranger au premier. Toute la vigueur donnée aux racines correspondantes par *ghef* serait perdue pour *cba*, quand, à la taille suivante, on couperait en *dg*. Il ne faut qu'un seul et même cours de séve, comme dans le croquis *B*; *cb* est le courson de l'année précédente, sur le bas duquel on prendra le courson *ed* de l'année suivante, tandis que le sarment du haut de *cb* portera *bef*, branche à fruit, sur un même canal séveux pour l'aste et pour le cot de retour : sur deux bras, il faut deux astes et deux cots de retour, et non le cot sur un bras et l'aste sur l'autre.

Fig. 236.

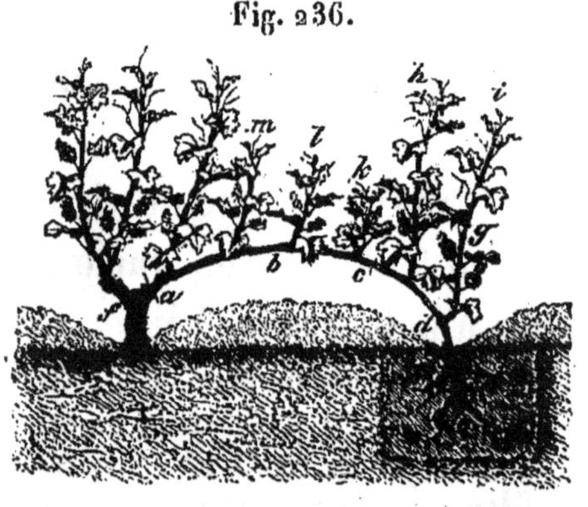

Nous avons vu aussi dans les vignes du docteur Guilbert des versadis parfaitement réussis, bien vigoureux et bien chargés de raisins (fig. 236). Je rappelle ici que le versadi est un long sarment *abcde* dont on plante la tête renversée *ed* à 20 ou 25 centimètres en terre, de façon à lui faire prendre racine sur place et à y constituer plus tard un cep qui sera fertile dès la première année et très-fertile les années suivantes. Ces versadis forment à la fois provin, à l'air libre, et branche à fruit. Au printemps suivant, on taillera en *c* et en *a* et on aura les deux ceps, *f* l'ancien et *g* le nouveau, tous deux en bon état et bien disposés. Nous avons pu voir à Coulaures plusieurs dispositions comme celles de la figure 236, dont les deux bourgeons *h* et *i* sont plus grands, plus forts, et donnent de plus grosses grappes que les autres bourgeons *k l m;* leur vigueur indiquait que des racines s'étaient développées entre *d* et *e*.

Les vignobles de Brantôme offrent, dans leurs rapports avec la ville, un aspect ravissant. M. le maire Delille et M. le docteur Bessières m'ont fait visiter leurs vignes, en compagnie de M. Labarrière, juge de paix, de M. Nicot, de M. Soulier, de M. de Saint-Aulaire, et de quelques propriétaires et vignerons. La culture de la vigne ne présente de singularité que dans sa plantation, qui consiste dans une première bouture piquée à la cheville et dans le rognage de cette bouture repiqué à côté; souvent c'est la rognure, piquée peu profondément, qui réussit le mieux. On s'abstient aussi, à Brantôme, de tailler pendant les deux premières pousses et l'on rase, au printemps de la troisième année, toute la tige au niveau du sol. On emploie les effeuillages de l'automne à la nourriture du bétail; enfin on remplace souvent les pieds manquants par un sarment d'une souche voisine abaissé sous terre, coupé à moitié après la première végétation et séparé tout à fait après la seconde. D'ailleurs, la taille est très-courte et les bras de la vigne peu nombreux. En somme, la plupart des pratiques sont les mêmes que celles de l'arrondissement de Périgueux. Les vignes sont fort bien tenues, mais elles donnent peu, à cause de leur taille restreinte seulement, car le terrain leur est excellent.

Le progrès se fait du reste à Brantôme, et l'éveil est donné sur toutes les questions viticoles : MM. de Saint-Aulaire et Soulier ont augmenté singulièrement leurs récoltes par l'usage intelligent des longs bois depuis quelques années. Ce qui m'a le plus frappé à Brantôme, dans notre banquet de dégustation, c'est l'existence d'un véritable cru, offrant des vins suivis, chez tous les propriétaires, avec plus ou moins de qualités sans doute, mais se soutenant d'année en année avec un caractère semblable d'agrément, de corps et de générosité. Les vins de Brantôme sont des vins distingués. J'ai à remercier M. le docteur Guilbert de m'avoir conduit dans cette charmante ville, et ses viticulteurs du gracieux et cordial accueil qu'ils m'y ont fait. J'ai promis aux vignerons de Brantôme de reproduire une souche de cent ans dont j'ai pris le croquis sous leurs yeux, entre mille pareilles. La figure 237 donne exactement cette souche; elle n'offrirait rien de remarquable, si ce n'est sa longévité, bien que taillée à deux seuls coursons à deux yeux; c'est une rare exception que cette longévité à taille courte, mais il faut dire que ces souches produisent excessivement peu.

Fig. 237.

J'ai vu à Ars, dans les belles vignes de M. Valabrègue, des cots de retour, avec branches à fruit, laissés à toutes les souches de vignes pleines, avec un petit tuteur pour les soutenir et les tenir attachées à quinze ou vingt degrés au-dessus de la ligne horizontale. Je représente cette bonne disposition de la vigne, que M. Valabrègue donne à tort comme la conséquence de mes conseils, dans la figure 238.

Fig. 238.

M. Valabrègue s'est mis à l'œuvre de viticulture avec énergie et dans l'intention formelle d'être utile à tous. Pour atteindre ce but honorable il a dû vaincre les résistances de ses aides et fermer l'oreille à leurs critiques.

J'ai été bien ravi aussi de rencontrer dans les cultures de M. Valabrègue des versadis merveilleusement réussis (voir la figure 236); seulement tous les bourgeons entre *a* et *c* avaient été abattus, mais le résultat principal n'en était pas moins obtenu, c'est-à-dire un beau cep, vigoureux et bien chargé de raisins, comme la figure l'indique en *dhige*.

A Jommeillères, chez M. Masse, nous avons vu une vigne en cépages bordelais abandonnée parce qu'elle ne voulait pas donner de fruits et livrée au passage et au pacage du bétail, offrant néanmoins une végétation luxuriante partout; elle s'est couverte de fruits sur un grand nombre de ceps, par cela seul qu'on avait cessé de la soumettre à la taille courte et stérilisante du pays.

M. Masse possède une belle exploitation industrielle, un haut fourneau au bois, desservi par une armée de bœufs pour le transport des minerais, des combustibles et des produits. Tous ses ouvriers, que j'ai vus et entendus, s'associent pour vivre à dépense commune. Quand le vin entre dans leur ration, le taux de la dépense de chacun est de 60 centimes. Ce prix est de 70 centimes quand le vin ne peut y figurer. Ainsi non-seulement le vin compense une quantité d'aliments correspondante à son prix, mais encore il donne un bénéfice sur le total, et les ouvriers déclarent avoir plus d'énergie et de contentement dans le travail par l'usage du vin.

A Connezac, chez M. Louis de Gallard, nous avons pu admirer des vignes magnifiques, tenues avec les soins les plus intelligents, et des vignes, à la taille type, en pleine promesse de belles récoltes.

Avec MM. Amadieu père et fils nous avons visité les vignes et le château de la Roche-Beaucourt, domaine et château princiers, à M. le comte de Béarn. Ses vignes à labourer, dressées sur deux fils de fer, à branche à bois et à branche à fruit, sont pleines de vigueur et couvertes de fleurs; elles vont être ébourgeonnées et pincées, elles seront palissées et rognées; leur produit sera évidemment double ou triple de celui des nombreux hectares qui les avoisinent et qui sont traités à la taille locale. M. Julien, régisseur de M. de Béarn, dirige parfaitement ces cultures; seulement il a mis aussi, comme M. le docteur Guilbert, le courson à bois sur un bras et l'aste à fruit sur un autre bras; mais il a parfaitement compris qu'il ne devait pas en être ainsi, et l'inconvénient disparaîtra.

En nous rendant à Verteillac, nous avons admiré en passant les grands vignobles de Gouts-Rossignols, donnant des vins alimentaires de bonne consommation courante; ces vignobles sont presque tous labourés à la charrue et parfaitement tenus; malheureusement tous sont à la tige restreinte et à la taille courte et ne donnent au plus que 20 hectolitres à l'hectare.

Près de Verteillac, chez M. Amadieu, dans sa propriété de Malines, nous avons vu sur des terres appartenant aux formations inférieures des terrains crétacés, à silex noir, des vignes de tout âge et de toute conduite, épaisses et en jouelles, à taille courte, en chaufferette, et à taille longue; des jeunes vignes en lignes sur fils de fer, à branche à bois et à branche à fruit, parfaitement établies, se présentaient avec toutes les conditions de la plus grande fécondité; mais toujours, et partout, les vignes à taille courte et restreinte étaient d'une infériorité marquée.

La commune de Celles, dont j'ai déjà signalé les vignes hautes, possède aussi des vignes basses qui ne rendent presque rien. M. Bélisle, dont le père est maire de Celles, a déjà traité une partie de ses vignes en branche à bois et branche à fruit, et nous avons pu constater que, sous cette conduite très-bien installée, M. Bélisle pouvait compter sur des résultats bien supérieurs à ceux que semblaient offrir ses autres vignes.

En passant à Ponteyraud, j'ai visité le château et le domaine créés par M. de la Faye sur les bords de la *Double*. Des luzernières immenses et de toute beauté occupent, avec des prairies irriguées, le fond d'une grande vallée dont les coteaux et les plateaux se couvrent de vignes : 30 hectares, dont la plupart toutes jeunes et quelques-unes déjà anciennes, sont en pleine vigueur; des parties de trois ans sont en bonne fructification cette année; de vieilles vignes de trente ans, qui ne donnaient, à la taille courte, rien que de longs jets de sarments sans fruits, ont été régénérées par la taille longue, et ont donné jusqu'à 2 litres par pied, 100 hectolitres à l'hectare; elles paraissent disposées à en donner autant cette année. M. de la Faye va porter à plus de cent hectares l'étendue de ses vignes.

A Saint-Aulaye j'ai vu deux faits de viticulture remarquables : le premier dans les vignes de M. Jouffrey, qui a bien voulu me diriger dans l'étude de son canton; le second, chez M. Leperche.

Une pièce de vigne d'un hectare était plantée à un mètre au carré, et arrivée à l'âge de treize ans, quoique poussant avec une grande vigueur, elle s'obstinait à ne pas donner de fruits. M. Jouffrey attribua cette stérilité au trop grand rapprochement des ceps, et il conçut l'idée, singulièrement hardie, de faire deux hectares de vignes avec son hectare : il fit arracher avec soin un rang de vigne entre deux, et fit replanter ces rangs arrachés, à deux mètres aussi les uns des autres, dans une terre voisine. La tige très-forte des souches, à deux et trois bras, avait été réduite à un seul bras, le plus fort, et toutes les racines, autant que possible, avaient été conservées.

Toutes les souches transplantées ont parfaitement repris et poussé avec vigueur dès la première année; nous sommes à la troisième année de l'opération, et chaque cep, à peu près stérile précédemment, porte aujourd'hui quatre ou cinq grappes. Quant à la vigne première, elle est devenue plus fertile depuis son espacement. Est-ce par son espacement? Est-ce par les quinze à seize ans auxquels elle est arrivée? C'est là une question sérieuse; car, dans les bonnes terres et dans les vignes fortes, taillées court, les ceps refusent souvent de donner autre chose que du bois, jusqu'à la douzième ou quinzième année.

Quant à l'opération en elle-même, elle est plus curieuse qu'avantageuse, car elle a coûté de 1,600 à 1,700 francs, tandis qu'une plantation à bouture, bien faite, n'aurait coûté que 5 à 600 francs, pour donner à la troisième année autant et plus que la vigne replantée. Les vignes de trois ans de M. de la Faye en donnent la preuve, dans des terrains semblables et sous le même climat ; car ce sont les terrains et le climat de la Double.

Le second fait remarquable, c'est l'introduction dans la commune de Saint-Aulaye par M. Leperche, qui les avait appliquées avec succès à Saint-Émilion, des cultures en cordons sur pieux et fils de fer, selon la méthode de M. Georges plutôt que selon la méthode de MM. Cazenave et Marcon. J'ai vu dans sa propriété du Bournat, enclavée, comme celle de M. Jouffrey, dans la bordure de la Double, toute une vigne dressée à cordons de deux à trois mètres de long, et le long de ses vignes anciennes, conduites à la méthode du pays, des lignes de cordons, dont chaque cep mesure quatre à cinq mètres, couvertes de grappes en boutons d'un bout à l'autre. La figure 239 donne une idée de ces cordons, qui,

Fig. 239.

dans les premières années, doivent donner de bons résultats, avec de certains ceps qui aiment les tailles courtes surtout. Le cordon à cot doit avoir dans certains sols, et pour quelques ceps, comme le chasselas, le gamay, le grenache, le fert, etc. la supériorité sur la taille à courson et à aste, qui convient mieux à la famille des cots, des pineaux, des mesliers, des carbenets, des muscats, etc. La taille en cordon, à courson, représente exactement la taille courte sur souche, et en a toutes les propriétés; la taille à cot et à aste, ou à aste seulement sur cordon, a toutes les propriétés de la taille à long bois, sur souche aussi.

M. Leperche a créé une vigne pleine en cordons sur une étendue d'un hectare; il a d'autant plus de mérite dans cette œuvre, que, riche et brillant propriétaire, il est obligé de tailler et de soigner lui-même sa vigne, son métayer, vigneron renforcé, professant un amour effréné pour la taille raccourcie, même sur un seul œil.

« Avec un seul œil, me disait le métayer Moreau, je veux « produire plus que tout le monde avec les longs bois. — « Alors, lui dis-je, vous prenez votre propriétaire pour un idiot « et pour un fou? — Le vigneron. Chacun son idée. — Moi. « Vos vignes, vous le voyez, n'ont pas le tiers des fruits de celles « que conduit votre propriétaire. — Le vigneron. Ça ne du- « rera pas. — Moi. Il y a dans l'Isère des vignes à cordons « de cent ans et plus. — Le vigneron. Je ne les ai pas vues. « — Moi. Avez-vous des enfants? — Lui. Non. — Moi. « Tant mieux! car vous les raccourciriez pour les fortifier. « — Le vigneron. Des enfants, ça n'est pas des vignes. — « Moi. C'est vrai; pourtant tout ce qui vit se ressemble un « peu. Mais ces jeunes pruniers à tige, à quatre branches « élancées, si vous les rabattiez tous les ans sur un œil, com- « bien donneraient-ils de prunes et combien de temps vi- « vraient-ils? » Sur ce, je fis comme M. Leperche quand il taille sa vigne, je tournai le dos à M. Moreau; car le métayer Moreau, vigneron absolu, possède, outre des principes de taille invariables, des onguents contre l'oïdium et contre toutes les maladies de la vigne : ce sont des secrets qu'il n'applique pas et qu'il ne confie à personne.

Je me hâte de dire que cet artiste est une rare exception dans tout le Périgord ; car je n'ai jamais vu aucun pays où les vignerons aient plus de bon sens, de sagacité, de modération, et plus de désir de s'instruire. A Saint-Aulaye même, j'ai trouvé la meilleure volonté du monde. C'est un véritable modèle de vigneron, M. Florentin, devenu bon propriétaire par la culture de la vigne, culture qu'il continue à pratiquer avec une intelligence remarquable, qui m'a donné tous les renseignements sur les plus petits détails des procédés locaux; il va se mettre à la tête des essais de toutes les améliorations que nous avons proposées.

Quoi qu'il en soit, M. Leperche, aussi bon agriculteur que viticulteur habile, a su créer dans cet autre coin de la Double et arracher aux brandes, aux genêts et aux fougères de cette contrée, comme le fait M. de la Faye sur une plus grande échelle, la plus jolie métairie qu'on puisse voir: des vignes splendides, des blés pleins d'épis serrés, d'un vert foncé, des prés, des herbages, des arbres fruitiers de toute beauté.

J'ai prononcé plusieurs fois le nom de *la Double :* qu'est-ce donc que la Double?

C'est une superficie de quarante à cinquante mille hectares de sables, plus ou moins mélangés de gravier, qui recouvrent, par une épaisseur de vingt à quarante centimètres, une couche d'argile imperméable à l'eau, couche de douze à vingt mètres de profondeur. Au-dessous sont des sables aquifères, contenant des eaux de boisson et de service excellentes; mais à la surface du sol, où se maintiennent les seules eaux du lavage des sables, les eaux sont malsaines, et leur usage, leur atmosphère vaporeuse de stagnation en sous-sol, en mi-sol ou sur le sol, en étangs ou flaques à niveau et à étendue variables, sont essentiellement fébrifères, et engendrent, comme dans la Sologne, une population faible, peu développée et maladive.

A part ces graves inconvénients, qu'on n'aperçoit pas d'abord, la Double offre, aux yeux de celui qui la traverse rapidement, un aspect aussi varié, aussi agréable, que celui d'aucun autre bon pays : c'est une multitude de petites collines et de jolis vallons qui semblent d'une rare fertilité, produisant des prairies en vallées, en coteaux, en plateaux; des luzernes, des blés touffus, des plantes potagères, des vignes luxuriantes, des poiriers, des pommiers, des cerisiers, tous les arbres fruitiers de première grandeur, partout où l'on a installé ces cultures, ainsi que de beaux produits forestiers partout où l'on n'a pas défriché et partout où l'on a semé ou planté les diverses essences forestières : les terres défrichées et abandonnées aux brandes, aux fougères et aux genêts offrent seuls l'aspect d'une stérilité forcée. En un mot, la Double apparaît aux yeux de l'agriculteur, du viticulteur, de l'arboriculteur et du jardinier comme une terre dont il peut tout espérer, tout obtenir.

Si la Double n'était pas privée de calcaires et d'eaux salubres, dont on peut d'ailleurs la pourvoir en abondance et à peu de frais, si elle n'était dévorée par les fièvres intermittentes, dont on peut la débarrasser facilement : 1° par l'usage habituel du vin et du café; 2° par l'endiguement des étangs, qui peuvent ainsi rester constamment en pleine eau et former des lacs agréables, utiles et salutaires; 3° par la destruction des étangs à niveau variable, par l'assèchement de toutes les mares et marais, de toutes les *nauves* (espèces de fondrières ou poches d'eaux croupissantes avec des tourbes mousseuses), le tout au moyen de gros drains couverts, aboutissant à des fossés se déversant dans des canaux; si des routes et chemins agricoles étaient établis dans la Double; si on y attirait de nouvelles populations, françaises ou étrangères, à établir dans de petites et nombreuses métairies, à moitié fruits, avec commandite, patronage et direction agricole, économique et hygiénique des propriétaires, la Double, dis-je, acquerrait en peu d'années une valeur agricole énorme.

Je le dis, comme M. de la Faye dans son *mémoire* sur la Double : si l'on pouvait donner la Double aux Saintongeois, et j'ajoute aux Aveyronnais, aux Alsaciens, aux Lorrains, aux vignerons de l'Hérault, de l'Ardèche, du Beaujolais, et surtout de l'Auvergne, avant dix ans la Double serait une des parties les plus riches de la France, et l'insalubrité en aurait complétement disparu.

A défaut de transformations opérées par les migrations intérieures, qu'il serait absurde d'encourager, puisque toutes les campagnes manquent de bras, faute d'enseignement, faute de direction, faute de bonnes conditions faites à la multiplication et à la stabilité des familles par la propriété rurale, ne pourrait-on dériver vers nos contrées dépeuplées les migrations étrangères, allemandes, irlandaises, belges, etc.

Rien au monde ne serait plus facile, en assurant aux familles le logement, la nourriture et le salaire d'abord, le partage des fruits bientôt après, et ensuite, si l'on veut, la petite propriété de leur demeure, d'un jardin, d'un verger et de terres attenantes, acquise par annuités retenues sur le prix du travail ou sur ses produits; enfin en leur assurant justice et protection égales à celles des nationaux.

Que les propriétaires des terres désertes ou peu peuplées se réunissent en syndicats; que ces syndicats s'engagent à fournir à chaque famille une métairie de six à huit hectares avec petite maison et petit cheptel, avec 1,000 francs d'avance à la nourriture et au vêtement pendant deux ou trois ans; que les crédits fonciers et agricoles fassent aux propriétaires qui en auront besoin, sur l'avis des syndicats, les avances hypothécaires nécessaires à cet effet, remboursables par annuités ou en totalité et à volonté; que les propriétaires isolés qui voudront augmenter aussi leurs richesses soient admis, aux mêmes conditions, à s'inscrire pour recevoir des familles et pour jouir du crédit correspondant aux gages qu'ils offriront; cette organisation une fois établie, et ces conditions arrêtées, que *le Moniteur* et les grands journaux soient invités à les porter à la connaissance du monde entier, et en vingt ans la France aura acquis une force et une richesse inouïes.

Quand la France sera ainsi peuplée, nous peuplerons de même l'Algérie. Les magistrats, les commissaires, les inspecteurs, veilleront à la justice, à la moralité et à l'harmonie des rapports entre les tenanciers, les ouvriers et les propriétaires. Les familles agricoles, fixées sur le sol par l'attrait à la propriété et aux fruits, voilà l'agriculture, voilà l'abondance, voilà le bon marché, voilà la richesse, voilà la force dans une nation! Il n'y a ni solidité, ni réalité, ni perpétuité ailleurs. La famille rurale mariée au sol est la seule base de toute dynastie.

Les ouvriers isolés, garçons et filles, doivent être accueillis en domesticité, ou reçus dans des établissements séparés, avec logement, nourriture et gages, jusqu'à ce qu'ils forment souche par le légitime mariage; c'est seulement alors qu'ils peuvent entrer en métairie : la terre est l'assiette de la famille. Les moitiés du genre humain, mâles ou femelles, ne voulant, ne pouvant et ne devant ni multiplier ni traditionner, ne sont que les serviteurs et les accessoires du genre humain. Ils n'ont de valeur que par leur attachement et leurs services aux familles, qui perpétuent la nation, matériellement et moralement, par la tradition simultanée des pères et mères aux enfants, par l'amour et le dévouement filial et par la vie fraternelle dans la famille.

Ces points de vue sont fondamentaux dans l'économie agricole : la famille rurale a une valeur générale et absolue infiniment supérieure à celle des ouvriers ruraux ; elle a des droits et des devoirs bien différents et bien plus précieux.

Partout où le vin peut être produit avec le pain dans la métairie, la santé, l'aisance, le contentement dans la famille, sont assurés, et le partage avec le propriétaire est facile et rémunérateur.

La vigne, dans la Double, pousse comme du chiendent; elle y vit des siècles et elle y est d'une grande vigueur : elle y sera d'une grande fécondité dès que les lois de sa culture y seront mieux connues. Sur ses cinquante mille hectares, la Double comporterait trente mille hectares de vignes, si cela était nécessaire; mais elle peut avoir autant de prairies que de vignes, car les prairies y viennent partout; ce serait un second Beaujolais, si elle comptait cinquante mille habitants, et elle peut en nourrir cent mille. Comme à la Sologne, comme aux Landes, il n'y a absolument que la population qui manque à la Double; et la population s'y ferait avec un enseignement, une organisation et une impulsion agricoles bien différents de ceux qu'on croit les meilleurs aujourd'hui. Tous les encouragements, tous les enseignements prodigués à l'agriculture depuis quelques années, sont inspirés par les plus loyales intentions de faire le bien; malheureusement leurs principes sont paradoxaux et leurs conséquences opposées au résultat cherché.

J'ai vu, dans la Double, des poiriers et des pommiers gros et hauts comme des chênes; j'y ai vu à Biscaye, près d'Échourgnac, dans une propriété de M. le docteur Piotay, au milieu de magnifiques arbres fruitiers de toutes espèces, un tamarix, planté par lui il y a dix-huit ans, ayant un tronc de $2^{m},50$ de longueur et de 38 centimètres de diamètre; j'ai vu là aussi des troncs de vigne de 15 et de 18 centimètres de diamètre sur $1^{m},20$ de hauteur, en ceps de jouelles et de

Fig. 240.

plein champ. Je donne, dans la figure 240, le croquis d'une de ces souches séculaires.

La vigne prend partout et vient partout dans la Double;

lorsque ses racines ont atteint l'argile, elle est assise définitivement et solidement. L'argile du sous-sol de la Double, comme celle de la Sologne, est d'une grande fertilité; il suffirait de l'extraire de la profondeur de vingt à quarante centimètres, où elle est située sous le sable pur ou graveleux, de la distribuer, tous les dix ou onze ans, par cent mètres cubes à l'hectare répandus sur les champs, sur les prairies, dans les vignes, pour y entretenir une constante et suffisante fertilité. Le fumier pourrait, grâce à cet amendement, être exclusivement consacré aux froments, aux pommes de terre et aux jardins.

A Saint-Médard-de-Mussidan, à son domaine de Chantairac, M. de la Rivière a disposé des vignes à branches à bois et à branches à fruit, avec échalas et fils de fer. Son succès est complet et ses rendements considérables; j'ai vu quatre hectares de vignes ainsi dressées et parfaitement belles. A Saint-Front-de-Pradoux, M. le docteur Piotay, président du Comice agricole et membre du conseil général, s'est contenté d'ajouter de longs bois à la taille ordinaire des souches, et déjà il a singulièrement augmenté ses produits, sans diminuer la qualité de ses vins, qui sont de fort bonne et fort agréable consommation. Dans la visite de ce dernier domaine, M. Jean Boussarot, vigneron *de manu* très-expérimenté, nous a dit avoir constaté que le bas des sarments était bien moins précoce et moins vigoureux en bouture que l'extrémité supérieure.

La Société d'agriculture de la Dordogne exerce une puissante et heureuse influence sur le progrès agricole du département, en faisant étudier toutes les questions d'agriculture pratique et économique et en y portant l'enseignement, l'émulation et les encouragements de toutes sortes.

Cette grande société, magistralement et richement organisée, a établi des concours annuels réguliers avec prime d'honneur, nombreuses médailles et prix, dont la valeur intrinsèque est très-importante, mais dont la valeur est surtout relevée par le discernement et l'impartialité avec lesquels ces récompenses sont décernées. Le concours du colonage, le concours vinicole départemental, établis par elle, ont surtout obtenu, en 1864, un grand succès et un grand éclat. Le colonage ou métayage et la viticulture, encouragés spécialement par cette Société, prouvent que les questions fondamentales de notre agriculture nationale ont été mieux comprises dans la Dordogne qu'en aucun autre département.

RÉSUMÉ SYNTHÉTIQUE ET ANALYTIQUE

DE LA

RÉGION DU SUD-OUEST.

La région du SUD-OUEST diffère beaucoup de celle du SUD-EST par son climat, qui ne permet pas à l'olivier, encore moins aux orangers, de prospérer dans aucun de ses départements et qui n'admet les cépages du sud-est qu'en très-petit nombre et dans quelques sites privilégiés.

L'Ariége, la moitié sud de la Haute-Garonne, les Hautes- et Basses-Pyrénées, qui occupent les versants nord de la chaîne pyrénéenne, quoique formant la zone la plus méridionale de la région du sud-ouest, en sont néanmoins les parties les plus froides et les plus exposées aux gelées printanières : les gelées, qui détruisent la première végétation de la vigne, y sont presque aussi fréquentes et presque aussi redoutables que celles qui frappent trop souvent les régions du centre et du nord de la France vignoble. L'inclinaison nord du plan général des rampes, l'altitude des lieux, le voisinage des neiges et des glaces, rendent suffisamment raison de cette constitution météorologique. Toutefois dans ces basses latitudes, où les rayons solaires offrent toujours les mêmes ardeurs, on ne sera point étonné que certaines dépressions du sol, certaines expositions, certains abris, puissent assurer à quelques circonscriptions un climat plus stable, plus sain et plus chaud : c'est ce qu'on observe à Pau et dans ses environs, à Madiran, à Cabanac, à Saverdun, etc. Mais, sauf ces localités et quelques autres où certains fins cépages du sud-est peuvent être cultivés avec avantage pour vins de liqueur et de rôti, on peut dire que partout ailleurs les cépages du centre, et même du nord de la France, conviennent mieux au climat de la zone pyrénéenne du sud-ouest que les cépages de l'extrême midi.

Ce ne sont pas seulement les froids subits et extrêmes qui sont à redouter dans la zone pyrénéenne; ce sont encore les orages chargés de grêle qui viennent ravager les récoltes plus régulièrement et plus fréquemment qu'en aucun autre pays de France. Cette zone à grêle borde au nord la zone à gelée; elle s'étend à la partie sud des Landes et du Gers et jusqu'au nord de la Haute-Garonne. Dans ces limites, plus on s'approche des crêtes des Pyrénées, plus les gelées sont redoutables pour la vigne; plus on s'en éloigne, plus les grêles sont à craindre : les deux fléaux se réunissent pour affliger doublement la ligne moyenne.

Si l'on considère le plan incliné, doux et prolongé des Pyrénées du côté de l'Espagne, les escarpements et les descentes rapides de ces mêmes chaînes du côté de la France, on comprendra que les nuages poussés par les vents du sud et du sud-ouest, refroidis par les crêtes des montagnes, rencontrent, au nord des Pyrénées, des bassins et des remous d'air chaud où ces nuages s'arrêtent, se superposent, réunissant ainsi les conditions les plus favorables à la formation des orages à grêle, et éclatent en ouragans destructeurs sur le fond même des bassins qui les ont retenus.

Le Gers, le Tarn-et-Garonne et le Lot-et-Garonne constituent les climats les plus chauds de la région, tandis que les Landes, la Gironde et la Dordogne en sont la portion la plus tempérée et la plus propre à la production des bons vins de consommation alimentaire, ordinaire et d'extra. Les Landes sont froides et souvent frappées par les gelées tardives; mais cela tient à leur grande superficie inculte et au niveau des eaux rapproché de la surface du sol : la culture et l'assainissement du sol assimileraient tout à fait ce département à celui de la Gironde.

Malgré ces différences entre les trois groupes des départements de la région du sud-ouest, cette région n'en offre pas moins une opposition remarquable avec le sud-est quant à la culture de la vigne, à la nature des cépages qui lui conviennent et au caractère de ses vins.

Il est heureux qu'il en soit ainsi; car le sud-ouest, qui fournit le médoc, les graves, le saint-émilion, le sauterne, la monbazillac, le jurançon, etc., en sus des vins de grande et salutaire consommation, dépasse de beaucoup le sud-est dans l'importance, la qualité et le prix de ses produits : il répond ainsi victorieusement au dicton languedocien que j'ai entendu répéter souvent dans l'Hérault : que la vigne ne donne de bons vins que là où croît l'olivier et là où l'air de la Méditerranée peut s'étendre.

Ces dictons, inspirés par un patriotisme exagéré, ont besoin d'être réduits à leur stricte valeur, non-seulement parce qu'ils ne sont pas vrais, mais encore parce qu'ils empêchent le progrès, en attribuant toute la qualité des vins à des influences spéciales qui n'y participent que comme accessoire. Le sud-ouest, et la Gironde surtout, pourraient retourner le dicton languedocien, et dire qu'on n'obtient de bons et de grands vins que là où l'olivier cesse de croître et là où se font sentir les vents de l'Océan; mais alors interviendraient avec raison la Bourgogne et la Champagne pour réduire à néant la prétention des deux régions.

En effet, la vérité n'est point dans ces prétentions locales: la vérité est qu'avec les cépages du sud-est le sud-ouest ferait des vins détestables et que le sud-est en ferait d'excellents, mais toujours un peu trop généreux, avec les cépages du sud-ouest. La vérité est que le cépage domine d'abord, et avant tout, la production des bons vins, vins dont les qualités augmentent ou diminuent avec le climat, le site, le sol et le mode de conduite du cep.

Quoi qu'il en soit, la vigne joue dans l'économie rurale et sociale du sud-ouest un rôle encore plus important que dans le sud-est.

Sur 6,489,648 hectares de superficie totale, cette région cultive 587,500 hectares de vigne, à peu près un dixième de son sol. Ces 587,500 hectares donnent un produit brut de 405,550,000 francs; lesquels représentent le budget normal de 405,550 familles moyennes de quatre individus, ou de 1,622,000 âmes, près de la moitié de la population totale, qui est de 3,783,815 habitants, et constitue également la moitié du revenu total agricole, qui s'élève à 810 millions de francs.

La vigne, quoique comptant 10,000 hectares de moins dans le sud-ouest que dans le sud-est, y rend néanmoins 32 millions de plus; ce qui porte à 38 millions la plus-value de ses produits pour un même nombre d'hectares. La richesse vignoble du sud-ouest dépasse donc de 10 p. 100 celle du sud-est; mais si l'on résume les rendements de la région des oliviers département par département, on trouvera qu'elle produit 20,475,000 hectolitres de vin, donnant ensemble une valeur brute de 373,600,000 francs, ce qui porte la valeur moyenne de l'hectolitre à 18 fr. 23 cent., tandis que la région pyrénéenne et bordelaise ne rend que 11,124,000 hectolitres, dont la valeur brute est de 405,550,000 francs, ou de 36 fr. 45 cent. l'hectolitre.

Ainsi, de tout temps, la consommation, ordinaire et supérieure a offert aux vins de la région du sud-ouest un prix double de celui donné par la spéculation aux produits du sud-est; le véritable progrès, signalé et constaté par la tradition, est donc du côté des cépages et des cultures de cette région.

La Gironde domine la viticulture du sud-ouest comme l'Hérault s'impose à la viticulture du sud-est : c'est Rome et Carthage se disputant le sceptre du monde viticole. Je ne dirai point ici *delenda est Carthago*, car l'Hérault se distingue par une foule d'excellentes pratiques à signaler et à imiter; mais la Gironde a donné les meilleurs préceptes, les meilleurs exemples, les meilleurs produits, par le choix de ses cépages, par ses cultures, par ses palissages, par ses remplacements, par ses vendanges, ses cuvaisons, ses chais, ses vins, ses exportations; et je crois être dans le juste et dans le vrai en proclamant sa supériorité et en invitant tous les vignobles du midi et du centre à puiser dans la Gironde la plupart des inspirations progressives de leur viticulture et de leur vinification.

Quoi qu'il en soit, dans la région du sud-ouest la plupart des plantations sont faites sur défoncement, parfois en plants de deux ans, mais le plus souvent à bouture : les vignes sont disposées et maintenues en lignes et sur souches basses; toutefois, dans plusieurs départements, on y observe des vignes à demi-tige et des vignes à haute tige. Les vignes y sont d'ailleurs garnies, dès la plantation, de tous leurs ceps, lesquels restent francs de pied.

La taille qui domine dans la Haute-Garonne, dans le Tarn-et-Garonne, dans le Lot-et-Garonne, dans le Gers et dans la Dordogne est encore la taille courte sur deux ou trois bras, à un ou deux yeux; mais dans l'Ariége, les Hautes- et Basses-Pyrénées, ainsi que dans les Landes, on observe la taille longue sur les vignes basses, moyennes et hautes, à Pamiers, à Varilles, à Foix, à Saint-Girons, à Saint-Gaudens, à Périgueux, à Cabanac, aux environs de Tarbes, à Maubourguet, à Madiran, à Jurançon, dans les Chalosses, à Mirande, et sur toutes les vignes en arbres, en espaliers et en jouelles. Mais c'est le département de la Gironde qui offre les modèles les plus variés et les associations les plus curieuses et les plus intelligentes de la taille longue et de la taille courte : le médoc, les graves, les côtes, les palus, sont tous taillés à aste et à cot de retour. La Gironde met hors de doute la production d'excellents vins sur les longues tailles; et Jurançon, Madiran, Peyriguère, prouvent qu'on en produit de fort bons sur de hautes tiges et de longues tailles à la fois.

Dans la majorité des vignobles du sud-ouest on pratique la taille en février et mars, rarement en novembre, décembre et janvier. On préfère donc la taille tardive à la taille hâtive: on est ainsi d'accord avec la tradition qui enseigne qu'avec la taille *avant janvier* on a *plus de bois*, et qu'avec la taille *après janvier* on a *plus de fruits*. J'ai bien des fois vérifié l'exactitude de ce dicton, qui, du reste, trouve sa théorie dans les lois de la physiologie végétale.

Des quatre opérations de l'épamprage, ébourgeonnement, pincement, rognage et accolage, plus l'effeuillage, l'ébourgeonnement seul est généralement pratiqué : le pincement n'est pratiqué qu'à Capbreton; les relevages et accolages sont accomplis à peu près partout où les échalas sont employés; quant au rognage il n'est admis nulle part, si ce n'est très-tardivement, avant la vendange, où il se confond avec l'effeuillage.

Le remplacement des ceps morts se fait rarement par provignage; le plus généralement, et dans la Gironde surtout, le vieux cep est remplacé par un plant enraciné de deux ans.

Toutes les cultures qui le comportent sont accomplies aux instruments aratoires, et consistent dans un déchaussage des souches par un trait de charrue qui verse la terre au milieu de la rége; dans un chaussage qui, par un trait opposé au premier, reporte la terre sur les souches, et dans un décavaillonnage, qui s'entend de la culture et du déblai à la main de la bande de terre laissée entre les souches. Quant aux vignes cultivées à la main, elles sont, à peu de chose près, les mêmes que celles à la charrue : c'est là un mode de culture déplorable, qui s'étend à la plus grande partie du sud-ouest; dans tous les cas, les cultures sont profondes. Toutefois, la Gironde est revenue depuis longtemps aux cultures multipliées et superficielles, et généralement beaucoup plus à plat qu'autrefois. Les cultures superficielles et à plat, sauf les sentiers ou fossés d'assainissement nécessaires, conviennent seules à la vigne.

Je n'ai jamais pu comprendre les déchaussages profonds qui se font tous les ans au pied des souches à la charrue, puis à la main, par un décavaillonnage de 20 à 25 centimètres; j'ai vu des vignes ainsi traitées qui me semblaient être à moitié arrachées. Ce violent transport des terres, de la souche mise en fossé, au milieu des réges élevées en billon et de ce milieu remis en fossé, la souche étant enterrée jusqu'au collet dans un billon nouveau, ce changement énorme dans les conditions de chaleur et de sécheresse, de fraîcheur et d'humidité des chevelus de la vigne, m'a toujours paru non-seulement inutile, mais très-nuisible à la santé de la vigne : inutile, cela n'est pas douteux, puisque les cinq sixièmes des vignobles de France sont cultivés à plat et se portent à merveille; nuisible évidemment, car tous les arbres à racines traçantes sont profondément attaqués par les déblais ou les remblais. Tous les arbres fruitiers plantés en prairies fauchées périssent par le changement brusque de fraîcheur et d'humidité apporté au-dessus de leurs chevelus par les fauchaisons, tandis que ces mêmes arbres prospèrent dans les prairies pâturées. La Haute-Garonne, les Hautes- et Basses-Pyrénées, le Gers, le Lot et le Lot-et-Garonne n'ont le plus généralement, pour toutes cultures, que le déchaussage de mars et le rechaussage de mai. La Gironde déchausse et rechausse deux fois, et donne ainsi quatre cultures; mais les opérations se font moins profondément que dans les autres départements. Les binages à plat, comme les exécute M. Portal de Moux, vaudraient mieux sous tous les rapports.

Quant à la disposition des ceps en quinconce pour laisser la faculté de labourer les vignes à la charrue dans tous les sens, elle n'a aucune valeur, puisque le labour en tous sens n'en a point. Il suffit donc que les lignes soient parfaitement dressées parallèlement, les ceps pouvant ainsi varier de distance et de forme dans les lignes.

On peut labourer très-bien, les lignes étant à 1 mètre; on peut mettre les ceps dans les lignes depuis 33 centimètres jusqu'à 2 mètres; on peut, sans dépenser un sou de plus, au moyen de bons fils de fer, palisser trois cents comme cinquante ceps dans une ligne de 100 mètres. Avec le principe des labours parallèles, on peut donc avoir tous les plants nécessaires au sol et au climat dans un hectare de vigne. Le Haut-Médoc a résolu admirablement ce grand problème du labour, avec huit et neuf mille ceps palissés; on labourera et on palissera de même dans le nord avec trente mille ceps à l'hectare, si cela est jugé nécessaire.

Les cultures à la charrue sont des plus précieuses pour la vigne, non parce qu'elles économisent la main-d'œuvre, ce qui n'est pas une économie selon moi, mais parce qu'elles permettent de tenir les vignes toujours propres et d'y multiplier rapidement les binages : avec une bonne bineuse à un cheval, et les vignes étant bien entretenues de guéret, on peut faire un hectare par demi-jour, c'est-à-dire avec une dépense de moins de 3 francs. Un labour à la main ne peut coûter moins de 30 à 50 francs, et il exige vingt à vingt-six journées d'homme; on pourrait donc donner dix à quinze binages pour le même prix et dans la moitié moins de temps. Or la présence des herbes est un des plus grands fléaux des vignes; elles font couler et pourrir, en moyenne, un tiers des récoltes : il importe donc d'avoir un moyen sûr et prompt d'en débarrasser les vignes; et de plus chaque binage vaut un arrosement, en fixant dans le guéret (sol remué) l'humidité des rosées, des brumes et des pluies.

Dans la région du sud-ouest, comme dans toutes les régions vignobles, les bons vins sont produits par un très-petit nombre de ceps : le carbenet-sauvignon, la carmenère, le malbec, le verdot et le merlot réunis donnent sous différents noms, selon les localités, les admirables vins rouges du Médoc, des graves, de Saint-Émilion, de Bergerac, et l'on pourrait dire de toute la région où le pineau se montre peu, si ce n'est à Capbreton, Soustons, Messanges, et dans la Dordogne. Le sémillon et le sauvignon blanc, joints à la muscadelle, donnent les précieux vins blancs des graves, de Sauterne, à la tête desquels se place le château-Iquem; ceux de Bergerac et de Jurançon. Les bons vins rouges de Villaudric et de Fronton sont produits par le negret et le bouchalès; ceux de Jurançon, par le bouchy, le mansenc et le tannat; et tout porte à croire que ces différents noms se rapportent aux meilleurs cépages de la Gironde ou à des variétés qui s'en approchent beaucoup. On peut affirmer que les qualités de tous les vins rouges et blancs de la région s'élèvent ou s'abaissent suivant que les carbenets, les negrets, les bouchys, les mansencs, les sémillons et sauvignons et la muscadelle entrent pour plus ou moins dans leur production : à égalité de sol, de site et de conduite, bien entendu. Partout où ces cépages pénètrent peu, comme dans le Lot-et-Garonne, le Tarn-et-Garonne et l'Ariége, les vins ne sortent point des qualités ordinaires. La petite syra de l'Hermitage, la roussane et les carbenets feraient merveille dans le Lot-et-Garonne et le Tarn-et-Garonne, ainsi que dans le nord de la Haute-Garonne et de l'Ariége.

Dans les dix départements de la région, le choix des cépages m'a paru soumis à un double courant inverse dont les sources sont : d'une part, la Gironde et le Lot; et, d'autre part, l'Hérault, le Roussillon et l'Aude.

La Gironde et le Quercy ont engendré tous les bons vins des départements intermédiaires par les carbenets, par les negrets, les bouchalès, les cots rouges et verts, le bouchy, le mansenc, le sémillon, le sauvignon et le mozac. Tous les vins médiocres sont engendrés par les picpoules, les aramons, les terets-bourets, etc. venant du sud-est. C'est dans la Haute-Garonne que les deux courants se heurtent; mais les bons vins y triompheront d'autant mieux que les pineaux commencent à s'y marier aux autres fins cépages. Les vins rouges faits dans le Gers, dans les Hautes- et Basses-Pyrénées, dans l'Ariége et les Landes, dans le Lot-et-Garonne, avec quatre cinquièmes de carbenet, de negret, de bouchalès, de cot rouge ou de pineau noir, et avec un cinquième de raisins blancs, sont et seront toujours bons et solides. C'est dans ce sens qu'il convient de planter des vignes et de faire des vins dans tous ces départements.

Mais, hélas! un troisième courant, un torrent épouvantable, qui part des Charentes, passe par-dessus la Gironde, s'étale dans les Landes, les Basses- et Hautes-Pyrénées, puis vient former un immense tourbillon dans le Gers et le Lot-et-Garonne, apporte et jette partout aux alentours un cépage très-propre à la production d'excellentes eaux-de-vie, mais qui ne donnera jamais qu'un vin de consommation déplorable.

La folle blanche et ses variétés des Charentes, qui produisent les merveilleux cognacs, sont venues fonder dans une partie du Gers et un coin des Landes un autre centre de bonnes eaux-de-vie, les eaux-de-vie d'Armagnac; en passant par la Gironde elle a pris le nom d'enrageat (plant enragé, qui pousse partout, sous toutes les formes); puis, en entrant dans l'Armagnac, elle a pris le nom de picpoule blanc : sous ce dernier nom, la folle blanche envahit tous les vignobles environnant l'Armagnac, parce qu'elle résiste mieux que tout autre cépage à l'oïdium et parce qu'elle se conduit très-bien sans échalas. On transforme tout en picpoule; j'ai vu planter le picpoule dans les Chalosses, à Jurançon, à Crouseilhes, à Madiran, à Peyriguère, à Nérac, en un mot j'ai vu cinq départements menaçant de se transformer en picpoule.

On ne saurait trop prémunir les propriétaires et les vignerons contre le danger prochain et certain d'une pareille extension des cépages à mauvais vin.

La région bordelaise fait ses vendanges à pleine maturité : elle pratique la vendange tardive appliquée aux vins rouges, et plus tardive encore appliquée aux vins blancs. Égrapper et fouler hors de la cuve; cuver en cuve ouverte ou simplement recouverte de paillassons, de toiles ou de planches disjointes; laisser les marcs flottants, sans dérangement à la cuve; tirer, aussitôt la plus grosse fermentation accomplie, en petits fûts ou barriques neuves ou fraîches vides; laisser achever la fermentation en cellier; puis placer en chais ou caves à température invariable; ouiller fréquemment; soutirer et fouetter une ou deux fois, de novembre en mars : telles sont les pratiques les plus générales de la Gironde, qui dans le traitement des vins, comme dans la conduite de la vigne, s'est toujours montrée supérieure. En dehors de la Gironde les cuvaisons sont généralement trop prolongées et font subir aux vins des macérations de vingt jours et plus.

On croit généralement qu'une cuvaison prolongée donne au vin du corps, de l'esprit et de la couleur : c'est là une triple erreur démontrée par des observations et des faits positifs que nous exposerons plus loin.

Après la cuvaison trop prolongée, la plus fréquente cause de la détérioration des vins de consommation courante réside surtout dans l'emploi de grands et vieux fûts, quelque bien nettoyés qu'ils soient, dans des celliers chauds l'été, froids l'hiver; c'est aussi que les grands fûts soient vidés dans des futailles de toute nature, vieilles et de mauvais goût. Les grands fûts obligent encore à vendre les vins par grandes masses à des spéculateurs, qui les transforment et en effacent le nom originel et toute appréciation spéciale possible par le consommateur.

Que les propriétaires soignent seulement le dixième de leurs vins en petits fûts et en caves fraîches, leur situation vis-à-vis de la consommation, et vis-à-vis de la spéculation même, sera promptement améliorée et changée du tout au tout.

Dans la région du sud-ouest, comme dans celle du sud-est, les plaintes des propriétaires à l'égard de la rareté de la main-d'œuvre ont été constantes et unanimes partout où la vigne n'est pas confiée au métayage et au colonage partiaire : aussi, dans le grand mouvement viticole qui s'y opère, dispose-t-on toutes les plantations de vignes pour être cultivées avec les animaux de trait et par les instruments aratoires; les préparations du sol, les défonçages mêmes, sont, toutes les fois que cela est possible, exécutés à la charrue Dombasle et à la charrue fouilleuse.

Loin de blâmer l'application des instruments aratoires à la culture des vignes, je pense et je dis que c'est là un immense progrès; j'ai fait moi-même ces applications, et je les ai toujours conseillées. Mais je ne puis partager l'illusion de ceux qui espèrent apporter ainsi un remède efficace aux exigences de la main-d'œuvre rurale et surtout à sa rareté réelle.

Plus on s'efforcera de suppléer la main-d'œuvre humaine en agriculture par l'emploi des machines, plus on rendra intermittent et précaire le travail de l'ouvrier et de la famille rurale, plus ils seront fondés à chercher ailleurs des ressources permanentes; plus ils seront en droit de faire le vide dans les campagnes; plus ceux qui y resteront devront se faire payer cher les rares services qu'ils pourront y rendre.

L'application des forces et des moyens aratoires à la culture des vignes est une excellente chose comme rapidité d'exécution des façons urgentes, comme faculté d'étendre la superficie et la production viticoles, et surtout comme libération de l'homme de l'accomplissement de travaux longs et pénibles; mais, en débarrassant le corps de l'homme du travail qui le fatigue, il faut savoir trouver d'autres moyens de le faire vivre, de le multiplier et de le fixer, en utilisant et en payant le concours de son intelligence, de son activité et de son dévouement.

La main et l'intelligence de l'homme seront toujours indispensables à la bonne production viticole, autant et plus encore qu'à celle de toutes les autres branches de l'agriculture. L'homme est et sera toujours la machine la plus productive, l'animal le plus puissant, dans la création de la valeur agricole; si petit et si faible qu'il soit, il y apporte à la fois la double force de la production et de la consommation. Détruisons par la pensée tous les hommes moins un! et nous comprenons à l'instant que nous avons détruit la totalité des valeurs de la terre. La valeur, c'est le coefficient de l'entretien de la vie humaine par le produit.

Le premier besoin de l'agriculture en général, et de la viticulture en particulier, est donc de produire des hommes le plus possible, d'abord pour l'accomplissement des travaux ruraux, ensuite pour donner de la valeur à leurs produits par la consommation. Absence ou rareté de main-d'œuvre. difficulté ou impossibilité d'écouler les produits, telle était la double préoccupation du sud-ouest comme du sud-est.

Pour que les hommes demeurent dans les campagnes et s'y multiplient, il faut qu'ils y trouvent un travail de corps, un intérêt de cœur et une stimulation de l'esprit. Il faut que le produit de ces trois facteurs du travail humain assure la vie présente et contienne la chance et l'espoir de l'aisance et du repos relatif à venir.

Aujourd'hui les institutions, les récompenses, les honneurs agricoles, sont consacrés aux animaux, aux machines et aux produits : quelque vieux serviteur obtient 60 francs et une médaille d'argent, contre un durham qui reçoit 600 francs et une médaille d'or.

On veut faire l'agriculture à la mécanique, et le chef de l'industrie agricole ne songe qu'à se débarrasser des bras et des bouches inutiles : il veut avoir les hommes en nombre, à l'heure, au jour, à la semaine, où il juge leur concours indispensable; mais il entend ne plus avoir à s'en occuper tout le reste de l'année; il ne veut pas les loger, il ne veut pas les vêtir, il ne veut pas les nourrir; il paye l'heure, le jour, la semaine, le prix convenu. Si l'ouvrier est malade une heure, un jour, c'est une heure, un jour, à payer à un autre, c'est une machine qui est allée se faire raccommoder; elle est plus commode en cela que les autres machines, voilà tout. Il faut que l'ouvrage se fasse : l'industriel est dans son droit. Il est vrai que, pour les animaux domestiques, son droit n'est plus le même et ses allures changent. Il donne un bon logement à ses animaux, il fait provision et choix d'une bonne nourriture pour eux; s'ils sont fatigués, ils les fait reposer; s'ils sont malades, il les fait soigner; pour ses machines, même prévision, même sollicitude, même patience en cas de réparation. L'ouvrier seul n'a droit à rien, il est libre et intelligent : c'est à lui d'user à son profit de son intelligence et de sa liberté.

L'ouvrier use de l'une et de l'autre pour s'éloigner, s'il le peut; pour travailler sur un coin de terre qu'il possède ou qu'il loue, s'il en a le moyen, et, dans tous les cas, pour mesurer ses exigences au besoin qu'on peut avoir de son travail. Pour arriver à obtenir le plus haut prix de son salaire, il souffrira la faim, la soif; il demeurera sans abri; il fera un pacte mental avec ses pareils, comme font entre eux les chefs d'industrie, et n'acceptera le prix offert qu'à la dernière extrémité; puis il accomplira son travail juste pour couvrir son salaire d'un prétexte suffisant. Si la gelée, la grêle, les maladies, détruisent les récoltes, si le maître se ruine, que lui importe? N'est-il pas une simple machine qui loue son travail matériel? Que ce travail soit bon ou mauvais, fécond ou stérile, en quoi cela peut-il l'intéresser?

L'ouvrier est dans son droit comme le chef de l'industrie agricole est dans le sien; ils se font échec mutuellement. C'est là aujourd'hui notre équilibre rural; équilibre instable et impossible s'il en fut jamais.

Pour quelques centimes de plus, à prix égal et même à prix inférieur, l'ouvrier a parfaitement raison de quitter les campagnes, où il n'a qu'un présent précaire, un travail intermittent et aucun espoir dans l'avenir. Que son père, qui possède une masure, un petit champ, où il n'y a pas de travail pour deux, reste aux champs parce qu'il y est contraint par l'âge, l'habitude, et par sa petite propriété, à la bonne heure; mais l'ouvrier jeune, fort et libre va chercher à la ville un travail aventureux, des compagnons, des compagnes, des cabarets, des hôpitaux et la mort, plutôt que de subir une existence sans travail permanent et assuré dans le présent, sans espoir de repos pour l'avenir. Qu'est-ce, à la campagne, qu'un faucheur et un moissonneur qui n'ont plus leur fauchaison ni leur moisson? Qu'est-ce qu'un vigneron en présence d'une charrue qui fait en huit jours ce qui l'occupait pendant quatre mois? Nos jeunes gens sont intelligents, aventureux, déterminés ; ils observent, ils réfléchissent, et vont chercher ailleurs des conditions d'existence possible.

Cette situation respective du propriétaire et de l'ouvrier s'est manifestée et existe manifestement aujourd'hui partout ; je l'ai apprise de toutes les bouches : partout la main-d'œuvre humaine se fait rare et chère; partout l'agriculture cherche à s'en débarrasser; partout l'ouvrier rural devient de plus en plus exigeant, et livre le moins de temps et de travail possible pour un prix de plus en plus élevé. L'ouvrier rural devient maître du marché, par la raréfaction de la population, et la position du maître à son égard descend jusqu'à l'humilité, sans que ni l'un ni l'autre en tire ni satisfaction ni profit.

Ce mal profond et radical ne réside ni dans l'exigence de l'ouvrier ni dans la cupidité du maître; il tient à une position faussée par les théories du jour : l'ouvrier domine le maître qui vient à lui, et il le hait; le maître subit l'ouvrier, et prend sa revanche le jour où il n'en a plus besoin : sous les formes les mieux dissimulées, ils se détestent.

De grands propriétaires, agriculteurs et viticulteurs renommés, occupant beaucoup d'ouvriers avec générosité, avec justice, avec bonté, et surtout avec l'intelligence et l'expérience pratiques qui donnent au commandement une irrésistible autorité, ne m'ont point dissimulé que leurs propres ouvriers avaient un mauvais esprit à leur égard. Cela ne m'a point surpris; il ne saurait en être autrement dans l'agriculture industrialisée, où l'ouvrier entre comme un facteur de produit, sans intérêt ni participation à ce produit. Je conçois l'homme-outil dans la production industrielle et mécanique; dans les centres de population, je le conçois avec un travail identique, permanent, et avec un salaire proportionné à son importance, vivant en foule, bien ou mal, avec l'intérêt et le drame d'une foule; mais l'homme-outil dans le travail rural, isolé, sans abri, sans intérêt et sans drame rural, sans chances de bénéfices, sans espoir de rédemption, je ne le comprends point, si ce n'est à l'état de nègre. Aussi les ouvriers ruraux se font-ils marrons, dussent-ils ensuite ne trouver dans les villes que la misère, la maladie et la mort.

Cet état de choses ne peut durer.

Pour que l'ouvrier s'attache et se fixe à la campagne, pour qu'il s'y marie et y installe son ménage et sa famille, après y avoir travaillé comme garçon, il faut qu'il y voie une base de travail permanent, travail rémunéré par un salaire qui lui permette de loger, de vêtir et de nourrir lui et sa famille en travaillant avec énergie, avec intelligence, avec dévouement; il faut qu'un espoir d'aisance et de repos dans l'avenir luise à ses yeux, soit par les épargnes possibles, soit par la stabilité de la famille à laquelle il s'est attaché. Ce problème, loin d'être insoluble, a été résolu de temps immémorial par le patriarcat rural, par l'association de la propriété et du travail dans le partage des fruits de la terre. Le Beaujolais, le Jura, la Savoie et cent autres pays de France ont consacré, grâce aux riches produits de la vigne, ces conditions naturelles et fécondes de l'agriculture.

Pour que le travail de l'homme comporte les trois conditions d'énergie, d'intelligence et de dévouement qui le rendent si puissant, il faut que l'ouvrier ait un *salaire* assuré et un *profit* éventuel : le salaire achète sa main-d'œuvre et lui fournit l'existence matérielle strictement nécessaire pour lui et sa famille; l'éventualité du profit achète son intelligence active et lui donne l'espérance de la rédemption : il ne lui manque plus alors, pour se dévouer corps, tête et cœur à l'agriculture, et pour lui prodiguer tous les éléments du travail humain, que de trouver des maîtres qui lui inspirent l'amour et le respect par leur justice, leur bonté, mais surtout par leur capacité supérieure à la sienne; qui le guident dans le progrès; qui le redressent dans ses erreurs; qui le répriment dans ses écarts, le comprennent et l'apprécient dans ce qu'il a de bon et dans ce qu'il fait de bien. En un mot, le propriétaire doit avoir toute l'autorité et toute la supériorité du père de famille sur ses enfants; et les ouvriers agricoles, de leur côté, doivent trouver une part, si petite qu'elle soit, dans la prospérité commune.

Quiconque a fait travailler des hommes à l'agriculture, à la viticulture et à l'horticulture a pu constater cette vérité, que le simple manœuvre sans énergie, sans intelligence, sans dévouement, donnant *un* de résultat, l'ouvrier énergique, intelligent, dévoué, donne au moins *quatre* d'effet utile, s'il veut consacrer son énergie, son intelligence et son dévouement à la culture qui lui est confiée. S'il ne les croit pas dus, ou s'il ne les donne pas, il ne vaut pas le simple manœuvre, car il est plus habile que lui à faire le moins et le plus mal possible.

Ainsi le travail agricole à la journée et à prix fait, sans intérêt au produit du travail, sans profit éventuel rémunérateur de l'énergie, de l'intelligence et du dévouement, comporte une perte sèche d'au moins trois sur quatre au détriment du propriétaire, au détriment de l'ouvrier, au détriment de la société tout entière. Il y a là une fausse position qui irrite le propriétaire, parce qu'il est convaincu qu'il paye, par le salaire fixe, toutes les facultés de l'homme qu'il emploie; il ignore que l'énergie, l'intelligence, le dévouement, quoique ayant une valeur réelle et appréciable, ne peuvent pas être l'objet d'un marché à forfait, parce que toute coercition de livraison en est impossible. Aussi l'élévation du taux du salaire est-elle impuissante à obtenir ces trois facteurs du travail humain, et le propriétaire est-il exaspéré de ne pas obtenir davantage, et souvent d'obtenir moins, en payant plus.

Mais s'il y a là une injustice aux yeux du propriétaire, l'injustice est bien plus révoltante aux yeux de l'ouvrier, qui, de son côté, est persuadé qu'on ne lui paye que sa main-d'œuvre, et, tout en ne voulant pas livrer au propriétaire les facteurs du travail qui ne lui sont pas payés, selon lui, ne peut cependant les utiliser à son profit; il s'irrite donc, de son côté, de ne pouvoir employer toutes ses facultés dans son propre intérêt; et quand bien même il voudrait donner à celui qui l'emploie toute son énergie, tout son dévouement, toute son intelligence, il ne le peut pas à prix fait; il lui faut d'autres motifs qu'un prix convenu pour le stimuler, l'inspirer, le soutenir : soit l'espoir de gagner l'estime et l'amitié d'un bon maître, soit le légitime orgueil d'appartenir à un chef capable et supérieur aux autres dans les œuvres qu'il commande, soit un sentiment de conscience.

Ces trois stimulants du travail humain, attachement, amour-propre et conscience, ont été oubliés dans les théories économiques, et comme ils créent les trois quarts des valeurs sociales, et les plus précieuses valeurs, il faudra nécessairement reviser ces théories.

Pour rétablir le patriarcat rural et la participation de l'ouvrier aux produits ruraux, il faut que le propriétaire reste maître et juge souverain en ce qui concerne le mérite de la conduite et du travail dans sa propriété. Il faut que le maître sache tenir sa parole et que l'ouvrier apprenne à la respecter. Toutes les cultures des vignes, en Beaujolais, sont faites à moitié, sans contrat, et il n'y a pas d'exemples qu'un propriétaire y ait altéré les coutumes à son profit. Le propriétaire doit savoir être père de famille, et tout ce qui touche au travail intérieur de la propriété doit accepter les règlements de famille : le pouvoir égal aux mains de l'ouvrier est une maladie sociale; c'est le pouvoir du fils neutralisant celui du père. L'ouvrier est libre de quitter la famille; mais, tant qu'il y reste, il doit en accepter les règlements.

Pour repeupler les campagnes, pour y rétablir la vie patriarcale (qui seule produit la forte population) au lieu et place de la vie industrielle, qui dévore sans cesse les hommes que la terre produit, il n'est besoin ni de lois, ni de règlements, ni de longues prédications; car déjà tous les grands propriétaires sentent leur fausse position relativement à la main-d'œuvre humaine et à la dépopulation des campagnes; ils désirent sortir de cette situation, et la plupart d'entre eux commencent à soigner la race humaine presque autant que la race chevaline, bovine, ovine, porcine et galline.

Le moment est donc favorable pour déterminer le retour aux véritables intérêts et au véritable progrès de l'agriculture française : il suffirait pour cela que le Gouvernement prouvât que sa première et sa plus grande sollicitude, en agriculture, est portée sur le développement normal et sur le mieux être possible des populations rurales; qu'en conséquence les primes d'honneur, les médailles d'or et les grands prix des concours régionaux soient décernés désormais, non plus aux machines, non plus aux animaux, non plus aux produits, mais aux plus grands et aux plus riches produits végétaux et animaux obtenus par les mesures et les dispositions les plus favorables à la stabilité, au bien-être et au développement de la population des campagnes.

Les machines, les animaux, les produits exceptionnels et spéciaux, pourraient sans doute être primés et récompensés à part, mais à un degré bien inférieur; car la question humaine domine toutes les spécialités, puisqu'elle les contient à la fois comme producteur et comme consommateur : c'est donc à ses meilleures solutions pratiques qu'appartiennent les grands enseignements, les grands honneurs et les grandes récompenses.

FIN DU TOME PREMIER.

TABLE DES MATIÈRES.

Pages.

PRÉFACE .... I à X

Coup d'œil général sur la vigne et les vins de France. — Étude et enseignement de la viticulture et de la vinification. — Motifs des missions données à l'auteur. — Institution et mécanisme de ces missions et des rapports dont elles sont l'objet. — Coopérateurs de l'ouvrage.

INTRODUCTION .... 1 à 5

Division de la France vignoble en régions.

NOTIONS GÉNÉRALES sur la vigne, sur ses fonctions, sur sa conduite et sur sa taille .... 5 à 22

Caractère de la vigne. — Vigne à grande, à moyenne et à petite arborescence. — Conduite de la vigne à taille longue, à taille mixte, à taille courte. — Tige et taille selon le cep, le site et le sol. — Taille sèche et taille verte. — Théorie de la circulation de la vigne, — de sa fabrication de bois et de fruits. — Conséquences pour la taille sèche et la taille verte.

RÉGION DU SUD-EST OU DES OLIVIERS.

DÉPARTEMENT DES ALPES-MARITIMES .... 23 à 52

Statistique et rôle économique de la vigne. — Climat privilégié de ce département : puissance de végétation. — Sol de première fertilité. — Rôle que joue la vigne aux environs de Grasse. — Cultures dominantes de Grasse. Mode de culture : couchage général de tous les arbrisseaux d'un même champ, à l'exception de la vigne. — Aspect

Pages.

général des ignes de vignes de la Gaude : dressage, palissage, taille. — Production moyenne. — Vendanges. — Qualité des vins. — Trois observations importantes à propos de la vinification de la Gaude. — Vignobles de l'arrondissement de Grasse : mode de culture. — Vignes du Bellet : mauvais état actuel de ces vignes. —Vignes de M. le colonel Gazan à Antibes. — Théorie de M. Trastour sur le soufrage. — Méthode de culture de l'arrondissement de Nice.—Pourquoi le comté de Nice est-il des moins avancés dans son agriculture? — Mode d'exploitation : le métayer s'adjuge la plus grande part de la récolte. — Luxe des cultures des jardins de Nice. — État des paysans de cette contrée : civilisation et progrès apportés par la France. — Propriété de M. le baron de Zuylen; sa manière de cultiver la vigne. — Visite aux vignobles de MM. Gaudais et Bonnin. — Cépages de Nice. — Cuvaison. — Excellentes pratiques propagées par M. Gaudais. — Réflexions sur les cultures de Nice.

Département des Basses-Alpes........................ 53 à 60

Statistique viticole. — Extension que prend la vigne dans ce département. — Climat. — Sol. — Mode de culture : jouelles. — Taille, dressage. — Cépages. — Vendanges, cuvaisons. — Qualité des vins; production moyenne. — Mode d'exploitation. — Pourquoi les vignes des Mées, de Malijay, de tout le thalweg de la Bléone, ont-elles été successivement délaissées depuis quinze ans?

Département du Var........................ 61 à 96

Statistique de la vigne.— Causes de l'accroissement des vignes dans le Var depuis 1852. — Production moyenne actuelle. — Sol, climat. — Mode de culture. — Préparation du sol. — Plantation des boutures : le meilleur moment de l'effectuer. — Toulon et ses cultures. — Taille. — Épamprage. — Manière de voir et de faire des viticulteurs du midi. — Cépages du Var. — Cépage principal : le morved. — Vignoble d'essai créé par la Société d'agriculture et le Comice agricole du Var. — Ses résultats pour la science et pour le département. — Vendanges. — Vin; son plâtrage. — Mode d'exploitation des vignes dans le Var.

Département de la Corse........................ 97 à 178

Coup d'œil général sur la Corse. — Statistique. — Pourquoi la Corse n'a-t-elle que seize mille hectares de vignes? — Abolition du port d'armes et de la vaine pâture.— Dessèchements et assainissements entrepris à Saint-Florent, à Calvi et à Vescovato. — Oïdium avant 1856. — Climat. — Sol; végétation luxuriante. — Les *mâquis* de la Corse. — Produits : fertilité de la Corse. — Moyen de coloniser la

Pages.

Corse. — *Famille de travail;* sa valeur foncière. — Capital d'installation d'une famille de travail; maximum de terrain à lui donner. — Obligations réciproques du propriétaire et de la famille de travail. — Quatre modes de culture de la vigne dans l'arrondissement de Bastia. — Méthode de plantation, de dressement et de conduite de la vigne à Bastia, au cap Corse, à Cervione, à Corte. — Cépages principaux : le *nero* et le *bianco.* — Récolte moyenne à Corte. — Mode de culture à Ajaccio. — Causes de l'infériorité relative de la production. — Vendanges. — Raisons qui rendent la plantation de la vigne onéreuse à Ajaccio. — Conférence à la préfecture d'Ajaccio; résumé des principales améliorations dont la viticulture et la vinification sont susceptibles en Corse : — nouveaux cépages à importer; — plantation de la vigne; — choix des boutures; manière de les planter; — taille; — palissage à employer; — préparation du sol; — ébourgeonnement, pincement, liage, rognage et effeuillage; — remplacement de la souche morte : versudi; — assolement; — vendanges; — confection des vins.

DÉPARTEMENT DES BOUCHES-DU-RHÔNE . . . . 179 à 202

Statistique. — Climat. — Sol. — Dépenses à faire pour mettre en vignes les terres de la Crau : intérêts que rapporterait la dépense. — Mode de culture de la vigne : jouelles, hautains. — Appréciation de la culture en jouelles. — Relations entre propriétaires et ouvriers ruraux (métayers, colons ou mégers); leurs devoirs réciproques. — Plantation de la vigne. — Taille. — Dressage, épamprage, ébourgeonnement. — Vendanges. — 260 variétés de cépages dans le département. — Aubagne; ses cultures. — Tarascon. — Marseille. — La plaine de la Crau; ses productions.

DÉPARTEMENT DE VAUCLUSE . . . . 203 à 214

Productions de ce département. — Ses crus. — Statistique viticole. — Sol. — Mode de culture de la vigne. — Défrichement des garigues et des bois pour y cultiver la vigne. — Cépages des vignobles de Vaucluse. — Vignoble de Condorcet-la-Nerthe; taille qu'on y pratique. — Labours croisés. — Cépages. — Qualité des vins. — Cuvaison. — Conseils aux viticulteurs.

DÉPARTEMENT DU GARD . . . . 215 à 236

Statistique viticole. — Cépages du Gard. — Sol. — Climat. — Préparation du sol. — Plantation. — Taille de la vigne. — Ébourgeonnement, dressement, palissage. — Instruments de culture à la main. — Rendement moyen. — Vendanges. Cuvaison. — Cuves du domaine de Puech-Ferrier, de Massereau. — Entonnoir en fer-blanc destiné à

Pages.

détruire l'eumolpe. — Analogie frappante entre la végétation des mûriers nains et celle des vignes. — Physiologie végétale des mûriers nains aux diverses phases de leur existence. — Comparaison des mûriers nains aux souches de vignes. — Taille courte, taille longue. — *Bail:* signification propre de ce mot. — Rôle dominateur de l'ouvrier dans le Gard. Réflexions sur l'ouvrier qui n'est pas intéressé dans la production du vignoble. — Fermage à bail, colonage partiaire, exploitation directe à la tâche avec prime en nature, exploitation à la journée.

Département de l'Hérault .... 237 à 256

Statistique viticole. — L'Hérault, grâce à ses vignes, est un des plus riches départements de la France. — Sol; garigues abandonnées et garigues restées vierges de toute culture. — Mode de culture à Maraussan. — Taille. — Manière particulière de labourer la vigne. — On ne pratique ni l'épamprage ni le palissage. — Climat. — Cépages. — Qualité de ses vins. — Confection des vins. — Manque de bras pour la culture.

Département de l'Aude .... 257 à 270

Statistique viticole. — Sol. — Plantation, culture, exploitation de la vigne. — Cépages. — Influence du vin sur le travail produit; — sur les mœurs. — Vins de Narbonne. — Limoux et ses cultures. — Observations sur les vins de la région des oliviers. — Taille : pichevi. — Fumure, terrage. — Récolte. — Le ban des vendanges et le grappillage. — Les belles vignes de M. Portal de Moux, près de Carcassonne : excellent système d'exploitation. — Résultats obtenus par M. Delcasse, de Limoux.

Département des Pyrénées-Orientales .... 271 à 286

Statistique viticole. — Climat. — Sol. — Aspect général des vignes de Banyuls, Port-Vendres et Collioure. — Vignes sur roches : disposition des terrasses. — Préparation du sol. — Plantation. — Taille. — Provignage. — Vendanges. — Cépages. — Vins de Banyuls, de Rivesaltes; vins fins du Roussillon. — Altération des vins de Banyuls. — Mode d'exploitation. — Moyens de faire cesser la spéculation des vins industriels. — Comment le Roussillon pourrait porter au double sa moyenne récolte.

Résumé synthétique et analytique de la région du sud-est.... 287 à 300

Rôle de la vigne dans cette région; son étendue territoriale, son produit annuel. — Plantations, cultures usitées. — Principaux cépages. — Vendanges et cuvaisons. — Caves et celliers. — Coup d'œil rapide sur l'ensemble de l'agriculture française. — Problèmes à résoudre par l'agriculture. — Grande culture et famille rurale : moyen d'empêcher les ouvriers des campagnes d'émigrer vers les villes. — Devoirs du propriétaire foncier : moyen de faire cesser l'état d'hostilité sourde qui existe actuellement entre celui qui possède le sol et celui qui le cultive. — Conditions générales qui règlent, entre propriétaires et ouvriers, la culture des vignes dans les départements des Alpes-Maritimes, — du Var, — de Vaucluse, — des Bouches-du-Rhône, — du Gard, — de la Corse, — de l'Hérault, — de l'Aude, — des Pyrénées-Orientales. — Nécessité d'intéresser le travailleur au résultat de son travail.

RÉGION DU SUD-OUEST OU PYRÉNÉENNE ET BORDELAISE.

DÉPARTEMENT DE L'ARIÉGE .... 301 à 312

Statistique et rôle économique de la vigne. — Sol. — Climat : désastres causés par les gelées et les grêles. — Vignes hautes, vignes basses. — Modes de culture à Saverdun, à Varilles, à Foix. — Démonstration que la taille longue est préférable à la taille courte (croquis). — Le dressage n'est pas bien pratiqué dans ce département. — Impulsion donnée à la viticulture par M. Laurens, président de la Société d'agriculture de l'Ariége. — Cépages. — Mode d'exploitation : prix minime par hectare de culture annuelle. — Résultat qu'a produit l'application des conseils donnés par l'auteur : rapport du conseil de Saverdun.

DÉPARTEMENT DE LA HAUTE-GARONNE .... 313 à 328

Statistique viticole. — Sol. — Climat. — Cépages. — Manière particulière de disposition, de dressage et de chaussage. — Croquis de vignes chaussées, de vignes déchaussées et décavaillonnées : vices de cette culture. — Plantation. — Taille. — Cuvaison : qualité des vins. — Amélioration à réaliser dans les cépages. — Saint-Gaudens et ses cultures. — Vignes conduites sur arbres dressés en gobelet. — Arbres préférés pour cette culture : l'érable et le merisier. — Vigne pleine sur arbre avec cordon de lianes. — Fléaux qui désolent la vigne à Saint-Gaudens : précautions à prendre. — Conseils adressés aux habitants de ce département.

DÉPARTEMENT DES HAUTES-PYRÉNÉES .... 329 à 346

Statistique viticole. — Sol. — Climat. — Trois modes de viticulture suivis dans ce département. — Les vignes mariées aux arbres près de Tarbes, dans le canton de Vic, à Maubourguet. — Les vignes en hautains et en espaliers sur les coteaux de Madiran, de Peyri-

Pages.

guère, de Jurançon. — Les vignes basses, dites *en picpoule*. — Méthode employée par M. le marquis de Franclieu pour préserver ses vignes de l'oïdium. — Motifs qui devraient arrêter la plantation en picpoule. — Taille. — Le pisse-vin est un produit parasite. — Observation sur la taille longue. — Culture. — Cépages. — Vins blancs de Peyriguère et de ses environs. — Moyenne récolte.

DÉPARTEMENT DES BASSES-PYRÉNÉES .... 347 à 354

Statistique viticole. — Sol. — Climat. — Culture des vignes hautes, des vignes en espaliers. — Mode de culture pratiquée aux environs d'Orthez : vignes en archet. — Chaussage, déchaussage. — Cépages. — Vins blancs de Jurançon. — Vins du Vicbille. — Progrès dans la viticulture. — Mode d'exploitation : prix de la main-d'œuvre. — Lettre de M. Lapeyrère, grand propriétaire à Jurançon.

DÉPARTEMENT DES LANDES .... 355 à 366

Statistique et rôle économique de la vigne. — Sol. — Climat. — Diversité des vignes de ce département. — L'oïdium a fait disparaître une grande partie des vignes de Capbreton, de Soustons, de Vieux-Boucau, de Messanges. — Aspect et situation des vignes à Capbreton ; leur culture, disposition des réges. — Confection des vins. — Cépages. — Essais faits dans le domaine de l'Empereur. — Deux modes principaux de cultiver la vigne aux Chalosses. — L'oïdium dans les Chalosses. — Vins des Chalosses. — Avis de M. Domenger, de Mugron, sur le défonçage des vignes. — Exploitation : prix des façons. — Rendement.

DÉPARTEMENT DU GERS .... 367 à 378

Statistique viticole. — Sol. — Climat. — Les modes de culture dans l'arrondissement de Mirande : vignes basses tendues, de Miélan à Mirande. — Cultures générales du Gers. — Préparation du sol, plantation, effeuillage, terrage. — Moyenne des récoltes. — Eaux-de-vie du Gers, connues sous le nom d'*armagnac*. — Dépense de culture et d'entretien de la vigne dans ce département. — Exploitation de M. Brun près d'Auch. — Moyen d'augmenter la richesse viticole du Gers. — Nécessité d'une transformation graduelle des vignobles. — Cépages. — Mode d'exploitation.

DÉPARTEMENT DE TARN-ET-GARONNE .... 379 à 418

Statistique et rôle économique de la vigne. — Comparaison de la culture de la vigne aux autres cultures. — Impulsion donnée par différentes sociétés. — Sol. — Climat. — Cépages; leur nombre excessif.

— Cépages qui conviendraient à ce département. — Conduite adoptée pour la plantation et pour la culture des vignes. — Mode d'exploitation. — Confection des vins. — Résumé des améliorations à opérer. — Analyse de quelques exceptions de culture: manière de cultiver de M. Laforgue, à Bressols. — Énumération de contrées où les meilleurs vins sont produits par les tailles longues. — Vignes de Mme veuve Renaud, à Bonnefond. — Vignoble de M. d'Ayral, à la Bastide-du-Temple. — Domaine de M. Lamothe, à la Villedieu : confection et conservation de ses vins. — Mode de culture de M. Carrère-Dupin. — Propriété de M. Léonce Bergis, secrétaire perpétuel de la Société d'horticulture et d'acclimatation de Montauban, dans la vallée de Tempé; rendement obtenu. Discussion contradictoire. — Visite au domaine de Beausoleil, appartenant à M. Garrisson, président de la Société d'agriculture. — Vigne-école créée par cette Société : services qu'elle est appelée à rendre au pays. — Jardin de la Société d'horticulture et d'acclimatation. — Seconde visite au canton de Castelsarrazin. — Conférence départementale à l'hôtel de ville de Montauban.

Département de Lot-et-Garonne .... 419 à 428

Statistique viticole. — Sol. — Crus. — Culture dominante : culture du prunier. — Taille. — Cépages. — Récoltes moyennes. — Épamprage, terrage. — Mode de culture dans l'arrondissement de Nérac : rendement moyen des vignes de MM. Grammont père et fils. — Propriété de M. Selsis, à Vianne. — Plant dominant de Nérac. — Renseignements donnés par M. Amblars, vice-président de la Société d'agriculture d'Agen. — Visite au domaine de M. Mourot du Chicot. — Efforts faits par tous les arrondissements de ce département pour l'amélioration de la viticulture.

Département de la Gironde .... 429 à 506

La Gironde est depuis longtemps le premier département viticole de la France. — Commerce immense de vin créé à Bordeaux. — Statistique viticole. — Sol de la Gironde. — Influence de l'alios. — Climat. — Préparation du sol; défoncement. — Plantation. Rége normale du Haut-Médoc. — Taille. — Palissage. — Plantation des carassons et pose des lattes au domaine de Pape-Clément. — Culture de la vigne à Sauterne; chaussage, rechaussage et déchaussage. — La taille du Médoc est très-belle et très-simple; taille des graves; taille à Sauterne; taille des côtes. — Vignes de palus. — Appréciation du système bilatéral. — Dressage de la vigne à Gujan, Mestras, la Teste. — Quatre cultures données aux vignes de la Gironde; fumure, épamprage. — Visite au domaine de M. Boucherot, de Carbonieux. — Principaux cépages. — Vendanges et confection des vins. — Vins blancs et leur confection. —

Pages.

Production moyenne. — Exploitation des vignes. — Oïdium : moyens employés pour combattre ses effets. — Importance du rôle de la vigne dans la puissance et la prospérité de la France.

Étude spéciale de l'arrondissement de Libourne .... 461 à 506

Statistique viticole de l'arrondissement de Libourne. — Densité de la population. — Mode d'exploitation; les bordiers. Il est grand temps d'offrir à l'ouvrier rural des conditions de travail et d'existence meilleures. — Relations entre les vignerons et les propriétaires : loi écrite qui régit cette matière en Danemark, loi naturelle qui la régit partout. — Climat de l'arrondissement de Libourne. — Sol. — Taille et conduite de la vigne. — Vignes en cordons à astes et à coursons : explication de ce système de culture. Différence qui existe entre les cordons à coursons et les cordons à astes. — Plantation, taille, conduite des vignes du Fronsadais, de Castillon, de Saint-Magne. — Vins de Saint-Émilion. — Série complète des diverses tailles à astes de tout l'arrondissement de Libourne. — Vendanges. Cuvaison. — Vignes blanches de cet arrondissement — Progrès en viticulture.

Département de la Dordogne .... 507 à 578

Statistique viticole. — Distinction à faire entre le produit net du sol et le produit brut. — Essor donné par M. Magne à la production de ce département. — Climat. — Sol. — Taille. — Cultures en jouelles. — Funeste influence des cultures intermédiaires dans les vignes. — L'expansion donnée à la végétation de la vigne accroît sa fécondité : antithèse des lois de la nature morte et de celles de la nature vivante. — Conduite des vignes à Celles, près de Ribérac. — Appréciation des vins du Périgord par Julien, dans sa *Topographie de tous les vignobles connus*. — Cépages. — Temps de récolter. — Confection des vins : bonnes pratiques de Bergerac. — Coup d'œil sur les diverses conditions de la viticulture dans la Dordogne. — Capital d'installation de la vigne. Travaux préparatoires à sa plantation. — Plantation préférée. Tailles. Dressage. Épamprage. — Vignes de Saint-Cyprien. — Cultures de Nontron. — Fumure. Provignage. — Mode d'exploitation : bail à complant de Mareuil expliqué par M. Descourades, juge de paix. Réflexions sur les exploiteurs d'hommes. — Forme de conventions en pratique à Bergerac. — Visite aux vignes de M. Marcon, à la Mothe-Montravel. — Vignes de M. Magne, à Montaigne. — Vignobles de la Bachellerie. — Vignes de M. de Mallet. — Plantations du docteur Guilbert, à Coulaures. — Aspect des vignobles de Brantôme. — Versadis réussis de M. Valabrègue, à Ars. — Exploitation industrielle de M. Masse, à Jommeillères. — Vignes et château de la Roche-Beaucourt. — Grands vignobles de Gouts-Rossignols. — Vignes de M. Amadieu, à Verteillac. — Château et domaines créés

Pages.

par M. de la Faye sur les bords de la Double. Deux faits de viticulture remarquables à Saint-Aulaye. — Qu'est-ce que la Double? — Valeur générale de la famille rurale. — Heureuse influence qu'exerce la Société d'agriculture de la Dordogne sur le progrès agricole.

RÉSUMÉ SYNTHÉTIQUE ET ANALYTIQUE DE LA RÉGION DU SUD-OUEST... 579 à 600

Coup d'œil général sur le climat de cette région. Caractère de ses vins. — Rôle de la vigne dans cette région : la richesse vignoble du sud-ouest dépasse de 10 pour cent celle du sud-est. — La Gironde domine la viticulture du sud-ouest. — Mode général de plantation et de taille. — Épamprage. — Cultures usitées. — Principaux cépages. — Vendanges et cuvaisons. — Caves. — Main-d'œuvre et instruments aratoires. — Situation actuelle de l'ouvrier des champs. — Relations entre propriétaires et ouvriers. — Nécessité de rétablir la vie patriarcale dans les campagnes : moyen d'y arriver. Action possible du Gouvernement dans cette question.

FIN DE LA TABLE.

DIVISION DE LA FRANCE EN HUIT RÉGIONS VITICOLES.

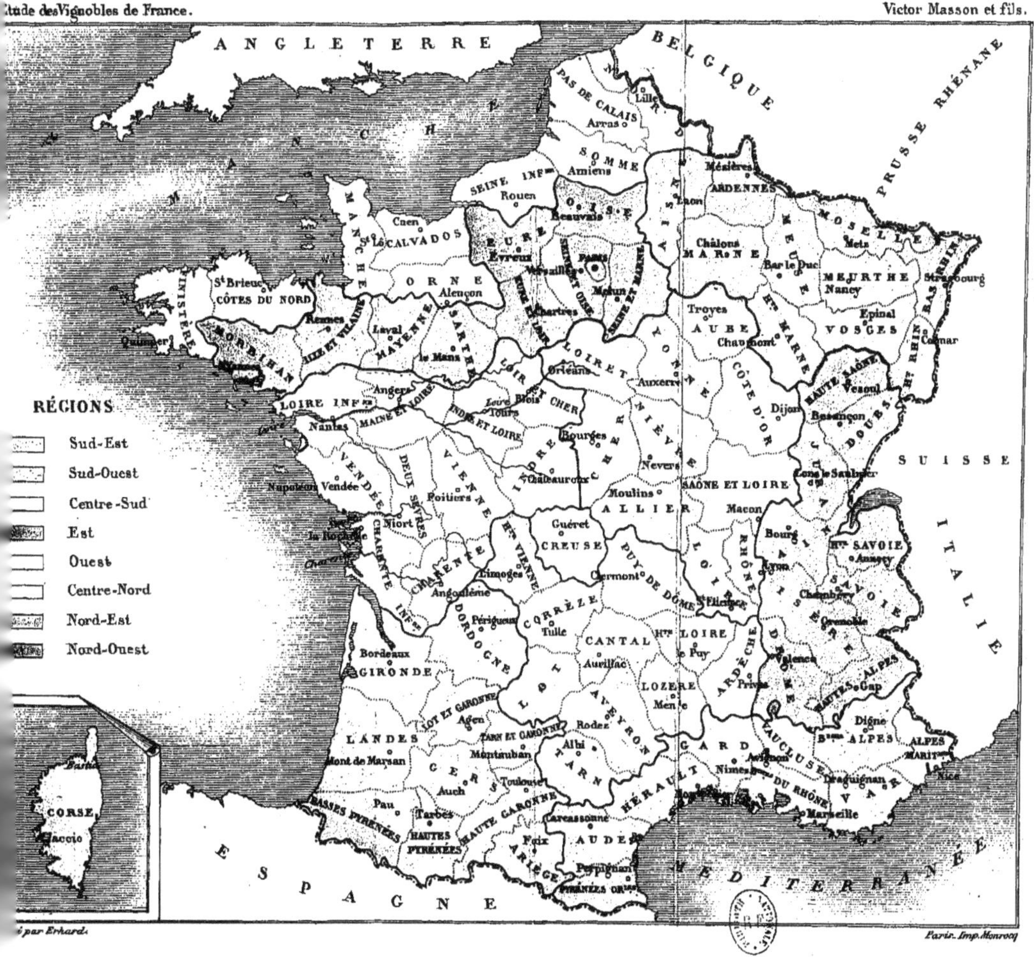

www.ingramcontent.com/pod-product-compliance
Lightning Source LLC
Chambersburg PA
CBHW060844220326
41599CB00017B/2379

* 9 7 8 2 0 1 2 5 4 3 7 2 0 *